U0228430

"十二五"国家重点图书出版规划项目

中国土系志
Soil Series of China

总主编 张甘霖

广 东 卷
Guangdong

卢 瑛 著

科学出版社
北 京

内 容 简 介

　　《中国土系志·广东卷》是在对广东省区域概况和主要土壤类型进行全面调查研究的基础上，进行土壤系统分类高级分类单元(土纲-亚纲-土类-亚类)的鉴定和基层分类单元(土族-土系)的划分。本书第1章至第3章介绍区域概况、成土因素、成土过程、诊断层与诊断特性、土壤分类的发展和本次土系调查概况；第4章至第11章介绍建立的广东省典型土系，内容包括每个土系所属的高级分类单元、分布与环境条件、土系特征与变幅、代表性单个土体、对比土系、利用性能综述和参比土种以及主要理化性质。书后附录了广东省土系与土种参比表。

　　本书内容丰富、资料翔实，系统性和实用性强；是从事土壤学、农学、林学、园艺、土地资源管理、资源科学、环境科学、生态学、自然地理学、水土保持等专业科研和教学工作者、管理人员必备的参考书，也可作为上述相关专业的大学生、研究生专业参考书。

图书在版编目（CIP）数据

中国土系志·广东卷/卢瑛著. ——北京：科学出版社，2017.4
ISBN 978-7-03-051331-1

Ⅰ. ①中… Ⅱ. ①卢… Ⅲ. ①土壤地理–中国 ②土壤地理–广东
Ⅳ. ①S159.2

中国版本图书馆 CIP 数据核字（2017）第 001681 号

责任编辑：胡　凯　周　丹　沈　旭/责任校对：李　影
责任印制：张　倩/封面设计：许　瑞

科 学 出 版 社 出版
北京东黄城根北街 16 号
邮政编码：100717
http://www.sciencep.com
中国科学院印刷厂 印刷

科学出版社发行　各地新华书店经销

*

2017 年 4 月第 一 版　　开本：787×1092　1/16
2017 年 4 月第一次印刷　　印张：23 1/2
字数：558 000
定价：198.00 元
（如有印装质量问题，我社负责调换）

《中国土系志》编委会顾问

孙鸿烈　赵其国　龚子同　黄鼎成　王人潮

张玉龙　黄鸿翔　李天杰　田均良　潘根兴

黄铁青　杨林章　张维理　郧文聚

土系审定小组

组　长　张甘霖

成　员（以姓氏笔画为序）

王天巍　王秋兵　龙怀玉　卢　瑛　卢升高

刘梦云　杨金玲　李德成　吴克宁　辛　刚

张凤荣　张杨珠　赵玉国　袁大刚　黄　标

常庆瑞　章明奎　麻万诸　隋跃宇　慈　恩

蔡崇法　漆智平　翟瑞常　潘剑君

《中国土系志》编委会

主　编　张甘霖

副主编　王秋兵　李德成　张凤荣　吴克宁　章明奎

编　委（以姓氏笔画为序）

王天巍　王秋兵　王登峰　孔祥斌　龙怀玉

卢　瑛　卢升高　白军平　刘梦云　刘黎明

杨金玲　李　玲　李德成　吴克宁　辛　刚

宋付朋　宋效东　张凤荣　张甘霖　张杨珠

张海涛　陈　杰　陈印军　武红旗　周　清

胡雪峰　赵　霞　赵玉国　袁大刚　黄　标

常庆瑞　章明奎　麻万诸　隋跃宇　韩春兰

董云中　慈　恩　蔡崇法　漆智平　翟瑞常

潘剑君

《中国土系志·广东卷》作者名单

主要作者　卢　瑛

参编人员　卢　瑛　郭彦彪　陈俊林　余炜敏　盛　庚
　　　　　侯　节　潘　琦　张　琳　陈　冲　贾重建

丛 书 序 一

土壤分类作为认识和管理土壤资源不可或缺的工具，是土壤学最为经典的学科分支。现代土壤学诞生后，近 150 年来不断发展，日渐加深人们对土壤的系统认识。土壤分类的发展一方面促进了土壤学整体进步，同时也为相邻学科提供了理解土壤和认知土壤过程的重要载体。土壤分类水平的提高也极大地提高了土壤资源管理的水平，为土地利用和生态环境建设提供了重要的科学支撑。在土壤分类体系中，高级单元主要体现土壤的发生过程和地理分布规律，为宏观布局提供科学依据；基层单元主要反映区域特征、层次组合以及物理、化学性状，是区域规划和农业技术推广的基础。

我国幅员辽阔，自然地理条件迥异，人为活动历史悠久，造就了我国丰富多样的土壤资源。自现代土壤学在中国发端以来，土壤学工作者对我国土壤的形成过程、类型、分布规律开展了卓有成效的研究。就土壤基层分类而言，自 20 世纪 30 年代开始，早期的土壤分类引进美国 C.F.Marbut 体系，区分了我国亚热带低山丘陵区的土壤类型及其续分单元，同时定名了一批土系，如孝陵卫系、萝岗系、徐闻系等，对后来的土壤分类研究产生了深远的影响。

与此同时，美国土壤系统分类（soil taxonomy）也在建立过程中，当时 Marbut 分类体系中的土系（soil series）没有严格的边界，一个土系的属性空间往往跨越不同的土纲。典型的例子是 Miami 系，在系统分类建立后按照属性边界被拆分成为不同土纲的多个土系。我国早期建立的土系也同样具有属性空间变异较大的情形。

20 世纪 50 年代，随着全面学习苏联土壤分类理论，以地带性为基础的发生学土壤分类迅速成为我国土壤分类的主体。1978 年，中国土壤学会召开土壤分类会议，制定了依据土壤地理发生的"中国土壤分类暂行草案"。该分类方案成为随后开展的全国第二次土壤普查中使用的主要依据。通过这次普查，于 20 世纪 90 年代出版了《中国土种志》，其中包含近 3000 个典型土种。这些土种成为各行业使用的重要土壤数据来源。限于当时的认识和技术水平，《中国土种志》所记录的典型土种依然存在"同名异土"和"同土异名"的问题，代表性的土壤剖面没有具体的经纬度位置，也未提供剖面照片，无法了解土种的直观形态特征。

随着"中国土壤系统分类"的建立和发展，在建立了从土纲到亚类的高级单元之后，建立以土系为核心的土壤基层分类体系是"中国土壤系统分类"发展的必然方向。建立我国的典型土系，不但可以从真正意义上使系统完整，全面体现土壤类型的多样性和丰富性，而且可以为土壤利用和管理提供最直接和完整的数据支持。

在科技部基础性工作专项项目"我国土系调查与《中国土系志》编制"的支持下，以中国科学院南京土壤研究所张甘霖研究员为首，联合全国二十多所大学和相关科研机构的一批中青年土壤科学工作者，经过数年的努力，首次提出了中国土壤系统分类框架内较为完整的土族和土系划分原则与标准，并应用于土族和土系的建立。通过艰苦的野外工作，先后完成了我国东部地区和中西部地区的主要土系调查和鉴别工作。在比土、评土的基础上，总结和建立了具有区域代表性的土系，并编纂了以各省市为分册的《中国土系志》，这是继"中国土壤系统分类"之后我国土壤分类领域的又一重要成果。

作为一个长期从事土壤地理学研究的科技工作者，我见证了该项工作取得的进展和一批中青年土壤科学工作者的成长，深感完善这项成果对中国土壤系统分类具有重要的意义。同时，这支中青年土壤分类工作者队伍的成长也将为未来该领域的可持续发展奠定基础。

对这一基础性工作的进展和前景我深感欣慰。是为序。

中国科学院院士

2017 年 2 月于北京

丛 书 序 二

　　土壤分类和分布研究既是土壤学也是自然地理学中的基础工作。认识和区分土壤类型是理解土壤多样性和开展土壤制图的基础，土壤分类的建立也是评估土壤功能，促进土壤技术转移和实现土壤资源可持续管理的工具。对土壤类型及其分布的勾画是土地资源评价、自然资源区划的重要依据，同时也是诸多地表过程研究所不可或缺的数据来源，因此，土壤分类研究具有显著的基础性，是地球表层系统研究的重要组成部分。

　　我国土壤资源调查和土壤分类工作经历了几个重要的发展阶段。20 世纪 30 年代至 70 年代，老一辈土壤学家在路线调查和区域综合考察的基础上，基本明确了我国土壤的类型特征和宏观分布格局；80 年代开始的全国土壤普查进一步摸清了我国的土壤资源状况，获得了大量的基础数据。当时由于历史条件的限制，我国土壤分类基本沿用了苏联的地理发生分类体系，强调生物气候带的影响，而对母质和时间因素重视不够。此后虽有局部的调查考察，但都没有形成系统的全国性数据集。

　　以诊断层和诊断特性为依据的定量分类是当今国际土壤分类的主流和趋势。自 20 世纪 80 年代开始的“中国土壤系统分类”研究历经 20 多年的努力构建了具有国际先进水平的分类体系，成果获得了国家自然科学二等奖。“中国土壤系统分类”完成了亚类以上的高级单元，但对基层分类级别——土族和土系——仅仅开始了一些样区尺度的探索性研究。因此，无论是从土壤系统分类的完整性，还是土壤类型代表性单个土体的数据积累来看，仅仅高级单元与实际的需求还有很大距离，这也说明进行土系调查的必要性和紧迫性。

　　在科技部基础性工作专项的支持下，自 2008 年开始，中国科学院南京土壤研究所联合国内 20 多所大学和科研机构，在张甘霖研究员的带领下，先后承担了“我国土系调查与《中国土系志》编制”（项目编号 2008FY110600）和“我国土系调查与《中国土系志（中西部卷）》编制”（项目编号 2014FY110200）两期研究项目。自项目开展以来，近百名项目参加人员，包括数以百计的研究生，以省区为单位，依据统一的布点原则和野外调查规范，开展了全面的典型土系调查和鉴定。经过 10 多年的努力，参加人员足迹遍布全国各地，克服了种种困难，不畏艰辛，调查了近 7000 个典型土壤单个土体，结合历史土壤数据，建立了近 5000 个我国典型土系；并以省区为单位，完成了我国第一部包含 30 分册、基于定量标准和统一分类原则的土系志，朝着系统建立我国基于定量标准的基层分类体系迈进了重要的一步。这些基础性的数据，无疑是我国自第二次土壤普查以来重要的土壤信息来源，相关成果可望为各行业、部门和相关研究者，特别是土壤质量提升、土地资源评价、水文水资源模拟、生态系统服务评估等工作提供最新的、系统的数据支撑。

我欣喜于并祝贺《中国土系志》的出版，相信其对我国土壤分类研究的深入开展、对促进土壤分类在地球表层系统科学研究中的应用有重要的意义。欣然为序。

中国科学院院士

2017 年 3 月于北京

丛 书 前 言

土壤分类的实质和理论基础，是区分地球表面三维土壤覆被这一连续体发生重要变化的边界，并试图将这种变化与土壤的功能相联系。区分土壤属性空间或地理空间变化的理论和实践过程在不断进步，这种演变构成土壤分类学的历史沿革。无论是古代朴素分类体系所使用的颜色或土壤质地，还是现代分类采用的多种物理、化学属性乃至光谱（颜色）和数字特征，都携带或者代表了土壤的某种潜在功能信息。土壤分类正是基于这种属性与功能的相互关系，构建特定的分类体系，为使用者提供土壤功能指标，这些功能可以是农林生产能力，也可以是固存土壤有机碳或者无机碳的潜力或者抵御侵蚀的能力，乃至是否适合作为建筑材料。分类体系也构筑了关于土壤的系统知识，在一定程度上厘清了土壤之间在属性和空间上的距离关系，成为传播土壤科学知识的重要工具。

毫无疑问，对土壤变化区分的精细程度决定了对土壤功能理解和合理利用的水平，所采用的属性指标也决定了其与功能的关联程度。在大陆或国家尺度上，土纲或亚纲级别的分布已经可以比较准确地表达大尺度的土壤空间变化规律。在农场或景观水平，土壤的变化通常从诊断层（发生层）的差异变为颗粒组成或层次厚度等属性的差异，表达这种差异正是土族或土系确立的前提。因此，建立一套与土壤综合功能密切相关的土壤基层单元分类标准，并据此构建亚类以下的土壤分类体系（土族和土系），是对土壤变异精细认识的体现。

基于现代分类体系的土系鉴定工作在我国基本处于空白状态。我国早期（1949 年以前）所建立的土系沿用了美国系统分类建立之前的 Marbut 分类原则，基本上都是区域的典型土壤类型，大致可以相当于现代系统分类中的亚类水平，涵盖范围较大。"中国土壤系统分类"研究在完成高级单元之后尝试开展了土系研究，进行了一些局部的探索，建立了一些典型土系，并以海南等地区为例建立了省级尺度的土系概要，但全国范围内的土系鉴定一直未能实现。缺乏土族和土系的分类体系是不完整的，也在一定程度上制约了分类在生产实际中特别是区域土壤资源评价和利用中的应用，因此，建立"中国土壤系统分类"体系下的土族和土系十分必要和紧迫。

所幸，这项工作得到了国家科技基础性工作专项的支持。自 2008 年开始，我们联合国内 20 多所大学和科研机构，先后组织了"我国土系调查与《中国土系志》编制"（项目编号 2008FY110600）和"我国土系调查与《中国土系志（中西部卷）》编制"（项目编号 2014FY110200）两期研究，朝着系统建立我国基于定量标准的基层分类体系迈近了重要的一步。自项目开展以来，近百名项目参加人员，包括数以百计的研究生，以省区为单位，依据统一的布点原则和野外调查规范，开展了全面的典型土系调查和鉴定。经过 10 多年的努力，参加人员足迹遍布全国各地，克服了种种困难，不畏艰辛，调查了近 7000 个典型土壤单个土体，结合历史土壤数据，建立了近 5000 个我国典型土系，并以省区为单位，完成了我国第一部基于定量标准和统一分类原则的土系志。这些基础性的数据，无疑是自我国第二次土壤普查以来重要的土壤信息来源，可望为各行业部门和相关研究者提供最新的、系统的数据支撑。

项目在执行过程中，得到了两届项目专家小组和项目主管部门、依托单位的长期指导和支持。孙鸿烈院士、赵其国院士、龚子同研究员和其他专家为项目的顺利开展提供了诸多重要的指导。中国科学院前沿科学与教育局、科技促进发展局、中国科学院南京土壤研究所以及土壤与农业可持续发展国家重点实验室都持续给予关心和帮助。

值得指出的是，作为研究项目，在有限的资助下只能着眼主要的和典型的土系，难以开展全覆盖式的调查，不可能穷尽亚类单元以下所有的土族和土系，也无法绘制土系分布图。但是，我们有理由相信，随着研究和调查工作的开展，更多的土系会被鉴定，而基于土系的应用将展现巨大的潜力。

由于有关土系的系统工作在国内尚属首次，在国际上可资借鉴的理论和方法也十分有限，因此我们对于土系划分相关理论的理解和土系划分标准的建立上肯定会存在诸多不足乃至错误；而且，由于本次土系调查工作在人员和经费方面的局限性以及项目执行期限的限制，文中错误也在所难免，希望得到各方的批评与指正！

张甘霖

2017 年 4 月于南京

前　言

土壤分类是土壤科学的核心和基础内容，是认识和管理土壤的工具。土系是土壤系统分类中基层的分类单元，是指发育在相同母质上、处于相同的景观部位、具有相同土层排列和相似土壤属性的聚合土体。土系可为农业生产、国土管理、生态环境保护等提供重要的基础资料和数据。

2008 年，国家科技基础性工作专项"我国土系调查与《中国土系志》编制"（2008FY110600）项目立项，开启了我国东部的中国系统分类基层单元土族-土系的系统性调查研究。《中国土系志·广东卷》是该专项的主要成果之一，也是继 20 世纪 80 年代我国第二次土壤普查之后，广东省土壤调查与分类方面的最新成果体现。

广东省土系调查经历了基础资料与图件收集整理、代表性单个土体布点、野外调查与采样、室内测定分析、高级单元土纲-亚纲-土类-亚类的确定、基层单元土族-土系划分与建立等过程，共调查了 167 个典型土壤剖面，观察了近 100 个检查剖面，测定分析了近 800 个分层土样，拍摄了 3000 多张地理景观、土壤剖面和新生体等照片，获取了 4 万余条成土因素、土壤剖面形态、土壤理化性质方面的信息，最后共划分出 116 个土族，建立了 142 个土系。

本书中单个土体布点依据"空间单元（地形、母质、利用）＋历史土壤图＋内部空间分析＋专家经验"的方法，土壤剖面调查依据项目组制订的《野外土壤描述与采样手册》，土样测定分析依据《土壤调查实验室分析方法》，土纲-亚纲-土类-亚类高级分类单元的确定依据《中国土壤系统分类检索》（第三版），基层分类单元土族-土系的划分和建立根据项目组制订的《中国土壤系统分类土族和土系划分标准》。

本书是一本区域性土系调查专著，全书共分 11 章。第 1 章至第 3 章主要介绍了广东省的区域概况、成土因素与成土过程特征、土壤诊断层和诊断类型及其特征、土壤分类简史等；第 4 章至第 11 章详细介绍了建立的典型土系，包括其分布与环境条件、土系特征与变幅、代表性单个土体形态描述、对比土系、利用性能综述、参比土种以及土壤理化性质数据表、土系景观和剖面照片等。

在本书的出版之际，感谢"我国土系调查与《中国土系志》编制"项目组各位专家和同仁多年来的温馨合作和热情指导！感谢参与广东土系野外调查、室内测定分析、土系数据库建设的同仁和研究生！感谢广东省农业厅耕地与肥料总站、各县（市、区）农业局在野外调查工作中给予帮助！感谢浙江大学章明奎教授对本书的审稿和修改建议！

　　受时间和经费的限制，本次广东省土系调查不同于全面的土壤普查，而是重点针对典型土系，建立的典型土系虽然在分布上覆盖了广东省全域，但由于自然条件复杂、农业利用多样，众多土系尚没有调查到。因此本书对广东省的土系研究而言，仅是一个开端，要作的工作还很多，新的土系还有待今后充实。另外，由于作者水平有限，错误之处在所难免，敬请读者谅解和批评指正。

卢　瑛

2016 年 4 月于广州

目 录

上 篇 总 论

上篇 总　论

第1章 区域概况与成土因素

1.1 区域概况

1.1.1 地理位置

广东省简称粤，地处中国大陆南部，全境位于北纬 20°09′～25°31′和东经 109°45′～117°20′之间，东邻福建，北接江西、湖南，西连广西，南临南海，珠江口东西两侧分别与香港、澳门特别行政区接壤，西南部雷州半岛隔琼州海峡与海南省相望。广东省纵跨热带、南亚热带和中亚热带，北回归线从南澳—从化—封开一线横贯广东。广东省陆地面积 17.98 万 km^2，约占全国陆地面积的 1.85%；其中岛屿面积 1592.7 km^2，约占广东省陆地面积的 0.89%。广东省沿海共有面积 500 m^2 以上的岛屿 759 个，数量仅次于浙江、福建两省，居全国第三位。另有明礁和干出礁 1631 个。广东省大陆岸线长 3368.1 km，居全国第一位。按照《联合国海洋法公约》关于领海、大陆架及专属经济区归沿岸国家管辖的规定，广东省海域总面积 41.9 万 km^2。

受地壳运动、岩性、褶皱和断裂构造以及外力作用的综合影响，广东省地貌类型复杂多样，有山地、丘陵、台地和平原。地势总体北高南低，北部多为山地和高丘陵，最高峰石坑崆海拔 1902 m，位于阳山、乳源与湖南省的交界处；南部则为平原和台地。广东省山脉大多与地质构造的走向一致，以北东—南西走向居多，如斜贯粤西、粤中和粤东北的罗平山脉和粤东的莲花山脉；粤北的山脉则多为向南拱出的弧形山脉，此外粤东和粤西有少量北西—南东走向的山脉；山脉之间有大小谷地和盆地分布。平原以珠江三角洲平原最大，潮汕平原次之，此外还有高要、清远、杨村和惠阳等冲积平原。台地以雷州半岛—电白—阳江一带和海丰—潮阳一带分布较多。构成各类地貌的基岩岩石以花岗岩最为普遍，砂岩和变质岩也较多，粤西北还有较大片的石灰岩分布，此外局部还有景色奇特的红色岩系地貌，如著名的丹霞山和金鸡岭等；丹霞山和粤西的湖光岩先后被评为世界地质公园；沿海数量众多的优质沙滩以及雷州半岛西南岸的珊瑚礁，也是十分重要的地貌旅游资源。沿海、沿河地区多为第四纪沉积层，是构成耕地资源的物质基础。

广东省省会为广州市，2013 年底全省有广州、深圳、珠海、汕头、佛山、韶关、河源、梅州、惠州、汕尾、东莞、中山、江门、阳江、湛江、茂名、肇庆、清远、潮州、揭阳、云浮共 21 个地级市，有 23 个县级市、37 个县、3 个自治县、58 个市辖区，1128 个县（市）辖镇、11 个乡（其中 7 个民族乡）、446 个街道（国家统计局广东调查总队，广东省统计局，2014）。广东省农垦集团公司是农业部两大直属企业之一，由财政部纳入中央国有资本经营预算实施范围，现直辖湛江、茂名、阳江、揭阳、汕尾 5 个二级农垦集团、46 家国有农场，垦区现有土地总面积 22.7 万 hm^2。

1.1.2 土地利用

广东省是国内人多地少的省份之一。根据 2011 年统计资料,在广东省的土地利用结构中,农用地 1500.99 万 hm²,占全省土地总面积的 83.50%(其中:耕地占农用土地 20.44%,园地占 5.72%,林地占 67.96%,牧草地占 0.19%,其他农用地占 5.69%);非农建设用地 161.71 万 hm²,占广东省土地总面积 9%(其中:城乡居民点及工矿用地占建设用地的 80.36%,交通用地占 6.59%,水利水工建筑用地占 13.05%);未利用土地 134.86 万 hm²,占广东省土地总面积 7.5%。

根据广东省统计年鉴数据,近 20 年来耕地、林地面积略有减少,园地面积增加,牧草地面积很小(图 1-1)。

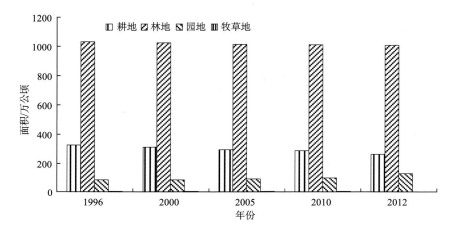

图 1-1 广东省农用土地利用变化图

1.1.3 社会经济基本情况

2013 年末广东省常住人口 10644 万人,户籍人口 8759.46 万人,其中农业人口 4031.97 万人;人口密度为 592 人/km²(国家统计局广东调查总队,广东省统计局,2014)。广东省是一个民族成分齐全的省份,全国 56 个民族广东都有。世居少数民族有壮族、瑶族、畲族、回族、满族。壮族主要分布在连山、怀集、廉江、信宜、化州、罗定等县(自治县、市);瑶族主要分布在连南、连山、连州、阳山、英德、乳源、乐昌、仁化、曲江、始兴、翁源、龙门、阳春等县(自治县、市、区);畲族主要分布在乳源、南雄、始兴、增城、和平、连平、龙川、东源、丰顺、饶平、潮安、海丰、惠东、博罗等县(自治县、市);回族主要分布在广州、深圳、珠海、肇庆、汕头、佛山、东莞等市;满族主要居住在广州市。改革开放以后,因人才流动、婚姻、务工经商等迁移或暂住广东的少数民族流动人口近 200 万人,主要集中在广州、深圳、佛山、东莞、中山等珠江三角洲地区各城市。

2013 年,广东省实现地区生产总值(GDP)62 163.97 亿元,其中第一产业 3047.51 亿元,第二产业 29 427.49 亿元,第三产业 29 688.97 亿元。人均地区生产总值 58540 元。

农林牧渔业总产值 4946.81 亿元，工业总产值 119 139.72 亿元。有效灌溉面积 2047.58 万 hm²，化肥施用量（折纯）243.91 万 t，农药使用量 11.01 万 t（国家统计局广东调查总队，广东省统计局，2014）。

1.2　成　土　因　素

1.2.1　气候

根据气候带的区划指标，广东省从北向南跨越了中亚热带、南亚热带、边缘热带三个气候带（图 1-2）。

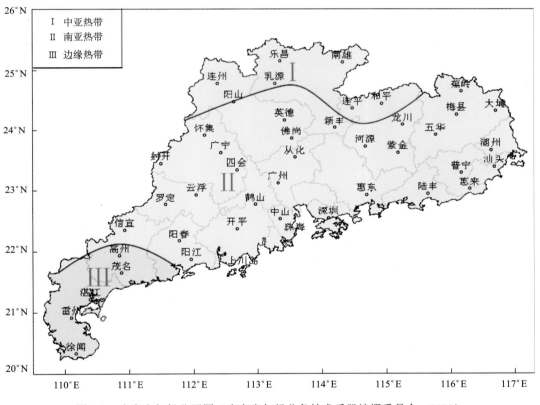

图 1-2　广东省气候分区图（广东省气候业务技术手册编撰委员会，2008）

中亚热带是典型的亚热带。广东省所属的中亚热带，包括粤北北部、粤东的西北部。区内地形复杂，山地丘陵交错。其气候特点为热量丰富、夏季炎热、无霜期长、冰雪很少。

南亚热带是亚热带向热带的过渡地带，具有某些热带的特色，与中亚热带有着明显的区别。广东省所属的南亚热带，包括粤北南部、粤中和粤东大部分地区及粤西。区内有平原、山地、丘陵等，其中包括工农业比较发达的珠江三角洲、韩江三角洲等。气候特点为热量丰富、夏季很长、霜期极短、冬季暖和、偶有结冰、降水充沛、常风大等。

边缘热带位于热带北缘。广东省所属的边缘热带地区，包括雷州半岛和茂名市南部及西南部沿海。区内有平原、山区、台地等。该区域光热充足、降水充沛、干湿季分明、热带气旋影响明显。广东省年太阳总辐射为 3758.8～5273MJ/m² （图 1-3）。分布趋势是东部和沿海多，北部、西部和内陆少。东部地区年太阳总辐射达 4600～5270MJ/m²，其中南澳 5273MJ/m² 为最大，澄海、饶平和潮阳也都在 5100MJ/m² 以上，雷州半岛的雷州、徐闻年太阳总辐射在 4790MJ/m² 以上。西部和北部年太阳总辐射较少，连山和云浮为两个低值中心，年太阳总辐射分别为 3758.8MJ/m² 和 3926.3MJ/m²。和平—龙门—广州—恩平—廉江一线以西、以北地区，年太阳总辐射低于 4500MJ/m²。

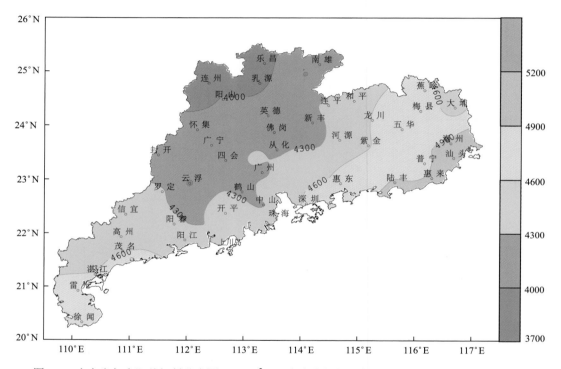

图 1-3　广东省年太阳总辐射分布图（MJ/m²）（广东省气候业务技术手册编撰委员会，2008）

　　图 1-4 为广东省 1971～2000 年的平均日照时数地区分布图。由图可以看出，年日照时数的低值中心主要出现于粤西北、中部地区，平均年日照时数少于 1500 h，高值中心出现于东部沿海地区和雷州半岛，平均年日照时数在 2000 h 以上。基本上呈沿海多、内陆少的空间分布趋势。这是因为广东内陆地区地处山地、丘陵，地形比较复杂，对日照有一定的削弱；而沿海地区相对平坦，同时容易受到副热带高压控制和热带气旋外围下沉气流的影响，以晴好天气居多，日照时数也相应较多。

　　从图 1-5 可以看出，年日照百分率的低值中心位于西北地区，该地区日照百分率均不足37%，最低只有 31%；日照百分率高值中心基本位于沿海地区，日照百分率均在 45% 以上。从分布上看，基本上也是呈沿海地区多、内陆地区少的空间分布趋势。总的来说，广东地区的日照百分率都不是很高，相比我国的日照百分率高值区（75% 以上）是相差较多。

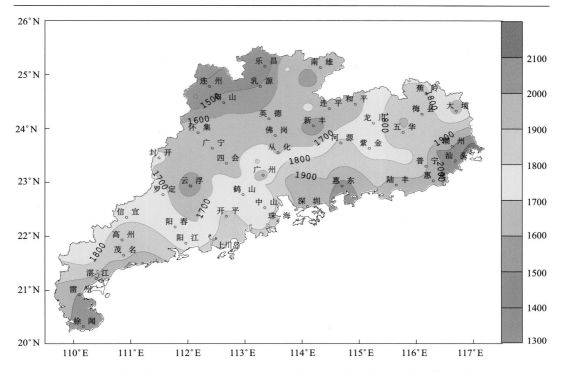

图 1-4　广东省年平均日照时数分布图（h）（广东省气候业务技术手册编撰委员会，2008）

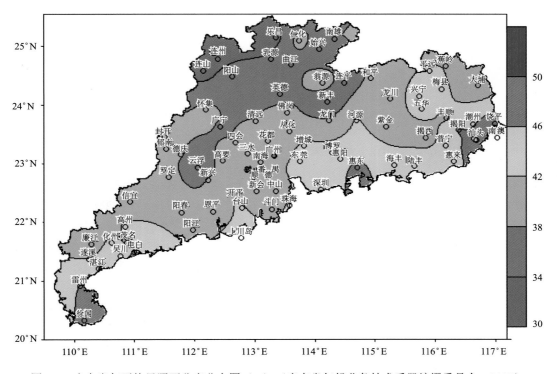

图 1-5　广东省年平均日照百分率分布图（%）（广东省气候业务技术手册编撰委员会，2008）

　　年平均气温可视为全年热量状况的总标志。根据气候资料统计，广东省全年平均气温的气候标准值为 21.6 ℃（1971～2000 年，86 站平均）。最高年平均气温出现在 1988年，达到 22.7 ℃，最低年平均气温出现在 1984 年，仅有 20.8 ℃，最暖年与最冷年平均气温相差达 1.9 ℃。

　　广东省大部分地区的年平均气温为 20～23℃，纬向差异非常明显，南部高北部低，高值区在雷州半岛和茂名市南部，年平均气温都在 23.0℃以上；低值区在和平、连平、始兴、乳源、连山一线以北，年平均气温低于 20℃（图1-6）。

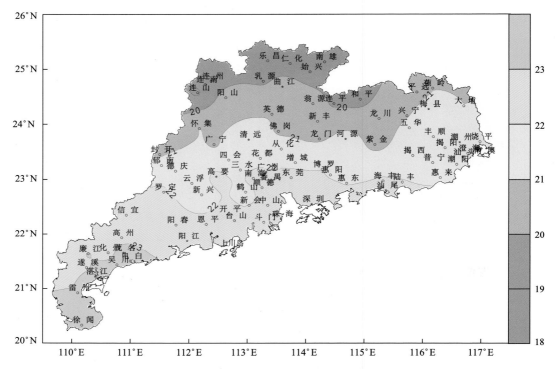

图 1-6　广东省年平均气温分布图（℃）（广东省气候业务技术手册编撰委员会，2008）

　　日平均气温≥10 ℃积温，对广东省作物生长和气候带划分有重要意义，它是水稻等大部分喜温作物活跃生长的界限温度。积温值不仅是气候带划分的首要指标，也是衡量一个地区农作物生长季节热量资源和气候潜力的重要指标。广东省日平均气温≥10 ℃积温南北差异较大（图1-7），雷州半岛和茂名市南部 8000～8500 ℃，南部其余地区和中部偏南地区 7500～8000 ℃，中部偏北地区 7000～7500 ℃，北部偏南地区 6500～7000 ℃，北部偏北地区 6000～6500 ℃。稳定通过 10 ℃的初日，南部沿海地区出现在 1 月中旬到1 月下旬，南部其他地区和中部大部地区在 2 月上旬到 2 月中旬，北部大部地区在 2 月下旬到 3 月上旬。稳定通过 10 ℃的终日，中部和南部地区出现在 12 月下旬，北部大部地区在 12 月中旬，北部偏北地区在 12 月上旬。可见，南北地区初日相差 30～50 d，终日仅相差 10 d 左右。初终间日数，西南部和东南部沿海地区 340～360 d，中部偏北地区300～320 d，北部偏南地区 280～300 d，北部偏北地区 260～280 d。

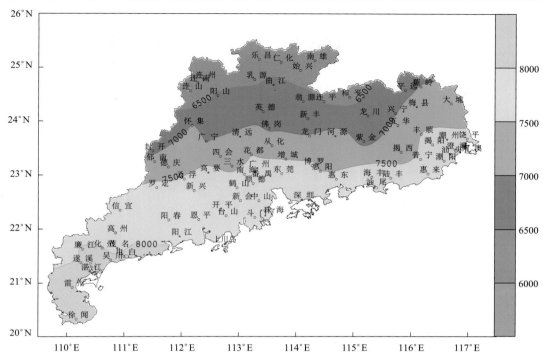

图 1-7　广东省日平均气温≥10℃期间累积温度分布图（℃）（广东省气候业务技术手册编撰委员会，2008）

　　广东省位于东亚大陆的东南缘，终年受海洋季风气流的影响，加上北倚南岭，东北—西南走向排列山脉分布，成为全国多雨省份之一。广东省平均年降水量为 1372～2613 mm，平均年降水日数达到 154 d。广东省多年平均降水量为 1801.6 mm，但不同年份的降水量相差很大，具有明显的年际变化。降水年内分布不均匀，一年中有 80%的降水集中在汛期（4～9 月），汛期降水量是非汛期降水量的 4 倍，干湿季明显。

　　受气候、地形地貌的影响，年降水量的空间分布也不很均匀，地区之间差异很大（图 1-8）。三个主要降水中心分别是：①粤西沿海高值区（阳江、恩平一带），平均年降水量 1900～2600 mm；②粤东沿海莲花山脉东南迎风坡高值区（海丰、陆丰一带），平均年降水量 2000～2400 mm；③北江中下游高值区（清远、佛冈、龙门一带），平均年降水量 2000～2100 mm。年降水量较少的地区主要有：粤西雷州半岛低值区、西江下游河谷低值区、粤北南雄坪石低值区、珠江三角洲低值区、兴梅盆地低值区、粤东潮汕平原低值区。

　　广东省气温比较高，降水量丰富，但蒸发量亦大，各地年蒸发量为 1300～2100 mm（图 1-9）。全省蒸发量比较高的地区：①粤东南澳—饶平；②东江下游的惠东—博罗；③粤西沿海的电白—茂名一带。这些地区年蒸发量为 1800～2100 mm，它们在地形上的共同特点是位于坡地两侧，海风可沿深入内陆的海湾而影响沿海一带。年蒸发量以粤北西北侧的连南最少，仅 1295.2 mm。蒸发量的地区分布，一般内陆少、沿海大；高山小、开阔盆地大。蒸发量的年内变化，除偏北地区 7 月份最高呈单峰型外，其余地方均呈双峰型，主峰在 7 月，次峰在 10 月。年内最小值出现在 2 月，该月内，除粤东、粤西部分

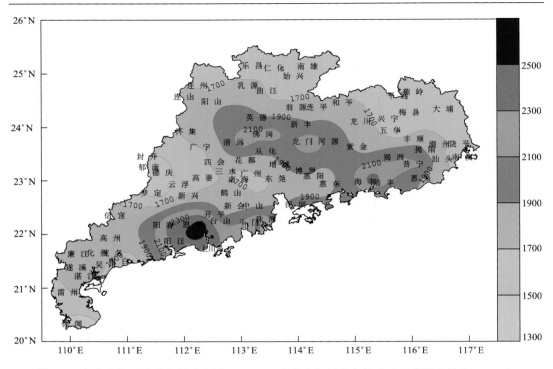

图 1-8　广东省年平均降水量分布图（mm）（广东省气候业务技术手册编撰委员会，2008）

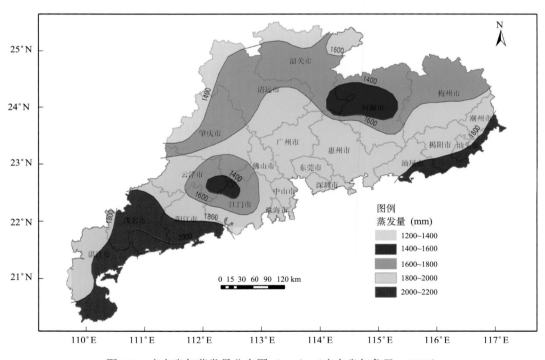

图 1-9　广东省年蒸发量分布图（mm）（广东省气象局，1982）

沿海为 100～110 mm 外,其余地区均不足 100 mm。7 月蒸发量最大,为 200～220 mm,与其高温期相一致。10 月除粤北外,蒸发量略有回升,各地均在 130～210 mm,其中分布是沿海大,内陆小。

1.2.2 地形地貌

广东省地势大体为北高南低,山地、丘陵、平原和台地兼有,而以山地和丘陵分布最广。全省面积中山地约占 34%,丘陵占 25%,平原占 22%,台地占 14%,峰林石山、河流等占 5.5%(表 1-1)。现将广东省地形特点分述如下(广东省土壤普查办公室,1993),山体走向和水系分布见图 1-10。

表 1-1 广东省地貌类型及面积(广东省土壤普查办公室,1993)

地貌类型	面积 /km²	占全省面积 /%	备注
中山	31 004.55	17.41	海拔>800 m,坡度 20°～50°
低山	28 878.16	16.21	海拔 500～800 m,相对高度 100～700 m,坡度 15°～35°
高丘陵	31 520.36	17.70	海拔 250～500 m,相对高度 100～400 m,坡度 7°～30°
低丘陵	12 725.15	7.15	海拔<250 m,相对高度<200 m,坡度 5°～20°
台地	25 378.5	14.25	相对高度<80 m,坡度<15°
平原	38 642.28	21.70	相对高度 1～10 m,坡度<7°
峰林石山	1758.6	0.89	海拔 500～800 m,相对高度 50～500 m
其他	8353.67	4.69	—
合计	178 081.27	100	—

(1)南岭北峙,地势南倾。广东省北部边界山地主要包括南岭的大庾岭、骑田岭及其支脉滑石山、瑶山等,这些山脉走向复杂,东西绵延 1000 km 以上,群山之中最北一列弧形山为大庾岭,一般海拔为 700～1100 m,个别山峰超过 1300 m,略呈东北—西南走向;另一列分东西两翼:西翼大东山由连州至韶关之南,呈西北—东南走向,一般海拔为 800～1200 m,个别山峰超过 1500 m。广东省最高峰石坑崆海拔为 1902 m,东翼石人嶂,由南雄至韶关之南,海拔为 500～1100 m,个别山峰达 1400 m,主要由砂岩、石英岩、花岗岩所构成。

粤北山地,呈明显向南突出的弧形构造,大体成为长江与珠江的分水岭,华中与华南气候的分界线。其中夹有石峰林立的石灰岩地形和悬崖峭壁的丹霞地形,山地之间有浈水、武水、滃江及连江谷地,山岭久经侵蚀,又形成了一些低平的山隘,如浈水和章水之间的梅岭关、武水和耒水间的折花隘,成为接连赣粤和湘粤间的天然通道。

(2)山地丘陵广泛分布。广东地形素有"七山一水二分田"之称,山地丘陵构成了地形的主体,其中中山、低山占全省面积的 1/3。由于北部群山集结,余脉南延,形成广东省中部自东而西的广阔丘陵地带。其间有韩江上游的梅江、东江、北江、西江等河流的中游贯穿于山地丘陵之间,使其分割成四大片:粤西的云浮山地、西江与北江之间的山地、北江与东江之间的山地和梅江山地。

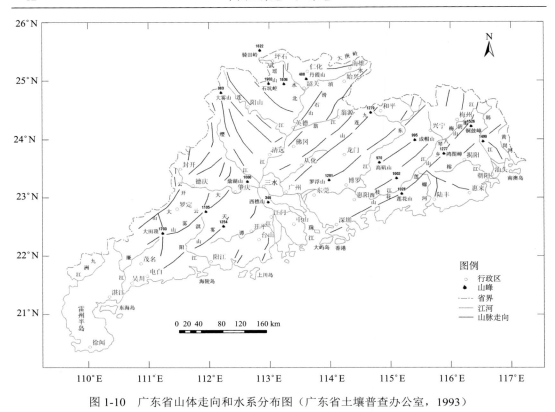

图 1-10　广东省山体走向和水系分布图（广东省土壤普查办公室，1993）

（3）东北—西南走向的山脉占优势。广东省多受华夏走向山脉控制。在粤北山地，主要有三列东北—西南走向平行排列的中、低山山脉，由东向西依次为：①莲花山脉，东北起梅县、大埔间的阴那山，经铜鼓嶂、九龙嶂、八乡山等，向西南延伸 300 km 以上，而尽于靠近深圳的大亚湾头，余脉入海为珠江口外的岛屿，这条山脉向东北延长，可与福建的戴云山遥接，主峰海拔 1000~1500 m；②罗浮山脉，它自东北闽粤赣三省交界的项山起，经兴宁北面的阳天嶂、河源的桂山，西南止于东江下游北岸的罗浮山，这列山脉海拔 1000~1500 m，东北连接福建西部的武夷山，其中虽被东江及其支流截作数段，但总长度仍超过莲花山脉；③九连山脉，东北始于连平县，经从化、增城间的南昆山，而止于广州的白云山。上述三条山脉之间尚有一些较短的平行山脉，这些山脉岩石的构成，多为花岗岩和流纹岩及小部分的变质岩。这些山脉之间有大片的盆地，如兴梅、灯塔、惠阳等红岩盆地和秋香江冲积盆地等。

　　粤西呈东北—西南走向的山地，主要有漠阳江东侧的天露山（海拔 1254 m）和西侧的云开大山（海拔 1704 m）、大云雾山（海拔 1140 m），主要由花岗岩构成，这些山脉之间有宽广的盆地及河谷，如罗定等红岩盆地、新兴砂页岩盆地、阳春石灰岩盆地。

　　粤北山脉走向比较复杂，呈现出向南突出的弧形山地。弧形山地的东部，东北—西南走向的山脉，除了九连山脉外，尚有浈水与滃江之间的石人嶂、七星墩、滑石山三个连贯的山簇构成的山脉。其西部主要为西北—东南走向山脉分布。在两翼山脉间有不少丘陵盆地，如南雄、仁化、坪石和连州的星子等红色盆地，此外，在连南、阳山、英德、翁源一带又多为石灰岩的低山与盆地。

（4）粤西台地平坦开阔。广东省台地一般是在海拔 100 m 以下，相对高度 5～80 m，地表起伏和缓，顶部齐平。以雷州半岛台地面积最大，其次电白和高州以西台地最普遍，是 50～150 m 高的平原，形似梯级的台阶，又叫台地平原，此外粤东、海丰、陆丰、惠来南部亦有分布。

（5）沿海三角洲平原低平宽广，海岸线绵延曲折。珠江三角洲是由西江三角洲、北江三角洲和东江三角洲复合而成，面积约 10900 km²，是全省最大的平原。珠江三角洲平原是一个多岛屿的海湾，由西、北、东三江挟带泥沙在海湾内不断堆积，逐渐淤高成的平原。平原上散布的山丘是昔日的海岛。珠江三角洲地势低平宽广，水系密布，河网密度高达 2 km/km² 左右。

潮汕平原是韩江三角洲、榕江三角洲、练江下游平原和黄冈河三角洲的合称，面积约 4700 km²，是广东省第二大平原。此外，尚有漠阳江平原、鉴江平原等。

1.2.3　成土母岩（质）

在太古代时期，广东省是华夏陆台的一部分，且以片麻岩、片岩、千枚岩、板岩和石英岩等组成的古老变质岩为基础，这些岩层目前广泛出露于西江沿岸、雷州半岛北部，是广东省最古老的岩层。

早古生代时，加里东运动对广东省的影响很大，剧烈的地壳褶皱，形成了东北—西南走向的褶皱带，使粤东、粤西等大部分地区隆起成为陆地，粤西云开大山等由此形成。由于地壳升降运动，形成了英德连江口盲仔峡（浈阳峡）、桂头等地的桂头系砂岩、砾岩等。

中泥盆世后期至晚泥盆世，地壳逐渐下降，海水自广西东北逐渐侵入广东西北部，在阳山、连山一带沉积了厚层的石灰岩。

石炭纪初期，海水再度入侵，范围比泥盆纪更广。早石炭世末期，海水变浅，沉积了海陆交替的石灰岩、砂岩和页岩等。

中、晚石炭世至二叠纪初期，海水从粤北继续向东、东南扩张，沉积了石炭、二叠系各期的石灰岩。早二叠世，海水退却，以海相及陆相沉积为主，同时在北江、东江和西江流域出现了滨海平原和沼泽地区，当时的气候湿润、森林茂盛，是广东省主要的成煤阶段。

三叠纪的印支运动虽没有加里东运动影响大，但也引起褶皱和断裂运动。

侏罗纪到古近-新近纪，除香港、惠阳和海丰一带外，各地都结束了海侵的环境，由于地壳整体上升，遗留下一些山间盆地，形成了陆相砾岩、砂岩和页岩所组成的小坪煤系以及火山岩系、红色岩系等。

侏罗纪末期到白垩纪初期的燕山运动，使广东省整体抬升，同时产生了强烈的褶皱和断裂作用，花岗岩广泛侵入，火山活动，并隆起不少山地，如粤北的弧形山地，粤东的凤凰山、罗浮山等。沿海许多岛屿，也是此时花岗岩入侵的结果，同时形成广东省多种金属矿产的分布。在花岗岩侵入体所造成的隆起山地之间或边缘地带，产生了许多拗陷或断裂，广东省许多红岩盆地都是在这种构造的基础上形成的，如粤北的南雄盆地、仁化盆地、坪石盆地、星子盆地，粤东的河源盆地、灯塔盆地、龙川盆地、五华盆地、兴宁盆地、梅县盆地，粤西的罗定盆地等。此外，粤东的莲花山、粤西高阳山和阳春附近山地，也是此时断裂上升而成。经过燕山运动，基本奠定了广东省现代地貌的轮廓。

古近-新近纪，喜马拉雅运动，主要表现为断裂隆起和拗陷、地壳振荡、地势抬高，产生了强烈的侵蚀作用和堆积作用，以后的新构造运动使地势继续抬高，花岗岩侵入体逐渐暴露于地表，形成了广东省广大的花岗岩山丘和台地。在沿海由于升降运动，地壳上升，形成了 25~45 m 的台地，地壳下降则使珠江、韩江等多溺谷，内陆山地间产生了各级阶地。地壳振荡上升同时，产生了间歇性火山喷发活动，形成了雷州半岛连片的玄武岩台地和台地上的火山丘。这时期，结束了香港、惠阳、海丰一带的浅海环境。

由于广东省未受第四纪冰川的影响，因此，土壤的年龄多较古老。另一方面，河流堆积作用发育，各河流中、下游和河口地段平原和三角洲发育，冲积层和沉积层深厚。

广东省成土母质类型及分布详述如下（广东省土壤普查办公室，1993）。

1）花岗岩

花岗岩包括花岗岩、花岗斑岩、花岗闪长岩等。广东省以花岗岩最为发达，分布非常广泛，依花岗岩侵入期，分为古生代花岗岩侵入体和中生代侏罗纪至白垩纪花岗岩侵入体。

古生代花岗岩以连山岩体为代表，主要出露在连州市永和水西两岸及高山，一般为中粒斑状角闪花岗岩，大部分为淡红色或灰白色，风化面为淡红棕色，大块裂隙状。主要矿物成分为：斜长石 30%~40%、钾长石 25%~30%、石英 25%~30%、普通角闪石 5.8%、黑云母 3%~5%。

中生代花岗岩以大东山岩体为代表，广泛出露于乐昌、连山、阳山、韶关等地，岩体构造有粗粒斑状、中粒斑状及细粒状花岗岩。矿物组成：斜长石 25%~35%、钾长石 35%~45%、石英 25%~30%、黑云母 2%~10%。

西江流域花岗岩，大体分为两种：一种为普通花岗岩，含石英、长石、黑云母，少量角闪石，因风化程度深，成低矮丘陵；另一种为花岗斑岩，斑晶为长石、石英等所组成，山岭比前者要高。

东南沿海花岗岩，普遍出露于揭阳、普宁、汕头等地以及粤西的高州、化州一带，大体有两种：一为普通花岗岩，中粒至粗粒结晶，主要成分为石英 24%~35%、斜长石 25%~30%、钾长石 35%~45%、黑云母 3%~10%，晶粒大小均匀，节理发育，风化崩解强烈，山丘上多石蛋；另一种为斑状花岗岩，矿物组成与普通花岗岩相同，但长石晶体较大，多为青灰色斑晶。

广州东北部花岗岩岩体中长石斑晶较多，晶体达数厘米，多灰白色及肉红色，这两种花岗岩遭强烈风化，土层厚，冲沟甚为发育。

2）玄武岩

玄武岩形成于第四纪的中更新世和晚更新世，主要分布于雷州半岛南部，形成玄武岩台地。此外在博罗县石坝、麻陂、杨村、汕头市郊鸡笼山和普宁县南径也有小面积分布。

雷州半岛玄武岩有橄榄玄武岩和普通玄武岩两种，灰黑色，含有数量不定的气孔，覆盖于湛江系之上。由于玄武岩多处多次喷发,因此在平缓玄武岩台地上屡见火山锥突起的景观。

玄武岩岩性致密坚固,难于侵蚀,形成较平坦的台地,坡度 2°~3°,只有熔岩喷出地点才见火山锥地形。玄武岩的主要矿物组成为斜长石 55.5%、正长石 4.5%、辉石 18%、橄榄石 14%、钛铁矿和磁铁矿分别为 4%,化学成分见表 1-2。

表 1-2　玄武岩的化学成分（广东省土壤普查办公室,1993）　（单位:%）

地　点	SiO_2	TiO_2	Al_2O_3	Fe_2O_3	FeO	MnO	MgO	CaO	Na_2O	K_2O	P_2O_5
雷州半岛	49.28	1.98	15.83	2.82	8.72	0.17	8.13	8.84	3.59	0.77	≈1
汕头鸡笼山	45.63	2.50	13.39	2.49	10.0	0.19	9.60	8.67	3.05	2.32	≈1

3）砂页岩

砂页岩包括砂岩、砾岩、页岩和砂页岩等,是广东省分布较广、面积较大的成土母岩,全省各市县均有分布,各个地质时期均有,岩性比较复杂。

太古代至寒武、奥陶纪的古老砂岩多为细粒,中粗粒较少,呈暗灰绿色厚层状,层理发育,矿物组成长石 45%~50%、石英 35%~40%、氧化铁胶结物 5%、碳质 1%,其他有少量混入的白云母、电气石、磷灰石、金红石等,此外尚有千枚岩化泥质页岩、泥质千枚岩和泥质砂质页岩,泥质含量较高的可达 65%~90%。奥陶纪-志留纪页岩,如望江楼系黄色页岩、连滩页岩,由灰黑色、黑色页岩及板状页岩所组成;文头山页岩,包括棕色至黑色细致页岩、黄色薄层页岩、紫色页岩及浅绿色页岩的交互层,其中以暗灰色板状页岩为代表。

广东省泥盆纪砂岩、页岩比较发育,广泛分布于粤西、粤北一带以及粤东、粤中等地,按其沉积物可分为海相沉积和陆相沉积两种,其岩性特征如下:

（1）桂头岩系,为早、中泥盆纪陆相沉积,出露于曲江、乐昌、乳源一带,岩性特点是下部有平整层理,沉积物的分选性层次明显,石英质,底部为砾岩,砾岩上为致密坚硬的紫灰色石英砂岩,并与粉砂岩、泥质岩相互成层。

（2）莲花山系,主要出露于湛江市北部,此外罗定的罗镜、江门的大人山亦有出露,上部为薄层灰岩与薄层砂岩、页岩互层,其下部为砾岩和石英砂岩与薄层页岩互层。

（3）小山岩系,主要出露于连州寨冈河与涧水河之间的分水岭,为中泥盆纪陆相沉积,底部为砾岩,上部为砂岩,具有粉砂岩夹层和泥质页岩夹层。

（4）东岗岭系,主要出露于乳源、乐昌、连州等地,为海相沉积,底部为灰岩,顶部为黄色泥质页岩夹有透明状细砂岩。

（5）石炭纪主要为海陆相混合沉积的测水岩系,出露于粤北的连州及韶关市,由砂岩、粉砂岩、页岩及砾岩互层所组成。

（6）二叠纪、三叠纪均有砂页岩形成,但其分布没有前面所述普遍。

（7）侏罗纪的小坪煤系,为陆相盆地沉积,出露于广州市北郊的小坪,此外,东莞、乐昌、增城、高要也有分布,由红、黄、白各色砂岩及黑色、灰色页岩所组成,含有薄层煤层。

4）红色砂页岩

包括紫红色砂岩和紫红色页岩。主要分布在低丘和盆地，如南雄盆地、兴梅盆地、罗定盆地、灯塔盆地等。广东省红色岩系主要形成于白垩纪和第三纪，属内陆湖相沉积，如河源的灯塔、连州的星子盆地，均由红色碎屑物质组成。第三纪的丹霞层分布更加广泛，如韶关、清远、广州、河源、惠州、梅州、东莞、佛山、肇庆、江门、云浮、茂名、湛江等地，整个岩层可分为上、中、下三层，下层为砾岩，中层为砂岩，上层为砂岩、页岩互层，颜色呈红色或紫红色，层理平整，形成不整合覆于其他岩层之上。

红色砂页岩由不同粒径的砾石、砂、黏土组成，成分以石英为主，由泥质和氧化铁及钙质胶结。岩体疏松，有裂隙，遇水软化或崩解，易风化侵蚀，特别是紫红色砂页岩，颜色呈紫色深暗，岩体表面和内部吸热和散热速度差异大，热胀冷缩的速度也不一致，在高温和多雨的条件下，使岩体更快分离崩裂。

5）石灰岩

主要分布在粤西北的阳山、连山、连南、乳源、乐昌、曲江、英德等县（市）。在粤西有三条不连续带状伸展的石灰岩分布，如怀集—封开—罗定、云浮—新兴—阳春—阳江、英德—四会—肇庆市等。此外梅州、河源、深圳、广州等都有一些分布。石灰岩主要形成于泥盆纪、石炭纪、二叠纪、三叠纪，此外奥陶纪-志留纪亦有形成。石灰岩岩性软，呈灰色或灰黑色，绝大部分组分是碳酸钙，高温多雨条件下，多被溶蚀、侵蚀形成峰林及溶洞等岩溶地形。

6）石英岩

分布不广，仅在梅州、茂名市以及粤北乐昌、曲江间的瑶山和广州市西北郊等地有小面积分布，形成于太古代到寒武纪-奥陶纪前古老变质岩系。此外，泥盆纪亦有石英岩形成，如桂头岩系和莲花山系等。石英岩岩性坚硬，石英颗粒硬度大，因其在变质时为硅质胶结，抵抗侵蚀特别强，往往形成峡谷地形或陡峻地形，山脊犬牙交错，表现出石英岩坚硬的特性。

7）片岩

片岩包括片麻岩、千枚岩、片岩、板岩、大理岩等，分布极广。主要分布于粤西，如罗定的泗沦墟、高州东北的白石墟、滑石墟和阳春附近以及西江流域的新兴、云安，粤东兴宁的水口、五华城附近。此外，增城的罗布峒、博罗的罗浮山、从化大庙峡、翁源的石顶、四会市的石狗墟、中山市的平岗等也有分布。这些岩石大部分由火成岩变质而成，仅小部分为沉积岩变质而成。岩层常位于各种岩层之下，变质程度甚深，属太古代或元古代的产物。

8）第四纪红土

主要分布于东江、西江、北江流域及沿海一带。分布地势平缓，红土层深厚，在其母质上形成的土壤，质地黏重，有卵石或砂石层出露地表，形成砂质、砾质土壤。典型的第四纪红土有黏土层、网纹层和砾石层。在表层的黏土层下，一般有红、黄、白色相间网纹层。网纹层下是经水流搬运磨圆的卵石层，间有铁锰结核，甚至有呈块状分布的铁磐层。

9）沉（冲）积物

包括河流冲积物、三角洲沉积物、滨海沉积物、古浅海沉积物。广东省河流众多，水网密布，河流冲积物遍布全省各地。三角洲沉积物主要分布于各大河流下游地区，如东江、西江、北江的下游，韩江、漠阳江等河流下游。滨海沉积物主要分布在广东省沿海各地。古浅海沉积物主要分布于雷州半岛北部，其中以遂溪、雷州和湛江郊区分布最多。分布在该区的第四纪更新统的湛江组、中更新统的北海组和全新统的深厚的冲积沉积层。

1.2.4　植被

广东省横跨北缘热带、南亚热带和中亚热带，地貌类型多样，光、热、水、土因素时空分布不均，植被类型繁多，地域分异明显。由于纬度地带差异，从南到北有热带季雨林、亚热带季雨林和亚热带常绿阔叶林。不同纬度的山地发育了热带季雨林、山地常绿阔叶林、山地常绿阔叶落叶混交林或针叶阔叶混交林以及山地矮林。不同热量带丘陵原生植被破坏后，发育了热带灌丛草地和亚热带稀树灌木草坡，滨海发育了滨海植被等（广东省植物研究所编著，1976；陈树培等，1989）。

1）热带雨林和亚热带森林植被

热带季雨林主要乔木树种有鸭脚木、大沙叶、榕树、红车、白车、黄桐、春花、胆八树等。灌木有九节木、酒饼叶、毛果算盘子、三脉马钱、布渣叶、山石榴等。藤木常见有叶藤、倪藤、油椎、牛筋藤、鸡藤，最下层为草本植物，多是高良姜、仙茅、井边茜等。分布在雷州北部至遂溪南部等浅海沉积物地带的季雨林及乡村林，以桉树、木麻黄、湿地松、台湾相思、大叶相思、榕树、樟树、大沙叶、打铁树为主，其外貌为灌丛，由桃金娘、谷木、黄牛木等组成。分布在廉江市南部的热带常绿季雨林，由于水热条件较好，乔木比较高大，树枝干比较直，主要树种有黄桐、胆八树、鸭脚木、荔枝、乌榄、杜英等。

南亚热带常绿季雨林是广东省主要地带性森林植被类型，分布于南亚热带沿海至怀集—英德—大埔一线以南的台地、丘陵、低山地区。植物的种类具有热带、亚热带过渡的性质，热带与亚热带植物混生，优势种不明显，以樟科、壳斗科、桃金娘科、桑科、山茶科、大戟科植物占优势。群落结构上，乔木分三层，高度 10～24 m，以亚热带科属居多，热带乔木也不少，落叶树种不多，但部分树种冬季换叶。灌木层种类丰富，草质藤本较多，还有一些粗大的木质藤本，附生植物也不少。由于人类长期频繁的活动，原始的季雨林几乎破坏殆尽，仅见于鼎湖山等自然保护区以及其他局部小片残存。但它拥有丰富的优良木材树种，如楠木、格木、各种红豆、石斑木、广东假吊钟、红鳞蒲桃、各种蕈树、荔枝、天料木、杜英和桂木等硬木以及壳斗科的刺锥、锥栗、石柯、石栎、饭甄树、雷公橱等。有丰富的野生淀粉植物，如壳斗科的栲属、石柯属和栎属，以及小叶买麻藤、金毛狗、福建莲座蕨、蕨菜、海芋、薯芋、菝葜、胀荚合欢等。油脂植物，如竹柏、山苍子、血胶树、华山矾、降真香等约 150 种。纤维植物，如山芝麻、了哥王、野苹婆、石子藤、白背叶、省藤和眼镜豆等约 200 种。药用植物，如金银花、土茯苓、巴豆、大沙叶、黄栀子、黄精、淡竹叶、常山、禾叶麦冬和艾纳香等约 200 种。野生杂果植物，如桃金娘、油甘子、金樱子、各种悬钩子、酸枣、韶子和龙珠果等 150 多种。野生单宁、染料、涂料等植物 100 多种。此外，尚有许多驰名省内外的土特产品，如广藿香、肉桂、砂仁、红花油菜等。

中亚热带常绿阔叶林分布于广东省北部粤北地区，是中亚热带的地带性森林植被。植物组成很丰富，以亚热带常绿阔叶树种为主，也混有热带和温带的树种。主要属有壳斗科、樟科、木兰科、杜英科、金缕梅科、茶科、安息香科、山矾科、杜鹃花科等，多数是在本地发生发展起来的华南区系植物。由于地质古老，且受第四纪冰川影响小，因此，还保存不少古老特有植物，如特有科有钟萼木科，特有属有观光木属，特有种有厚皮栲、帽峰椴等。珍稀、濒危树种很多，如国家重点保护的一、二类植物篦子三尖杉、伞花木等。单位面积上的植物种类少于热带雨林，乔木也较低矮，一般 15～20 m，只有二层，树冠一般呈广伞形，分枝低矮，附生植物很少。原生植被多已受破坏，大部分已演变成次生林。

2）热带草原和亚热带草坡植被

热带草原植被包括：①旱中生性灌丛草地及草坡，以蜈蚣草、华三芒占优势，其他尚有长穗鱼眉草、毛画眉草、鹧鸪草、香附子、扭黄茅等，散布的灌木一般高 60～100 cm，有山芝麻、鸡骨香、坡柳、岗松、打铁树、厚皮树、桃金娘、了哥王、刺葵等。②中生性灌丛草地及草坡，常见草本种类有白茅、青香茅、野香茅、鸭嘴草等茅类，散布的灌丛疏密不一，高度为 70～160 cm，覆盖度在 20%～50% 不等，种类以桃金娘、打铁树、大沙叶和坡柳为主。③湿中生性灌丛草地及草坡，以野香根草为主，草高 140 cm 左右，下层为匍匐生长的牛鞭草。

亚热带草坡是分布在亚热带丘陵和山地上的草原型植被类型，它是由芒萁或多年生禾草等中生性植物为主所组成，并散生有常绿的灌木或马尾松乔木。根据群落的外貌、结构、组成成分及生境等特点，广东亚热带草坡分为丘陵亚热带草坡和山地亚热带草坡。

（1）丘陵亚热带草坡，又分中生性亚热带草坡和旱中生性亚热带草坡两种。丘陵中生性亚热带草坡分布地区绝大部分都是海拔 500 m 以下的丘陵地，坡度比较平缓，一般为 20°～35°，土壤较湿润，草本层以中生性芒萁占绝对优势，高度 40～80 cm，覆盖度 50%～70%，群落总覆盖度 80%～90%。灌木以桃金娘、岗松为主。乔木稀少，以马尾松为主，局部地区有散生的荷木、枫香等阔叶树。常见草本植物尚有鸭嘴草、鹧鸪草、五节芒、白茅、黑莎草、珍珠茅等。丘陵旱中生性亚热带草坡，主要分布在海拔 300 m 以下的低丘陵，坡度平缓，一般为 15°～30°，降雨丰沛，但人类活动频繁，植被破坏较严重，覆盖稀疏，因此有水土流失现象，土壤比较干旱。灌木层覆盖度一般比中生性草坡小，多在 10%～30%，高度为 20～30 cm。组成种类以岗松占绝对优势，局部地方有山芝麻、野藿香和檵木等。草本植物层比较矮小稀疏，高 20 cm 左右，覆盖度 20%～35%，组成种类以旱中生性的禾本科草类为主，如鹧鸪草、华三芒、红裂桴草等。群落总覆盖度为 30%～70% 不等。

（2）山地亚热带草坡，多分布于海拔 500 m 以上的山地上部，气候温凉湿润，常有云雾笼罩。主要是由草本植物层构成，此外还有一些灌木散生于草本植物层之上。组成草本植物层的植物以多年生的禾本科植物为主，一般高度 50～60 cm，覆盖度 60%～90%，冬季容易枯黄，优势草种是金茅、鸭嘴草、五节芒、野古草等。草本层之下常有犁头草、地耳草、小二仙草等耐阴的矮草。散生的灌木以杜鹃花科、石楠科、山茶科、蔷薇科和柿树科的种类为主，如米碎花、罗浮柿、乌饭树、映山红、桃金娘、紫杜鹃、山苍子等。

亚热带草坡的植物资源很丰富，在亚热带自然植被破坏后，山地丘陵草坡的发育，对防止水土流失、保护生态平衡起了很大作用。

3）滨海植被

滨海植被包括滨海沙生植被和红树植被。热带滨海沙生植被常见的植物有厚藤、向背荆、茅根等；在较为固定的砂土上有白掌钉、巴西草、丝毛飘拂草；在固定的砂土上的植物为圆球状的有刺灌丛和肉质植物如露兜、仙人掌、鹊肾树、刺勒木等。红树林分布于本省沿海的港湾泥滩及河流出口冲积土上，这些泥滩常受潮水间歇性的浸淹，属滨海盐渍沼泽土，含盐量高，碱性，土质黏重，宜红树林生长。红树林绝大部分为灌木林，高度 1～6 m，个别为 10～12 m，郁闭度 50%～80%，林下植物稀少，只有稀疏的幼苗，主要树种有木榄、红茄苳、红树、角果木、秋茄、白骨壤、桐花树、海漆、海芒果、老鼠勒等。

4）石灰岩植被

广东省的石灰岩植被主要分布在粤北的乐昌、连州、连南、阳山、乳源、英德等石灰岩区，此外还分布在粤中的怀集、高要、清新、从化、龙门等县（市）、粤东的蕉岭、梅县、大埔等县，粤西的封开、云安、罗定、阳春等县（市）。石灰岩分布区，大部分岩体裸露，多峰林石山，只有岩沟、石隙和山麓上才有土层覆盖，岩石易透水，土壤较干燥，生境干旱缺水，因土壤覆盖断断续续，植物也呈不连续的丛状分布。

石灰岩常绿落叶阔叶混交林比较低矮，一般高度 8～15 m，树木分布疏密不一，林冠参差不平，也不连续。在冬季，大约有 1/3 的树种和 1/4 的乔木植株落叶，乔木有 1～2 层，优势种较明显，常见的常绿树有青冈栎、椤木石楠、桂花、樟叶槭、杨梅蚊母树、粗糠柴等；常见的落叶树有化香树、黄连木、圆叶乌桕、酸枣、光皮树、朴树、枳椇、黄梨木、槲栎、栓皮栎、麻栎等。灌木层中多有刺灌木、藤状灌木和藤本植物，常见的有竹叶椒、山黄皮、红背山麻杆、苎麻、粗糠柴、龙须藤、铁线莲等。草本植物层比较稀疏，以蕨类、薹草属、百合科等的种类较多，如铁线蕨、槲蕨、薹草、沿阶草等。

石灰岩灌丛主要分布于连州、阳山、英德、乐昌、乳源、曲江等地，大部分是由石灰岩常绿落叶阔叶混交林遭破坏后产生的次生类型，小部分是自然发展而成。生境特点是岩石裸露、土层浅薄、保水性能差、易受干旱、昼夜温差大。灌丛主要由灌木和藤本植物组成，一般高度 1～1.5 m，最高达 3 m，覆盖度为 40%～60%，群落中常混有小乔木，组成的种类多为喜钙植物，具有叶小、多刺、肉质等耐旱特征。由于多刺的藤本和灌木互相交织，群落杂乱，难以通行，常见种类有檵木、黄荆、火棘、红背山麻杆、小果蔷薇、绣线菊、鸡血藤、悬钩子等。灌丛草本植物稀少，覆盖度为 5%～8%，主要种类有铁线蕨、乌韭、肾蕨、景天、薹草等。在有薄层土壤覆盖的地段，常形成块状的以禾草为主的草坡类型。

石灰岩丘陵山地草坡常与石灰岩灌丛交错分布，多出现在有薄层土壤连片覆盖的坡面上，主要由草本植物组成，其中夹杂少量的灌木。群落高度为 40～60 cm，覆盖度 70%～

90%，以野古草、金茅、芒穗鸭嘴草占优势。其他常见的种类有五节芒、白茅、两歧飘拂草、一枝黄花、牡蒿、野菊等。散生灌木有檵木、黄荆、火棘等，在局部沟谷中常出现块状的高草群落，多由五节芒、菅等组成。

　　5）广东省山地植被的垂直分布

　　由于水热条件随山地海拔的增加而变化，导致植被群落出现垂直分布规律，不同的纬度带有不同的植被垂直分布。

　　中亚热带山地的基带植被是亚热带常绿阔叶林，根据海拔不同有下列类型：

　　（1）常绿阔叶林。分布于海拔 800～900 m 以下的低山、丘陵上，主要植物种类有：红椎栲、罗浮栲、甜槠、小叶栲、藜蒴、鹿角栲、黄樟、华润楠、荷木、阿丁枫、薯豆、杜英、笔罗子等；林下灌木主要有细枝柃、尖叶杨桐、罗伞树、柏拉木、羊角花等。草本植物以蕨类为主，如狗脊、华里白、日本瘤足蕨等。此外还有淡竹叶、十字苔、山姜等。常见藤本植物有瓜馥木、藤檀、鸡血藤等。在南坡下部的沟谷中还可见到野芭蕉、海芋、福建莲座蕨或华南省藤等组成的热带林下层层片。有些地区，常绿阔叶林中还混生有毛竹，形成毛竹、阔叶树混交林。

　　（2）常绿落叶阔叶林。分布在海拔 800～1300 m 山地上，在山地常绿阔叶林中，局部地方嵌有山地常绿落叶阔叶混交林，如乳源的五指峰、天井山等山地上部，常绿阔叶林常见树种有红椎栲、罗浮栲、硬斗柯、红楠、阿丁枫、毛桃木莲等，落叶树种有水青冈、雷公鹅耳枥、香桦、檫树、山乌桕、缺萼枫香、酸枣、槭树等。在一些次生林中，落叶树的比例较大，并多为拟赤杨、山乌桕、缺萼枫香、黄漆树等。

　　（3）常绿阔叶林、针叶阔叶混交林。分布在海拔 1300～1600 m 山地上，常绿阔叶林群落组成比较简单，林木比较低矮，一般高度 11～16 m，优势种比较明显。常见种类有甜槠、红椎栲、金毛柯、硬斗柯、荷木、五列木、硬叶楠、金叶含笑、羊角花等。其中常混生有少量的针叶树和落叶树，林下常以矮小的竹子为主，如箭竹等，此外还有杜鹃、柃木、山矾等灌木和狗脊、日本瘤足蕨等草木植物。在此带内局部多石的陡坡上，常镶嵌着斑块状的针叶阔叶混交林，主要针叶树种有广东松、福建柏、长苞铁杉等；林中乔木分两层，上层树种主要有广东松、甜储、金毛柯等，下层树种主要有福建柏、长苞铁杉、红椎栲、五列木、硬叶楠等。

　　（4）山地矮林。海拔 1600 m 以上为山地矮林，林木矮小，一般高度 3～6 m，最高达 10 m，林冠整齐、稠密，植株分枝多而弯曲，枝干上密披苔藓，叶子厚而呈革质，有光泽或披茸毛。常见乔木有华南杜鹃、甜槠、硬斗柯、金毛柯、少药八角、五列木、银木荷、广东厚皮香、毛岩柃、乌饭树等。林下以箭竹为主，地面上铺满厚厚的苔藓植物。

　　南亚热带山地的基带植被是亚热带常绿季雨林，一般分布在海拔 300～400 m 以下，400～1000 m 为山地常绿阔叶林。粤西则在海拔 800 m 以下为低山常绿季雨林，组成树种为米槠、薯树、荷木、红苞木等；粤东多为山地常绿阔叶林，组成种类为红椎栲、荷木、薯树、杜英等。此带的现状植被多为马尾松灌丛草坡及海拔 1000～1200 m 以上的山顶矮林。现状植被有三种：①亚热带常绿阔叶苔藓林，富苔藓植物，由厚皮香、山矾、杜鹃等组成；②山顶矮林，由五列木、吊钟花、杜鹃花、赤竹等组成；③山地灌丛草坡，由杜鹃、乌饭树、五节芒、野古草和鸭嘴草等组成。

　　由于该省热带范围没有高大的山体，所以缺失山地植被垂直带谱。

　　5）人工植被

　　长期以来，人们在生产实践中，根据因地制宜的原则栽培了人工植被。由于广东省自然条件优越，且具有地跨热带、亚热带的过渡性特点，因此栽培植物种类丰富，品种繁多，并以热带和亚热带种类为主。各类栽培植物包括：①粮食作物：水稻、小麦、薯类、玉米、大豆等；②经济作物：甘蔗、花生、桑、茶叶、烟叶、豆类、芝麻、木薯等；③果树：主要有荔枝、龙眼、香蕉、菠萝、杧果、黄皮、番石榴、杨桃、番荔枝、菠萝蜜、人心果、番木瓜、西番莲、莲雾、橄榄、桃、杏、李、梅、梨、柿、柑、橙、柚等；④蔬菜：菜心、白菜、芥蓝、花椰菜、青花菜、结球甘蓝、球茎甘蓝、叶用芥菜、结球芥菜、根用芥菜、蕹菜、散叶莴苣、结球莴苣、莴笋、苦苣菜、菠菜、芹菜、苋菜、落葵、茼蒿、枸杞、叶菾菜、节瓜、冬瓜、黄瓜、有棱丝瓜、普通丝瓜、苦瓜、越瓜、菜瓜、南瓜、西葫芦、瓠瓜、佛手瓜、长豇豆、菜豆、豌豆、菜用大豆、扁豆、番茄、茄子、辣椒、萝卜、胡萝卜、菾菜根、芋、大薯、白山药、豆薯、葛、姜、马铃薯、分葱、大葱、韭、大蒜、薤、洋葱、芫荽、紫苏、香花菜、薄荷、豆瓣菜、莲藕、茭菰、荸荠、茭白、菱、水芹、草菇、金针菇、凤尾菇、双孢蘑菇、香菇、竹笋、霸王花、黄花菜、紫背天葵、石刁柏、甜玉米、樱桃番茄、朱凤番茄、柠檬留兰香、菊苣、黄秋葵、白苞蒿、蒴菜、荠菜、野苋、簕苋、马齿苋、车前草、野茼蒿、黄鹌菜、多茎鼠曲草、夜来香、毛木耳、乌毛蕨等；⑤经济林和用材林：油茶、油桐、肉桂、八角、海棠果、蒲葵、棕榈树、板栗、杉树、马尾松、木麻黄、桉树、毛竹等；⑥特有的药用植物：阳春砂仁、广藿香、化州桔红、陈皮、何首乌、佛手、巴戟天、金钱草、广防己和西江桂等。

1.2.5　时间因素

　　土壤不仅随着空间条件的不同而变化，而且随着时间的推移而演变。从地形演替的角度上看，广东省的土壤年龄有从北部丘陵台地向南部沿海平原由老到新发展的趋势，例如北江水系沿岸四级基座阶地以上发育的土壤年代最为久远，可能形成于早更新世早期甚至上新世时期。三级阶地（T_3）上发育的富铁土（红壤）至少始于 70 多万年前的早更新世（Q_1），二级基座阶地（T_2）的富铁土（红壤）发育于中更新世（Q_2），距今 70～10 万年间，一级堆积阶地（T_1）的富铁土（红壤性土）形成时期是在晚更新世（Q_3），距今 10 万年以内，河漫滩（T_0）上发育的雏形土（冲积性土）是在全新世（Q_4）距今 1 万年以来所形成的。

　　不同阶地上成土年龄的差别，在土壤的性质上亦得到反映。韶关曲江北江谷地阶地土壤矿物研究表明（殷细宽和曾维琪，1991），因各阶地物质来源均为冲积物，土壤矿物组成相似。但由于地貌年龄不同，成土年龄差异，土壤矿物在风化程度上的差异而形成的土壤亦不同，成土时间老的侵蚀阶地（T_3）发育的为强富铝化富铁土（红壤），T_2基座阶地发育的土壤为稍强富铝化富铁土（红壤）和新堆积阶地（T_1）进行弱红壤化过程所形成的富铁土（红壤性土），而近期所形成的河漫滩（T_0）土壤处于初育土阶段。

　　从剖面形态看，土壤年龄由幼年向老年发育，土壤质地由粗变细，土壤颜色由灰黄、红黄、红色至暗棕红色，pH 随之降低，见表 1-3 。

表 1-3　不同成土年龄土壤的剖面基本性质（殷细宽和曾维琪，1991）

土类	阶地类型	地质时代	比高/m	地貌	母质	土层深度/cm	土壤颜色	pH（H₂O）	质地（卡氏制）
富铁土（红壤）	侵蚀阶地（T₃）	Q₁	40～50	丘陵	冲积洪积物	50～80	红棕色（2.5YR4/6）	4.57	重壤土
富铁土（红壤）	基座阶地（T₂）	Q₂	20～25	丘陵	冲积物	180～200	红橙色（10R6/8）	4.34	重壤土
富铁土（红壤性土）	堆积阶地（T₁）	Q₃	8～10	冲积平原	冲积物	150～200	黄色（2.5Y8/6）	6.15	中壤土
雏形土（冲积性土）	河漫滩（T₀）	Q₄	1～2	平坦地	冲积物	43～143	棕色（7.5YR4/6）	6.02	轻壤土

从黏土矿物组成看，随着阶地升高，土壤年龄愈老，黏粒含量增加，钾含量、硅铝率、硅铁铝率和阳离子交换量下降（表 1-4）。黏土矿物以高岭石为主。风化强度愈大，水云母脱钾愈多，进一步风化，脱硅形成高岭石，于是水云母数量减少，高岭石相对增加（表1-5）。根据原生矿物分析，土壤年龄愈大，土壤矿物风化系数亦随之增加，说明其风化强度愈大的结果。由此可见，不同地质历史所形成的阶地，在其基础上所成的土壤年龄是不同的，反映在同一土壤类型发育阶段上及其所成的土壤性质亦有差异。

表 1-4　不同成土年龄土壤黏粒（<2μm）的化学组成比较（殷细宽和曾维琪，1991）

土类	阶地类型	地质时代	黏粒含量/%	SiO₂/%	Al₂O₃/%	Fe₂O₃/%	K₂O/%	SiO₂/Al₂O₃	SiO₂/R₂O₃	CEC/(cmol(+)/kg)
富铁土（红壤）	T₃	Q₁	38.4	31.21	40.02	11.24	0.43	1.33	1.13	7.99
富铁土（红壤）	T₂	Q₂	40.4	38.68	37.78	5.76	1.72	1.73	1.73	18.49
富铁土（红壤性土）	T₁	Q₃	33.1	42.36	34.19	4.68	2.85	2.09	1.92	18.61
雏形土（冲积性土）	T₀	Q₄	18.6	41.7	30.37	10.06	2.31	2.33	1.94	22.22

表 1-5　不同成土年龄土壤黏粒（<2μm）的矿物组成比较[*]（殷细宽和曾维琪，1991）

土类	阶地类型	地质时代	主要黏土矿物	次要及微量黏土矿物
富铁土（红壤）	T₃	Q₁	高岭石	14Å矿物、赤铁矿、蒙脱石、针铁矿水云母-蒙脱石混层水云母
富铁土（红壤）	T₂	Q₂	高岭石	水云母、三水铝石、针铁矿、14Å矿物、蒙脱石、水云母-蒙脱石、蒙脱石-高岭石混层
富铁土（红壤性土）	T₁	Q₃	水云母、高岭石	14Å矿物、蛭石、蒙脱石、石英、绿泥石-蒙脱石混层
雏形土（冲积性土）	T₀	Q₄	水云母、高岭石	14Å矿物、蛭石、埃洛石、蒙脱石、三水铝石、绿泥石-蒙脱石混层

* 矿物含量多少按先后顺序排列。

雷琼地区不同发育时间序列（6.12～0.01 Ma）的玄武岩母质土壤研究结果表明（张立娟等，2012），成土年龄影响风化成壤作用，成土时间长的剖面中易溶元素的淋失率高，体现了迁移累积效应，而年轻的剖面中元素迁移率则随成土年龄的变化更加明显。成土年龄对常量元素迁移率的影响具有一定的阶段性特征，早期影响显著，当风化成壤作用进行到一定程度后，成土年龄的影响明显减弱。成土年龄影响土壤中石英颗粒微形态特征（张瑾等，2012），从新成土到铁铝土阶段（1.33～0.01 Ma），石英颗粒表面风化程度逐渐加深，机械作用形成的特征完全消失。成土时间较长的铁铝土（6.12 Ma）中石英颗粒出现裂解现象。土壤中的植硅体从新成土到富铁土阶段急剧降低，从富铁土到铁铝土阶段降幅明显减少，进入铁铝土阶段则基本趋于稳定（张瑾等，2011）。

1.2.6　人类活动

人类活动与其他自然因素有着本质的不同，在土壤形成过程中具有独特的作用。人为活动对土壤形成、演化的影响是十分强烈的，其演变速度远远超过自然成土因素的演化过程，可以有目的、定向的加快土壤的发育过程和熟化过程，提高土壤肥力，如恢复和抚育植被、合理的耕作和施肥等，能够加快土壤有机质的积累，改良土壤结构，提高养分含量；也可以在很短时间内将成千上万年形成的土壤毁于一旦，如破坏森林植被，导致水土流失，不仅表层土壤流失，严重的还会深切母质层，形成植被难以恢复的光板地。

1）改良培肥，促进土壤熟化

（1）围海造田，加速了成土速度。广东滨海地区的群众对围海筑堤造田有丰富的经验，特别是珠江三角洲筑堤造田。珠江三角洲的土壤利用，在春秋战国和秦汉朝代，人为作用对土壤形成和发育的影响较微，宋初开始，在总结前人利用土壤的基础上，人们筑堤围垦造田，一般在已成坦的滩涂进行围垦，过去这种围垦多以分散小范围地进行。20 世纪 50 年代以来，随着生产力的发展，围海造田的规模不断扩大，尤其在 20 世纪 60、70 年代，为了获得更多的围垦面积，人们采用抛石筑基种水草的方法，加速泥砂淤积。据测定，抛石筑基后，每年可使滩面淤高 10～20 cm，退潮时，滩面可露出水面时，高程约 -0.5 m；插植水草后，每年又可淤高 20～30 cm，一般种水草后三年，淤泥比较沉实，在标高 ±0.0 m 时即可拍围。珠江三角洲沙围田区土壤，因围垦时间不同，分围田（老围田）、高沙田、中沙田、低沙田。老围田地处三角洲顶部和北部，地面标高 1～3（5）m，地下水位 80～100 cm，亦有在 100 cm 以下，潮水进田时间短，需电动抽水灌溉；高沙田（0.4～1.0 m）地势较高，需电动抽水灌溉，但排水条件良好，多是水旱轮作，大面积种植耐碱、耐肥作物，如甘蔗、高粱、芭蕉、木瓜、豆类、黄姜等。中沙田（-0.2～0.4 m）地势适中，排灌方便，土壤理化性能良好，是最稳定的水稻高产区。低沙田（-0.2～-0.7 m）地势较低，虽每天都可趁潮灌溉，但往往因潮谷水位高过田面，渍水威胁严重。土壤养分含量虽高，但结构糊烂，有机质难以分解，养分不易被作物吸收，围垦后头三年宜种莲藕、菱角等，有的用来放养群鸭和装捞鱼虾。以后可逐渐改种水稻、甘蔗、香蕉等作植物。根据 20 世纪 50 年代调查，老围田围垦时间为 400～990 a，高沙田为 250～400 a，中沙田为 150～250 a，低沙田小于 150 a，有部分是近几十年围垦的农田，种植时间短。珠江三角洲的沉积物自然养分含量高，淡水源足。人工促淤，加快了三角洲的沉积速度，缩短了农业土壤的形成发育时间，增加了经济效益。围海造田是一项复杂的工程，它涉及三角洲自然生态环境的变化。因此，在围海造田前应从保护三角洲生态平衡出发，因地制宜地开发利用，把围垦利用和整治综合考虑（陆发熹，1988；广东省土壤普查办公室，1999）。

（2）挖塘筑基，创造了基水（塘）地。基水地，是由桑（蔗、果、旱作）基和鱼塘组成的。在珠江三角洲人口众多而地势低洼的冲积沉积土地区，挖塘筑基、塘养鱼、基植桑（蔗、果）以桑养蚕，蚕粪和桑叶残体养鱼，以塘泥肥桑。这是明、清以来珠江三角洲平原劳动人民因地制宜的生物良性循环利用土地的一种生产方式。珠江三角洲的桑基鱼塘数百年来不断发展，长盛不衰，成为农业生产的一种重要的生产方式，也是经济上的支柱之一，大大促进广东淡水养殖业、蚕桑业、织造业、食品业及外贸业的发展，产生了巨大的经济效益。随着工业化与城市化的快速发展、产业结构和土地利用方式的变化以及环境污染的加剧，珠三角桑基鱼塘出现三大变化：一是向粤西、粤北等城镇化水平较低的区域转移，二是由桑基逐步让位于花基和菜基，三是基塘用地被改造为工业用地或城市建设用地，从而导致桑基鱼塘大面积萎缩和被取代。20 世纪 90 年代末珠江三角洲的基塘系统基本退出历史舞台，如今，珠三角桑基鱼塘总量已不足 200 hm^2，零星分布于顺德、南海、花都等一些观光农业园内，其功能也不再像传统的桑基鱼塘那样以农业生产为主（陆发熹，1988；郭盛晖，2007）。

（3）施肥改良，消除了障碍因子。耕作技术和管理水平的高低，直接影响着土壤的熟化程度。广东省的人为土（水稻土和菜园土）的形成发育和熟化过程，就是劳动人民长期耕作、施肥、排灌、轮作和管理条件下形成的。如广州郊区的旱耕人为土（菜园土），一年种植蔬菜 5～8 造，高的可达 11 造，进行立体生产，采用多种方式改土，频繁耕作大量施肥、科学排灌等管理措施，使土壤始终保持疏松、湿润、微生物活动旺盛，土壤腐殖质迅速积累，团粒结构增加，从而加速土壤高度熟化，成为具有高肥力和生产能力土壤。广东省山地丘陵分布广泛，坑、垌田面积占相当比例。这些低产田由于山高、水冷、光照少或地势低洼，受地下水位过高影响，泥土稀烂，并受铁锈水、酸等毒危害，作物生长不良，产量低。为了改造低产田，农民群众通过深挖引泉沟、排泉沟、导泉沙石暗沟、环田沟等，施用厩肥、高温堆肥等热性肥料，并通过晒田、水旱轮作等有效地改良了土壤不良特性，提高了土壤肥力，使作物产量不断提高。

2）不合理利用与管理

（1）破坏植被，水土流失。森林是"大自然的总调度室"，它关系到一个地区的水土保持、防风固沙、小气候改善和自然生态平衡。良好的森林植被，是促进土壤形成发育的自然保障，相反，凡是森林受到破坏的地方，地表裸露，土壤的侵蚀过程逐渐取代了生物累积过程，随着水土流失的加深，土壤肥力不断下降，甚至引起山洪暴发、山崩和泥砂淹埋农田，造成更大危害。

广东省由于年降水量大，降雨侵蚀力是全国平均的 2～3 倍，花岗岩、砂页岩、红砂岩、红砂砾岩、紫砂页岩和紫色页岩发育的土壤，颗粒组成都较粗，土壤抗蚀性弱；在地形上素有"七山一水二分田"之称，低山丘陵多，因而水土流失风险非常大。植被一旦遭受破坏，地表在降水作用下极易发生水土流失，并以破坏点为起点不断扩展，导致土壤侵蚀呈不连续的块状分布，并逐渐连接成片，造成一个个光板坡面，进一步发展容易形成崩岗、滑坡等重力侵蚀（何元庆等，2011）。

水土流失对土壤形成的影响一方面体现在水土流失地区的土壤肥力下降、砂化和干旱威胁等，严重时表层土壤甚至母质层被剥蚀，导致漫长的成土过程毁于一旦；另一方面冲刷产生的泥沙在输送的过程中经过分选作用，粗粒部分淤积河道、掩埋良田，细粒部分则随水流带到河谷盆地和下游，从而形成了山区众多的盆地、河谷平原、河流三角洲和滨海三角洲。水土流失的加剧必然造成下游三角洲伸展速度的加快，广东山区的水土流失可追溯到距今 1000 年左右的唐、宋时期，加剧发展则始于距今 150～200 年前的清代。唐中叶以前，西、北江三角洲伸展速度平均<10 m/a；唐中叶以后，经宋代以至距今 400～600 年的明代，伸展速度增加到 25～33 m/a，明、清时期，又增加到 30～40 m/a（黄镇国等，1982）。这就反映出广东山区水土流失发展的历史进程，这个进程的加速，是由于唐代后期人口急剧增加、岭南开发加速、森林破坏加剧所致。

粤东的韩江三角洲，也是韩江上游水土流失不断加剧的产物。据历史记载，在明代以前，尚无所谓韩江三角洲，也没有现在的汕头港，而且潮州一带也属海湾和浅海湾。明代以后，韩江三角洲汕头港附近才逐渐沉积为浅水海域，并在清代淤积成浅滩。从不同时期海图比较与海岸调查资料分析可以确定，20 世纪 50 年代前，韩江三角洲每年平均以 20 m 的速度向南海延伸，韩江河口的河床每年抬高的速率约为 2 mm。这说明历史上韩江流域虽亦存在水土流失，但并不十分严重，且是相对平稳的。而据潮安水文站 1948～1982 年实测资料分析，由韩江上游每年带下的泥沙量达 757.8 万吨，致使韩江下游河床每年平均淤高 26～40 mm，30 多年来，河床淤高了 1m 多，速度为 20 世纪 50 年代前的 10～20 倍（唐淑英，1991）。

（2）土壤酸化。土壤酸化是近年来关注比较多的一个土壤质量问题。改革开放以来，广东省经济的持续高速发展导致对能源的需求越来越大，以燃煤为主的能源结构和治理措施的不当，使广东省成为我国酸雨严重省份之一，被国务院划定的酸雨控制区占全省国土面积的 71.6%，占全国酸雨控制区总面积的 16%。广东省气象部门所属 4 个酸雨监测站的资料分析结果表明（秦鹏等，2006），广州、韶关和电白的酸雨频率都在 56% 以上，降水 pH 年均值小于 4.9，汕头的酸雨虽然较轻，但降水 pH 年均值仍小于 5.6，酸雨频率也达到 31.7%。4 个站均表现出春季降水 pH 值低、酸雨频率高的季节分布特征。毫无疑问，酸性降水能加快土壤的淋溶酸化过程，这使得身处华南地区本身为酸性的富铁土、铁铝土（红壤、赤红壤和砖红壤）的酸性更强，给广东省土壤资源的持续利用提出了挑战。

郭治兴等（2011）通过对比 20 世纪 80 年代以及 2002～2007 年广东省土壤 pH 变化情况时发现，尽管广东省土壤 pH 空间分布格局没有发生变化，但土壤整体表现为酸化，土壤 pH 平均值由 5.70 降至 5.44，除潮湿雏形土（潮土）pH 以增大为主外，其他土壤类型的 pH 均呈降低趋势，以湿润富铁土（赤红壤、红壤）、水耕人为土（水稻土）pH 的降幅尤为严重。土壤酸化一方面与广东省高温多雨的气候条件有关，另一方面与受频降酸雨、过量施用化肥等有关。

（3）城市扩张，耕地减少。广东省人口稠密，工矿企业发展迅速，城镇化进程快，特别是进入 21 世纪后，广东省进入工业化、城镇化快速发展的时期，占用耕地面积逐年增大，农业用地逐年减少（图 1-11）。1997～2007 年的 10 年间，全省耕地面积净减少29.8 万公顷，平均每年净减少 2.98 万公顷，仅 2007 年即减少 3.49 万公顷；全省人均耕地面积从 1997 年的 0.033 hm^2 降至 2007 年的 0.025hm^2，不足全国人均耕地 0.092 hm^2的 1/3，也远低于联合国粮农组织提出的人均耕地 0.053hm^2 的警戒线（梁友强等，2009）。耕地减少的首要原因是农业结构调整，如向经济效益高的果园、经济林等转变。城镇建设占用耕地成为耕地减少的第二大主要原因，见表 1-6。

表 1-6　　2005～2008 年全省耕地减少主要流向情况

年份	耕地减少总量 /hm^2	农业结构调整		城镇建设占用	
		减少数量 /hm^2	比例 /%	减少数量 /hm^2	比例 /%
2005	94 139	78 083	82.9	6890	7.32
2006	81 422	69 260	85.1	9433	11.59
2007	43 451	35 585	81.9	7243	16.67
2008	22 319	18 231	81.7	3547	15.89

从图 1-11 中可以看出，广东省自 20 世纪 80 年代以来，耕地面积呈现减少趋势，而且主要是水（旱）田面积的减少，也是粮食种植面积的减少，而旱地面积的变化不大，造成这种现象的原因主要有两个方面：一是城市扩张，二、三产业用地急剧增长，占用了部分耕地；二是经济利益的驱动，使得长期的水稻耕种模式改为连作的蔬菜栽培模式，有些水田改种玉米等经济效益高的作物。水田改为旱作后，土壤淹水时间缩短，种植强度、施肥强度都发生很大变化，原来淹水种稻过程中的土壤氧化还原交替过程减弱，部分土壤犁底层消失，土壤养分状况发生较大的变化。

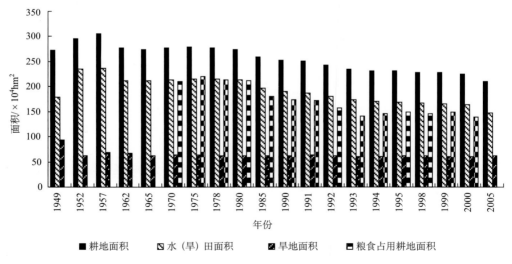

图 1-11　广东省耕地面积变化情况

第2章 成土过程与主要土层

2.1 成 土 过 程

2.1.1 脱硅富铁铝化过程

脱硅富铁铝化过程，是指在湿热的生物气候条件下，由于矿物的风化形成弱碱性条件，随着可溶性盐、碱金属和碱土金属盐基及硅酸的大量流失，而造成铁、铝在土体内相对富集的过程（龚子同等，2007）。

广东省地处我国中亚热带、南亚热带和北缘热带地区，气候温暖湿润，在高温多雨、湿热同季的气候条件下，岩石矿物风化和盐基离子淋溶强烈，原生矿物强烈风化，基性岩类矿物和硅酸盐物质彻底分解，形成了以高岭石和铁氧化物为主等次生黏土矿物，盐基和硅酸盐物质被溶解而遭受强烈的淋失，而铁铝氧化物相对富集。在强烈淋溶作用下，表土层因盐基淋失而呈酸性时，铁铝氧化物受到溶解而具有流动性，由于表土层下部盐基含量相对高而使酸度有所降低，使下淋的铁铝氢氧化物达到一定深度而发生凝聚沉淀；当干旱季节来临，铁铝氢氧化物随毛管水上升到地表，在炎热干燥条件下失去水分而形成难溶性的 Fe_2O_3 和 Al_2O_3，在长期反复干湿季节交替作用下，使土体上层铁铝氧化物愈积愈多，以致形成铁锰结核或铁磐，这种现象在雷州半岛西南部湿润铁铝土剖面中比较普遍。在局部区域或海拔 600～700 m 以上的山地，成土环境更为湿润，年平均蒸发量比降水量明显低，土体经常处于湿润状态，土壤的矿物水解和水化作用强烈，土体中赤铁矿水化为针铁矿，使土壤呈黄色、棕黄色、蜡黄色。黄化作用随海拔升高而加强，因而黄色的色调亦随海拔升高而加深。土壤脱硅富铝化过程从粤北向南部雷州半岛强度增加。

2.1.2 有机质积累过程

有机质积累过程是在木本或草本植被下有机质在土体上部积累的过程。在高温多雨、湿热同季的热带、亚热带气候条件下，一方面岩石、母质强烈地进行着盐基和硅酸盐淋失和铁铝富集的过程，母质的不断风化使养分元素不断释放为各种植物生长提供了丰富的物质基础，因此，植物种类繁多，生长迅速，在植物强烈光合作用下合成大量有机物质，生物量大，每年形成大量的凋落物参与土壤生物循环，促进了土壤中有机质的积累。林下地表凋落物中微生物和土壤动物丰富，特别是对植物残体起着分解任务的土壤微生物数量巨大，种类多样和数量巨大的微生物群，加速了凋落物的矿化、灰分富集和植物吸收，土壤的生物物质循环和富集作用十分强烈。通常在自然植被茂盛区域，土壤有机质含量是比较高的，但随着农业开垦利用，土壤有机质发生很大变化，如合理耕作和施肥，土壤肥力会不断提高；如不合理耕作和施肥，土壤有机质迅速分解，土壤肥力迅速降低。

2.1.3　黏化过程

黏化过程是指原生硅铝酸盐不断变质而形成次生硅铝酸盐，由此产生的黏粒积聚的过程。黏化过程可进一步分为残积黏化、淀积黏化和残积-淀积黏化三种。

残积黏化指就地黏化，为土壤形成中的普遍现象之一。残积黏化主要特点是：土壤颗粒只表现为由粗变细，不涉及黏土物质的移动或淋失；化学组成中除 CaO、Na$_2$O 稍有移动外，其他活动性小的元素皆有不同程度积累；黏化层无光性定向黏粒出现。

淀积黏化是指新形成的黏粒发生淋溶和淀积。这种作用均发生在碳酸盐从土层上部淋失，土壤中呈中性或微酸性反应，新形成的黏粒失去了与钙相固结的能力，发生淋溶并在底层淀积，形成黏化层。土体化学组成沿剖面不一致，淀积层中铁铝氧化物显著增加，但胶体组成无明显变化，黏土矿物尚未遭分解或破坏，仍处于开始脱钾阶段。淀积黏化层出现明显的光性定向黏粒，淀积黏化仅限于黏粒的机械移动。

残积-淀积黏化系残积和淀积黏化的综合表现形式。在实际工作中很难将上述三种黏化过程截然分开，常是几种黏化作用相伴在一起。

广东省地处亚热带、热带地区，高温、多雨的气候条件为岩石风化、黏土矿物的形成提供了条件，在土壤中形成了以高岭石为主的低活性的黏粒，黏粒迁移能力较低，因此土壤形成过程中以残积黏化为主。

2.1.4　潜育化过程和脱潜育化过程

潜育化过程是土壤长期渍水，受到有机质嫌气分解，而使铁锰强烈还原，形成灰蓝-青灰色土体的过程，且是潜育土纲主要成土过程。当土壤处于常年淹水时，土壤中水、气比例失调，几乎完全处于闭气状态，土壤氧化还原电位（E_h）低，一般都在 250 mV以下，因而，发生潜育化过程，形成具有潜育特征的土层。土层中氧化还原电位低，还原性物质富集，铁、锰以离子或络合物状态淋失，产生还原淋溶。广东省的土壤潜育化过程主要形成于地势低平的滨海地带、珠江三角洲的低沙田、河流下游的低洼地区，或山间狭谷、丘陵谷地地下水位高、排水不良的坑、垌田地区。

脱潜育化过程是指渍水或水分饱和的土壤在采取排水措施条件下，土壤含水量降低、氧化还原电位增加的过程。在低洼渍水区域，通过开沟排水，地下水位降低，使渍水土壤发生脱沼泽脱潜育化，土壤氧化还原电位明显提高。在人为耕种下，土壤层次变化明显，形成犁底层和水耕氧化还原层，土壤中出现锈纹锈斑，从原来 Ag-Bg、A-Bg 型，逐渐变化为 Ap1-Ap2-Br-Bg 型。广东省的脱潜育化过程主要形成于具有潜育特征的土壤，因实施土地整治工程、修建农田水利设施等措施，导致土壤地下水位降低或渍水状况得到改变，土壤通气性增强，土壤进行脱潜育化过程，土壤肥力得到明显提高。

2.1.5　盐积过程和脱盐过程

在广东省滨海地区，盐分主要来自海水。河流及地表径流入海泥沙或由风浪掀起的浅海沉积物，在潮汐和海流的作用下，在潮间带絮凝、沉积，使滩面不断淤高以致露出海面后发育形成盐成土。土壤与地下水中积存盐分，同时由于潮汐而导致海水入侵，亦可不断补给土壤水与地下水盐分，在蒸发作用下引起地下水矿化度增高和土壤表层积盐，形成滨海地区盐成土。滨海盐成土在淹水种稻后，形成弱盐潜育或简育水耕人为土。因土壤盐分来自海水浸渍，土壤与海水盐分组成完全一致，均以 Cl^-、Na^+ 占优势，盐分主要为 NaCl。

在滨海地区，由于围垦种植之后，阻止了海水入侵，并通过引淡水灌溉洗盐，土壤在脱潜育化的同时，土壤中可溶性盐分迁移到下层或排出土体，即脱盐过程。随着耕作时间的增长，脱盐作用明显，土壤盐分含量迅速降低。

2.1.6　脱钙过程和复钙过程

在广东省石灰岩地区，由于特殊的岩溶地貌条件及生物吸收与归还特点，制约着土壤中钙的迁移和富集。无论大区域或微地形上都可发现土壤中同时进行着淋溶脱钙和富集复钙过程。从大区域看，正地形地区是脱钙地区，负地形地区是钙的富集地区。从岩溶发育阶段来说，幼年期为脱钙地区，中年期为脱钙和复钙同时进行的地区，老年期主要是复钙地区。因此，在富含钙质的水文条件及喜钙植物的综合作用下，土壤形成经历强烈脱钙同时，又不断接受从高处流下的含重碳酸盐的新水溶液，以及受喜钙植物生物富集作用的影响，土壤中钙得到不断补充，这种淋溶脱钙和富集复钙作用反复活跃进行。

2.1.7　硫积过程

广东省沿海岸生长特殊的红树植被，如木榄、角果木、秋茄、白骨壤、桐花树、海漆、海杧果、老鼠勒等。红树植物的生长过程中，选择吸收海水与海涂中含量较高的硫素，而使体内富含硫。红树植物每年有大量的枯枝落叶残体归还土壤，加之植株的阻浪促淤作用，红树残体逐步被埋藏于土体中，形成红树残体层（即木屎层）。该层在嫌气条件下，硫酸盐还原成硫化氢，并与土壤中铁化合物生成黄铁矿（FeS_2）。含硫化合物排水氧化后，在土体裂隙表面形成黄色的黄钾铁矾（$KFe_3(SO_4)_2(OH)_6$）斑块，土壤中水溶性硫酸盐含量高，酸性强。土壤中形成具有发生诊断意义的含硫层或硫化物物质特性。

2.1.8　人为土壤形成过程

广东省具有丰富的光、热、水资源，为农业生产提供了良好的条件，因此广东省农业种植历史悠久。在长期耕种过程中，由于人工搬运、耕作、施肥、灌溉等活动，对土壤形成的自然条件和成土过程带来了深刻的影响，使原有土壤形成过程加速或被阻止甚至逆转，形成了独特的有别于同一地带或地区其他土壤的新类型，原有土壤仅作为母土或埋藏土壤存在，其形态和性质有了重大改变。在耕作条件下人为土壤过程可分为水耕人为过程和旱耕人为过程两种（龚子同等，2007）。

1）水耕人为过程

水耕人为过程是指在频繁淹水耕作和施肥条件下形成水耕表层（包括耕作层和犁底层）和水耕氧化还原层的土壤形成过程。一般说来，水耕熟化过程包括氧化还原过程、有机质的合成与分解、复盐基和盐基淋溶以及黏粒的积聚和淋失等一系列矛盾统一过程，它们是互相联系、互为条件、互相制约和不可分割的。

在淹水条件下有利于有机质的积累，排水促进有机质的矿化。从土壤有机质的质量来看，水耕人为土比自然土壤有明显的提高。广东省第二次土壤普查分析统计结果表明，水耕人为土（水稻土）C/N 比较自然土壤低，胡敏酸含量较自然土壤高，胡敏酸/富里酸比亦较自然土壤大。

水耕条件下，灌溉水由耕层向下渗透，发生了一系列的淋溶作用，包括机械淋溶、溶解淋溶、还原淋溶、络合淋溶和铁解淋溶。

（1）水耕机械淋溶是指土体内的硅酸盐黏粒分散于水所形成的悬粒迁移。这种悬粒迁移在灌溉水作用下可以得到充分的发展。黏粒、细粉砂粒在水的重力作用下，一方面沿土壤孔隙作垂直运动，从而造成水耕土黏粒的下移，加之耕作过程中犁壁的挤压以及农机具和人畜的践踏碾压，形成了一层比旱作土更加明显的犁底层。另一方面这些物质又做表面的移动，稻田的灌溉不当会引起田面黏粒的大量淋失，这种情况在山区尤为严重，甚至可造成上部土层黏粒的"贫瘠""粉砂化"或"砂化"。

（2）水耕溶解淋溶是指土体内物质形成真溶液而随土壤渗漏水迁移的作用，被迁移的主要是 Na^+、K^+、Ca^{2+}、Mg^{2+}等阳离子和 Cl^-、SO_4^{2-}、NO_3^- 等阴离子。

（3）水耕还原淋溶是指土壤中变价元素在还原条件下，溶解度或活动性增加而发生淋溶。由于季节性灌水，造成土壤干湿交替的环境，土壤中氧化还原过程加剧，土壤中出现铁、锰的还原淋溶和氧化淀积过程。在土壤剖面中出现锈纹、锈斑、铁锰结核等新生体，并可形成明显的铁渗层和铁聚层等。

（4）水耕络（螯）合淋溶是指土体内金属离子以络（螯）合物形态进行的迁移。从铁、锰淋溶看，与还原淋溶作用的主要区别是，络（螯）合淋溶不改变铁、锰离子的价态，但却可因某些有机配位基具有极强的与铁、锰离子的络合能力而使之从土壤固相转入液相。对已还原的铁、锰来说，由于络合物的形成而增加了其溶液中的浓度，所以络合作用有助于铁、锰的淋溶作用。

（5）水耕铁解淋溶（铁解作用）是土壤在还原条件下发生的交换性亚铁在排水后又解吸，而交换位又被氢所占，氢又进而转化为交换性铝的过程。这一过程导致土壤变酸，黏土矿物破坏，引起铝的移动。

上述五种作用在水耕土形成中都有各自的贡献，但又很难区分，一个元素的迁移常涉及几个过程的共同作用，灌水加强了机械淋溶作用，络合作用则是叠加于还原作用之上的作用，铁解则指出了还原作用之后引起的变化。总之以上的各种作用都是与淹水耕作相联系，统称为水耕淋溶作用。

犁底层的形成是长期水耕人为过程的结果，具有发生学重要意义。在水耕条件下，有大量水分向底土层下渗，特别是耙田、中耕对土壤颗粒产生的扰动分选作用，促使黏粒、砂粒，甚至小土块随水向下移动，填补下面土层的土壤空隙，土壤质地也有所变化。犁底层的形成，对于调节土壤水分渗漏速度，以水调气、以气调温、调肥，协调土壤水、肥、气、热等肥力因素，从而调节土壤供肥性能，适应水稻正常生长的作用是很重要的。不同母土的交换性能差异很大，在水耕过程中，经过复盐基或脱盐基作用，土壤交换性盐基总量和盐基饱和度逐步趋于稳定和提高。

2）旱耕人为过程

自然土壤在旱耕种植条件下，经过长期人工耕作、施肥等影响，逐步形成与自然土壤形态和形状不同的旱作土壤，称为旱耕人为过程。广东省旱耕人为过程包括泥垫旱耕和肥熟旱耕过程。

（1）泥垫旱耕人为过程是指人们以塘中淤泥作为肥源，长期施用大量河塘淤泥并经耕作熟化形成堆垫表层的过程。在珠江三角洲，由于人工改造低洼地，在低洼渍水地段挖塘筑基（泥垫土），抬高地面，地面种桑、蔗、果树等，塘里养鱼，形成四周环水的条状旱作土。土层垫高后，原来处于嫌气环境条件下的母土，迅速脱离地下水的影响，土体在短时间内由还原态转变为氧化态。在耕作管理过程中，人们以塘中淤泥作为肥源，每年在已形成的堆垫土上培土，这样反复的培土，使堆垫层不断加厚，形成泥垫土。泥垫过程不仅改善了土壤水分状况，而且以泥垫过程作为施肥过程，塘泥不仅增加了土壤有机质，也提高了土壤磷、钾等养分含量。因此，泥垫过程实质上包括堆垫和培肥两个过程，同时也是一个脱潜育过程。

（2）肥熟旱耕人为过程是指长期种植蔬菜，大量施用人畜粪便、厩肥、有机垃圾和土杂肥等，精耕细作、频繁灌溉而形成高度熟化的肥熟表层和磷质耕作淀积层的过程。由于持续大量施用有机肥，且土壤湿度较大，土壤有机质积累明显。0～25 cm 土壤有机质多为 18～45 g/kg。有机质在蚯蚓活动下，使腐殖质层向下延伸，形成厚达 35cm 的肥熟层。肥熟表层与母土养分状况相比，磷高度积累，全磷和有效磷较母土高，肥熟表层有效磷（Olsen-P）均在 35 mg/kg 以上。

2.2　土壤诊断层与诊断特性

凡用于鉴别土壤类别的，在性质上有一系列定量规定的土层称为诊断层。如果用于分类目的不是土层，而是具有定量规定的土壤性质（形态的、物理的、化学的），则称为诊断特性。诊断层又因其在单个土体中出现的部位不同，而分为诊断表层和诊断表下层。另外，由于土壤物质随水分上移或因环境条件改变发生表聚或聚积，而形成的诊断层，称之为其他诊断层。此外，把在性质上已发生明显变化，不能完全满足诊断层或诊断特性的规定条件，但在土壤分类上有重要意义，即足以作为划分土壤类别依据的称为诊断现象（主要用于土类或亚类一级）。

《中国土壤系统分类检索（第三版）》设定有 33 个诊断层、25 个诊断特性和 20 个诊断现象。根据本次广东土系调查的单个土体剖面的主要形态特征和物理、化学及矿物学性质，按照中国土壤系统分类中诊断层、诊断特性和诊断现象的定义标准，建立的广东省 142 个土系涉及 11 个诊断层，即暗沃表层、暗瘠表层、淡薄表层、水耕表层、水耕氧化还原层、铁铝层、低活性富铁层、聚铁网纹层、黏化层、雏形层、含硫层；15 个诊断特性，即岩性特征（包括冲积物岩性特征、砂质沉积物岩性特征、红色砂页岩、砂砾岩岩性特征、碳酸盐岩性特征）、石质接触面、准石质接触面、土壤水分状况（包括湿润土壤水分状况、常湿润土壤水分状况、人为滞水土壤水分状况、潮湿土壤水分状况）、土壤温度状况（包括热性土壤温度状况、高热性土壤温度状况）、潜育特征、氧化还原特征、均腐殖质特性、腐殖质特性、铁质特性、富铝特性、铝质特性、石灰性、盐基饱和度、硫化物物质；2 个诊断现象，即盐积现象、铝质现象。对本次土系调查建立的广东省土系所涉及的诊断层、诊断特性和诊断现象详细叙述如下。

2.2.1　诊断层——暗沃表层

在部分石灰岩地势较高的丘陵山区，植物生长茂盛，植被群落多为喜钙灌丛草被，土壤腐殖质积累多，成土母质中盐基物质丰富，形成有机碳含量高、盐基饱和、结构良好的暗色腐殖质表层。土壤具有较低的明度和彩度；土壤润态明度<3.5，干态明度<5.5；润态彩度<3.5；有机碳含量≥6 g/kg；盐基饱和度（NH₄OAc 法）≥50%；土壤主要呈粒状结构、小角块状结构和小亚角块状结构；干时不呈大块状或整块状结构，也不硬。

暗沃表层仅出现在普通黑色岩性均腐土亚类的石潭系，分布在石灰岩低山坡上，草灌植被，暗沃表层厚度为 39 cm，润态颜色暗橄榄棕色（2.5Y3/3），干态颜色棕色（10YR4/4），有机碳含量 19.5 g/kg，盐基饱和，粒状结构。

2.2.2　诊断层——暗瘠表层

暗瘠表层为有机碳含量高或较高、盐基不饱和的暗色腐殖质表层。除盐基饱和度<50%和土壤结构的发育比暗沃表层稍差外，其余均同暗沃表层。主要出现在植被覆盖度较高、人为干扰较少的次生林地，土壤有机质积累较多，但由于淋溶作用强以及酸性母质，腐殖质层盐基饱和度较低（<50%）。

暗瘠表层仅出现在腐殖铝质常湿雏形土亚类的飞云顶系，地处海拔>1000 m 的中山地形，植被覆盖度高，主要为灌丛草本植物；因气温较低，气候非常湿润，土壤腐殖质积累多，表层土壤有机碳含量 60.5 g/kg，但因成土母质为花岗岩风化物，土壤淋溶作用强烈，腐殖质层盐基饱和度极低（<10%），形成暗瘠表层。

2.2.3　诊断层——淡薄表层

发育程度较差的淡色或较薄的腐殖质表层。它具有以下一个或一个以上条件：搓碎土壤的润态明度≥3.5，干态明度≥5.5，润态彩度≥3.5；和/或有机碳含量<6 g/kg；或颜色和有机碳含量同暗沃表层或暗瘠表层，但厚度条件不能满足者。淡薄表层在广东省分布较广，出现在人为活动强烈、植被覆盖度低、水土流失区域，土壤有机质积累少，土壤有机质含量低或腐殖质层浅薄。

淡薄表层出现在铁铝土、富铁土、淋溶土、雏形土、新成土 5 个土纲的 58 个土系中，其厚度为 5~38 cm，平均为 16 cm，干态明度为 3~8，润态明度为 2~8，有机碳含量1.8~39.1 g/kg，平均为 15.3 g/kg。淡薄表层在各土纲中特征统计见表 2-1。

2.2.4　诊断层——水耕表层

在淹水耕作条件下形成的人为表层（包括耕作层和犁底层）。厚度≥18cm；和（耕作层和犁底层）大多数年份至少有 3 个月具人为滞水水分状况；和至少有半个月，其上

表 2-1　不同土纲的土系中淡薄表层表现特征统计

土　纲	厚度/cm		干态明度	润态明度	有机碳/（g/kg）	
	范围	平均			范围	平均
铁铝土（8）	6～30	16	4～8	3～7	11.3～29.6	18.4
富铁土（22）	5～34	17	5～8	3～6	8.2～39.1	19.7
淋溶土（11）	8～32	16	3～8	2～7	6.1～27.1	14.7
雏形土（14）	9～38	17	4～8	3～8	1.8～19.3	11.0
新成土（3）	13～18	16	3～7	3～4	5.0～27.7	12.8
合　计	5～38	16	3～8	2～8	1.8～39.1	15.3

部亚层（耕作层）土壤因受水耕搅拌而糊泥化；和在淹水状态下，润态明度≤4，润态彩度≤2，色调通常比 7.5YR 更黄，乃至呈 GY，B 或 BG 等色调；和排水落干后多锈纹、锈斑；和排水落干状态下，其下部亚层（犁底层）土壤容重对上部亚层（耕作层）土壤容重的比值≥1.10。

　　本次调查建立的 76 个水耕人为土土系中，水耕表层中耕作层（Ap1）厚度为 10～25cm，平均厚度为 15.6 cm，一般为小块状结构，容重为 1.09～1.46 g/cm³；犁底层（Ap2）出现层位为 10～25 cm，厚度为 5～22 cm，平均厚度为 11.9 cm，一般为块状结构，容重为 1.30～1.65 g/cm³；排水落干状态下，水耕表层中根孔壁上可见根锈，孔隙壁、结构体表有 2%～25% 的锈纹锈斑。犁底层和耕作层容重比值为 1.10～1.38，平均为 1.14，两者化学性质统计特征见表 2-2 和表 2-3。

表 2-2　水耕表层中耕作层化学性质

指标	pH（H₂O）	有机碳 /（g/kg）	全氮（N） /（g/kg）	全磷（P） /（g/kg）	全钾（K） /（g/kg）	阳离子交换量 /（cmol（+）/kg）	游离氧化铁 /（g/kg）
最小值	3.9	9.7	0.66	0.22	0.6	5.6	3.3
最大值	7.9	35.3	2.97	2.45	31.9	21.2	106.5
平均值	5.4	19.6	1.71	0.97	14.1	11.6	25.2

表 2-3　水耕表层中犁底层化学性质

指标	pH（H₂O）	有机碳 /（g/kg）	全氮（N） /（g/kg）	全磷（P） /（g/kg）	全钾（K） /（g/kg）	阳离子交换量 /（cmol（+）/kg）	游离氧化铁 /（g/kg）
最小值	3.4	2.4	0.24	0.15	0.6	3.9	3.8
最大值	8.1	26.4	2.25	1.28	35.1	24.1	104.3
平均值	5.8	12.1	1.02	0.53	14.3	10.4	31.5

2.2.5 诊断层——水耕氧化还原层

水耕氧化还原层是指水耕条件下铁锰自水耕表层或兼自其下垫土层的上部亚层还原淋溶，或兼有由下面具潜育特征或潜育现象的土层还原上移，并在一定深度中氧化淀积的土层。水耕氧化还原层是水耕条件下，铁锰氧化物还原淋溶与氧化淀积的结果。其上界位于水耕表层底部，厚度≥20 cm，并有氧化还原形态特征。

水耕人为土普遍具有水耕氧化还原层，水耕氧化还原层出现的层位为 18～40 cm，厚度为 10～100 cm。结构体表面、结构体内或孔隙周围有 2%～40%铁锰斑纹，2%～40%灰色胶膜，土体中有 2%～25%铁锰结核。水耕氧化还原层中的铁渗淋亚层，出现在普通铁渗水耕人为土的城北系、安塘系中，其紧跟水耕表层之下（25～29 cm 以下），厚度为 28～81 cm，游离氧化铁含量为 20.4～27.1 g/kg，结构体表面、结构体内或孔隙周围有 <5%的铁锰斑纹。

2.2.6 诊断层——铁铝层

由高度富铁铝化作用形成的土层。广东省热带和南亚热带南部区域，在高温、湿润的气候条件下，土壤矿物高度风化，盐基、硅淋溶强烈，铁铝氧化物明显聚集，黏粒活性显著降低，形成铁铝层，其土层厚度≥30 cm，具有砂壤或更细的质地，黏粒含量≥80 g/kg，土壤阳离子交换量（CEC$_7$）< 16cmol（+）/kg 黏粒，土壤有效阳离子交换量（ECEC）<12 cmol（+）/kg 黏粒，细土全钾（K）含量<8 g/kg（K$_2$O<10 g/kg），保持岩石构造的体积<5%。

铁铝层是铁铝土纲的诊断层，出现在强度风化发育形成的土壤中。涉及铁铝层的土系包括海安系、英利系、石岭系、曲界系、双捷系、三乡系、白沙系和小良系 8 个土系，铁铝层出现的上界为 10～76 cm，黏粒含量为 252～877 g/kg，CEC$_7$ 为 9.3～16.0 cmol（+）/kg 黏粒，ECEC 为 1.3～10.3 cmol（+）/kg 黏粒，细土全钾（K）含量 0.38～6.27 g/kg。

2.2.7 诊断层——低活性富铁层

低活性富铁层全称为低活性黏粒-富铁层。是由中度富铁铝化作用形成的具低活性黏粒和富含游离铁的土层。其厚度≥30 cm，具有极细砂、壤质极细砂或更细的质地，色调为 5YR 或更红，或细土 DCB 浸提游离铁含量≥14 g/kg（游离 Fe$_2$O$_3$≥20 g/kg），或游离铁占全铁的 40%以上，部分亚层（厚度≥10 cm）CEC$_7$<24 cmol（+）/kg 黏粒。

低活性富铁层出现在富铁土的 25 个土系中，游离氧化铁含量为 19.2～102.2 g/kg，铁游离度为 50%～90%，CEC$_7$ 为 12.1～23.8 cmol（+）/kg 黏粒，出现的层位上界为 0～106 cm，厚度>30 cm。不同亚类的土系低活性富铁层统计特征见表 2-4。

表 2-4　不同亚类土系低活性富铁层特征统计

亚类	土系	游离 Fe$_2$O$_3$ 含量/（g/kg）	铁游离度/%	CEC$_7$/（cmol（+）/kg 黏粒）	出现上界/cm
普通富铝常湿富铁土	罗浮山系	19.4	66.5	23.2	30
黏化强育湿润富铁土	宁西系	36.9～39.1	50～54	12.1～14.1	21

续表

亚类	土系	游离 Fe₂O₃ 含量/（g/kg）	铁游离度/%	CEC₇/（cmol（+）/kg 黏粒）	出现上界/cm
腐殖黏化湿润富铁土	鸡山系、五山系	37.7～103.7	73～90	17.6～23.2	18～46
黄色黏化湿润富铁土	大南山、阴那页系	33.2～97.7	61～74	21.7～23.8	20～38
网纹黏化湿润富铁土	樟铺系、碣石系	27.6～47.6	62～86	20.5～22.7	9～26
普通黏化湿润富铁土	北坡系、望埠系、官田系、湖光系、大井系	19.2～59.1	62～86	15.3～23.1	10～87
表蚀简育湿润富铁土	水口系、德庆系、大朗系	34.9～67.0	63～87	16.5～21.8	0
腐殖简育湿润富铁土	珍竹系、池洞系	52.4～59.3	61～76	19.3～23.7	57～106
黄色简育湿润富铁土	梅岭系、金坑系、船步系、萝岗系	26.9～102.2	61～74	15.0～22.9	14～51
普通简育湿润富铁土	廊田系、后寨坳系、英红系	51～83	68～88	16.7～22.2	19～34

2.2.8　诊断层——聚铁网纹层

聚铁网纹层是由铁、黏粒与石英等混合并分凝成多角状或网状红色或暗红色的富铁、贫腐殖质聚铁网纹体组成的土层。聚铁网纹层具有以下全部条件：厚度≥15 cm，聚铁网纹体按体积计≥10%，遭剥蚀后裸露于地表硬化成不可逆的铁石硬磐或不规则形聚集体。

聚铁网纹层出现在樟铺系和碣石系土体中，亚类为网纹黏化湿润富铁土。其成土母质分别为砂页岩风化物和花岗岩风化物，聚铁网纹体出现深度上限为 9～26 cm，聚铁网纹体积为 5%～25%，聚铁网纹层厚度为 60～80cm，黏粒含量>300 g/kg，游离氧化铁含量>26 g/kg，pH（KCl）为 3.5～3.8。

2.2.9　诊断层——黏化层

由黏化作用形成的土层，是黏粒在土体中形成和集聚的结果。黏粒含量明显高于上覆土层的表下层。在黏化层与其上覆淋溶层之间不存在岩性不连续的情况下，若上覆淋溶层总黏粒含量为 15%～40%，则此层的黏粒含量至少为上覆土层的 1.2 倍；若上覆淋溶层任何部分的总黏粒含量<15%或>40%，则此层黏粒的含量的绝对增量比上覆土层≥3%或≥8%。若其质地为壤质或黏质，则其厚度应≥7.5 cm；若其质地为砂质或壤砂质，则厚度应≥15 cm。

黏化层出现在铁铝土、均腐土、富铁土、淋溶土的 29 个土系中，上覆土层的黏粒含量为 82～588 g/kg；黏化层的黏粒含量为 205～706 g/kg；黏化层出现层位的上界为 5～103 cm，厚度>15 cm。不同土类的土系黏化层统计特征见表 2-5。

表 2-5　不同土类的土系黏化层特征统计

土类	土系	上覆土层黏粒含量/(g/kg)	黏化层黏粒含量/(g/kg)	黏粒胶膜/%	出现上界/cm
暗红湿润铁铝土	海安系	588	706	≤2	30
黄色湿润铁铝土	石岭系	273	390	≤2	30
黄色湿润铁铝土	双捷系	208	252	≤2	36
简育湿润铁铝土	白沙系、小良系	103～382	351～546	≤2	44～76
黑色岩性均腐土	石潭系	211	273	2～5	39
强育湿润富铁土	宁西系	214	264	≤2	21
黏化湿润富铁土	鸡山系、五山系、阴那页系、大南山系、樟铺系、碣石系、北坡系、望埠系、官田系、湖光系、大井系	167～499	273～613	≤5	5～103
铝质常湿淋溶土	茅坪系	187	240	≤2	20
铝质湿润淋溶土	阴那麻系、丁堡系	356～390	410～468	≤5	24～32
酸性湿润淋溶土	回龙系、良田系	82～295	219～481	≤2	13～40
铁质湿润淋溶土	老圩系、文福系、金鸡系、上中垒系、胡里更系、南口系	159～433	205～617	≤5	10～58

2.2.10　诊断层——雏形层

雏形层是指风化-成土过程中形成的无或基本上无物质淀积，未发生明显黏化，带棕、红棕、红、黄或紫等颜色，且有土壤结构发育 B 层。它具有以下一些条件：土层厚度≥10 cm，且其底部至少在土表以下 25 cm；具有极细砂、壤质极细砂或更细的质地；有土壤结构发育并至少占土层体积的 50%；保持岩石或沉积物构造的体积<50%；或与下层相比，彩度更高，色调更红或更黄；或若成土母质含有碳酸盐，则碳酸盐有下移迹象。

雏形层出现在具有潮湿土壤水分状况、常湿土壤水分状况和湿润土壤水分状况的雏形土土纲的土系中，包括园洲系、登云系、飞云顶系、兴宁系、华城系、到背系、北斗系、泰美系、大拓系、热柘系、青湖塘系、下架山系、灯塔系、大黄系、白屋洞系、茶阳系等 16 个土系。雏形层在土体中出现的层位为 9～96 cm。

2.2.11　诊断层——含硫层

含硫层是指富含硫化物的矿质土壤物质或有机土壤物质排水氧化后形成的土层。它具有以下全部条件：厚度≥15 cm；直接位于具硫化物物质诊断特性的土层之上；氧化后有黄钾铁矾斑块；色调为 2.5Y 或更黄；彩度≥6；水溶性硫酸盐≥0.5 g/kg；风干土 pH（H_2O）<4.0。

含硫层出现在含硫潜育水耕人为土的冲蒌系，出现深度为 35 cm，厚度为 60 cm 左右，土体裂隙内有较多黄色的黄钾铁矾结晶，土壤呈极强酸性，pH（H_2O）为 2.4～3.0。

2.2.12 诊断特性——岩性特性

岩性特性是指土表至 125cm 范围内土壤性状明显或较明显保留母岩或母质的岩石学性质特征，包括砂质沉积物岩性特征、碳酸盐岩岩性特征等。

冲积物岩性特征出现在普通潮湿冲积新成土的张厝系，出现深度为 38 cm，冲积物来源于海岸砂质堆积物。

碳酸盐岩岩性特征出现在普通黑色岩性均腐土的石潭系，碳酸盐岩石质接触面出现在 120 cm 左右。

2.2.13 诊断特性——石质接触面与准石质接触面

石质接触面是指土壤与紧实黏结的下垫物质（岩石）之间的界面层，不能用铁铲挖开，下垫物质为整块状者，其莫氏硬度>3；为碎裂块体者，在水中或六偏磷酸钠溶液中振荡 15h 不分散。准石质接触面是指土壤与连续黏结的下垫物质之间的界面层，湿时用铁铲勉强挖开，下垫物质为整块状者，其莫氏硬度<3；为碎裂块体者，在水中或六偏磷酸钠溶液中振荡 15 h，可或多或少分散。

石质接触面出现在普通褐色岩性均腐土的石潭系，出现层位为 120 cm 岩石类型为石灰岩。准石质接触面出现在普通铁质湿润雏形土的大黄系、普通正常新成土的莫村系和普通铝质常湿淋溶土的茅坪系，出现层位上限为 17～100 cm，岩石类型为玄武岩、酸性紫色砂岩、花岗岩。

2.2.14 诊断特性——土壤水分状况

土壤水分状况指年内各时期土壤内或某土层内地下水或<1500 kPa 张力持水量的有无或多寡。当某土层的水分张力≥1500 kPa 时，称为干燥；<1500 kPa，但>0 时称为湿润。张力≥1500 kPa 的水对大多数中生植物无效。

依据建立的 142 个土系的土壤水分状况，76 个土系（水耕人为土）为人为滞水土壤水分状况，主要分布在珠江三角洲平原、潮汕平原、河流沿河两岸和山丘之间的沟谷地，种植水稻或水旱轮作。虽然部分田块近年来改种水果或蔬菜，但从长期耕种历史统计，淹水种稻的时间长，因此仍归为人为滞水土壤水分状况。3 个土系（罗浮山系、茅坪系、飞云顶系）为常湿润土壤水分状况，主要分布在海拔 600m 以上山地，云雾多，气候湿润；3 个土系（园洲系、登云系、张厝系）为潮湿土壤水分状况；其他 60 个土系为湿润土壤水分状况。

2.2.15 诊断特性——潜育特征

潜育特征是指长期被水饱和，导致土壤发生强烈还原的特征。它具有以下一些条件：①50%以上的土壤基质（按体积计）的颜色值为：a. 色调比 7.5Y 更绿或更蓝，或为无彩色（N）；或 b. 色调为 5Y，但润态明度≥4，润态彩度≤4；或 c. 色调为 2.5Y，但润态明度≥4，润态彩度≤3；或 d. 色调为 7.5YR～10YR，但润态明度 4～7，润态彩度≤2；或 e. 色调比 7.5YR 更红或更紫，但润态明度 4～7，润态彩度 1；②在上述还原基质内外的土体中可以兼有少量锈斑纹、铁锰凝团、结核或铁锰管状物；③取湿土土块的新鲜断面，10 g/kg 铁氰化钾[$K_3Fe(CN)_6$]水溶液测试，显深蓝色。潜育现象是指土壤发生弱-中度还原作用的特征，仅 30%～50%的土壤基质（按体积计）符合"潜育特征"的全部条件。

（1）含硫潜育水耕人为土亚类（溪南系、大步系、冲蒌系、钱东系）出现潜育特征的土层在 50 cm 以下，游离氧化铁含量为 18.2～32.7 g/kg，平均为 18.6 g/kg，土体色调主要是 10YR、2.5Y、5Y、7.5Y，干态明度 5～8，彩度 1～2，润态明度 2～6，彩度 1～6；结构面上有≤2 %的锈纹锈斑和≤5 %的铁锰结核。

（2）弱盐潜育水耕人为土亚类（博美系）出现潜育特征的土层在 50cm 以下，游离氧化铁含量为 3.6g/kg，土体色调是 7.5Y，干态明度 5，彩度 1，润态明度 3，彩度 1。

铁聚潜育水耕人为土亚类（小楼系、炮台系、古坑系、登岗系、西浦系）出现潜育特征的土层在 23～50 cm 以下，游离氧化铁含量为 8.9～64.4 g/kg，平均为 28.0 g/kg，土体色调主要是 2.5Y、5Y、7.5Y，干态明度 5～8，彩度 1～2，润态明度 5～6，彩度 1～4；结构面上有≤25 %的锈纹锈斑和≤30 %的铁锰结核。

（3）普通潜育水耕人为土亚类（上洋系、港门系、仙安系、蚬岗系、南渡河系、乌石村系、横沥系、董塘系）出现潜育特征的土层在 34～50cm 以下，游离氧化铁含量为 0.32～55.9 g/kg，平均为 24.8 g/kg，土体色调主要是 7.5YR、10YR、2.5Y、5Y、7.5Y、10Y、N，干态明度 2～8，彩度 1～4，润态明度 2～5，彩度 0～4；通常结构面上有≤30%的锈纹锈斑和≤20 %的铁锰结核。

（4）底潜铁聚水耕人为土亚类（河婆系、振文系、澄海系、流沙系、赤坎系）出现潜育特征的土层在 65～83 cm 以下，游离氧化铁含量为 3.8～46.5 g/kg，平均为 24.6g/kg；土体色调主要是 10YR、2.5Y、5Y，干态明度 6～8，彩度 1～6，润态明度 4～7，彩度 1～8；结构面上有≤20%的锈纹锈斑和≤15 %铁锰结核。

（5）底潜简育水耕人为土亚类（石基系、莲洲系、沙北系、冯村系、实业岭系）出现潜育特征的土层在 60～90 cm 以下，游离氧化铁含量为 0.26～42.8 g/kg，平均为 23.7 g/kg，土体色调主要是 7.5YR、10YR、2.5Y、5Y、7.5Y、10Y、10BG，干态明度 6～8，彩度 1～2，润态明度 3～6，彩度 1～3；结构面上有≤10 %的锈纹锈斑。

（6）酸性简育正常潜育土亚类的平冈系和弱盐简育正常潜育土亚类的银湖湾系出现潜育特征的土层在 20～28 cm 以下，游离氧化铁含量为 8.6～57.7 g/kg，平均为 35.3 g/kg，色调主要是 10YR、2.5Y、10Y、10BG，干态明度 5～7，彩度 1～4，润态明度 3～6，彩度 1～3；结构面上有≤2 %的锈纹锈斑。

2.2.16　诊断特性——氧化还原特征

氧化还原特征指由于潮湿水分状况、滞水水分状况或人为滞水水分状况的影响，大多数年份某一时期土壤受季节性水分饱和，发生氧化还原交替作用而形成的特征。它具有以下一个或一个以上的条件：①有锈斑纹，或兼有由脱潜而残留的不同程度的还原离铁基质；②有硬质或软质铁锰凝团、结核和/或铁锰斑块或铁磐；③无斑纹，但土壤结构体表面或土壤基质中占优势的润态彩度≤2；若其上、下层未受季节性水分饱和影响的土壤的基质颜色本来就较暗，即占优势润度为 2，则该层结构体表面或土壤基质中占优势的润态彩度应<1；④还原基质按体积计<30%。

氧化还原特征出现在水耕人为土亚纲的 76 个土系以及淡色雏形土的园洲系、登云系和冲积新成土的张厝系中，主要表现为有锈纹锈斑、铁锰斑纹/结核、润态彩度≤1～2、还原基质体积<30 %。

2.2.17 诊断特性——土壤温度状况

土壤温度状况指土表下 50 cm 深度处或浅于 50 cm 的石质或准石质接触面处的土壤温度。广东省土壤温度状况的细分为：热性土壤温度状况：年平均土温≥16 ℃，但<23 ℃；高热性土壤温度状况：年平均土温≥23 ℃。

广东省地处热带、亚热带地区，广东北部地区（如廊田系、梅岭系等）和海拔大于800 m 的山地土壤（飞云顶系、罗浮山系等）共 35 个土系属热性土壤温度状况，代表性单个土体 50 cm 深度土壤温度为 20.9～22.9 ℃；其余的 107 个土系均为高热性土壤温度状况，代表性单个土体 50 cm 深度土壤温度为 23.0～26.0 ℃。

2.2.18 诊断特性——均腐殖质特性

均腐殖质特性指草原或森林草原中腐殖质的生物积累深度较大，有机质的剖面分布随草本植物根系分布深度中数量的减少而逐渐减少，无陡减现象的特性。土表至 20 cm与土表至 100 cm 的腐殖质储量比（Rh）≤0.4；单个土体上部无有机现象，且有机质的C/N 比<17。

均腐殖质特性出现在普通褐色岩性均腐土的石潭系，地处石灰岩山区，在灌木杂草植被条件下，土层中有机质积累明显，土体中有机质含量高，有机质在剖面分布随土层深度增加逐渐降低，土表至 20 cm 与土表至 100 cm 的腐殖质储量比为 0.20，有机质 C/N在 6～8 之间。

2.2.19 诊断特性——腐殖质特性

腐殖质特性是指热带亚热带地区土壤或黏质开裂土壤中除 A 层或 A+AB 层有腐殖质的生物积累外，B 层并有腐殖质的淋淀积累或重力积累的特性。它具有以下全部条件：A 层腐殖质含量较高，向下逐渐减少；B 层结构体表面、孔隙壁有腐殖质淀积胶膜，或裂隙壁填充有自 A 层落下的含腐殖质土体或土膜；土表至 100 cm 深度范围内土壤有机碳总储量≥12 kg/m^2。

腐殖质特性出现在石岭系和曲界系（腐殖黄色湿润铁铝土）、鸡山系和五山系（腐殖黏化湿润富铁土）、珍竹系和池洞系（腐殖简育湿润富铁土）、到背系（腐殖铝质湿润雏形土）、飞云顶系（腐殖铝质常湿雏形土）。A 层之下的 B 层土体结构面和孔壁上有 2%～5%左右腐殖质淀积胶膜，裂隙壁内填有自 A 层落下的暗色土壤物质，土表至 100 cm 深度范围内土壤有机碳总储量≥12 kg/m^2。

2.2.20 诊断特性——铁质特性

铁质特性指土壤中游离氧化铁非晶质部分的浸润和赤铁矿、针铁矿微晶的形成，并充分分散于土壤基质内使土壤红化的特性。它具有以下之一或两个条件：土壤基质色调为 5YR 或更红；和/或整个 B 层细土部分 DCB 浸提游离铁≥14 g/kg（游离 Fe_2O_3≥20 g/kg），或游离铁占全铁的 40%或更多。

铁质特性出现在酸性湿润淋溶土、铁质湿润淋溶土和铁质湿润雏形土 12 个土系中。铁质酸性湿润淋溶土的 2 个土系（回龙系、良田系），其 B 层色调（干态）为 10Y 或 2.5Y、7.5YR，DCB 浸提游离氧化铁（Fe_2O_3）含量为 11.6～64.3 g/kg，游离铁占全铁比例（铁游离度）为 57.1%～65.3%；红色铁质湿润淋溶土的 2 个土系（老圩系、文福系），其 B 层色调（干态）均为 5YR，DCB 浸提游离氧化铁（Fe_2O_3）含量为 41.1～64.3 g/kg，铁游离度为 62.0%～73.2%；普通铁质湿润淋溶土的 4 个土系（金鸡系、上中垒系、胡里更系、南口系），其 B 层色调（干态）分别为 2.5Y、7.5YR、7.5YR、10YR，DCB 浸提游离氧化铁（Fe_2O_3）含量为 25.7～85.4 g/kg，铁游离度为 60.5%～78.3%。红色铁质湿润雏形土的 2 个土系（兴宁系、大黄系），其 B 层色调（干态）为 2.5YR、5YR，DCB 浸提游离氧化铁（Fe_2O_3）含量为 16.6～91.9g/kg，铁游离度为 35.2%～56.54%；普通铁质湿润雏形土的 2 个土系（白屋洞系、茶阳系），其 B 层色调（干态）为 2.5Y、5Y，DCB 浸提游离氧化铁（Fe_2O_3）含量为 16.5～64.0 g/kg，铁游离度为 52.4%～90.7%。

2.2.21　诊断特性——富铝特性

富铝特性是指在除铁铝土外的土壤中铝富集，并有较多三水铝石，铝间层矿物或 1∶1 型矿物存在的特性，细土三酸消化物组成或黏粒全量组成的硅铝率≤2.0。

富铝特性是划分富铝常湿富铁土、强育湿润富铁土的诊断特性指标，本次调查的普通富铝常湿富铁土的罗浮山系、黏化强育湿润富铁土的宁西系具有富铝特性。宁西系土壤 B 层中 CEC_7 和 ECEC 分别<16cmol（+）/kg 黏粒和 12 cmol（+）/kg 黏粒，土壤中尚存有一定的可风化矿物，细土的全钾（K_2O）含量>12 g/kg，黏粒全量组成的硅铝率<2；罗浮山系土壤 B 层全钾（K_2O）含量>23 g/kg，但黏粒全量组成的硅铝率<2。

2.2.22　诊断特性——铝质特性

铝质特性是指在除铁铝土和富铁土以外的土壤中铝富集并有大量 KCl 浸提性铝存在的特性。它具有下列全部条件：阳离子交换量（CEC_7）≥24 cmol（+）/kg 黏粒；黏粒部分盐基总储量（交换性盐基加矿质全量 Ca，Mg，K，Na）占土体部分盐基总储量的 80%或更多；或细粉砂/黏粒<0.60；pH（KCl 浸提）≤4.0；KCl 浸提 Al≥12cmol（+）/kg 黏粒，而且占黏粒 CEC 的 35%或更多；铝饱和度（1 mol/L KCl 浸提的交换性 Al/ECEC）×100≥60%。

铝质特性出现在普通铝质常湿淋溶土的茅坪系，普通铝质湿润淋溶土的阴那麻系，表蚀铝质湿润雏形土的华城系，腐殖铝质湿润雏形土的到背系，黄色铝质湿润雏形土的北斗系、大拓系、下架山系，普通铝质湿润雏形土的泰美系、热柘系、青湖塘系和灯塔系。土壤 pH（KCl）为 3.3～3.9，CEC_7 为 24～56.7 cmol（+）/kg 黏粒，KCl 浸提 Al≥12 cmol（+）/kg 黏粒。

2.2.23 诊断特性——石灰性

石灰性是指土表至 50cm 范围内所有亚层中 $CaCO_3$ 相当物均 $\geqslant 10$ g/kg，用 1：3HCl 处理有泡沫反应。

广东南雄盆地、星子盆地、兴宁盆地的东红系、兴宁系、老圩系、星子系、湖口系，成土母质为石灰性紫色砂页岩风化物，土体具有中度-强度石灰性。分布在粤北石灰岩地区的江英系，因成土母质为石灰岩风化物，土体中具有强度石灰性。

2.2.24 诊断特性——盐基饱和度

盐基饱和度是指土壤吸收复合体被 K、Na、Ca 和 Mg 阳离子饱和的程度（NH_4OAc 法）。对于铁铝土和富铁土之外的土壤，饱和的 $\geqslant 50\%$；不饱和的 $< 50\%$；对于铁铝土和富铁土，富盐基的 $\geqslant 35\%$，贫盐基的 $< 35\%$。

诊断特性涉及盐基饱和度的土系有普通黑色岩性均腐土亚类的石潭系。石潭系成土母质为石灰岩风化物，土壤中交换性钙镁含量高，土壤盐基饱和。

总体上看，广东铁铝土、富铁土、淋溶土、雏形土、新成土中，除了部分由石灰岩、石灰性紫色砂页岩等母质发育的雏形土、新成土中，土壤呈盐基饱和状态或盐基饱和度 $>50\%$；其余均为盐基不饱和或贫盐基土壤。

2.2.25 诊断特性——硫化物物质

硫化物物质是指含可氧化的硫化合物的矿质土壤物质或有机土壤物质，经常被咸水饱和。排水或暴露于空气后，硫化物氧化并形成硫酸，pH（H_2O）可降至 4 以下；酸的存在可导致形成硫酸铁、黄钾铁矾、硫酸铝，前两者可分凝形成黄色斑纹，成为含硫层。

诊断特性涉及硫化物物质的土系包括含硫潜育水耕人为土亚类的大步系、冲菱系、钱东系，普通潜育水耕人为土亚类的蚬岗系，弱盐简育水耕人为土的麻涌系，弱盐简育正常潜育土亚类的平冈系，土体中水溶性硫酸盐含量为 0.50～10.52 g/kg，出现深度为 0～72 cm，土壤 pH 为 2.42～4.17。

2.2.26 诊断现象——盐积现象

盐积现象是指土层中有一定易溶性盐聚集的特征，在非干旱地区含盐量 $\geqslant 2$g/kg。盐积现象出现在含硫潜育水耕人为土亚类的大步系、弱盐潜育水耕人为土亚类的博美系、弱盐简育水耕人为土的麻涌系、平沙系和万顷沙系、酸性简育正常潜育土亚类的平冈系和弱盐简育正常潜育土亚类的银湖湾系，这些土系成土母质均为滨海沉积物，因土壤脱盐不彻底或仍然受到海水的影响，土体中水溶性盐含量为 2.0～60.3 g/kg。

2.2.27 诊断现象——铝质现象

铝质现象是指在除铁铝土和富铁土以外的土壤中铝富含 KCl 浸提性铝的特性。它不符合铝质特性的全部条件，但具有下列一些特征：阳离子交换量（CEC_7）≥24 cmol（+）/kg 黏粒；和下列条件中的任意 2 项：pH（KCl 浸提）≤4.5；铝饱和度≥60%；KCl 浸提 Al≥12 cmol（+）/kg 黏粒；KCl 浸提 Al 占黏粒 CEC 的 35%或更多。

　　铝质现象出现在普通铝质湿润淋溶土的丁堡系和腐殖铝质常湿雏形土的飞云顶系，土壤 pH（KCl）<4.0，CEC_7>38 cmol（+）/kg 黏粒，土壤铝饱和度≥60%。

第 3 章 土 壤 分 类

3.1 土壤分类的历史回顾

3.1.1 20 世纪 30 年代的土壤分类

广东省近代土壤分类始于 20 世纪 30 年代。1930 年广东土壤调查所（后改为中山大学土壤研究所）成立后，邓植仪教授亲自规划全省土壤调查研究工作，并于 1931 年 11 月开始，带领全所科技人员到番禺县（今广州市番禺区）进行了为时 3 个月的土壤野外调查。经过 8 年艰苦努力，至 1938 年日本侵略军侵占广州前，先后完成了番禺、南海、东莞、惠阳、高要、梅县、曲江等 34 个县的土壤详细调查工作，其中已有 28 个县的土壤调查报告书及土壤分布图编撰出版，另 6 个县的调查报告书因广州失陷而未能及时出版。在"广东土壤调查暂行分类法"中拟定了广东重要土壤分类系统（邓植仪，1934）。土壤分类方法参照马伯特（Marbut C.F.）所拟世界土壤分类计划草案、美国当时采用新系统之全国土壤分类计划书及其他国家分类方法折中而拟定，分为部（Group）、属（Subgroup）、系（Series）、类（Class）和区（Type）5 级制的分类系统。这种分类系统一直沿用至 20 世纪 50 年代初期。

部：土壤分类最高级。以土层中某种物质移动与运积之程度来区别。将土壤剖面分为 A 层、B 层、C 层。A 层为物质淋溶层，B 层为物质淀积层，C 层为母岩或原始土壤物质。世界土壤根据淋溶层与淀积层特征，区分为两部。第一部土壤形成于湿润地区，称湿润界土；第二部土壤形成于雨量缺乏之地，称干燥界或半干燥界土。广东省土壤均属于第一部土。

属：分类第二级。在第一部土中，根据土壤中物质移动、聚积特点分为灰色土（灰土）、棕色土（棕土）、红黄土、红土、棕黑土 5 个土属。广东土壤，大都为红黄土，以至红土，而其他各属鲜见。

系：分类第三级。在"属"之内按土壤母岩或原始物质性质，或 A 和 B 层之厚薄来区分。"系"命名多采用初发现之地名，或该系最显著而最广布的地点来命名，如萝岗系。

类：土壤质地之区别，按土粒大小来定。

区：分类最低一级。同属一区的土壤，质地、物质来源、结构、颜色、地势（排水状况）、土壤深浅及一切特征皆相同。同土"类"名并冠以所属之"系"名来命名。如萝岗砂质壤土。

按上述分类原则和系统，广东重要土壤分别为高地土壤和低地土壤两大部分，共分 36 个系。

（1）高地土系。即山地丘陵及平坡地土壤，包括广州系、萝岗系、南山系、庄山系、徐闻系、都城系、羚羊系、韶关系、钟村系、嘉应系、云浮系、高州系、小坪系、白沙系、枚湖系、常平系、塘厦系等17个土系。

（2）低地土系。即三角洲、河流两岸、滨海、滨湖冲积、沉积平原、沙滩以及山谷低地土壤，包括珠江系、登云系、北江系、东江系、韩江系、梅江系、漠阳系、吴江系、南渡系、康家系、龙眼洞系、司马埔系、江村系、石牌系、佛岭系、马岗系、龙门系、罗成系等18个系。

3.1.2　地理发生学分类

1）第一次土壤普查分类

1958～1960年开展的广东省第一次土壤普查，以耕作土壤为重点，总结群众认土、用土、改土、保土、养土经验，并根据土地利用方式、成土条件和成土过程、耕性与质地、颜色与肥力、毒质、农业土壤起源等将全省土壤分类系统列为土纲、土类、亚类、土属、土种、变种等级（广东省土壤普查鉴定土地利用规划委员会，1962）。现分述如下：

土纲：是按土地利用情况而划分，暂分水田、旱地、菜园土三个土纲。

土类：是土壤属性的共同归纳，是土壤分类的基本单元。同一土类反映在自然因素和人为活动因素综合影响下，具有相同的熟化过程和相对稳定的水热状况，及相同的利用改良方向和生产性能。例如黏土田中的黏土田、坭骨田、顽坭田三个土属，具有吸肥力强、供肥弱、有效肥力低、耕性不良的特点。其改良利用方向主要为入沙、犁冬晒白或犁冬浸冬、增施有机肥料等。所以这三种土壤的肥力特征、农业生产性状及改良利用方向相同，因而作为一个土类。至于沙土田与黏土田大不相同，有不同质的特征，因而划为另一类。

亚类：是土类辅助单元。是在土类范围内共性更相近的土属的归纳。同一土类中的不同亚类，由于地区水热条件的差异，反映在土壤肥力的质的特征上以及农业利用和土壤改良方向上有某些重要差别。同一亚类，其熟化程度、剖面结构特征、农业生产特性以及改良利用方向比土类更趋于一致。例如积水田，根据水热状况而分为二个亚类：长期积水的，称为积水田；季节性积水的，称为低塱田。亚类为农业生产布局提供参考和依据，也是编制省一级土壤图的上图单位。

土属：是在同一土类或亚类中各土种共性的归纳，也是一辅助单元。同一土属，具有大致相同的熟化程度、肥力水平以及耕层特征，并体现出大致相同的轮作方式以及土壤利用改良和提高土壤肥力的运动。凡影响土壤熟化程度及肥力水平的因素，如地形、母质、地下水位、盐分含量等都可作为划分土属的依据。例如咸田中根据不同的盐分含量，而分为重咸田、咸田、轻咸田三个土属。土属可作为农业生产配置及土壤耕作和轮作制度的参考依据。也是省、专二级编制土壤图的上图单位。

土种：是土壤分类及农民群众鉴别土壤的基本单元。同一土种的土壤剖面特性、肥力、耕性和生产性以及耕作、施肥、灌等措施基本一致，同时也具有相同的适种作物群，如黏土田土属中的鸭屎坭田和黏土田。土种是制定土壤利用改良措施和因土贯彻农业"八字宪法"的基本单元。也是编制县、公社级土壤图的上图单位。

变种：是一种辅助单元。在同一土种范围内土壤的性质和耕性稍有差异而细分为变种。变种可作为公社、大队和生产队编制土壤图的上图单位。

根据上述分类系统，全省分为 3 个土纲、30 个土类、38 个亚类、75 个土属、108 个土种、38 个变种（表 3-1）。

土壤命名原则：从 1958 年及 1960 年广东省的土壤普查鉴定，总结农民群众鉴别土壤经验发现农民群众的土壤命名异常丰富多彩。其最大优点是鲜明地反映土壤的生产性能，同时又形象化和通俗易懂，简单生动明确。但由于地区性言语的差异，群众名称地方性很强，土壤种类名称很多，因而存在着同土异名、同名异土的缺点。基于这些情况，土壤普查鉴定委员会在省一级整理土壤名称时，采用以下的原则：

（1）坚持群众用的名称，并逐渐提炼，选择最优代表性和最易为群众所了解，而又广泛流行的名称。因此基层单元的土壤名称基本上是采用群众所用的土壤名称，土种以上的土壤名称基本上也是逐渐提炼的群众名称。

（2）起源于地带性自然土壤的旱作土壤中，由于继承自然土壤的许多特性，采用相对应的名称，有些名称是从群众中加以提炼，有些不采用群众名称。如黄红壤和砖红壤性红壤的旱作土壤，有些农民命名为红坬坡，有些则称为黄坬坡，于是采取与自然土壤有联系而又有区别的方式，把自然土壤命名为壤，耕作后为土，因此把黄红壤耕作的旱作土壤命名为黄红坬土，砖红壤性红壤的耕作土壤命名为红坬土，至于砖红壤的耕作土壤，农民命名为赤土地，把地字除掉，仍用群众赤土的名称。

（3）采用分级命名法，过去土壤命名是采用连续命名法的，名称很长，难记忆，不通俗，所以第一次土壤普查采用分级命名法，逐级提炼其最优代表性的作为各级土壤的名称。例如乌黄坬田、红黄坬田、黄坬浆田、死黄坬田等土属，把黄坬田作土类名称。

广东农业土壤分类系统：根据上述农业土壤分类命名的原则和依据，暂拟出广东省农业土壤分类系统表（表 3-1）。

表 3-1　广东省农业土壤分类系统表

土类		亚类		土属		土种	变种
代号	名称	代号	名称	代号	名称		
1	泥肉田			①	泥肉田	泥肉田	大肉田
						黑土黏田	
				②	乌泥田	乌泥田	
						泥　田	
2	砂泥田			①	乌砂泥田	乌砂泥田	油砂坬田、黑砂坬田
				②	沙泥田	沙泥田	半砂坬田、粗砂坬田
				①	潮沙泥田	潮沙泥田	灰砂坬田、洪砂坬田、幼砂坬田
				②	黄沙泥田	黄沙泥田	

续表

土类		亚类		土属		土种	变种
代号	名称	代号	名称	代号	名称		
3	油塝田			①	高油塝田	高油塝田	
				②	油塝田	油塝田	
				③	低油塝田	低油塝田	
4	黏土田			①	黏土田	黏土田	滑胶坭田
						大土坭田	
				②	坭骨田	鸭屎坭田	冷饭田
						坭骨田	
						铁钉田	
						老沙骨田	
				③	顽坭田	顽泥田	硬坭田
						死泥田	砖头坭田
5	砂质田			①	砂质田	砂质田	砂底田
						砂质浅脚田	细沙田、结板沙田、砂结田、闭口砂田
						砂板田	
				②	大眼砂田	大眼砂田	粗砂坭田
						漏底砂田	
6	结粉田			①	结粉田	结粉田	
						闭口砂田	
7	黄坭田			①	乌黄泥田	乌黄泥田	
				②	黄泥田	黄坭田	红坭田、黄坭格田、黄坭底田
				③	死黄泥田	死黄坭田	浅脚黄坭田、黄坭骨
				①	红黄泥田	红黄坭田	
				②	黄泥浆田	黄坭浆田	黄坭水田
8	炭质黑坭田			①	炭质黑泥沙田	炭质黑坭沙田	
				②	炭质黑坭散田	炭质黑坭散田	
				③	炭质黑坭黏田	炭质黑坭黏田	
9	赤土田			①	赤土田	赤土田	
				②	赤土铁子田	赤土铁子田	
10	牛肝土田			①	牛肝土田	牛肝土田	
				②	红沙坭田	红沙坭田	
11	石灰板结田			①	石灰板结田	石灰板结田	硬底田、锅巴田
12	白鳝坭田			①	白鳝坭田	白鳝坭田	

土类		亚类		土属		土种	变种
代号	名称	代号	名称	代号	名称		
13	石蚝底田			①	石蚝底田	石蚝底田	
				②	石龙底田	石龙底田	
						石子底田	
14	冷底田	(1)	冷底田	①	冷底田	冷底田	山坑冷底田
						冷泉田	冷水田
		(2)	烂泄田	①	烂泄田	烂泄田	深泄田、烂坭田、湖洋田泄窿田
						泄眼田	
						竹排田	
		(3)	铁锈水田	①	铁锈水田	铁锈水田	卤水田、釭水田、卤镜田、镜面田、黄水田、发酸田
15	积水田	(1)	积水田	①	积水田	积水田	
		(2)	低塱田	①	二则田	二则田	
				②	低塱田	低塱田	
16	咸田			①	重咸田	重咸田	
						坭质咸田	
				②	咸田	咸田	
						沙质咸田	
				③	轻咸田	轻咸田	
17	咸酸田			①	重咸酸田	重咸酸田	
						坭质咸酸田	
				②	咸酸田	咸酸田	
						沙质咸酸田	
				③	轻咸酸田	轻咸酸田	
18	矿毒田					煤水田	
						硫黄田	
						锰矿田	
19	赤土	(1)	赤土	①	赤土	赤土	
		(2)	黄赤土	①	铁质赤土	铁质赤土	
						铁子土	
20	红棕砂质土			①	红棕砂质土	红棕砂质土	
21	红坭土	(1)	红坭土	①	乌红坭土	乌红砂土	
				②	黄红坭土	红坭土	
				③	死红坭土	死红坭土	
		(2)	黄红坭土	①	乌黄红坭土	乌黄红坭土	
				②	黄红坭土	黄红坭土	
				③	死黄红坭土	死黄红坭土	

续表

土类		亚类		土属		土种	变种
代号	名称	代号	名称	代号	名称		
22	黄坭土			①	乌黄坭土	乌黄坭土	
				②	黄坭土	黄坭土	
23	炭质黑坭土			①	炭质黑坭土	炭质黑坭土	
24	牛肝土			①	牛肝土	红砂土	
						坭蔓地	
						狗卵土	
				②	脂粉土	脂粉土	
25	黑色石窿土			①	黑色石窿土	黑色石窿土	
26	红火坭土			①	红火坭土	红火坭土	
27	潮沙坭土			①	乌潮砂土	乌潮砂土	
				②	潮砂土	潮砂土	
				③	沙石土	砂石土	
				①	潮砂坭土	潮砂坭土	
28	咸土			①	咸砂土	咸砂土	
				②	咸坭土	咸坭土	
29	基水地			①	坭肉基	坭肉基	
						黑坭底基	
				②	坭骨基	坭骨基	
						钉头坭基	
						白鳝坭基	
				③	砂坭基	黑砂坭基	
						黄砂坭基	
				④	砂质基	砂质基	
						粉砂基	
30	菜园土						

（广东省土壤普查鉴定土地利用规划委员会，1962）

2）第二次土壤普查分类

1980 年根据全国土壤普查土壤工作分类暂行方案结合广东省实际情况，并参考第一次土壤普查土壤分类而拟定广东省第二次土壤普查土壤工作分类（暂行方案），对全省自然土壤和耕地土壤统一分类，该分类采用土类、亚类、土属、土种、变种 5 级，将全省土壤分为 19 个土类，26 个亚类，114 个土属和 419 个土种。随后按 1984 年 12 月全国土壤普查办公室在昆明会议上拟定的全国土壤分类系统，又划分为土纲、亚纲、土类、亚类、土属、土种、变种 7 级，即 6 个土纲，9 个亚纲，16 个土类，36 个亚类，131 个土属，522 个土种（广东省土壤普查办公室，1993）。分类依据叙述如下：

（1）土纲：是最高级的土壤分类单元，反映主要成土过程的诊断土层诊断特性。全省划分有人为土、铁铝土、初育土、盐碱土、水成土、半水成土 6 个土纲。根据诊断层划分的,如铁铝土土纲,主要有铁铝层,又如人为土纲具有人工熟化耕作土层的特征等;根据诊断特性划分的有半水成土土纲、水成土土纲、盐碱土土纲,分别具有潮湿土壤水分状况和富含盐分等主要特性。诊断层与诊断特性这二者是相互依存的,但常有侧重。

(2)亚纲:是土纲范围内相同成土过程中形成诊断层和诊断特性在程度上的差异而划分的。如铁铝土土纲的温暖铁铝土和湿热铁铝土亚纲。

(3)土类:土壤高级分类的基本分类单元,是在一定的自然条件和人为因素作用下,有一个主导或几个相结合的成土过程,主要反映主导成土过程的强度或主要附加成土过程或母质发生特征的土壤性质,具有一定相似的可以鉴别的发生层次,在土壤性质上有明显的差异,如反映主导成土过程强度的富铁铝土纲中的砖红壤、赤红壤、红壤、黄壤等;反映主要附加过程的盐碱土土纲中的酸性硫酸盐土、滨海盐土及人为土土纲的水稻土等;主要反映成土母质和地表水文等发生特征的,有初育土土纲中的石灰性、紫色土、石质土、火山灰土以及半水成土土纲中的潮土、水成土的沼泽土。

(4)亚类:是土类的辅助单元和续分。主要反映同一成土过程的不同发育阶段或土类间的相互过渡,或在主要成土过程中同时产生附加的或次要成土过程,而具有附加的诊断土层或诊断特性。如水稻土因水耕熟化时间的长短和铁锰物质淋溶不同有淹育型、潜育型水稻土亚类,在水耕熟化过程之外附加漂洗过程形成的漂白层的漂洗型水稻土、潜育化过程形成潜育层的潜育型水稻土、盐化过程形成积盐层的盐渍型水稻土、碱酸化过程形成碱酸土层的碱酸型水稻土等亚类;反映土类相互过渡的有垂直带谱上红壤向黄壤过渡的黄红壤。

(5)土属:在土壤分类上具承上启下的特点,是区域性成土因素使亚类性质发生分异的土壤中基层分类单元,主要根据成土母质、水文地质、地下水、土壤化学组成、地形部位、耕作、成土过程遗迹等区域性因素对土壤发育和肥力性状影响来划分。其中成土母质是土壤形成的物质基础,在不同的自然条件下,风化物的搬运堆积,影响土壤质地、盐基组成等的差异,故是划分土属的主要依据。如水稻土各土属及自然土壤各土类主要以花岗岩、砂页岩、片(板)岩、石灰岩、第四纪红土、玄武岩等划分的土属居多。

当一个土壤剖面有异源母质存在时,划分土属的指标是:水稻土土体上层的覆盖层超过 30 cm,自然土壤与旱地土壤超过 50 cm 时,则均以上部母质的性质来划分土属,反之,若达不到上述指标的,则按下部土层母质的性质来定土属。

(6)土种:是分类的基层基本单元,是发育在相同母质上,具有相类似的发育程度和剖面层次排列比较稳定的土壤。即同一土种主要层次的排列顺序、厚度、质地、结构、颜色、有机质含量和 pH 等土壤属性基本相似,非一般耕作措施在短期内所能改变,具有一定的稳定性。广东省划分土种主要依据是土层厚度、质地与耕性、养分与结构、水分与温度、母质与地形、污染与毒质、诊断特征与障碍因素等土壤属性等,总之,主要是综合反映在土体构型的特征性方面。

根据土层和有机质层厚度划分土种,主要用于自然土壤。有机质层分薄(<10 cm)、中(10~20 cm)、厚(>20 cm);土层分薄(<40 cm)、中(40~80 cm)、厚(>80 cm)。如花岗岩红壤划分有厚厚、厚中、厚薄、薄厚、薄中、薄薄、中厚、中中、中薄麻红壤

9 个土种。

按质地与耕性划分的有潮土的潮砂土、潮砂坭土、潮坭土；水稻土各土属中的砂质田、砂坭田、坭田；旱地中的赤坭地、赤砂坭地等。

按养分与结构划分的有坭肉田、松坭田、油格田、油坭田、坭骨田、紫砂坭田、生黄坭瘟等。

按水分与温度划分的有烂湴田、冷浸田、冷底田、热水田及龙气地等。

按母质与地形划分的有牛肝土田、石灰板结田、赤土田、洪积黄坭田、坦田、塱心田、二则田、低油坭田等。

按污染与毒质划分的有煤水田、硫黄矿毒田、锰矿毒田、铁矿毒田、铜矿毒田、硫铁矿毒田、锡矿毒田及石油污染田、重金属污染田、厂废水污染田等。

按诊断特征与生产密切联系的障碍因素划分的有耕层浅薄的砂质浅脚田、障碍土层含有木屎层的咸酸田，含有铁钉、铁磐层的铁钉田、铁磐底田，含蚝壳的蚝壳底田及海贝屑坭田，含青泥层的各种青坭田，具漂洗层的各种白鳝坭田，具油格层的油格田，具泥炭层的各种坭炭土田等。

（7）变种：是土种范围内的细分。划分依据是以典型土种为准，某些性状不稳定的量上变异。如砾石含量、土层厚度、养分和毒质含量、障碍土层位置等。

命名原则：高级分类单元采用发生学的连续命名法。土纲：采用成土过程主要诊断特征来命名，如铁铝土土纲以富铁铝化为主，盐碱土土纲以积盐或碱化为主。亚纲：采用反映成土过程主要诊断特征在程度上差异的因素来命名，如铁铝土纲中湿暖铁铝土、湿热铁铝土等亚纲。土类：采用土壤文献习用名称和全国统一的名称命名，如黄壤、红壤、赤红壤、砖红壤、水稻土等。亚类：为了反映与发生上的联系，一般采用在土类名称前冠以附加过程的形容词，如水稻土中淹育型、渗育型、潴育型、潜育型、漂洗型、盐渍型、咸酸型水稻土等。低级分类单元——土属、土种、变种一般采用群众的俗名，土壤命名要求简单明了，通俗易懂，结合生产、符合实际，便于应用，但为了实际需要有的土属也采用连续命名法，如页黄泥田、片黄泥田等。

根据上述分类和命名的原则，广东省分人为土、半水成土、铁铝土、初育土、盐碱土、水成土 6 个土纲，下分 9 个亚纲，16 个土类，36 个亚类，131 个土属，522 个土种。其中人为土纲中水稻土分淹育型、潴育型、渗育型、潜育型、漂洗型、盐渍型、咸酸型 7 个亚类，49 个土属，224 个土种；铁铝土土纲分 2 个亚纲、4 个土类、10 个亚类，49 个土属，228 个土种；初育土土纲分 2 个亚纲、6 个土类，11 个亚类，21 个土属，46 个土种；半水成土纲分 2 个亚纲，2 个土类，4 个亚类，7 个土属，18 个土种；水成土纲分 1 个亚纲，1 个土类，1 个亚类，1 个土属，2 个土种；盐碱土纲分为 1 个亚纲，2 个土类，4 个亚类，4 个土属，4 个土种。

3.1.3 土壤系统分类

1984 年开始，由中国科学院南京土壤研究所主持，有 30 多个高等院校与科研院所参与，开展了中国土壤系统分类的研究，建立了中国土壤系统分类系统，使中国土壤分类发展步入了定量化分类的崭新阶段。1996 年开始，中国土壤学会将此分类推荐为标准土壤分类加以应用。

中国土壤系统分类是以诊断层和诊断特性为基础的系统化、定量化的土壤分类。由于成土过程是看不见摸不着的,土壤性质也不见得与现代的环境成土条件完全相符(如古土壤遗址),如以成土条件和成土过程来分类土壤必然会存在着不确定性,而只有以看得见测得出的土壤性状为分类标准,才会在不同的分类者之间架起沟通的桥梁,建立起共同鉴别确认的标准。因此,尽管在建立诊断层和诊断特性时,考虑到了它们的发生学意义,但在实际鉴别诊断层和诊断特性,以及用它们划分土壤分类单元时,则不以发生学理论为依据,而以土壤性状本身为依据。

1)分类体系

中国土壤系统分类为谱系式多级分类制,共6级,即土纲、亚纲、土类、亚类、土族和土系。土纲至亚纲为高级分类单元,土族和土系为基层单元。高级单元比较概括,理论性强,主要供中小比例尺土壤制图确定制图单元用;基层单元以土壤理化性质和生产性能为依据,与生态环境、农林业生产联系紧密,主要供大比例尺土壤制图确定制图单元用。

(1)土纲:土纲为最高土壤分类级别,根据主要成土过程产生的性质或影响主要成土过程的性质划分。在14个土纲中,除火山灰土和变性土是根据影响成土过程中的火山灰物质和由高胀缩性黏土物质所造成的变性特征划分之外,其他12个土纲均是依据主要成土过程产生的性质划分(表3-2)。有机土、人为土、灰土、盐成土、潜育土、均腐土、淋溶土是根据泥炭化、人为熟化、灰化、盐渍化、潜育化、腐殖化和黏化过程及在这些过程下形成的诊断层和诊断特性划分;铁铝土和富铁土是依据富铁铝化过程形成的铁铝层和低活性富铁层划分;雏形土和新成土是土壤形成的初级阶段,分别由矿物蚀变形成的雏形层和淡薄表层为其划分特征;干旱土则以在干旱水分状况下,弱腐殖化过程形成的干旱表层为其鉴别特征。

表 3-2 中国土壤系统分类土纲划分依据(龚子同等,2014)

土纲名称	主要成土过程或影响成土过程的性状	主要诊断层、诊断特性
有机土(Histosols)	泥炭化过程	有机土壤物质
人为土(Anthorsols)	水耕或旱耕人为过程	水耕表层和水耕氧化还原层、灌淤表层、土垫表层、泥垫表层、肥熟表层和磷质耕作淀积层
灰土(Spodosols)	灰化过程	灰化淀积层
火山灰土(Andosols)	影响成土过程进的火山灰物质	火山灰特性
铁铝土(Ferralosols)	高度富铁铝化过程	铁铝层
变性土(Vertosols)	高胀缩性黏土物质所造成的土壤扰动过程	变性特征
干旱土(Aridosols)	干旱水分状况影响下,弱腐殖化过程以及钙化、石膏化、盐渍化过程	干旱表层、钙积层、石膏层、盐积层
盐成土(Halosols)	盐渍化过程	盐积层、碱积层
潜育土(Gleyosols)	潜育化过程	潜育特征

土纲名称	主要成土过程或影响成土过程的性状	主要诊断层、诊断特性
均腐土（Isohumosols）	腐殖化过程	暗沃表层、均腐殖质特性
富铁土（Ferrosols）	中度富铁铝化过程	富铁层
淋溶土（Argosols）	黏化过程	黏化层
雏形土（Cambosols）	矿物蚀变过程	雏形层
新成土（Primosols）	无明显发育	淡薄表层

（2）亚纲：亚纲是土纲的辅助级别，主要根据影响现代成土过程的控制因素所反映的性质（如水分状况、温度状况和岩性特征）划分。按水分状况划分的亚纲有：人为土纲中的水耕人为土和旱耕人为土，火山灰土纲中的湿润火山灰土，铁铝土纲中的湿润铁铝土，变性土纲中的潮湿变性土、干润变性土和湿润变性土，潜育土纲中的滞水潜育土和正常（地下水）潜育土，均腐土纲中的干润均腐土和湿润均腐土，淋溶土纲中的干润淋溶土和湿润淋溶土，富铁土纲中的干润富铁土、湿润富铁土和常湿富铁土，雏形土纲中的潮湿雏形土、干润雏形土、湿润雏形土和常湿雏形土。按温度状况划分的亚纲有：干旱土纲中的寒性干旱土和正常（温暖）干旱土，有机土纲中的永冻有机土和正常有机土，火山灰土纲中的寒性火山灰土，淋溶土纲中的冷凉淋溶土和雏形土纲中的寒冻雏形土。按岩性特征划分的亚纲有：火山灰土纲中的玻璃质火山灰土，均腐土纲中的岩性均腐土和新成土纲中的砂质新成土、冲积新成土和正常新成土。此外，个别土纲由于影响现代成土过程的控制因素差异不大，所以直接按主要成土过程发生阶段所表现的性质划分，如灰土土纲中的腐殖灰土和正常灰土，盐成土纲中的碱积盐成土和正常（盐积）盐成土。

（3）土类：土类是亚纲的续分。土类类别多根据反映主要成土过程强度或次要成土过程、次要控制因素的表现性质划分。根据主要过程强度的表现性质划分的有：正常有机土中反映泥炭化过程强度的高腐正常有机土，半腐正常有机土，纤维正常有机土土类；根据次要成土过程的表现性质划分的有：正常干旱土中反映钙化、石膏化、盐化、黏化、土内风化等次要过程的钙积正常干旱土、石膏正常干旱土、盐积正常干旱土、黏化正常干旱土和简育正常干旱土等土类；根据次要控制因素的表现性质划分的有：反映母质岩性特征的钙质干润淋溶土、钙质湿润富铁土、钙质湿润雏形土、富磷岩性均腐土等，反映气候控制因素的寒冻冲积新成土、干旱冲积新成土、干润冲积新成土和湿润冲积新成土等。

（4）亚类：亚类是土类的辅助级别，主要根据是否偏离中心概念，是否具有附加过程的特性和是否具有母质残留的特性划分。代表中心概念的亚类为普通亚类，具有附加过程特性的亚类为过渡性亚类，如灰化、漂白、黏化、龟裂、潜育、斑纹、表蚀、耕淀、堆垫、肥熟等；具有母质残留特性的亚类为继承亚类，如石灰性、酸性、含硫等。

2）土壤命名

高级分类级别的土壤类型名称采用从土纲到亚类的属性连续命名。名称结构以土纲名称为基础，其前依次叠加反映亚纲、土类和亚类性质的术语，以分别构成亚纲、土类和亚类的名称。土壤性状术语尽量限制为 2 个汉字，这样土纲的名称一般为 3 个汉字，亚纲为 5 个汉字，土类为 7 个汉字，亚类为 9 个汉字。个别类别由于性质术语超过 2 个汉字，采用复合名称时可略高于上述数字。各级类别名称一律选用反映诊断层或诊断特性的名称，部分或可选有发生意义的性质名称或诊断现象名称。如为复合亚类在两个亚类形容词之间加连接号 "-"。例如表蚀黏化湿润富铁土（亚类），属于富铁土（土纲）、湿润富铁土（亚纲）、黏化湿润富铁土（土类）。

　　3）分类检索

　　中国土壤系统分类的各级类别是通过有诊断层和诊断特性的检索系统确定的。使用者可按照检索顺序，自上而下逐一排除那些不符合某种土壤要求的类别，就能找出它的正确分类位置。因此土壤检索系统，既要包括各级类别的鉴别特性，又要包括它们的检索顺序。每一种土壤都可以找到其应有的分类位置，也只能找到一个位置。

　　检索顺序是土壤类别在检索系统中的先后检出次序，必需严格按照检索顺序进行检索。在自然界中，土壤的发生及其性质十分复杂，除优势的或主要成土过程及其产生的鉴别性质外，还有次要的或附加的成土过程及其产生的性质。一种土壤的优势成土过程及其产生的性质，很可能是另一类土壤的次要成土过程及其产生的性质；相反，一类土壤的次要成土过程与性质可能成为另一类土壤的优势过程与性质。因此，如果没有一个严格的土壤检索顺序，这些鉴别性质相同、但优势成土过程不同的土壤就可能并入同一类别。在分类中首先检索土纲，然后按同样的方法检索亚纲、土类、亚类。

　　中国土壤系统分类 14 个土纲的检索详见表 3-3。

表 3-3　中国土壤系统分类 14 个土纲检索表（龚子同等，2014）

	诊断层和/或诊断特性	土纲
1	土壤中有机土壤物质总厚度≥40 cm，若容重<0.1 mg/m^{-3}，则其厚度为≥60 cm，且其上界在土表至 40 cm 深范围内	有机土（Histosols）
2	其他土壤中有：水耕表层和水耕氧化还原层；或肥熟表层和磷质耕作淀积层；或灌淤表层；或堆垫表层	人为土（Anthrosols）
3	其他土壤中在土表下 100 cm 深范围内有灰化淀积层	灰土（Spodosols）
4	其他土壤中在土表至 60 cm 深或至更浅的石质或准石质接触面范围内有 60%或更厚的土层具有火山灰特性	火山灰土（Andosols）
5	其他土壤中上界在土表至 150 cm 深范围内有铁铝层	铁铝土（Ferralosols）
6	其他土壤中土表至 50 cm 深范围内黏粒≥30%，且无石质或准石质接触面，土壤干燥时有宽度>0.5cm 的裂隙，土表至 100 cm 深范围内有滑擦面或自吞特征	变性土（Vertosols）
7	其他土壤中有干旱表层和上界在土表至 100 cm 深范围内的下列任一个诊断层：盐积层、超盐积层、盐磐、石膏层、超石膏层、钙积层、超钙积层、钙磐、黏化层或雏形层	干旱土（Aridosols）
8	其他土壤中土表至 30 cm 深范围内有盐积层；或土表至 75 cm 深范围内有碱积层	盐成土（Halosols）
9	其他土壤中土表至 50 cm 深范围内有一土层厚度≥10 cm 有潜育特征	潜育土（Gleyosols）
10	其他土壤中有暗沃表层和均腐殖质特性，且在矿质土表至 180cm 深或更浅的石质或准石质接触面范围内盐基饱和度≥50%	均腐土（Isohumosols）

续表

	诊断层和/或诊断特性	土纲
11	其他土壤中有上界在土表至 125 cm 深范围内的低活性富铁层	富铁土（Ferrosols）
12	其他土壤中有上界在土表至 125 cm 深范围内的黏化层或黏磐	淋溶土（Argosols）
13	其他土壤中有雏形层；或矿质土表至 100 cm 深范围内有如下任一诊断层：漂白层、钙积层、超钙积层、钙磐、石膏层、超石膏层；或矿质土表下 20～50 cm 范围内见一土层（≥10 cm 厚）的 n 值<0.7；或黏粒含量<80 g/kg，并有机表层，或暗沃表层，或暗瘠表层；或有永冻层和矿质土表至 50 cm 深范围内有滞水土壤水分状况	雏形土（Cambosols）
14	其他有淡薄表层的土壤	新成土（Primosols）

3.2 土系调查

广东省土系调查工作始于 2009 年，主要依托国家科技基础性工作专项"我国土系调查与《中国土系志》编制"（2008FY110600，2009～2013）中的"广东省专题"。根据本次土系调查的任务要求，调查广东省典型土壤类型。广泛收集广东省气候、母质、地形资料和图件以及广东省第二次土壤普查资料包括《广东土壤》（广东省土壤普查办公室，1993）、《广东土种志》（广东省土壤普查办公室，1996）、各地区（市）、县土壤普查报告以及 1：20 万和 1：5 万土壤图。通过气候分区图、母质（母岩）图、地形图叠加后形成不同综合单元图，再考虑各综合单元对应的第二次土壤普查土壤类型及其代表的面积大小，确定本次典型土系调查样点分布，本次土系调查共挖掘单个土体剖面 167 个，单个土体空间分布见图 3-1。

每个采样点（单个土体）土壤剖面的挖掘、地理景观和剖面形态描述依据《野外土壤描述与采样手册（试行）》（中国科学院南京土壤研究所等，2010），土样样品测定分析方法依据《土壤调查实验室分析方法》（张甘霖和龚子同，2012），土壤系统分类高级单元确定依据《中国土壤系统分类检索（第三版）》（中国科学院南京土壤研究所土壤系统分类课题组，中国土壤系统分类课题研究协作组，2001），土族和土系建立依据"中国土壤系统分类土族和土系划分标准"（张甘霖等，2013）。

根据土壤剖面形态观察和土壤分析结果，本次土系调查的单个土体中诊断层有暗沃表层、暗瘠表层、淡薄表层、肥熟表层、水耕表层、耕作淀积层、水耕氧化还原层、铁铝层、低活性富铁层、聚铁网纹层、黏化层、雏形层、含硫层。根据高级单元土壤检索和统计结果，本次调查的单个土体分别归属人为土、铁铝土、潜育土、均腐土、富铁土、淋溶土、雏形土和新成土 8 个土纲，13 个亚纲，23 个土类，43 个亚类，详见表 3-4。与全国土壤系统分类相比，在广东省尚未调查到灰土、干旱土、火山灰土、盐成土、有机土、变性土 6 个土纲，灰土和干旱土土纲的不存在，是由于不具备形成的自然环境条件，其他土纲的缺少则可能是受本次调查数量、掌握资料不足所限。随着今后土壤调查的深入，资料信息的不断补充，所划分的具体土壤类型还会增加。

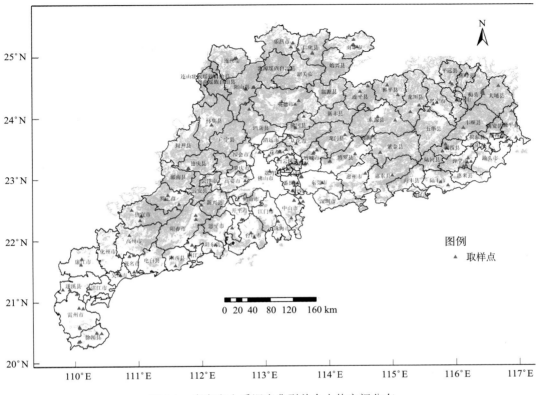

图 3-1 广东省土系调查典型单个土体空间分布

表 3-4 广东省土系调查的高级分类单元

土纲	亚纲	土类	亚类
人为土	水耕人为土	潜育水耕人为土	含硫潜育水耕人为土、弱盐潜育水耕人为土、铁聚潜育水耕人为土、普通潜育水耕人为土
		铁渗水耕人为土	普通铁渗水耕人为土
		铁聚水耕人为土	底潜铁聚水耕人为土、普通铁聚水耕人为土
		简育水耕人为土	弱盐简育水耕人为土、底潜简育水耕人为土、普通简育水耕人为土
铁铝土	湿润铁铝土	暗红湿润铁铝土	普通暗红湿润铁铝土
		黄色湿润铁铝土	腐殖黄色湿润铁铝土、普通黄色湿润铁铝土
		简育湿润铁铝土	普通简育湿润铁铝土
潜育土	正常潜育土	简育正常潜育土	酸性简育正常潜育土、弱盐简育正常潜育土
均腐土	岩性均腐土	黑色岩性均腐土	普通黑色岩性均腐土
富铁土	常湿富铁土	富铝常湿富铁土	普通富铝常湿富铁土
	湿润富铁土	强育湿润富铁土	黏化强育湿润富铁土
		黏化湿润富铁土	腐殖黏化湿润富铁土、黄色黏化湿润富铁土、网纹黏化湿润富铁土、普通黏化湿润富铁土

续表

土纲	亚纲	土类	亚类
富铁土		简育湿润富铁土	表蚀简育湿润富铁土、腐殖简育湿润富铁土、黄色简育湿润富铁土、普通简育湿润富铁土
淋溶土	常湿淋溶土	铝质常湿淋溶土	普通铝质常湿淋溶土
	湿润淋溶土	铝质湿润淋溶土	普通铝质湿润淋溶土
		酸性湿润淋溶土	铁质酸性湿润淋溶土
		铁质湿润淋溶土	红色铁质湿润淋溶土、普通铁质湿润淋溶土
雏形土	潮湿雏形土	淡色潮湿雏形土	酸性淡色潮湿雏形土、普通淡色潮湿雏形土
	常湿雏形土	铝质常湿雏形土	腐殖铝质常湿雏形土
	湿润雏形土	铝质湿润雏形土	表蚀铝质湿润雏形土、腐殖铝质湿润雏形土、黄色铝质湿润雏形土、普通铝质湿润雏形土
		铁质湿润雏形土	红色铁质湿润雏形土、普通铁质湿润雏形土
新成土	冲积新成土	潮湿冲积新成土	普通潮湿冲积新成土
	正常新成土	湿润正常新成土	普通湿润正常新成土

3.3　土族的划分

　　土族是土壤系统分类的基层分类单元。它是在亚类的范围内，按反映与土壤利用管理有关的土壤理化性质的分异程度续分的单元，是地域性（或地区性）成土因素引起的土壤性质分异的具体体现。土族分类选用的主要指标是土壤剖面控制层段的土壤颗粒大小级别、不同颗粒级别的土壤矿物组成类型、土壤温度状况、石灰性与土壤酸碱性、土体厚度等，以反映成土因素和土壤性质的地域性差异。不同类别的土壤划分土族的依据及指标可以不同。

　　土族划分的原则、标准、确定与命名详见"中国土壤系统分类土族和土系划分标准"（张甘霖等，2013）。

　　本次广东省土系调查划分土族的具体步骤如下：

　　（1）确定土族控制层段。

　　（2）判别土族控制层段内是否存在颗粒级别强对比。

　　（3）计算土族控制层段颗粒组成加权平均值，确定颗粒大小级别。

　　（4）根据颗粒大小级别，确定矿物学类别。

　　（5）确定石灰性和酸碱反应类别。

　　（6）根据 50 cm 深度处土壤温度，确定土壤温度等级。

　　本次广东省土系调查用于土族划分的颗粒大小级别依据美国土壤质地三角图自动查询结果（郭彦彪等，2013）；矿物学类别主要参照前人对广东省内土壤黏土矿物研究结果，主要参考资料包括张效年和李庆逵（1958）、蒋梅茵等（1982）、杨德涌（1985）、殷细宽和曾维琪（1987）、马毅杰等（1999）等研究论文和《珠江三角洲土壤》（陆发熹，1988）、《中国水稻土》（李庆逵，1992）、《广东土壤》（广东省土壤普查办公室，1993）等书籍。

土壤 50 cm 深度处年均温度常被作为分异特性用于土壤不同分类级别的区分，土壤 50 cm 深度处年均温度一般比年均气温高 1~3 ℃（龚子同等，1999）。研究表明（冯学民和蔡德利，2004），50 cm 深度处年均土壤温度与纬度和海拔之间具有很好的相关性，y（50 cm 深度处土温）与纬度（x_1）和海拔（x_2）的回归方程为①海拔 1000 m 以下：$y = 40.9951-0.7411x_1-0.0007x_2$（$R = 0.964^{**}$）；②海拔 1000 m 以上：$y = 39.8565-0.6530x_1-0.0031x_2$（$R=0.920^{**}$），由此推算出本次调查单个土体 50 cm 深度处年均土壤温度，以此确定土壤温度状况。

土族命名采用格式为：颗粒大小级别矿物学类型石灰性和酸碱反应土壤温度状况-亚类名称。如"砂质硅质混合型非酸性高热性-铁聚潜育水耕人为土"。土族修饰词连续使用，在修饰词与亚类之间加破折号，以示区别。

根据以上土族划分方法，本次土系调查的 167 个单个土体共划分出 116 个土族。

3.4 土 系 划 分

土系是中国土壤系统分类最低级别的基层分类单元。它是发育在相同母质上、处于相同景观部位、具有相同土层排列和相似土壤属性的土壤集合（聚合土体）（张甘霖，2001）。其划分依据应主要考虑土族内影响土壤利用的性质差异，以影响利用的表土特征和地方性分异为主。相对于其他分类级别而言，土系能够对不同的土壤类型给出精确的解释。

土系划分的原则和依据、划分标准、土系命名详见"中国土壤系统分类土族和土系划分标准"（张甘霖，2013）。本次广东省土系划分选用的土壤性质与划分标准如下。

1）特定土层深度和厚度

（1）特定土层或属性（诊断表下层、根系限制层、残留母质层、特殊土层、诊断特性、诊断现象）（雏形层除外），依上界出现深度，可分为 0~50 cm、50~100 cm、100~150 cm。如指标在高级单元已经应用，则不再在土系中使用。

（2）诊断表下层厚度：在出现深度范围一致的情况下，如诊断表下层厚度差异达到 2 倍（即相差达到 3 倍）、或厚度差异超过 30 cm，可以区分不同的土系。

2）表层土壤质地、厚度

当表层（或耕作层）20 cm 混合后质地为不同的类别时，可以按照质地类别区分土系。土壤质地类别如下：砂土类（砂土、壤质砂土、粉砂土），壤土类（砂质壤土、壤土、粉砂壤土），黏壤土类（砂质黏壤土、黏壤土、粉砂质黏壤土），黏土类（砂质黏土、粉砂质黏土、黏土）。

表层（腐殖质层）厚度：<20 cm、≥20 cm。

3）土壤中岩石碎屑、结核、侵入体等

在同一土族中，当土体内加权碎屑、结核、侵入体等（直径或最大尺寸 2~75 mm）绝对含量差异超过 30%时，可以划分不同土系。

4）土壤盐分含量

盐化类型的土壤（非盐成土）按照积盐层土壤盐分含量，可以划分不同的土系。高含盐量（6～10 g/kg）；低含盐量（2～6 g/kg）。

5）人为扰动层

在同一土族中，当土体有人为扰动层时，如厚度≥ 20 cm，可以区分不同的土系。

6）土体颜色

在同一土族中，当土系控制层段中土体色调相差 2 个级别以上，超过人为判断误差范围，可以区分不同的土系。

通过对调查的 167 个单个土体的筛选和归并，合计建立 142 个土系，涉及 8 个土纲，13 个亚纲，23 个土类，43 个亚类，116 个土族，142 个土系（表 3-5）。

表 3-5　广东省土系分布统计

土纲	亚纲	土类	亚类	土族	土系
人为土	1	4	10	53	76
铁铝土	1	3	4	8	8
潜育土	1	1	2	2	2
均腐土	1	1	1	1	1
富铁土	2	4	10	22	25
淋溶土	2	4	5	11	11
雏形土	3	4	9	16	16
新成土	2	2	2	3	3
合计	13	23	43	116	142

下篇　区域典型土系

第4章 人 为 土

4.1 含硫潜育水耕人为土

4.1.1 溪南系（Xi'nan Series）

土　族：砂质硅质混合型酸性高热性-含硫潜育水耕人为土
拟定者：卢　瑛，盛　庚，侯　节

分布与环境条件　分布于汕头、潮州、汕尾等地的沿海地带海积平原。成土母质为滨海沉积物，土地利用类型为水田，种植双季稻或稻-稻-薯（蔬菜）轮作。南亚热带海洋性季风性气候，年平均气温 21.0～22.0 ℃，年平均降水量 1500～1700 mm。

溪南系典型景观

土系特征与变幅　诊断层包括水耕表层、水耕氧化还原层；诊断特性包括人为滞水土壤水分状况、潜育特征、氧化还原特征、硫化物物质、高热性土壤温度状况。耕作层厚 10～20 cm，细土质地为砂质壤土-黏壤土；地下水位高，土壤潜育特征出现在地表 60 cm 以内，土壤氧化还原特征明显，水耕氧化还原层有明显的铁锈斑与铁锰胶膜。土壤呈强酸性，pH 3.5～5.0，土体中水溶性硫酸盐含量 0.3～0.9 g/kg。

对比土系　钱东系，同一亚类不同土族，成土母质相同，分布区域相似，地形部位稍低，地下水位高，潜育特征出现层位浅，土族控制层段颗粒大小级别为黏壤质。

利用性能综述　该土系宜耕性好，适种性广，水源足，因质地较轻，土壤养分含量不高，土壤肥力中等。改良利用措施：完善田间农田水利设施，提高灌排效率；增施有机肥，推广秸秆还田；实行测土平衡施用氮、磷、钾肥及中微量元素肥料；在耕作制度上实行水旱轮作、冬种绿肥；用地与养地相结合，不断提高地力，实现高产、稳产、优质。

参比土种　海沙坭田。

代表性单个土体　位于广东省汕头市澄海区溪南镇仙市村六合北片区，23°31'51"N，116°51'56"E，海拔 3 m，海积平原，成土母质为滨海沉积物，水田，种植双季水稻，50cm 深度土温 23.6 ℃。野外调查时间为 2011 年 11 月 17 日，编号 44-100。

溪南系代表性单个土体剖面

Ap1：0～12 cm，浅淡黄色（2.5Y8/3，干），浊黄棕色（10YR5/4，润）；砂质黏壤土，强度发育直径 5～10 mm 块状结构，疏松，稍黏着，少量中根，根系周围有占面积 5%左右、直径<2 mm 对比鲜明的铁斑纹，有体积占<1%的碎塑料薄膜等；向下层平滑渐变过渡。

Ap2：12～23 cm，浅淡黄色（2.5Y8/3，干），浊黄棕色（10YR5/4，润）；黏壤土，强度发育直径 10～20 mm 块状结构，坚实，稍黏着，少量细根，根系周围有占面积 10%左右、直径 2～6 mm 对比鲜明的铁斑纹；向下层平滑渐变过渡。

Br1：23～34 cm，灰白色（2.5Y8/1，干），浊黄橙色（10YR6/3，润）；黏壤土，强度发育直径 10～20 mm 块状结构，坚实，稍黏着，少量细根，结构体内有占面积 10%左右直径 2～6 mm 的对比鲜明的铁斑纹；向下层平滑渐变过渡。

Br2：34～50 cm，灰白色（2.5Y8/1，干），浊黄橙色（10YR6/3，润）；砂质壤土，强度发育直径 10～20 mm 块状结构，疏松，稍黏着，极少量细根，结构体内有占面积 10%左右直径为 2～6 mm 的对比鲜明的铁斑纹；向下层平滑渐变过渡。

Bg：50～82 cm，灰白色（2.5Y8/1，干），浊黄橙色（10YR6/3，润）；砂质壤土，弱发育直径 10～20 mm 块状结构，疏松，稍黏着，有潜育特征，中度亚铁反应。

溪南系代表性单个土体物理性质

土层	深度/cm	砾石（>2mm，体积分数）/%	砂粒 2～0.05	粉粒 0.05～0.002	黏粒 <0.002	质地类别	容重/（g/cm³）
Ap1	0～12	2	483	228	289	砂质黏壤土	1.17
Ap2	12～23	2	381	280	340	黏壤土	1.36
Br1	23～34	2	328	293	379	黏壤土	1.32
Br2	34～50	2	753	117	130	砂质壤土	1.35
Bg	50～82	2	784	113	103	砂质壤土	1.38

溪南系代表性单个土体化学性质

深度/cm	pH（H₂O）	有机碳	全氮(N)	全磷(P)	全钾(K)	CEC	交换性盐基总量	游离氧化铁/（g/kg）	水溶性硫酸盐/（g/kg）
0～12	4.8	16.1	1.08	1.79	15.4	8.9	4.8	24.9	0.3
12～23	4.5	14.6	0.92	0.97	15.6	9.9	2.7	29.8	0.3
23～34	4.4	10.8	0.62	0.29	16.0	9.4	2.5	28.0	0.3
34～50	4.0	5.0	0.25	0.22	19.2	3.2	2.0	8.5	0.6
50～82	3.5	4.6	0.16	0.19	20.1	2.8	1.5	8.0	0.9

4.1.2 大步系（Dabu Series）

土　族：黏质伊利石混合型酸性高热性-含硫潜育水耕人为土
拟定者：卢　瑛，盛　庚，侯　节

分布与环境条件　主要分布于广州、中山、东莞、江门等珠江三角洲地区地势平坦的海岸泛滥平原，海拔 <1 m，成土母质为滨海沉积物。土地利用类型为水田，种植制度为双季水稻或水稻-蔬菜轮作。南亚热带海洋性季风性气候，年平均气温 22.0～23.0 ℃，年平均降水量 1700～1900 mm。

大步系典型景观

土系特征与变幅　诊断层包括水耕表层、水耕氧化还原层；诊断特性包括人为滞水土壤水分状况、潜育特征、氧化还原特征、硫化物物质、高热土壤温度状况；诊断现象包括盐积现象。地下水位高，30～50 cm 以下土体具有潜育特征。细土黏粒含量高，质地为砂质黏壤土-黏土，土壤呈强酸性，pH 3.1～4.3；水耕氧化还原层土壤结构面上有铁锰斑纹、胶膜和铁锰结核，土壤裂隙内有黄钾铁矾结晶；水耕表层以下土层具有盐积现象，可溶性盐分含量 6.5～9.5 g/kg，水溶性硫酸盐含量 2.0～2.3 g/kg。

对比土系　冲蒌系、麻涌系，分布区域和地形部位相似，成土母质相同，土体中均有黄钾铁矾结晶。与冲蒌系属同一亚类，但冲蒌系土族控制层段颗粒大小级别有强对比，为黏质盖砂质，潜育特征和黄钾铁矾出现部位在 50 cm 以下。麻涌系潜育特征出现部位在 60 cm 以下，有盐积现象，属于弱盐简育水耕人为土亚类。

利用性能综述　该土系地下水位高，在 30～90 cm 深度土壤中有黄钾铁矾结晶，在土壤中氧化后形成强酸性物质，影响农作物的正常生长，作物产量不高，水稻单季产量低于 6000 kg/hm²。改良利用措施：修建和完善水利设施，实行排灌分家，充分解决灌溉和洗酸洗盐用水；加强田间水分管理，勤灌勤排，以水治酸压咸；降低地下水位，施用石灰中和酸性，减少酸害；增施有机肥，推广秸秆回田、冬种绿肥、犁冬晒白结合春季浸田洗盐排酸等，培肥土壤，提高地力；选用耐酸作物品种，测土平衡施肥。

参比土种　反酸田。

代表性单个土体　位于东莞市麻涌镇大步村逢木；23°1'57″N，113°34'45″E，海拔 1 m；海岸泛滥平原，成土母质为滨海沉积物。水田，种植双季水稻，近 5 年改种香蕉。50 cm 深度土温 23.9 ℃。野外调查时间为 2010 年 12 月 5 日，编号 44-003。

大步系代表性单个土体剖面

Ap1：0~17 cm，浅淡黄色（2.5Y8/3，干），黄棕色（2.5Y5/3，润）；黏土，强度发育的直径 10~20 mm 块状结构，黏着，中量细根，结构体表面有占面积 15%左右对比度模糊、边界扩散的铁锰斑纹；向下层平滑渐变过渡。

Ap2：17~29 cm，浅淡黄色（2.5Y8/4，干），橄榄棕色（2.5Y4/6，润）；黏土，强度发育的直径 20~50 mm 块状结构，黏着，少量极细根，结构体表面有占面积 15%左右对比度模糊、边界扩散的铁锰斑纹，有占体积 2%左右的颜色为浊红棕色（5YR4/3）的用小刀易于破开的小管状铁锰结核；向下层平滑渐变过渡。

Brj：29~50 cm，淡灰色（2.5Y7/1，干），灰色（5Y4/1，润）；黏土，中度发育的直径 20~50 mm 块状结构，黏着，结构体表面和孔隙周围有占面积 5%左右对比度模糊、边界扩散的铁锰斑纹，有占体积 10%的颜色为浊红棕色（5YR4/3）的用小刀易于破开的管状铁锰结核，裂隙内有黄钾铁矾结晶；向下层平滑渐变过渡。

Bgj：50~90 cm，淡灰色（2.5Y7/1，干），灰色（5Y4/1，润）；砂质黏壤土，弱发育的直径 20~50 mm 块状结构，黏着，结构体表面有占面积 2%左右对比度明显、边界清楚的铁锰斑纹，有占体积 2%左右的颜色为浊红棕色（5YR4/3）的用小刀易于破开的管状铁锰结核，裂隙内有黄钾铁矾结晶，强度亚铁反应；向下层平滑渐变过渡。

Bg：90~116 cm，灰白色（5Y8/2，干），暗灰黄色（2.5Y5/2，润）；砂质黏土，无结构，软泥，黏着，土体内有占面积 2%左右对比度明显、边界清楚的铁锰斑纹，有占体积 2%~5%的颜色为浊红棕色（5YR4/3）的用小刀易于破开的管状铁锰结核，强度亚铁反应。

大步系代表性单个土体物理性质

| 土层 | 深度 / cm | 砾石 （>2mm，体积分数）/ % | 细土颗粒组成（粒径：mm）/（g/kg） | | | 质地类别 | 容重 /（g/cm³） |
			砂粒 2~0.05	粉粒 0.05~0.002	黏粒 <0.002		
Ap1	0~17	0	394	103	503	黏土	1.25
Ap2	17~29	0	384	107	509	黏土	1.38
Brj	29~50	0	383	105	512	黏土	1.35
Bgj	50~90	0	497	154	350	砂质黏壤土	1.34
Bg	90~116	0	467	114	419	砂质黏土	1.33

大步系代表性单个土体化学性质

| 深度 / cm | pH （H₂O） | 有机碳 | 全氮 （N） | 全磷 （P） | 全钾 （K） | CEC | 交换性盐基总量 | 游离氧化铁 | 可溶性盐 | 水溶性硫酸盐 |
		/（g/kg）				/（cmol（+）/kg）		/（g/kg）	/（g/kg）	
0~17	4.2	25.3	1.97	2.27	22.06	18.8	4.1	40.0	0.3	0.3
17~29	3.8	16.9	1.31	0.65	22.67	14.9	1.8	44.3	0.9	0.3
29~50	3.1	20.8	1.22	0.29	26.88	20.2	3.6	41.4	9.5	2.3
50~90	3.4	20.6	1.04	0.30	20.71	17.5	11.3	18.2	6.8	2.1
90~116	4.3	17.2	1.07	0.44	22.23	19.1	14.5	24.9	6.5	2.0

4.1.3　冲蒌系（Chonglou Series）

土　族：黏质盖砂质伊利石混合型盖硅质混合型酸性高热性-含硫潜育水耕人为土
拟定者：卢　瑛，张　琳，潘　琦

分布与环境条件　主要分布在江门、广州、珠海、中山等地，沿海原为红树林生长的地区，但已围垦为稻田的近海沙围田区，多为古海湾地貌。成土母质为滨海沉积物，系含硫潮湿盐成土（酸性硫酸盐土）种稻发育而成。土地利用类型为水田，种植制度为一年两季水稻或水稻-蔬菜轮作。亚热带海洋性季风性气候，年平均气温 22.0～23.0 ℃，年平均降水量 2100～2300 mm。

冲蒌系典型景观

土系特征与变幅　诊断层包括水耕表层、水耕氧化还原层、含硫层；诊断特性包括人为滞水土壤水分状况、潜育特征、氧化还原特征、高热土壤温度状况。因地下水位高，地表约 40～50 cm 以下土壤处于淹水还原状态，具有潜育特征。细土质地为壤质砂土-粉质黏土，土族控制层段内出现土壤颗粒大小级别强对比（黏粒含量绝对值之差>25%）。水耕氧化还原层结构面上有铁锰斑纹、胶膜和铁锰结核。地表以下 35～95 cm 深土壤孔隙或裂隙中有黄钾铁矾结晶，形成厚约 30cm 的含硫层，下部潜育层有红树残体埋藏；土壤呈极强酸性，pH 2.4～2.9，水溶性硫酸盐含量 1.3～10.5 g/kg，可溶性盐含量 4.7～60.3 g/kg。

对比土系　大步系、麻涌系，分布区域和地形部位相似，成土母质相同，土体裂隙中都有黄钾铁矾结晶。大步系土族控制层段颗粒大小级别没有强对比，为黏质；土体裂隙中黄钾铁矾结晶较少，土体中没有红树植物残体。麻涌系具有潜育特征层次出现部位在 60 cm 以下，有盐积现象，属于弱盐简育水耕人为土亚类。

利用性能综述　该土系土壤酸性极强，养分含量中等，耕层质地较黏重，耕性较差，水稻受酸害的主要特征是黑根、分蘖差、植株矮小、产量不高。改良利用措施：修建和完善农田水利设施，引淡洗酸；加强田间水分管理，注意勤灌勤排，冬种绿肥；增施磷肥；引水深灌压酸，适当起高垄轮种旱作，如甘蔗，加速土壤脱盐脱酸。

参比土种　重反酸田。

代表性单个土体　位于江门市台山市冲蒌镇八家村委会济落村；22°06′47″ N，112°46′31″ E，海拔 1 m；滨海平原，地势平坦。成土母质为滨海沉积物，水田，种植两季水稻，50cm 深度土温 24.6℃。野外调查时间为 2010 年 12 月 7 日，编号 44-049。

冲蒌系代表性单个土体剖面

Ap1：0～14 cm，浅淡黄色（2.5Y8/4，干），橄榄棕色（2.5Y4/4，润）；粉质黏土，强度发育的直径 5～10 mm 块状结构，疏松，黏着，中量细根，根系周围有占面积 5%左右的对比明显的铁锰斑纹；向下层平滑渐变过渡。

Ap2：14～35 cm，浅淡黄色（2.5Y8/4，干），橄榄棕色（2.5Y4/6，润）；粉质黏土，中度发育的直径 10～20 mm 块状结构，坚实，黏着，少量细根，根系周围有占面积 10%左右的对比明显的铁锰斑纹；向下层平滑突变过渡。

Brj：35～50 cm，50%黄色、50%黄灰色（50%5Y 8/6、50%2.5Y5/1，干），50%灰橄榄色、50%灰橄榄色（50%5Y 6/2、50%5Y4/2，润）；黏壤土，中度发育的直径 20～50 mm 棱柱状结构，坚实，黏着，土体内有黄钾铁矾结晶，有多量的未分解的红树林残体，土体内有占面积 5%左右的对比模糊的铁锰斑纹；向下层平滑渐变过渡。

Bgj1：50～76 cm，85%灰色、15%黄色（85%5Y 6/1、15%5Y8/6，干），灰色、橄榄色（5Y 4/1、5Y5/6，润）；黏壤土，无结构，软膏状，稍黏着，土体内有黄钾铁矾结晶，有大量未分解的红树残体，中度亚铁反应；向下层平滑渐变过渡。

Bgj2：76～95 cm，灰色（7.5Y5/1，干），黑色（7.5Y2/1，润）；壤质砂土，无结构，软膏状，稍黏着，土体内有黄钾铁矾结晶，有大量的未分解的红树残体，强度亚铁反应；向下层平滑渐变过渡。

Bg：95～120 cm，灰色（7.5Y6/1，干），橄榄黑色（5Y3/1，润）；壤质砂土，无结构，软膏状，稍黏着，有大量的未分解的红树残体，强度亚铁反应。

冲蒌系代表性单个土体物理性质

| 土层 | 深度 /cm | 砾石 (>2mm，体积分数)/% | 细土颗粒组成 （粒径：mm）/ (g/kg) | | | 质地类别 | 容重 / (g/cm³) |
			砂粒 2～0.05	粉粒 0.05～0.002	黏粒 <0.002		
Ap1	0～14	2	99	450	451	粉质黏土	1.31
Ap2	14～35	2	166	401	433	粉质黏土	1.45
Brj	35～50	2	322	289	389	黏壤土	1.42
Bgj1	50～76	5	428	254	318	黏壤土	1.38
Bgj2	76～95	5	840	121	39	壤质砂土	1.38
Bg	95～120	5	880	42	78	壤质砂土	—

冲蒌系代表性单个土体化学性质

深度 /cm	pH (H₂O)	有机碳 / (g/kg)	全氮 (N) / (g/kg)	全磷 (P) / (g/kg)	全钾 (K) / (g/kg)	CEC / (cmol (+) /kg)	交换性盐基总量 / (cmol (+) /kg)	游离氧化铁 / (g/kg)	可溶性盐 / (g/kg)	水溶性硫酸盐 / (g/kg)
0～14	4.0	35.2	2.79	1.14	13.26	14.4	1.9	48.6	1.2	0.1
14～35	3.4	26.4	1.77	0.60	14.24	13.5	2.6	59.6	1.1	0.3
35～50	2.9	33.0	1.77	0.26	16.36	18.8	3.2	44.3	4.7	1.3
50～76	2.7	44.6	1.68	0.24	14.81	16.0	3.6	17.2	11.2	2.5
76～95	2.4	58.4	1.22	0.23	12.59	17.0	8.7	25.4	60.3	10.5
95～120	2.7	29.4	0.34	0.42	7.15	6.0	4.2	22.4	36.8	9.1

4.1.4 钱东系（Qiandong Series）

土　族：黏壤质硅质混合型酸性高热性-含硫潜育水耕人为土
拟定者：卢　瑛，盛　庚，陈　冲

分布与环境条件　分布于汕头、潮州、汕尾等地，潮汕三角洲平原，沿海原生长红树林，围垦已久的沙围田区。成土母质为滨海沉积物；土地利用类型为水田，种植制度为两季水稻或水稻-蔬菜轮作。南亚热带海洋性季风性气候，年平均气温 21.0～22.0 ℃，年平均降水量 1500～1700 mm。

钱东系典型景观

土系特征与变幅　诊断层包括水耕表层、水耕氧化还原层；诊断特性包括人为滞水土壤水分状况、潜育特征、氧化还原特征、硫化物物质、高热性土壤温度状况。耕层厚度中等，厚 10～20 cm，细土质地为砂质黏壤土-粉质黏壤土，地下水位在 40～60 cm 左右。潜育层中有管状铁质新生体，俗称"铁钉"。耕作层已脱盐，可溶性盐含量<1.0 g/kg，水耕氧化还原层土壤可溶性盐含量 2.0～8.0 g/kg，水溶性硫酸盐含量 0.6～3.7 g/kg；土壤呈强酸性，pH 3.5～4.5。

对比土系　溪南系，分布区域相似，所处地形部位稍高，成土母质类型相同，土体中均含有硫化物物质，属同一亚类，但土族控制层段颗粒大小级别为砂质。

利用性能综述　该土系耕层已脱盐，但底土层盐分和水溶性硫酸盐含量高，一般在雨量充足和水分管理正常情况下无酸害出现，水稻生长正常，在缺水的旱季，水稻会受到酸的危害出现枯萎，产量低。改良利用措施：加强农田基本设施建设，修建和完善农田水利设施，引淡水洗盐洗酸；加强田间水分管理，勤灌勤排，加速底土脱盐脱酸；合理轮作，种植绿肥，增施有机肥，改良土壤，提高基础地力；测土平衡施肥，宜施钙镁磷肥、磷矿石粉、尿素等碱性或中性肥料，并多施腐熟的农家肥，以肥治酸。

参比土种　轻反酸田。

代表性单个土体　位于潮州市饶平县钱东镇沈厝村青山垾田；23°39'31" N，116°57'40" E，海拔 2 m；为地势平坦的滨海平原，成土母质为滨海沉积物。水田，种植两季水稻，50 cm 深度土温 23.5℃。野外调查时间为 2011 年 11 月 16 日，编号 44-099。

Ap1：0～17 cm，灰白色（2.5Y8/2，干），暗灰黄色（2.5Y5/2，润）；黏壤土，强度发育直径10～20 mm块状结构，疏松，黏着，中量细根，根系周围有5%左右对比鲜明的锈纹锈斑；向下层平滑渐变过渡。

Ap2：17～30 cm，灰白色（2.5Y8/2，干），暗灰黄色（2.5Y5/2，润）；黏壤土，强度发育直径10～20 mm块状结构，坚实，黏着，中量细根，根系周围、结构体内有占面积10%左右对比鲜明的锈纹锈斑；向下层平滑渐变过渡。

Br：30～50 cm，灰白色（2.5Y8/1，干），灰色（7.5Y5/1，润）；砂质黏壤土，中度发育直径10～20 mm块状结构，坚实，黏着，少量细根，根系周围、结构体内有占面积10%左右对比鲜明的锈纹锈斑，有少量管状铁锰结核；向下层平滑渐变过渡。

Bgj：50～88 cm，灰白色（7.5Y8/1，干），灰色（7.5Y5/1，润）；粉质黏壤土，弱发育直径>100 mm块状结构，坚实，黏着，有少量植物残体，土体内有黄钾铁矾，结构面上有铁锰胶

钱东系代表性单个土体剖面

膜，土体内有占体积5%左右的管状铁锰结核，强度亚铁反应。

钱东系代表性单个土体物理性质

| 土层 | 深度 | 砾石 | 细土颗粒组成（粒径：mm）/（g/kg） | | | 质地类别 | 容重 |
	/cm	（>2mm，体积分数）/%	砂粒 2～0.05	粉粒 0.05～0.002	黏粒 <0.002		/（g/cm³）
Ap1	0～17	3	433	281	286	黏壤土	1.09
Ap2	17～30	3	332	351	317	黏壤土	1.30
Br	30～50	3	451	254	295	砂质黏壤土	1.21
Bgj	50～88	0	80	538	382	粉质黏壤土	1.02

钱东系代表性单个土体化学性质

| 深度 /cm | pH （H₂O） | 有机碳 | 全氮 (N) | 全磷 (P) | 全钾 (K) | CEC | 交换性盐基总量 | 游离氧化铁 | 可溶性盐 | 水溶性硫酸盐 |
		/（g/kg）				/（cmol(+)/kg）		/（g/kg）	/（g/kg）	
0～17	4.1	10.3	0.66	0.22	18.8	8.8	3.9	22.0	0.7	0.1
17～30	4.1	24.1	1.82	0.80	16.5	11.2	5.7	18.2	1.4	0.2
30～50	3.9	11.1	0.58	0.28	21.6	8.4	5.1	13.8	2.1	0.6
50～88	3.9	12.3	0.68	0.30	18.3	18.4	15.1	14.0	7.4	3.7

4.2 弱盐潜育水耕人为土

4.2.1 博美系（Bomei Series）

土　族：壤质硅质混合型非酸性高热性-弱盐潜育水耕人为土
拟定者：卢　瑛，侯　节，陈　冲

分布与环境条件
分布于汕尾、汕头、潮州等地围垦种植水稻的滨海地区。属于地势平坦的滨海平原，成土母质为滨海沉积物，土地利用类型为水田，种植双季水稻。南亚热带海洋性季风性气候，年平均气温 22.0 ～ 23.0 ℃，年平均降水量 1900～2100 mm。

博美系典型景观

土系特征与变幅　诊断层包括水耕表层、水耕氧化还原层；诊断特性包括人为滞水土壤水分状况、潜育特征、氧化还原特征、高热性土壤温度状况；诊断现象包括盐积现象。由滨海正常盐成土（泥滩）和正常潜育土（草滩）长期种植水稻演变而成，细土质地为壤土-粉壤土；地下水位较高（30～60 cm 左右），地表 40 cm 以下土层具有潜育特征，潜育层常见贝壳碎屑；受母质残留属性的影响，全剖面盐分含量 2.0～7.0 g/kg，以氯化物为主；耕层脱盐明显，其可溶性盐含量明显低于下部潜育层；土壤呈酸性-中性反应，pH 4.5～7.5。
对比土系　溪南系、钱东系，分布区域相似，成土母质相同。溪南系和钱东系土体内含有硫化物物质，土壤酸性强，属含硫潜育水耕人为土亚类。
利用性能综述　该土系土壤肥力较高，但脱盐不彻底，在春旱或缺水灌溉时会发生咸害。改良利用主要措施：进行土地综合整治，修建和完善农田水利设施，蓄淡和电动排灌相结合，保证灌溉和洗盐；灌排分家，降低地下水位，灌渠浅，排沟深，利于排水洗盐，地下水位保持在 60cm 以下，防止返咸；在土壤改良上，多施有机肥和秸秆还田，测土平衡施肥；合理轮作，用地、养地相结合，培肥土壤，提高土壤肥力。
参比土种　咸田。

代表性单个土体　位于汕尾市陆丰市博美镇下寮村石九外围；22°56'07" N，115°45'54" E，海拔 3 m，滨海平原；成土母质为滨海沉积物，水田，种植双季水稻，50 cm 深度土温 24.0 ℃。野外调查时间为 2011 年 11 月 25 日，编号 44-111。

博美系代表性单个土体剖面

Ap1：0~12 cm　淡灰色（5Y7/2，干），暗橄榄色（5Y4/3，润）；壤土，强度发育直径 10~20 mm 块状结构，疏松，稍黏着，多量中根，根系周围有占面积 10%左右直径 2~6 mm 的对比鲜明的铁斑纹；向下层平滑渐变过渡。

Ap2：12~30 cm　灰色（5Y6/1，干），橄榄黑色（5Y3/2，润）；壤土，强度发育直径 10~20 mm 块状结构，坚实，稍黏着，中量细根，根系周围有占面积 25%左右直径 2~6 mm 的对比鲜明的铁斑纹；向下层平滑渐变过渡。

Br：30~50 cm　灰色（5Y5/1，干），黑色（5Y2/1，润）；壤土，中度发育直径 10~20 mm 块状结构，坚实，稍黏着，少量细根，有占体积 15%大的贝壳碎屑，根系周围有占面积 5%左右直径 2~6 mm 的对比鲜明的铁斑纹，轻度亚铁反应；向下层平滑渐变过渡。

Bg：50~79 cm　灰色（7.5Y5/1，干），橄榄黑色（7.5Y3/1，润）；粉壤土，弱发育直径 10~20 mm 块状结构，坚实，稍黏着，有占体积 15%的小的贝壳碎屑，有少量植物残体，强度亚铁反应。

博美系代表性单个土体物理性质

| 土层 | 深度 /cm | 砾石 (>2mm, 体积分数) /% | 细土颗粒组成（粒径：mm）/（g/kg） | | | 质地类别 | 容重 /（g/cm³） |
			砂粒 2~0.05	粉粒 0.05~0.002	黏粒 <0.002		
Ap1	0~12	2	381	414	205	壤土	1.31
Ap2	12~30	2	406	405	189	壤土	1.46
Br	30~50	2	448	365	187	壤土	1.40
Bg	50~79	2	248	565	187	粉壤土	—

博美系代表性单个土体化学性质

| 深度 /cm | pH (H₂O) | 有机碳 | 全氮(N) | 全磷(P) | 全钾(K) | CEC | 交换性盐基总量 | 游离氧化铁 | 可溶性盐 |
		/（g/kg）				/（cmol (+) /kg）		/（g/kg）	/（g/kg）
0~12	4.7	23.8	1.54	0.57	15.7	9.2	7.7	15.0	2.0
12~30	5.9	19.1	0.68	0.30	15.9	8.4	13.7	15.9	5.0
30~50	7.1	19.7	0.61	0.32	16.8	10.3	37.0	10.4	4.9
50~79	7.3	20.1	0.51	0.34	17.3	13.6	55.8	3.6	7.0

4.3 铁聚潜育水耕人为土

4.3.1 小楼系（Xiaolou Series）

土　族：黏质高岭石混合型非酸性高热性-铁聚潜育水耕人为土

拟定者：卢　瑛，郭彦彪，董　飞

分布与环境条件　主要分布在江门、惠州、河源、广州、肇庆、佛山等地山地丘陵的坡脚。成土母质为花岗岩风化物的洪积、冲积物，土地利用类型为水田，种植水稻、蔬菜等。属南亚热带海洋性季风性气候，年平均气温 21.0～22.0 ℃，年平均降水量 1900～2100 mm。

小楼系典型景观

土系特征与变幅　诊断层包括水耕表层、水耕氧化还原层；诊断特性包括人为滞水土壤水分状况、潜育特征、氧化还原特征、高热性土壤温度状况。由花岗岩风化物的洪积、冲积物发育土壤经淹水种稻演变而成，土体深厚，厚度>100cm；因土体上部滞水，潜育特征土层出现在地表 60cm 以内，厚度约 10～30 cm。犁底层常见褐色铁锰绣纹或结核，潜育层干态时呈灰白色；水耕氧化还原层土壤游离氧化铁为耕作层 1.5 倍以上。细土质地变异大，砂质壤土-黏土；土壤呈酸性-微酸性，pH 5.0～6.5。

对比土系　炮台系，属相同亚类。炮台系地下水位浅，地表 50 cm 以下土层均具有潜育特征，土族控制层段矿物学类型为混合型；土壤 pH<5.5，土壤酸碱反应类别为酸性。

利用性能综述　该土系耕层土壤有机质、全氮、全钾含量较高，全磷及有效磷、速效钾缺乏，多呈酸性。土层深厚，受铁锈水的危害，易致稻根缺氧中毒变黑根，水稻生长不良，产量不高。改良利用措施：修建农田灌溉排水设施，开沟排出锈水；增施有机肥、推广秸秆回田、水旱轮作，培肥土壤，提高地力；测土平衡施肥，协调养分供应。

参比土种　麻黄坭底砂坭田。

代表性单个土体　位于广州市增城市小楼镇正隆村潭村社二队，23°24'44″ N，113°45'34″ E，海拔 18 m；山间谷地，成土母质为花岗岩洪积、冲积物，水田，种植双季水稻；50 cm 深度土温 23.6℃。野外调查时间为 2010 年 1 月 14 日，编号 44-117（GD-gz05）。

Ap1: 0～15 cm，淡灰色（2.5Y7/1，干），黑棕色（2.5Y3/2，润）；砂质黏壤土，强度发育10～20 mm的块状结构，疏松，少量细根，结构面有2%左右直径<2 mm的铁锈斑；向下层平滑渐变过渡。

Ap2: 15～23 cm，灰黄色（2.5Y6/2，干），黄灰色（2.5Y4/1，润）；砂质壤土，强度发育10～20 mm的块状结构，疏松，很少量极细根，结构体表面有2%左右直径<2 mm的对比度模糊、边界鲜明铁锈斑；向下层波状渐变过渡。

Bg: 23～33 cm，灰白色（5Y8/2，干），暗灰黄色（2.5Y5/2，润）；砂质壤土，中度发育10～20 mm的块状结构，坚实，很少量极细根，有少量石块；向下层平滑突变过渡。

Br1: 33～50 cm，浅淡黄色（5Y8/3，干），亮黄棕色（2.5Y6/6，润）；黏壤土，弱发育20～50 mm的棱柱状结构，坚实，很少量极细根，土体内有2%左右直径<2 mm的对比度模糊、边界鲜明的铁锈斑；向下层平滑渐变过渡。

小楼系代表性单个土体剖面

Br2: 50～100 cm，黄色（2.5Y8/6，干），亮黄棕色（10YR6/6，润）；粉质黏土，弱发育20～50 mm的棱柱状结构，坚实，土体内有2%左右直径<2 mm对比度模糊、边界鲜明的铁锈斑；向下层平滑突变过渡。

Cg: 100～120 cm，灰白色（2.5Y8/2，干），浊黄色（2.5Y6/4，润），黏土，整块状，坚实，强度亚铁反应。

小楼系代表性单个土体物理性质

| 土层 | 深度 / cm | 砾石 (>2mm, 体积分数) / % | 细土颗粒组成（粒径：mm）/ (g/kg) | | | 质地类别 | 容重 / (g/cm³) |
			砂粒 2～0.05	粉粒 0.05～0.002	黏粒 <0.002		
Ap1	0～15	0	456	273	271	砂质黏壤土	1.26
Ap2	15～23	0	637	212	151	砂质壤土	1.40
Bg	23～33	0	567	248	186	砂质壤土	1.43
Br1	33～50	0	295	353	351	黏壤土	1.52
Br2	50～100	0	41	436	523	粉质黏土	1.51
Cg	100～120	0	119	344	537	黏土	—

小楼系代表性单个土体化学性质

| 深度 / cm | pH (H₂O) | 有机碳 | 全氮（N） | 全磷（P） | 全钾（K） | CEC | 交换性盐基总量 | 游离氧化铁 |
			/ (g/kg)				/ (cmol(+)/kg)	/ (g/kg)
0～15	5.1	24.5	2.05	0.51	21.6	8.1	4.3	10.4
15～23	5.3	7.5	0.49	0.28	24.3	3.9	2.9	10.4
23～33	5.8	1.8	0.24	0.21	21.8	4.3	3.7	10.7
33～50	6.2	3.1	0.19	0.24	22.1	6.9	5.9	37.6
50～100	6.3	4.0	0.30	0.43	21.0	15.7	9.2	80.6
100～120	5.7	0.7	0.32	0.44	17.2	15.9	4.9	33.7

4.3.2 炮台系（Paotai Series）

土　族：黏质混合型酸性高热性-铁聚潜育水耕人为土
拟定者：卢　瑛，侯　节，陈　冲

分布与环境条件　分布于揭阳、潮州、汕头等地，地势平坦的韩江冲积平原。成土母质为河流冲积物，土地利用类型为水田，种植制度为两季水稻。南亚热带海洋性季风性气候，年均气温 21.0～22.0 ℃，年平均降水量 1700～1900 mm。

炮台系典型景观

土系特征与变幅　诊断层包括水耕表层、水耕氧化还原层；诊断特性包括人为滞水土壤水分状况、潜育特征、氧化还原特征、高热性土壤温度状况。耕作层厚 10～20 cm，结构良好，有多孔的蜂窝状构造；水耕氧化还原层垂直节理发达，柱状结构，有铁锈斑纹和管状铁质结核，潜育特征层出现在地表 60 cm 以内，厚度>50 cm；细土质地为粉质黏壤土-粉质黏土；土壤呈强酸性-酸性，pH4.0～5.5；水耕氧化还原层游离氧化铁为表层的 1.5 倍以上。

对比土系　小楼系，土壤地下水位埋深在 1 m 以下，上部土层（22～33 cm）因下层土壤透水性差，出现滞水而具有潜育特征。土族控制层段矿物学类型为高岭石混合型，部分土层土壤 pH>5.5，土壤酸碱反应类型为非酸性。

利用性能综述　该土系耕层较厚，疏水透气，土酥绵软，土壤阳离子交换量较高，保肥力强。耕层土壤有机质和氮、磷、钾养分含量较高，肥劲稳而长，宜耕期长，适种性广，产量高而稳。目前多为一年两熟或三熟制，以水稻、番薯或花生轮作制为主，水稻年产量 15000 kg/hm² 以上。改良利用措施：实行土地整治，修建和完善农田水利设施，保持排灌畅通，做到速排速灌；增施有机肥，实行秸秆还田、种植绿肥，改良土壤结构，提高土壤肥力；测土平衡施肥，保持养分平衡；实行水旱轮作，用地、养地相结合，结合轮作掺砂，改良土壤质地，提高土壤肥力。

参比土种　乌涂田。

代表性单个土体　位于揭阳市揭东县炮台镇埔仔村竹仔洋片；23°31'59" N，116°27'57" E，海拔 16 m；平坦开阔的冲积平原；成土母质为河流冲积物；水田，种植两季水稻，50 cm 深度土温 23.5℃。野外调查时间为 2011 年 11 月 15 日，编号 44-097。

炮台系代表性单个土体剖面

Ap1: 0～15 cm, 淡灰色 (5Y7/1, 干), 橄榄黑色 (5Y3/2, 润); 粉质黏壤土, 强度发育直径 5～10 mm 块状结构, 疏松, 稍黏着, 少量细根, 根系周围有占面积 10% 左右直径 2～6 mm 的对比明显的铁锰斑纹, 有占体积 5% 左右直径 <2 mm 的红色铁质管状结核; 向下层平滑渐变过渡。

Ap2: 15～26 cm, 灰白色 (5Y8/2, 干), 暗灰黄色 (2.5Y5/2, 润); 粉质黏壤土, 强度发育直径 10～20 mm 块状结构, 坚实, 稍黏着, 少量细根, 孔隙周围有占面积 10% 左右直径 2～6 mm 对比明显的铁锰斑纹, 有占体积 10% 左右直径 2～6 mm 的红色铁质管状结核, 有少量的瓦块; 向下层平滑渐变过渡。

Br: 26～46 cm, 灰白色 (7.5Y8/1, 干), 灰色 (7.5Y6/1, 润); 粉质黏土, 强度发育直径 20～50 mm 棱柱状结构, 坚实, 黏着, 少量细根系, 孔隙周围有占面积 25% 左右直径 2～6 mm 的对比明显的铁锰斑纹, 有占体积 15% 左右直径 2～6 mm 的红色铁质管状结核; 向下层波状渐变过渡。

Bg: 46～100 cm, 灰白色 (7.5Y8/1, 干), 灰色 (7.5Y6/1, 润); 粉质黏土, 黏着, 强度发育直径 20～50 mm 棱柱状结构, 松软, 少量细根系, 孔隙周围有占面积 25% 左右直径 2～6 mm 的对比明显的铁锰斑纹, 有占体积 20% 左右直径 2～6 mm 的红色铁质管状结核, 强度亚铁反应。

炮台系代表性单个土体物理性质

土层	深度 / cm	砾石 (>2mm, 体积分数) / %	细土颗粒组成 (粒径: mm) / (g/kg)			质地类别	容重 / (g/cm³)
			砂粒 2～0.05	粉粒 0.05～0.002	黏粒 <0.002		
Ap1	0～15	0	160	544	296	粉质黏壤土	1.22
Ap2	15～26	0	112	615	273	粉质黏壤土	1.58
Br	26～46	0	160	427	413	粉质黏土	1.42
Bg	46～100	0	144	443	413	粉质黏土	1.14

炮台系代表性单个土体化学性质

深度 / cm	pH (H₂O)	有机碳	全氮 (N)	全磷 (P)	全钾 (K)	CEC	交换性盐基总量	游离氧化铁 / (g/kg)
				/ (g/kg)			/ (cmol (+) /kg)	
0～15	5.3	27.7	2.23	0.65	15.8	18.7	16.5	26.4
15～26	5.2	8.8	0.71	0.27	16.9	16.5	11.9	52.5
26～46	4.8	7.4	0.63	0.18	16.1	16.8	10.3	78.5
46～100	4.2	7.6	0.59	0.21	16.1	15.9	8.2	64.4

4.3.3 古坑系 (Gukeng Series)

土　族：黏壤质硅质混合型非酸性热性-铁聚潜育水耕人为土
拟定者：卢　瑛，余炜敏

分布与环境条件　主要
分布在河源、梅州、韶关、
清远等地，低山、丘陵谷
地，地势比较低洼的山坑
田、山边田。成土母质为
花岗岩风化物的坡积、洪
积物，土地利用类型为水
田，主要种植双季水稻等；
属中亚热带、南亚热带海
洋性季风性气候，年平均
气温 18.0～19.0 ℃，年平
均降水量 1700～1900 mm。

古坑系典型景观

土系特征与变幅　诊断层包括水耕表层、水耕氧化还原层；诊断特性包括人为滞水土壤
水分状况、氧化还原特征、潜育特征、热性土壤温度状况。长期受土壤滞水的影响，在
水耕表层下发生铁还原淋失，形成灰色具有潜育特征的层次，厚度 30～50 cm。细土粉
粒含量最高，>350 g/kg，质地为粉质黏壤土-黏壤土；土壤呈微酸性-中性，pH 6.0～7.5；
水耕氧化还原层土壤游离氧化铁为表层的 1.5 倍以上。
对比土系　登岗系，属相同亚类。登岗系分布于河流两岸，成土母质为河流冲积物，
地下水位高，地表 50cm 以下土层均具有潜育特征；区域气温较高，土壤温度状况为高
热性。
利用性能综述　该土系土壤较黏重，坚实，不易破碎，耕性差，通透性差，水稻发苗慢，
分蘖迟，属于低产田。改良利用措施：修建和完善农田基本设施，增加农田抗旱防洪能
力；增施有机肥，推广秸秆回田、水旱轮作等，提高土壤有机质含量，改良土壤结构和
通透性，培肥土壤，提高地力；测土平衡施肥，增磷、钾等养分供应，提高作物产量；
有条件的可掺砂改土。
参比土种　麻顽坬田。
代表性单个土体　位于河源市连平县上坪镇古坑村委会，24°30′36″N，114°37′36″E，海
拔 350 m，丘陵谷地。成土母质为花岗岩的坡积、洪积物。水田，种植双季水稻，50 cm
深度土温 22.6℃。野外调查时间为 2011 年 11 月 15 日，编号 44-134。

Ap1：0～23 cm，橄榄黄色（5Y6/3，干），橄榄黑色（5Y3/1，润）；黏壤土，强度发育 10～20 mm 的块状结构，疏松，中量细根；向下层平滑渐变过渡。

Ap2：23～40 cm，灰橄榄色（5Y5/3，干），橄榄黑色（5Y3/2，润）；黏壤土，强度发育 10～20 mm 的块状结构，坚实，少量细根，有 3%左右直径 2～6 mm 的铁锈斑纹；向下层平滑渐变过渡。

Bg：40～80 cm，灰色（5Y5/1，干），灰橄榄色（5Y5/2，润）；粉质黏壤土，中度发育 20～50 mm 的棱柱状结构，坚实。垂直结构面上有 10%左右的黏粒胶膜，土体内有 5%左右直径 2～6 mm 的铁锈斑纹；向下层平滑突变过渡。

Br：80～120 cm，淡灰色（5Y7/1，干），淡黄色（5Y7/4，润）；黏壤土，中度发育 20～50 mm 的块状结构，坚实，有 10%左右直径 2～6 mm 的铁锈斑纹。

古坑系代表性单个土体剖面

古坑系代表性单个土体物理性质

| 土层 | 深度 /cm | 砾石 (>2mm，体积分数)/% | 细土颗粒组成（粒径：mm）/（g/kg） | | | 质地类别 | 容重 /（g/cm³） |
			砂粒 2～0.05	粉粒 0.05～0.002	黏粒 <0.002		
Ap1	0～23	2	292	391	317	黏壤土	1.37
Ap2	23～40	2	283	432	285	黏壤土	1.57
Bg	40～80	2	200	480	320	粉质黏壤土	1.55
Br	80～120	2	272	408	320	黏壤土	1.55

古坑系代表性单个土体化学性质

| 深度 /cm | pH (H₂O) | 有机碳 | 全氮（N） | 全磷（P） | 全钾（K） | CEC | 交换性盐基总量 | 游离氧化铁 |
		/（g/kg）				/（cmol(+)/kg）		/（g/kg）
0～23	6.1	23.8	2.10	0.63	10.7	13.7	8.3	34.4
23～40	6.7	7.3	0.57	0.39	12.3	11.2	11.2	45.7
40～80	7.2	9.8	0.50	0.21	14.2	13.3	20.1	31.5
80～120	7.3	1.5	0.30	0.31	16.6	9.1	9.3	62.3

4.3.4　登岗系（Denggang Series）

土　族：黏壤质硅质混合型非酸性高热性-铁聚潜育水耕人为土
拟定者：卢　瑛，盛　庚，陈　冲

分布与环境条件　分布于揭阳、潮州、汕头等地，地势平坦的韩江、榕江等中下游沿岸离河流较近的冲积平原。成土母质为河流冲积物，土地利用类型为水田，种植制度为两季水稻或水稻-玉米/蔬菜等轮作。南亚热带海洋性季风性气候，年平均气温 21.0～22.0℃，年平均降水量 1700～1900 mm。

登岗系典型景观

土系特征与变幅　诊断层包括水耕表层、水耕氧化还原层；诊断特性包括人为滞水土壤水分状况、潜育特征、氧化还原特征、高热性土壤温度状况。土体深厚，厚度 >100 cm，耕作层厚，>20 cm；地下水位高，地表 50 cm 以下出现具有潜育特征土层；细土粉粒含量>450 g/kg，土壤质地为粉壤土-粉质黏土；土壤呈酸性，pH 4.5～6.0；水耕氧化还原层土体呈棱柱状结构，有 10%～15%铁锰斑纹，DCB 浸提的氧化铁为耕作层的 1.5 倍以上。

对比土系　古坑系，属相同亚类；分布于低山丘陵区，成土母质为花岗岩坡积物，区域气温较低，土族控制层段颗粒大小级别和矿物学类型相同，但土壤温度状况为热性。

利用性能综述　该土系耕作容易，宜机耕，适耕期较短，宜种性广，土壤有机质、氮、磷、钾养分含量中等，肥力中上，保水保肥及供水供肥力强，产量稳定而较高，水稻年产量 1200kg/hm² 以上。改良利用措施：完善农田基本水利设施，防洪抗旱；增施有机肥，推广秸秆还田、冬种绿肥，水旱轮作、水稻与豆科作物轮作，用地养地相结合，培肥地力；测土平衡施肥，协调养分供应，提高肥料利用效率。

参比土种　潮坭田。

代表性单个土体　位于揭阳市揭东县登岗镇沟边村深料片；23°34'31" N，116°31'18" E，海拔 15 m；河流冲积平原，成土母质为河流冲积物；水田，种植制度水稻-玉米/蔬菜等轮作；50 cm 深度土温 23.5℃。野外调查时间为 2011 年 11 月 15 日，编号 44-096。

登岗系代表性单个土体剖面

Ap1: 0～25 cm, 淡灰色（5Y7/2, 干）, 橄榄棕色（2.5Y4/3, 润）; 粉壤土, 强度发育直径 10～20 mm 块状结构, 松散, 少量细根, 根系周围有占面积 5% 左右直径<2 mm 的对比明显的铁锰斑纹, 有占体积 3% 左右的瓦片, 有 1～2 条蚯蚓; 向下层平滑渐变过渡。

Ap2: 25～35 cm, 浅淡黄色（5Y8/3, 干）, 橄榄棕色（2.5Y4/4, 润）; 粉壤土, 强度发育直径 10～20 mm 块状结构, 坚实, 少量细根, 孔隙周围有占面积 10% 左右直径 2～6 mm 的对比明显的铁锰斑纹, 有占体积 3% 左右的瓦块, 有 1～2 条蚯蚓; 向下层平滑渐变过渡。

Br: 35～50 cm, 灰白色（5Y8/1, 干）, 黄棕色（2.5Y5/4, 润）; 粉壤土, 中度发育直径 10～20 mm 棱柱状结构, 坚实, 孔隙周围有占面积 15% 左右直径 2～6mm 的对比明显的铁锰斑纹; 向下层平滑渐变过渡。

Bg1: 50～79 cm, 灰白色（7.5Y8/1, 干）, 黄灰色（2.5Y5/1, 润）; 粉质黏壤土, 弱发育直径 20～50 mm 棱柱状结构, 松软, 孔隙周围有占面积 10% 左右直径 2～6 mm 的对比明显的铁锰斑纹, 有占体积 5% 左右直径<2 mm 的小刀易于破开的红色管状结核; 向下层平滑渐变过渡。

Bg2: 79～110 cm,　灰白色（7.5Y8/1, 干）, 暗灰黄色（2.5Y5/2, 润）; 粉质黏土, 弱发育直径为 20～50 mm 的棱柱状结构, 松软, 孔隙周围有占面积 10% 左右直径 2～6mm 的对比明显的铁锰斑纹, 有占体积 5% 左右直径<2 mm 的小刀易于破开的红色管状结核。

登岗系代表性单个土体物理性质

| 土层 | 深度/cm | 砾石（>2mm, 体积分数）/% | 细土颗粒组成（粒径: mm）/（g/kg） | | | 质地类别 | 容重/（g/cm³） |
			砂粒 2～0.05	粉粒 0.05～0.002	黏粒 <0.002		
Ap1	0～25	0	136	653	211	粉壤土	1.34
Ap2	25～35	0	136	653	211	粉壤土	1.54
Br	35～50	0	72	694	234	粉壤土	1.43
Bg1	50～79	0	32	695	273	粉质黏壤土	1.36
Bg2	79～110	0	72	491	437	粉质黏土	1.09

登岗系代表性单个土体化学性质

| 深度/cm | pH（H₂O） | 有机碳 | 全氮（N） | 全磷（P） | 全钾（K） | CEC | 交换性盐基总量 | 游离氧化铁 |
		/（g/kg）				/（cmol（+）/kg）		/（g/kg）
0～25	4.7	15.5	1.33	0.42	17.0	11.9	7.1	16.6
25～35	5.7	4.8	0.45	0.23	15.6	12.7	12.6	37.7
35～50	5.8	5.9	0.55	0.18	17.4	16.4	13.6	27.2
50～79	5.5	8.6	0.54	0.19	17.1	16.6	12.3	13.9
79～110	4.6	11.5	0.53	0.18	17.0	18.5	9.8	12.6

4.3.5 西浦系（Xipu Series）

土　族：壤质硅质混合型非酸性高热性-铁聚潜育水耕人为土
拟定者：卢　瑛，盛　庚，陈　冲

分布与环境条件　分布
于揭阳、潮州、汕头等
地，韩江三角洲平原的
沙围田地区。地势平坦
开阔，属三角洲平原，
成土母质为韩江三角洲
沉积物；土地利用类型
为水田，种植制度为双
季水稻或蔬菜、果树等。
南亚热带海洋性季风性
气候，年平均气温 21.0～
22.0 ℃，年平均降水量
1500～1700 mm。

西浦系典型景观

土系特征与变幅　诊断层包括水耕表层、水耕氧化还原层；诊断特性包括人为滞水土壤
水分状况、潜育特征、氧化还原特征、高热性土壤温度状况。由韩江三角洲沉积物经长
时间耕作而成，土壤水耕熟化程度高，层次发育明显。地下水位高，地表 60 cm 以内土
层开始出现潜育特征，呈青灰色或灰蓝色。耕作层厚 10～20 cm；犁底层有 5%的铁锈斑
纹；水耕氧化还原层为柱状结构，结构面灰色胶膜特别明显，有锈纹或铁锰结核，DCB
浸提的氧化铁为表层的 1.5 倍以上。细土粉粒含量>500 g/kg，土壤质地为粉壤土-粉质黏
壤土；土壤呈微酸性-中性，pH 5.5～7.0。

对比土系　炮台系、登岗系，分布区域相邻，属同一亚类。炮台系、登岗系成土母质为
河流冲积物，土族控制层段颗粒大小级别分别为黏质和黏壤质；炮台系土壤 pH<5.5，土
壤酸碱反应类别为酸性。

利用性能综述　该土系土壤质地适中，通透性较好，阳离子交换量较高，土壤保肥性较
好，但地下水位较高，潜育层位浅。改良利用措施：完善农田水利设施，完善灌渠排沟，
降低地下水位；犁冬晒白，以改善土壤结构性和耕性；增施有机肥、冬种绿肥，实行水
旱轮作和秸秆回田，增加土壤有机质含量，提高土壤基础肥力；测土平衡施肥，协调土
壤养分供应。

参比土种　洲砂坭田。

代表性单个土体　位于汕头市澄海区莲华镇西浦村沟东片；23°35'41"N，116°48'7"E，海
拔 1 m；三角洲平原，成土母质为韩江三角洲沉积物，水田种植制度为两季水稻；50 cm
深度土温 23.5℃。野外调查时间为 2011 年 11 月 17 日，编号 44-102。

Ap1：0～15 cm，灰白色（5Y8/2，干），黄棕色（2.5Y5/3，润）；粉质黏壤土，强度发育直径为 5～10 mm 块状结构，坚实，中量中细根，根系周围有占面积 10% 左右直径 6～20 mm 的对比鲜明的锈纹锈斑，有占体积 3% 左右的瓦片；向下层平滑渐变过渡。

Ap2：15～30 cm，灰白色（5Y8/2，干），暗灰黄色（2.5Y5/2，润）；粉壤土，强度发育直径为 10～20 mm 块状结构，坚实，少量细根，根系周围有占面积 5% 左右直径 2～6 mm 的对比鲜明的锈纹锈斑，有占体积 3% 左右瓦片；向下层平滑渐变过渡。

Br：30～47 cm，灰白色（5Y8/1，干），灰黄色（2.5Y6/2，润）；粉壤土，中度发育直径为 20～50 mm 柱状结构，坚实，少量细根，结构体周围有占面积 10% 左右直径 2～6 mm 的对比鲜明的锈纹锈斑；向下层平滑渐变过渡。

Bg1：47～80cm，灰白色（7.5Y8/2，干），灰色（7.5Y5/1，润）；粉壤土，中度发育直径为 20～50 mm 柱状结构，坚实，结构体周围有占面积 5% 左右直径 2～6 mm 的对比鲜明的锈纹锈斑，中度亚铁反应；向下层平滑渐变过渡。

Bg2：80～115 cm，灰白色（7.5Y8/1，干），灰色（7.5Y5/1，

西浦系代表性单个土体剖面

润）；粉壤土，中度发育直径为 20～50 mm 柱状结构，坚实，强度亚铁反应。

西浦系代表性单个土体物理性质

土层	深度 /cm	砾石 (>2mm，体积分数)/%	细土颗粒组成（粒径：mm）/（g/kg）			质地类别	容重 /（g/cm³）
			砂粒 2～0.05	粉粒 0.05～0.002	黏粒 <0.002		
Ap1	0～15	0	148	519	332	粉质黏壤土	1.31
Ap2	15～30	0	158	651	191	粉壤土	1.50
Br	30～47	0	115	675	210	粉壤土	1.44
Bg1	47～80	0	188	593	219	粉壤土	1.43
Bg2	80～115	0	236	608	156	粉壤土	1.41

西浦系代表性单个土体化学性质

深度 /cm	pH （H₂O）	有机碳	全氮（N）	全磷（P）	全钾（K）	CEC	交换性盐基总量	游离氧化铁
		/（g/kg）				/（cmol(+)/kg）		/（g/kg）
0～15	5.8	17.1	1.32	0.53	24.5	14.1	10.6	25.5
15～30	6.4	6.6	0.60	0.27	22.9	15.7	15.9	28.1
30～47	6.8	4.2	0.41	0.18	19.8	20.6	19.4	32.2
47～80	6.6	3.3	0.32	0.23	17.1	23.9	21.9	48.4
80～115	6.6	3.6	0.32	0.17	18.6	21.3	19.6	8.9

4.4　普通潜育水耕人为土

4.4.1　上洋系（Shangyang Series）

土　族：砂质硅质混合型酸性高热性-普通潜育水耕人为土
拟定者：卢　瑛，张　琳，潘　琦

分布与环境条件　分布于湛江、茂名、阳江等地，地势平坦的低洼的宽谷平原，成土母质为古浅海沉积物或河流冲积物，土地利用类型为水田，主要种植两季水稻。属热带、南亚热带海洋性季风性气候，年平均气温 22.0 ～ 23.0℃，年平均降水量1900～2100 mm。

上洋系典型景观

土系特征与变幅　诊断层包括水耕表层、水耕氧化还原层；诊断特性包括人为滞水土壤水分状况、潜育特征、氧化还原特征、高热性土壤温度状况。耕作层厚 10～20 cm，犁底层下有一层厚约 10 cm 的灰蓝色或灰黑色炭质乌坭层。土壤风干后呈碎块状或碎粒状，具棱角。因地下水位高（30～60 cm），土表 30 cm 以下土层具有潜育特征；细土砂粒含量>450 g/kg，质地为砂质壤土-砂质黏壤土；土壤呈强酸性-酸性，pH 2.5～5.5。

对比土系　港门系，成土母质相同，属同一亚类。港门系大部分土层土壤 pH>5.5，土壤酸碱反应类别为非酸性，潜育层下有厚度为 10～15 cm 的泥炭层。

利用性能综述　该土系所处地势低洼，地下水位高，结构及通气透水性不良，供肥前劲不足，后劲稍佳。土壤偏酸性，水稻生长后期常发叶斑病，产量不高。改良利用措施：进行土地整理，修建和完善农田灌排设施，降低地下水位，加速土壤脱潜；实行水旱轮作，抓好犁冬晒白，加速土壤熟化；施用有机肥料、秸秆回田、冬种绿肥等，提高土壤有机质，改良土壤结构及通气透水性，创造作物生长的良好条件；测土平衡施肥，均衡养分供应。

参比土种　乌坭底田。

代表性单个土体　位于阳江市阳西县上洋镇上联村委会上联村；21°34′57″N，111°35′06″E，海拔 8 m；宽谷平原地势平坦，成土母质为古浅海沉积物，水田，种植双季水稻，50 cm 深度土温25.0℃。野外调查时间为 2010 年 11 月 25 日，编号 44-044。

上洋系代表性单个土体剖面

Ap1：0～13 cm，灰黄色（2.5Y 6/2，干），灰棕色（7.5YR4/2，润）；砂质黏壤土，强度发育直径 10～20 mm 块状结构，疏松，多量细根，结构体表面、孔隙周围有 30%左右对比明显的铁锰斑纹，结构面有黏粒胶膜；向下层平滑渐变过渡。

Ap2：13～23 cm，灰黄色（2.5Y6/2，干），黑棕色（7.5YR3/1，润）；砂质黏壤土，中度发育直径 20～50 mm 块状结构，坚实，中量细根，结构体表面、孔隙周围有 30%左右的对比明显的铁锰斑纹；向下层平滑渐变过渡。

Br：23～34 cm，黄灰色（2.5Y5/1，干），黑棕色（7.5YR3/1，润）；砂质黏壤土，中度发育直径 20～50 mm 块状结构，坚实，少量极细根，结构体表面、孔隙周围有 10%左右的对比明显的铁锰斑纹；向下层平滑突变过渡。

Bg1：34～63 cm，棕灰色（10YR 6/1，干），棕灰色（7.5YR 4/1，润）；砂质壤土，弱发育直径 10～20 mm 块状结构，松散，结构体表面、孔隙周围有 15%左右的对比模糊的铁锰斑纹；向下层平滑渐变过渡。

Bg2：63～115 cm，棕灰色（10YR4/1，干），黑色（7.5YR2/1，润）；砂质壤土，弱发育直径 20～50 mm 块状结构，松软，结构体表面、孔隙周围有 10%左右对比模糊的铁锰斑纹，有中量植物残体。

上洋系代表性单个土体物理性质

土层	深度 / cm	砾石 (>2mm，体积分数) / %	细土颗粒组成（粒径：mm）/（g/kg）			质地类别	容重 / (g/cm³)
			砂粒 2～0.05	粉粒 0.05～0.002	黏粒 <0.002		
Ap1	0～13	0	457	263	280	砂质黏壤土	1.28
Ap2	13～23	0	488	234	279	砂质黏壤土	1.46
Br	23～34	0	565	193	242	砂质黏壤土	1.37
Bg1	34～63	0	714	136	150	砂质壤土	1.28
Bg2	63～115	0	699	157	144	砂质壤土	1.26

上洋系代表性单个土体化学性质

深度 / cm	pH (H₂O)	有机碳	全氮（N）	全磷（P）	全钾（K）	CEC	交换性盐基总量	游离氧化铁
		/（g/kg）				/（cmol (+) /kg）		/（g/kg）
0～13	4.6	22.2	1.52	0.59	6.97	9.0	8.7	26.0
13～23	5.1	13.4	0.94	0.31	7.28	7.0	6.0	19.7
23～34	5.5	11.0	0.68	0.14	6.69	5.9	5.1	3.1
34～63	4.9	9.3	0.23	0.09	7.37	4.8	4.9	3.3
63～115	2.8	17.9	0.28	0.09	7.35	5.6	6.9	4.6

4.4.2 港门系（Gangmen Series）

土　族：砂质硅质混合型非酸性高热性-普通潜育水耕人为土
拟定者：卢　瑛，盛　庚，侯　节

分布与环境条件　分布在湛江、茂名等地，地势平坦的近海围田区。成土母质为滨海沉积物，土地利用类型为水田，种植制度为两季水稻。属热带-南亚热带海洋性季风性气候，年平均气温 22.0～23.0 ℃，年平均降水量 1700～1900 mm。

港门系典型景观

土系特征与变幅　诊断层包括水耕表层、水耕氧化还原层；诊断特性包括人为滞水土壤水分状况、潜育特征、氧化还原特征、高热性土壤温度状况。由滨海沉积物母质发育而成，耕作层厚 10～20 cm，地表 50 cm 以下土层具有潜育特征，75～90 cm 为埋藏黑色泥炭层；细土砂粒含量>650 g/kg，土壤质地为壤质砂土-砂质壤土；土壤呈强酸性-微酸性，pH4.0～6.0。

对比土系　上洋系，成土母质相同，分布区域相似，属相同亚类。上洋系的土壤 pH<5.5，土壤酸碱反应类别为酸性，下部具有潜育特征的土层中有半腐烂的植物残体。

利用性能综述　土系分布于平坦的滨海沙丘地带，土质偏砂，透气性好，养分释放快。水稻前期生长较好，后期易脱肥早衰。宜种性较广，种植双季稻为主，轮作花生、番薯等，产量不高。改良利用措施：进行土地整理，修建和完善农田灌排设施，有条件可掺泥改善土壤物理性状；增施有机肥，推广秸秆回田、冬种绿肥，实行粮豆间种轮作，改良土壤，提高土壤肥力；实行测土平衡施肥，施肥技术上多次薄施，防止养分流失；营造沿海防护林带，防止风沙海潮危害农田。

参比土种　海砂质田。

代表性单个土体　位于湛江市遂溪县港门镇枫树村委会枫树村村北垌；21°11′55″N，109°48′27″E，海拔 15 m，沿海平原，地势较平坦，成土母质为滨海沉积物，水田，种植双季水稻。50 cm 深度土温 25.3 ℃。野外调查时间为 2010 年 12 月 25 日，编号 44-065。

港门系代表性单个土体剖面

Ap1: 0～12 cm，黄棕色（2.5Y5/3，干），橄榄黑色（5Y3/2，润）；壤质砂土，中等发育直径 5～10 mm 块状结构，疏松，多量细根，结构体表面、根系周围有占面积 3%的对比明显的铁锰斑纹，有占体积 2%的砖瓦碎屑；向下层平滑渐变过渡。

Ap2: 12～26 cm，暗灰黄色（2.5Y5/2，干），黑色（5Y2/1，润）；砂质壤土，中等发育直径 10～20 mm 块状结构，疏松，中量极细根，结构体表面、根系周围有占面积 10%左右的对比明显的铁锰斑纹，有占体积 2%的砖瓦碎屑；向下层平滑渐变过渡。

Br: 26～50 cm，灰黄色（2.5Y6/2，干），灰橄榄色（5Y4/2，润）；砂质壤土，弱发育直径 10～20 mm 块状结构，疏松，结构体表面、孔隙周围有占面积 20%左右、直径 2～5 mm 的对比模糊的铁锰斑纹；向下层平滑突变过渡。

Bg: 50～77 cm，黄灰色（2.5Y5/1，干），黑色（5Y2/1，润）；砂质壤土，弱发育直径 5～10 mm 块状结构，疏松；向下层平滑突变过渡。

Bge: 77～89 cm，黑色（2.5Y2/1，干），黑色（N2/0，润）；砂质壤土，弱发育直径 10～20 mm 块状结构，疏松，埋藏有大量的黑色泥炭；向下层平滑突变过渡。

C: 89～115 cm，淡灰色（2.5Y7/1，干），灰黄色（2.5Y6/2，润）；黄砂，疏松，单粒。

港门系代表性单个土体物理性质

土层	深度 /cm	砾石 (>2mm，体积分数)/%	细土颗粒组成（粒径：mm）/（g/kg）			质地类别	容重 /（g/cm³）
			砂粒 2～0.05	粉粒 0.05～0.002	黏粒 <0.002		
Ap1	0～12	0	800	122	78	壤质砂土	1.28
Ap2	12～26	0	764	116	120	砂质壤土	1.43
Br	26～50	0	749	123	128	砂质壤土	1.36
Bg	50～77	0	770	119	110	砂质壤土	1.31
Bge	77～89	0	681	146	173	砂质壤土	1.25

港门系代表性单个土体化学性质

深度 /cm	pH (H₂O)	有机碳	全氮(N)	全磷(P)	全钾(K)	CEC	交换性盐基总量	游离氧化铁	可溶性盐
				/（g/kg）			/（cmol（+）/kg）	/（g/kg）	/（g/kg）
0～12	5.9	16.5	1.22	0.96	0.95	5.6	2.5	7.7	0.3
12～26	5.7	12.9	0.90	0.53	0.97	5.6	1.9	10.2	0.2
26～50	5.8	10.3	0.59	0.30	0.90	4.5	1.2	9.6	0.1
50～77	5.6	20.8	1.07	0.25	1.03	6.2	2.3	3.9	0.3
77～89	4.1	118.4	3.33	0.24	2.18	32.5	8.0	8.8	1.7

4.4.3 仙安系(Xian'an Series)

土 族:黏质高岭石型非酸性高热性-普通潜育水耕人为土
拟定者:卢 瑛,张 琳,潘 琦

分布与环境条件 主要分布在湛江市玄武岩地区地势低洼、排水不良的坑垌边,成土母质为玄武岩风化物来源的谷底洪积、冲积物,土地利用类型为水田,主要种植水稻、蔬菜、甘蔗等。热带北缘海洋性季风性气候,年平均气温 23.0~24.0 ℃,年平均降水量 1500~1700 mm。

仙安系典型景观

土系特征与变幅 诊断层包括水耕表层、水耕氧化还原层;诊断特性包括人为滞水土壤水分状况、潜育特征、氧化还原特征、高热性土壤温度状况。耕作层厚>20 cm,呈灰橄榄色。因地势低洼,排水不良,且质地黏重,土壤透水性差,潜育特征层出现部位浅,出现在土表 30 cm 以下。细土质地为壤土-黏土,土壤呈酸性-中性,pH 5.0~7.5。

对比土系 南渡河系、西城坑系,分布区域相邻。南渡河系母质为滨海沉积物,土族控制层段矿物学类型为混合型。西城坑系地处玄武岩台地高的地形部位,1 m 深度以内土体没有潜育特征,属普通简育水耕人为土。

利用性能综述 该土系所处地势低洼,排水不畅,地下水位高,质地黏重,结构及通气透水性不良,供肥前劲不足,后劲稍佳。速效磷钾缺乏,作物产量不高。改良利用措施:进行土地整治,修建和完善农田水利设施,开沟排水,降低地下水位;施用有机肥料,推广秸秆回田,增加土壤有机质含量,改良土壤结构,提高地力;加强耕作管理,合理轮作,抓好犁冬晒白,加速土壤熟化;结合土地整理时加砂改良土壤质地,创造作物生长的良好条件;测土平衡施肥,重施钾肥,协调土壤养分供应。

参比土种 顽坭田。

代表性单个土体 位于湛江市徐闻县曲界镇仙安村委会廖家村廖家坑;20°28′26″N,110°24′44″E,海拔 52 m;玄武岩台地低洼地带,成土母质为玄武岩风化物来源的谷底冲积物,水田,种植水稻、蔬菜、甘蔗等,50 cm 深度土温 25.8 ℃。野外调查时间为 2010 年 12 月 21 日,编号 44-057。

仙安系代表性单个土体剖面

Ap1：0～20 cm，灰橄榄色（5Y 5/2，干），橄榄黑色（5Y 3/1，润）；壤土，强度发育直径为 10～20 mm 块状结构，松散，中量细根，结构体表面、根系周围有 20%左右直径 2～6 mm 的对比明显的铁锰斑纹，有 3～5 条蚯蚓；向下层平滑渐变过渡。

Ap2：20～31 cm，灰橄榄色（5Y 5/3，干），橄榄黑色（7.5Y3/1，润）；黏壤土，强度发育直径为 10～20 mm 块状结构，松软，少量极细根，结构体表面、孔隙周围有 5%左右直径 2～6 mm 的对比明显的铁锰斑纹；向下层平滑渐变过渡。

Br：31～50 cm，灰色（5Y4/1，干），灰色（7.5Y4/1，润）；黏壤土，中度发育直径为 10～20 mm 块状结构，松软，结构体表面、孔隙周围有 5%左右直径 2～6 mm 的对比模糊的铁锰斑纹，有 1～2 条蚯蚓；向下层平滑渐变过渡。

Bg1：50～75 cm，灰色（5Y4/1，干），橄榄黑色（7.5Y3/1，润）；黏土，弱发育直径为 10～20 mm 块状结构，松软，结构体表面、孔隙周围有 3%左右直径 2～6 mm 的对比模糊的铁锰斑纹，中度亚铁反应；向下层平滑渐变过渡。

Bg2：75～100 cm，灰色（10Y5/1，干），橄榄黑色（7.5Y3/1，润）；黏土，弱发育直径为 10～20 mm 块状结构，松软，中度亚铁反应。

仙安系代表性单个土体物理性质

土层	深度 /cm	砾石 （>2mm，体积分数）/%	细土颗粒组成（粒径：mm）/（g/kg）			质地类别	容重 /（g/cm³）
			砂粒 2～0.05	粉粒 0.05～0.002	黏粒 <0.002		
Ap1	0～20	0	360	406	234	壤土	1.22
Ap2	20～31	0	320	407	273	黏壤土	1.38
Br	31～50	0	320	290	390	黏壤土	1.32
Bg1	50～75	0	120	256	624	黏土	1.31
Bg2	75～100	0	240	253	507	黏土	—

仙安系代表性单个土体化学性质

深度 /cm	pH （H₂O）	有机碳	全氮（N）	全磷（P）	全钾（K）	CEC	交换性盐基总量	游离氧化铁
		/（g/kg）				/（cmol（+）/kg）		/（g/kg）
0～20	5.3	14.1	1.26	1.31	0.87	12.2	7.6	29.9
20～31	5.8	12.2	0.96	0.69	0.92	12.0	10.1	28.3
31～50	6.6	4.5	0.21	0.15	1.14	23.9	24.6	21.9
50～75	7.0	3.4	0.11	0.11	1.31	29.4	32.0	21.5
75～100	7.1	5.1	0.17	0.13	1.53	26.6	29.8	10.1

4.4.4 蚬岗系（Xiangang Series）

土　族：黏质混合型酸性高热性-普通潜育水耕人为土
拟定者：卢　瑛，侯　节，盛　庚

分布与环境条件　主要分布在肇庆、广州、佛山等地，珠江三角洲平原区域的河流岸边，成土母质为河流冲积物。土地利用类型为水田，种植水稻、蔬菜等。属南亚热带海洋性季风性气候，年平均气温 22.0～23.0 ℃，平均降水量 1700～1900 mm。

蚬岗系典型景观

土系特征与变幅　诊断层包括水耕表层、水耕氧化还原层；诊断特性包括人为滞水土壤水分状况、潜育特征、氧化还原特征、硫化物物质、高热性土壤温度状况。由河流冲积物发育土壤淹水种稻演变而成，耕作层深厚，>20 cm，呈浅灰-暗灰色；地下水位高，地表 40cm 以下土层具有潜育特征；60 cm 以下出现泥炭层，有弱分解的树枝残体。细土砂粒含量<100 g/kg，质地为粉质黏壤土-黏土。土壤呈强酸性-酸性，pH 2.5～5.0。

对比土系　南渡河系，属相同亚类，成土母质为滨海沉积物，地下水位高，土壤潜育特征明显，土壤呈酸性-中性反应，土族控制层段土壤 pH>5.5，土壤酸碱反应类别为非酸性。

利用性能综述　该土系耕作层较厚，质地较黏，结构尚好，容易耕作，适耕期较长，有机质及全氮含量较高，C/N 变幅大，磷钾速效养分含量丰缺不一，底土酸性较强，水肥气热不协调，水稻生长受到不良影响。目前利用种植双季稻，产量不高。改良利用措施：加强农田基本建设，修建和完善农田灌排设施，降低地下水位，适当增施磷钾肥，调节土壤养分比例，适施石灰，中和土壤酸性，提高土壤肥力。

参比土种　低坲炭格田。

代表性单个土体　位于肇庆市高要市蚬岗镇蚬一村基本农田保护区；23°02′46″N，112°41′23″E，海拔 10 m，珠江三角洲平原，地势平坦，成土母质为河流冲积物；水田，种植两季水稻，50 cm 深度土温23.9 ℃。野外调查时间为 2010 年 11 月 19 日，编号44-038。

蚬岗系代表性单个土体剖面

Ap1：0～20 cm，棕灰色（10YR6/1，干），棕灰色（10YR4/1，润）；黏土，强度发育直径为5～10 mm块状结构，坚实，有少量细根，结构体表面有3%左右直径2～6 mm的对比度模糊、边界扩散的铁锰斑纹；向下层平滑渐变过渡。

Ap2：20～35 cm，浊黄橙色（10YR7/3，干），暗棕色（7.5YR3/3，润）；粉质黏土，强度发育直径为5～10 mm块状结构，坚实，有很少量细根，结构体表面有3%左右直径2～6 mm的对比度模糊、边界扩散的铁锰斑纹；向下层平滑渐变过渡。

Bg1：35～61 cm，淡灰色（10YR7/1，干），浊棕色（7.5YR5/3，润）；粉质黏土，中度发育直径为10～20 mm块状结构，松软，孔隙周围有3%左右直径<2 mm的对比度明显、边界清楚的铁锰斑纹，有3%左右直径2～6 mm的管状的铁锰结核，有树枝残体；中度亚铁反应；向下层平滑渐变过渡。

Bg2：61～72 cm，淡灰色（10YR7/1，干），灰棕色（7.5YR5/2，润）；粉质黏壤土，弱发育20～50 mm块状结构，松软，土体中有少量铁锈斑纹，中度亚铁反应，有树枝残体；向下层平滑渐变过渡。

Bg3：72～110 cm，棕灰色（10YR5/1，干），黑棕色（7.5YR3/1，润）；粉质黏壤土，弱发育20～50 mm块状结构，松软，土体中有少量铁锈斑纹，中度亚铁反应，有树枝残体。

蚬岗系代表性单个土体物理性质

| 土层 | 深度 /cm | 砾石 (>2mm，体积分数)/% | 细土颗粒组成（粒径：mm）/（g/kg） | | | 质地类别 | 容重 /（g/cm³） |
			砂粒 2～0.05	粉粒 0.05～0.002	黏粒 <0.002		
Ap1	0～20	0	72	382	546	黏土	1.35
Ap2	20～35	0	11	407	582	粉质黏土	1.51
Bg1	35～61	0	38	501	461	粉质黏土	1.42
Bg2	61～72	0	91	544	365	粉质黏壤土	1.38
Bg3	72～110	0	89	511	400	粉质黏壤土	1.41

蚬岗系代表性单个土体化学性质

| 深度 /cm | pH (H₂O) | 有机碳 | 全氮（N） | 全磷（P） | 全钾（K） | CEC | 交换性盐基总量 | 游离氧化铁 | 水溶性硫酸盐 |
		/（g/kg）				/（cmol(+)/kg）		/（g/kg）	/（g/kg）
0～20	4.7	33.6	2.58	1.39	15.95	16.7	10.8	41.6	0.14
20～35	3.9	25.8	1.29	0.20	15.59	16.7	7.5	45.6	0.30
35～61	3.7	21.1	1.19	0.16	14.72	15.3	5.2	30.1	0.17
61～72	3.5	22.2	1.26	0.24	12.62	19.1	5.0	41.5	0.45
72～110	2.9	43.3	2.15	0.27	14.23	23.5	5.3	35.8	2.35

4.4.5 南渡河系（Nanduhe Series）

土　族：黏质混合型非酸性高热性-普通潜育水耕人为土
拟定者：卢　瑛，张　琳，潘　琦

分布与环境条件　主要分布在湛江市雷州市南渡河东西洋，地形开阔平坦，为滨海冲积小平原。总面积约 4100 hm²。成土母质为滨海沉积物。土地利用类型为水田，种植制度为两季水稻。属热带湿润季风气候，光温充足，年平均气温 23.0 ～ 24.0 ℃，年平均降水量 1500～1700 mm。

南渡河系典型景观

土系特征与变幅　诊断层包括水耕表层、水耕氧化还原层；诊断特性包括人为滞水土壤水分状况、潜育特征、氧化还原特征、高热性土壤温度状况。地下水位较高，多在 30～60 cm。耕层厚度 10～20 cm，地表 40 cm 以下土层具有潜育特征，水耕氧化还原层为柱状结构，结构体外灰色胶膜明显，有铁锈斑纹及暗褐色的铁锰结核。细土质地为粉质黏壤土-黏土。土壤呈酸性-中性，pH 5.0～7.5。

对比土系　蚬岗系，属相同亚类，成土母质为河流冲积物，地下水位高，土壤潜育特征明显，水溶性硫酸盐含量高，土壤呈强酸性，酸碱反应类别为酸性。底土层中有未分解的树枝残体。

利用性能综述　该土系耕层较浅，质地偏黏，肥效较慢，保水保肥性能好。改良利用措施：进行土地整治，修建和完善农田水利设施，防旱防涝；合理耕作，实行犁冬晒白、水旱轮作，促进土壤熟化；增施有机肥料，推广冬种绿肥、秸秆还田，增加土壤有机质，改良土壤结构，提升地力；实行测土平衡施肥，增施磷肥，协调养分平衡。

参比土种　洋黏土田。

代表性单个土体　位于湛江市雷州市附城镇龙头村委会基本农业保护区龙头村寮仔，20°53′39″N，110°07′24″E，海拔 8 m。滨海平原，母质为滨海沉积物；水田，种植双季稻，50 cm 深度土温 25.5 ℃。野外调查时间为 2010 年 12 月 24 日，编号 44-063。

南渡河系代表性单个土体剖面

Ap1：0～11 cm，浅淡黄色（5Y8/3，干），灰色（5Y5/1，润）；粉质黏壤土，强度发育直径20～50 mm，块状结构，坚实，多量细根，结构体表面、根系周围有20%左右的对比明显的铁锰斑纹；向下层平滑渐变过渡。

Ap2：11～19 cm，灰白色（5Y8/2，干），灰色（5Y5/1，润）；粉质黏壤土，中度发育直径20～50 mm，块状结构，坚实，中量细根，结构体表面、根系周围有20%左右的对比明显的铁锰斑纹，有3%的砖瓦碎片；向下层平滑渐变过渡。

Br：19～39 cm，灰白色（5Y8/1，干），暗灰黄色（2.5Y5/2，润）；粉质黏壤土，弱发育直径20～50 mm 柱状结构，坚实，结构体表面、孔隙周围有10%左右对比模糊的铁锰斑纹；向下层平滑渐变过渡。

Bg1：39～71 cm，淡灰色（5Y7/2，干），灰橄榄色（5Y5/3，润）；黏土，柱状结构，松软，结构体表面、孔隙周围有10%的对比模糊的铁锰斑纹，有10%左右直径2～6 mm 小的不规则的颜色为浊红棕色（2.5YR4/4）、灰色（10Y4/1）的铁锰结核，中度亚铁反应；向下层平滑渐变过渡。

Bg2：71～130 cm，淡灰色（5Y7/1，干），灰色（5Y5/1，润）；黏土，结构不明显，松软，结构体表面有25%对比模糊的铁锰斑纹，有10%左右直径2～6 mm 不规则的颜色为浊红棕色（2.5YR4/4）、灰色（10Y 4/1）的铁锰结核，中度亚铁反应。

南渡河系代表性单个土体物理性质

土层	深度 /cm	砾石 （>2mm，体积分数）/%	细土颗粒组成（粒径：mm）/（g/kg）			质地类别	容重 /（g/cm³）
			砂粒 2～0.05	粉粒 0.05～0.002	黏粒 <0.002		
Ap1	0～11	<2	43	567	390	粉质黏壤土	1.30
Ap2	11～19	<2	36	605	358	粉质黏壤土	1.46
Br	19～39	<2	93	531	377	粉质黏壤土	1.42
Bg1	39～71	<2	80	374	546	黏土	1.41
Bg2	71～130	0	120	295	585	黏土	1.41

南渡河系代表性单个土体化学性质

深度 /cm	pH （H₂O）	有机碳	全氮（N）	全磷（P）	全钾（K）	CEC	交换性盐基总量	游离氧化铁
		/（g/kg）				/（cmol（+）/kg）		/（g/kg）
0～11	5.1	19.6	1.60	0.60	13.85	15.9	9.9	23.6
11～19	5.8	15.1	1.33	0.51	14.52	15.3	10.6	25.2
19～39	6.4	4.5	0.53	0.23	15.21	13.6	11.7	21.8
39～71	7.2	3.4	0.40	0.33	16.44	22.8	24.5	19.5
71～130	7.2	4.4	0.43	0.38	15.99	24.0	25.7	16.3

4.4.6 乌石村系（Wushicun Series）

土　族：黏壤质硅质混合型酸性高热性-普通潜育水耕人为土
拟定者：卢　瑛，郭彦彪，潘　琦

分布与环境条件　主要分布在肇庆、云浮、江门、惠州、广州等地，丘陵、山谷离山脚边缘稍远的坑垌田，成土母质为洪积物，土地利用类型为水田，种植制度为两季水稻。属南亚热带海洋性季风性气候，年平均气温 21.0～22.0 ℃，年平均降水量 1900～2100 mm。

乌石村系典型景观

土系特征与变幅　诊断层包括水耕表层、水耕氧化还原层；诊断特性包括人为滞水土壤水分状况、潜育特征、氧化还原特征、高热性土壤温度状况。地下水位较高，多在 50～60cm。耕作层浅薄，<10 cm，地表 50 cm 以下土层具有潜育特征，60cm 以下为分散的砂层，砂粒含量>900 g/kg；细土质地为砂质黏壤土-粉质黏土，土壤呈酸性，pH4.5～5.5。

对比土系　横沥系，属相同亚类。土族控制层段颗粒大小级别和矿物学类型相同，土壤 pH>5.5,土壤酸碱反应类别为非酸性。

利用性能综述　该土系耕层浅，砂泥比例适中，易耕作，适耕期长，宜种性广，供肥性一般。种植双季稻为主，部分轮种豆类、番薯等，产量一般。改良利用措施：实行土地整理，修建和完善农田水利设施，防洪防涝；增施有机肥，推广稻秆回田、轮种豆科作物或绿肥等，提高土壤有机质，改良土壤结构，提高土壤肥力；测土平衡施肥，合理配施氮、磷、钾肥等，并且少量多次施用，防止肥料流失。

参比土种　洪积沙泥田。

代表性单个土体　位于广州市从化市鳌头镇乌石村庙窝；23°42′18″N，113°23′32″E，海拔 25 m；宽谷地貌，地势平坦，成土母质为洪积物；水田，种植双季水稻等。50 cm 深度土温 23.4 ℃。野外调查时间为 2010 年 1 月 21 日，编号 44-154（GD-gz16）。

乌石村系代表性单个土体剖面

Ap1：0～10 cm，灰白色（5Y8/2，干），橄榄棕色（2.5Y4/4，润）；粉质黏土，强度发育 20～50 mm 块状结构，疏松，少量细根，根系周围有 10%左右直径<2 mm 对比度明显、边界鲜明的铁锈斑纹，有 3%瓦块；向下层平滑渐变过渡。

Ap2：10～18 cm，浅淡黄色（5Y8/3，干），黄棕色（2.5Y5/3，润）；粉质黏土，强度发育 20～50 mm 块状结构，坚实，很少量极细根，根系周围有 10%左右直径<2 mm 对比度明显、边界鲜明的铁锈斑纹；向下层波状渐变过渡。

Br：18～50 cm，灰黄色（2.5Y7/2，干），暗灰黄色（2.5Y5/2，润）；砂质黏壤土，强度发育 20～50 mm 柱状结构，坚实，结构体内极细管道状根孔，根系周围有 20%左右直径<2mm 对比度明显、边界鲜明的铁锈斑纹；向下层平滑渐变过渡。

Bg：50～60 cm，淡灰色（5Y7/1，干），黄灰色（2.5Y4/1，润）；砂质黏壤土，中度发育 20～50 mm 块状结构，坚实，结构体内有 10%左右直径<2 mm 对比度明显、边界鲜明的铁锈斑纹，中度亚铁反应；向下层平滑突变过渡。

2C：60～80 cm，灰白色（2.5Y8/1，干），灰黄色（2.5Y6/2，润）；砂土，很弱发育 1～2 mm 屑粒状结构，松散。

乌石村系代表性单个土体物理性质

| 土层 | 深度 | 砾石 | 细土颗粒组成（粒径：mm）/（g/kg） | | | 质地类别 | 容重 |
	/cm	(>2mm，体积分数)/%	砂粒 2～0.05	粉粒 0.05～0.002	黏粒 <0.002		/（g/cm³）
Ap1	0～10	0	39	437	523	粉质黏土	1.32
Ap2	10～18	0	64	476	460	粉质黏土	1.48
Br	18～50	0	507	216	278	砂质黏壤土	1.41
Bg	50～60	0	609	182	209	砂质黏壤土	1.38
2C	60～80	—	920	2	78	砂土	—

乌石村系代表性单个土体化学性质

| 深度 | pH | 有机碳 | 全氮（N） | 全磷（P） | 全钾（K） | CEC | 交换性盐基总量 | 游离氧化铁 |
/cm	(H₂O)			/（g/kg）			/（cmol（+）/kg）	/（g/kg）
0～10	4.9	25.5	2.76	0.55	15.5	13.9	6.0	20.7
10～18	4.9	13.1	1.38	0.34	16.7	12.2	5.1	25.5
18～50	5.0	10.6	0.83	0.21	9.8	6.1	2.5	20.9
50～60	5.1	10.4	0.81	0.14	6.2	5.2	2.4	9.9
60～80	5.3	3.0	0.30	0.15	5.4	2.0	1.3	2.6

4.4.7　横沥系（Hengli Series）

土　族：黏壤质硅质混合型非酸性高热性-普通潜育水耕人为土
拟定者：卢　瑛，郭彦彪，张　琳

分布与环境条件　分布在广州、东莞、珠海、中山等地，珠江三角洲平原中沙田区。成土母质为三角洲沉积物，土地利用类型为水田，主要种植水稻、蔬菜等。属南亚热带海洋性季风性气候，年平均气温 22.0～23.0 ℃，年平均降水量 1700～1900 mm。

横沥系典型景观

土系特征与变幅　诊断层包括水耕表层、水耕氧化还原层；诊断特性包括人为滞水土壤水分状况、潜育特征、氧化还原特征、高热性土壤温度状况。由三角洲沉积物围垦种植之后，脱潜脱盐而成，耕作层厚度 10～20 cm。地表 30cm 以下土层具有潜育特征，土体中出现 2%～5%的铁锈斑纹；细土粉粒含量>500 g/kg，土壤质地均一，为粉质黏壤土；土壤呈微酸性-中性，pH 6.0～7.5。

对比土系　乌石村系，属相同亚类，土族控制层段颗粒大小级别和矿物学类型相同，土壤 pH<5.5，土壤酸碱反应类别为酸性。

利用性能综述　该土系季节性地下水位可升至 30cm 左右，对水稻生长有不良影响，养分较丰富，水稻常年亩产在 600 kg 左右。改良利用措施：整治排灌渠系，降低地下水位，犁冬晒白，协调土壤水、气、热诸因素，调动土壤潜在肥力；增施有机肥料，提倡秸秆回田，提高土壤有机质含量，实行水旱轮作，改善土壤耕性；推广测土平衡施肥，均衡养分供应。

参比土种　中油格田。

代表性单个土体　单位于广州市南沙区横沥镇新兴村 11 队；22°44′14″N，113°28′26″E，海拔 0～2 m；珠江三角洲平原，地势平坦，成土母质为三角洲沉积物，水田，种植制度为水稻、蔬菜轮种，50 cm 深度土温 24.1 ℃。野外调查时间为 2010 年 1 月 22 日，编号 44-156（GD-gz18）。

横沥系代表性单个土体剖面

Ap1：0～18 cm，淡黄色（2.5Y7/3，干），棕色（10YR4/4，润）；粉质黏壤土，强度发育 10～20 mm 的块状结构，坚实，少量极细根，有体积占 2%左右的贝壳，有少量的蚯蚓；向下层平滑渐变过渡。

Ap2：18～35 cm，淡黄色（2.5Y7/3，干），暗棕色（10YR3/4，润）；粉质黏壤土，强度发育 20～50 mm 的块状结构，坚实，很少量极细根，根系周围有 2%左右直径<2 mm 的对比度模糊、扩散边界的铁锈斑纹，有体积占 2%的贝壳；向下层波状突变过渡。

Bg1：35～75 cm，浊黄色（2.5Y6/3，干），暗棕色（10YR3/4，润）；粉质黏壤土，中度发育 50～100 mm 的柱状结构，坚实，土体内有 5%左右直径<2 mm 的对比度明显、边界清楚的铁锈斑纹，有体积占 2%的贝壳，弱亚铁反应；向下层波状清晰过渡。

Bg2：75～100 cm，浅淡黄色（2.5Y8/3，干），浊黄棕色（10YR4/3，润）；粉质黏壤土，弱发育>50 mm 的块状结构，坚实，土体内有 5%左右直径<2 mm 对比度明显、边界清楚的铁锈斑纹，有体积占 2%的贝壳，弱亚铁反应；向下层波状清晰过渡。

Bg3：100～120 cm，灰黄色（2.5Y7/2，干），浊黄棕色（10YR5/3，润）；粉质黏壤土，弱发育>50 mm 块状结构，坚实，土体内有 2%左右直径<2 mm 的对比度模糊、边界清楚的铁锈斑纹，中度亚铁反应。

横沥系代表性单个土体物理性质

| 土层 | 深度 /cm | 砾石 (>2mm，体积分数) /% | 细土颗粒组成（粒径：mm）/（g/kg） | | | 质地类别 | 容重 /（g/cm³） |
			砂粒 2～0.05	粉粒 0.05～0.002	黏粒 <0.002		
Ap1	0～18	0	120	568	312	粉质黏壤土	1.32
Ap2	18～35	0	152	528	320	粉质黏壤土	1.51
Bg1	35～75	0	72	608	320	粉质黏壤土	1.45
Bg2	75～100	0	80	569	351	粉质黏壤土	1.45
Bg3	100～120	0	152	536	312	粉质黏壤土	1.43

横沥系代表性单个土体化学性质

| 深度 /cm | pH （H₂O） | 有机碳 | 全氮（N） | 全磷（P） | 全钾（K） | CEC | 交换性盐基总量 | 游离氧化铁 |
		/（g/kg）				/（cmol（+）/kg）		/（g/kg）
0～18	6.2	10.5	1.63	1.79	15.5	16.4	18.9	48.4
18～35	7.0	7.4	1.13	0.88	15.6	15.4	27.7	46.8
35～75	6.9	14.9	1.52	0.64	16.3	16.1	20.4	47.6
75～100	7.1	5.1	0.82	0.82	16.6	16.0	26.1	55.9
100～120	7.2	4.0	0.79	0.80	15.7	12.4	19.4	44.1

4.4.8 董塘系（Dongtang Series）

土　族：壤质硅质混合型非酸性热性-普通潜育水耕人为土
拟定者：卢　瑛，张　琳，潘　琦

分布与环境条件　分布在肇庆、韶关、清远、梅州等地，地势低洼、地下水位高的坑尾、垌边。成土母质为谷底洪积物、河流冲积物等。土地利用类型为水田，种植制度为两季水稻。属南亚热带-中亚热带海洋性季风性气候，年平均气温 19.0 ～ 20.0 ℃，年平均降水量 1500～1700 mm。

董塘系典型景观

土系特征与变幅　诊断层包括水耕表层、水耕氧化还原层；诊断特性包括人为滞水土壤水分状况、潜育特征、氧化还原特征、热性土壤温度状况。由谷底洪积物、冲积物发育土壤淹水种稻演变而成，耕层厚度 10～20 cm。地下水位 40～60 cm，地表 40 cm 以下土层长期受水浸渍潜育特征明显，呈蓝灰色；细土质地为壤土-黏壤土；土壤呈微酸性，pH5.5～6.5。

对比土系　乌石村系，属相同亚类，分布地形部位相同，但分布区域气温较高，土壤温度状况为高热性，土族控制层段颗粒大小级别为黏壤质，土壤酸碱反应类别为酸性。

利用性能综述　该土系地下水位高，渍水，透气性差，土温低，水热状况不良，还原性毒质多。水稻易黑根、赤苗，产量低。改良利用主要措施：进行农田整治，修建和完善农田基本水利设施，修建"三沟"（环山沟、环田沟、排水沟）排除渍水，降低地下水位至 60 cm 以下；增施有机肥，实行稻秆回田，冬种绿肥，增加土壤有机质含量，改良土壤结构；犁冬晒白，水旱轮作，促进土壤熟化；测土平衡施肥，增施磷肥、草木灰，协调土壤养分供应。

参比土种　冷底田。

代表性单个土体　位于韶关市仁化县董塘镇江头村黎湾；25°04′27″N，113°36′35″E，海拔 96 m；山麓平原，地势较平坦，成土母质为谷底洪积物，种植制度为两季水稻，50 cm 深度土温 22.3 ℃。野外调查时间为 2010 年 10 月 20 日，编号 44-017。

董塘系代表性单个土体剖面

Ap1：0～19 cm，浊黄色（2.5Y6/3，干），橄榄棕色（2.5Y4/3，润）；壤土，强度发育10～20 mm的块状结构，疏松，有中量细根，在结构体表面有5%左右直径2～6 mm的对比度明显、边界清楚的铁锰斑纹，有砖瓦碎块；向下层平滑清晰过渡。

Ap2：19～26 cm，灰黄色（2.5Y7/2，干），暗橄榄棕色（2.5Y3/3，润）；砂质黏壤土，中度发育10～20 mm的块状结构，坚实，有少量细根，在结构体表面有5%左右直径<2 mm的对比度明显、边界清楚的铁锰斑纹；向下层平滑渐变过渡。

Br：26～42 cm，淡黄色（2.5Y7/3，干），橄榄棕色（2.5Y4/3，润）；砂质黏壤土，中度发育10～20 mm的块状结构，坚实，结构体表面有10%左右直径<2 mm的对比度明显、边界清楚的铁锰斑纹；向下层平滑渐变过渡。

Bg1：42～65 cm，淡黄色（2.5Y7/4，干），橄榄棕色（2.5Y4/4，润）；壤土，弱发育20～50 mm的块状结构，坚实，结构体表面有5%左右直径2～6 mm的对比度明显、边界清楚的铁锰斑纹，弱亚铁反应；向下层平滑渐变过渡。

Bg2：65～72 cm，淡黄色（2.5Y7/4，干），橄榄棕色（2.5Y4/3，润）；砂质壤土，弱发育20～50 mm的块状结构，坚实，强度亚铁反应。

董塘系代表性单个土体物理性质

土层	深度 / cm	砾石 (>2mm，体积分数) /%	细土颗粒组成（粒径：mm）/（g/kg）			质地类别	容重 /（g/cm³）
			砂粒 2～0.05	粉粒 0.05～0.002	黏粒 <0.002		
Ap1	0～19	0	350	467	182	壤土	1.29
Ap2	19～26	0	601	191	208	砂质黏壤土	1.48
Br	26～42	0	517	268	215	砂质黏壤土	1.41
Bg1	42～65	0	384	435	181	壤土	1.38
Bg2	65～72	0	720	140	140	砂质壤土	1.38

董塘系代表性单个土体化学性质

深度 / cm	pH (H₂O)	有机碳	全氮（N）	全磷（P）	全钾（K）	CEC	交换性盐基总量	游离氧化铁
		/（g/kg）				/（cmol(+)/kg）		/（g/kg）
0～19	5.9	13.5	1.30	1.03	14.26	10.7	7.9	25.6
19～26	6.1	12.3	1.02	0.54	15.46	9.8	9.1	31.5
26～42	6.2	8.7	0.76	0.50	15.32	9.0	8.2	27.5
42～65	6.4	5.5	0.50	0.41	16.18	6.6	7.0	31.1
65～72	6.6	4.6	0.41	0.40	13.74	4.0	3.8	20.6

4.5　普通铁渗水耕人为土

4.5.1　城北系（Chengbei Series）

土　族：极黏质高岭石型非酸性高热性-普通铁渗水耕人为土
拟定者：卢　瑛，盛　庚，侯　节

分布与环境条件　主要分布在湛江市的雷州、遂溪、徐闻以及麻章、湖光等地，雷州半岛玄武岩低丘谷底的坑垌田。成土母质为玄武岩风化的坡积、残积物；土地利用类型为水田，主要种植两季水稻。属热带北缘海洋性季风性气候，年平均气温23.0～24.0 ℃，全年平均降水量1300～1500 mm。

城北系典型景观

土系特征与变幅　诊断层包括水耕表层、水耕氧化还原层；诊断特性包括人为滞水土壤水分状况、潜育特征、氧化还原特征、高热性土壤温度状况。由玄武岩风化坡积、残积物发育土壤淹水种植水稻演变而成，耕层厚度10～20 cm；土壤受侧渗水的长期影响，发生了离铁作用，在水耕表层之下形成了带灰色的铁渗淋亚层。包括体积比>80%的离铁基质，润态明度5~6，润态彩度≤2；细土黏粒含量>500 g/kg，土壤质地为黏土；土壤呈微酸性-中性，pH6.0～7.0。

对比土系　安塘系，属于同一土族。安塘系成土母质为花岗岩风化物，土族控制层段颗粒大小级别为黏壤质，矿物学类型为硅质混合型。仙安系，分布区域相邻、成土母质相同，地处玄武岩台地较低洼部位，排水不畅，地表60 cm以内土层出现潜育特征，属普通潜育水耕人为土。

利用性能综述　该土系质地黏重，保肥性能好，供肥性较持久，但干硬湿结，耕性不良，过干过湿均难于犁耙，熟化程度不高，速效磷、钾缺乏。前劲略差后劲足，水稻后期生长正常。水源较缺乏，部分地区有自流井（泉水），但水量不大，数量不多。目前多种植双季稻，冬季休闲，部分轮种。改良利用措施：进行土地整理，修建和完善农田水利设施，合理引水灌溉；实行水旱轮作、种植绿肥、作物秸秆回田、增施有机肥等措施，提高土壤有机质，改良土壤结构；有条件的地方可掺砂改土，改良土壤质地；测土平衡施肥，增施磷钾肥，协调土壤养分，提高土壤供肥能力。

参比土种　赤土田。

代表性单个土体 位于湛江市徐闻县城北乡大黄村委会古村边古坑，20°20′14″N，110°03′16″E，海拔 16 m；玄武岩台地，地势较平坦，成土母质为玄武岩风化的坡积、残积物；水田，种植制度为两季水稻，50 cm 深度土温 25.9℃。野外调查时间为 2010 年 12 月 22 日，编号 44-059。

城北系代表性单个土体剖面

Ap1：0～18 cm，橄榄棕色（2.5Y4/4，干），棕色（10YR4/4，润）；黏土，强度发育 10～20 mm 的块状结构，疏松，中量细根，结构体表面有 10%左右直径 2～6 mm 的对比明显的铁锰斑纹；向下层平滑渐变过渡。

Ap2：18～25 cm，橄榄棕色（2.5Y4/6，干），浊黄棕色（10YR4/3，润）；黏土，强度发育 10～20 mm 的块状结构，坚实，少量细根，结构体表面有 5%左右直径 2～6 mm 的对比明显的铁锰斑纹，有体积占 3%的砖瓦碎片；向下层平滑突变过渡。

Br1：25～53 cm，黄棕色（2.5Y5/3，干），灰黄棕色（10YR5/2，润）；黏土，强度发育 10～20 mm 的块状结构，坚实，结构体表面有 5%左右直径 2～6 mm 的对比明显的铁锰斑纹，有明显的离铁特点；向下层平滑渐变过渡。

Br2：53～106 cm，黄灰色（2.5Y5/1，干），棕灰色（10YR5/1，润）；黏土，中度发育 20～50 mm 的块状结构，坚实，有 10%左右直径 6～20 mm 不规则的颜色为浊黄棕（10YR5/4）的铁锰结核；向下层平滑渐变过渡。

C：106～125cm，亮黄棕色（2.5Y6/6，干），浊黄橙色（10YR6/4，润）；黏土，中度发育 20～50mm 的块状结构，坚实，有 10%左右直径 6～20mm 不规则的颜色为浊黄棕（10YR5/4）的铁锰结核。

城北系代表性单个土体物理性质

| 土层 | 深度 /cm | 砾石 (>2mm，体积分数) /% | 细土颗粒组成（粒径：mm）/（g/kg） | | | 质地类别 | 容重 /（g/cm³） |
			砂粒 2～0.05	粉粒 0.05～0.002	黏粒 <0.002		
Ap1	0～18	0	240	214	546	黏土	1.38
Ap2	18～25	0	320	173	507	黏土	1.56
Br1	25～53	0	160	216	624	黏土	1.46
Br2	53～106	0	120	178	702	黏土	1.45
C	106～125	0	400	93	507	黏土	1.58

城北系代表性单个土体化学性质

| 深度 /cm | pH （H₂O） | 有机碳 | 全氮（N） | 全磷（P） | 全钾（K） | CEC | 交换性盐基总量 | 游离氧化铁 |
		/（g/kg）				/（cmol（+）/kg）		/（g/kg）
0～18	6.0	19.6	1.61	0.98	0.77	15.6	11.0	55.3
18～25	6.3	14.5	1.17	0.81	0.80	15.6	11.6	62.8
25～53	6.6	7.3	0.51	0.27	0.54	16.9	13.6	27.1
53～106	6.8	5.0	0.37	0.20	1.36	20.2	14.9	74.3
106～125	6.9	2.2	0.07	0.34	0.64	30.7	23.9	108.7

4.5.2　安塘系（Antang Series）

土　族：黏壤质硅质混合型非酸性高热性-普通铁渗水耕人为土
拟定者：卢　瑛，张　琳，潘　琦

分布与环境条件　主要分布在惠州、河源、肇庆、云浮、东莞等地，丘陵台地的缓坡或谷地、洼地，成土母质为花岗岩坡积、洪积物，土地利用类型为水田，主要种植水稻、蔬菜等。属南亚热带海洋性季风性气候，年平均气温21.0～22.0 ℃，年平均降水量 1500～1700 mm。

安塘系典型景观

土系特征与变幅　诊断层包括水耕表层、水耕氧化还原层；诊断特性包括人为滞水土壤水分状况、氧化还原特征、高热性土壤温度状况。因受侧渗水的影响，在土体中发生离铁离锰作用，水耕表层以下有厚度>80 cm灰白色铁渗层，灰白色离铁基质占体积比>70%，润态明度 5～6，润态彩度≤2；细土质地为壤土-黏壤土，土壤呈酸性-中性，pH5.0～7.0。

对比土系　城北系，属于同一土族。城北系成土母质为玄武岩风化物，土壤质地黏重，土族控制层段颗粒大小级别为极黏质，矿物学类型为高岭石型。

利用性能综述　该土系耕层养分含量中等，速效钾缺乏。保肥力一般，通透性差，耕性不良，水稻产量不高。改良利用主要措施是：修建和完善农田基本设施，挖沟截侧渗水源，防止水流漂洗；增施有机肥，推广秸秆回田、冬种绿肥、水旱轮作，提高土壤有机质，培肥土壤，提高耕地地力；测土平衡施肥，协调土壤养分供应，提高肥料利用率。

参比土种　白鳝坭底田。

代表性单个土体　位于云浮市云城区安堂镇珍竹村委会匝冲垌；22°54′14″N、112°08′32″E，海拔 115 m；山地，地势强度起伏，母质为花岗岩坡-洪冲积物，50 cm 深度土温 23.9 ℃。野外调查时间为 2010 年 11 月 11 日，编号 44-029。

安塘系代表性单个土体剖面

Ap1：0～18 cm，灰黄色（2.5Y7/2，干），橄榄棕色（2.5Y4/3，润）；壤土，强度发育 5～10 mm 的块状结构，有中量细根，结构体表面和孔隙周围有 5%左右直径 2～6 mm 对比度明显、边界扩散的铁锰斑纹；向下层平滑渐变过渡。

Ap2：18～29 cm，淡黄色（2.5Y7/3，干），暗灰黄色（2.5Y5/2，润）；黏壤土，强度发育 10～20 mm 的块状结构，坚实，有少量细根，结构体表面和孔隙周围有 2%左右直径<2 mm 很少量的对比度明显、边界扩散的铁锰斑纹；向下层平滑渐变过渡。

Br1：29～57 cm，淡黄色（2.5Y7/4，干），黄棕色（2.5Y5/3，润）；黏壤土，强度发育 10～20 mm 的柱状结构，坚实，结构体表面有 10%左右直径 2～6 mm 对比度模糊、边界扩散的铁锰斑纹，灰白色离铁基质占体积比>70%；向下层平滑突变过渡。

Br2：57～92 cm，灰白色（2.5Y8/1，干），灰黄色（2.5Y6/2，润）；壤土，强度发育 10～20 mm 的柱状结构，坚实，结构体表面有 10%左右直径 2～6 mm 少量对比度明显、边界清楚的铁锰斑纹，灰白色离铁基质占体积比>70%；向下层平滑渐变过渡。

Br3：92～110 cm，灰白色（2.5Y8/1，干），黄灰色（2.5Y5/1，润）；砂质壤土，强度发育 10～20 mm 的柱状结构，坚实，结构体表面有 5%左右直径<2 mm 对比度明显、边界扩散的铁锰斑纹，灰白色离铁基质占体积比>80%。

安塘系代表性单个土体物理性质

土层	深度 /cm	砾石 (>2mm，体积分数)/%	细土颗粒组成（粒径：mm）/（g/kg）			质地类别	容重 /（g/cm³）
			砂粒 2～0.05	粉粒 0.05～0.002	黏粒 <0.002		
Ap1	0～18	2	405	337	258	壤土	1.35
Ap2	18～29	2	375	322	303	黏壤土	1.51
Br1	29～57	2	352	362	286	黏壤土	1.46
Br2	57～92	2	416	342	242	壤土	1.46
Br3	92～110	2	568	292	140	砂质壤土	1.45

安塘系代表性单个土体化学性质

深度 /cm	pH （H₂O）	有机碳	全氮（N）	全磷（P）	全钾（K）	CEC	交换性盐基总量	游离氧化铁 /（g/kg）
		/（g/kg）				/（cmol (+) /kg）		
0～18	5.1	18.9	1.52	0.61	14.40	9.3	3.8	19.6
18～29	5.7	13.0	0.93	0.39	14.45	11.5	6.8	44.3
29～57	6.4	8.2	0.46	0.20	14.69	6.9	6.4	35.7
57～92	6.8	8.3	0.42	0.14	19.86	9.4	7.8	41.8
92～110	6.9	6.5	0.29	0.10	26.76	6.1	6.4	31.1

4.6　底潜铁聚水耕人为土

4.6.1　河婆系（Hepo Series）

土　族：砂质硅质混合型非酸性高热性-底潜铁聚水耕人为土
拟定者：卢　瑛，盛　庚，陈　冲

分布与环境条件　分布在惠州、河源、汕头、潮州、揭阳、汕尾等地，宽谷平原地势较高的部位。成土母质为宽谷洪积、冲积物，土地利用类型为水田，主要种植两季水稻。属南亚热带海洋性季风性气候，年均气温 21.0 ～ 22.0 ℃，年平均降水量 1900～2100 mm。

河婆系典型景观

土系特征与变幅　诊断层包括水耕表层、水耕氧化还原层；诊断特性包括人为滞水土壤水分状况、氧化还原特征、潜育特征、高热性土壤温度状况。地下水位 60 cm 以下，具有潜育特征的土层出现在地表 60 cm 以下；耕层厚度 10～15 cm，颜色为灰白色（干态）；水耕氧化还原层有 20%～30%铁锈斑纹，游离氧化铁与耕作层之比>2.0；细土砂粒含量>400 g/kg，土壤质地壤土-黏壤土；土壤呈酸性，pH 5.5～6.5。

对比土系　流沙系，分布区域相似，成土母质均为宽谷冲积物，属相同亚类；土族控制层段颗粒大小级别为黏壤质。

利用性能综述　该土系耕性好，适种性广。砂粒含量高，质地轻，供肥性后劲不足，肥力一般。因各地管理水平不一，水稻产量变幅大，年产量 12000～12750 kg/hm²，高的可达 15000 kg/hm²。改良利用措施：完善农田水利设施，整治排灌渠系，科学灌溉，防止土壤黏粒流失导致土壤砂化。增施有机肥，推广秸秆回田、冬种绿肥、水旱轮作等，用地养地相结合，改良土壤，提高肥力；测土平衡施肥，协调养分平衡供应，提高农作物产量。

参比土种　宽谷砂质田。

代表性单个土体　位于揭阳市揭西县河婆街道北坑村；23°26'34" N，115°47'59" E，海拔 55 m；宽谷平原，成土母质为宽谷洪积、冲积物，水田，主要种植双季水稻，50 cm 深度土温 23.6 ℃。野外调查时间为 2011 年 11 月 22 日，编号 44-104。

河婆系代表性单个土体剖面

Ap1：0～11 cm，灰白色（5Y8/1，干），黄灰色（2.5Y4/1，润）；壤土，强度发育 5～10 mm 的块状结构，疏松，多量中根；向下层平滑渐变过渡。

Ap2：11～21 cm，淡灰色（5Y7/1，干），暗灰黄色（2.5Y4/2，润）；砂质黏壤土，强度发育 10～20 mm 的块状结构，坚实，多量细根，根系周围、结构体内有10%左右直径2～6 mm的对比明显的铁锰斑纹，有体积占1%的瓦砾等；向下层平滑渐变过渡。

Br1：21～49 cm，灰白色（5Y8/2，干），黄灰色（2.5Y5/1，润）；壤土，强度发育 10～20 mm 的块状结构，坚实，少量细根，结构体内有 25% 左右直径 2～6 mm 的对比明显的铁锰斑纹，有少量蚯蚓；向下层平滑渐变过渡。

Br2：49～83 cm，灰白色（2.5Y8/1，干），灰黄色（2.5Y6/2，润）；砂质壤土，中度发育 10～20 mm 的块状结构，坚实，结构体内有 25% 左右直径 2～6 mm 的对比明显的铁锰斑纹；向下层平滑渐变过渡。

Bg：83～113 cm，灰白色（2.5Y8/2，干），灰黄色（2.5Y6/2，润）；砂质壤土，弱发育 5～10 mm 的屑粒状结构，疏松，中度亚铁反应。

河婆系代表性单个土体物理性质

土层	深度 / cm	砾石 （>2mm，体积分数）/ %	细土颗粒组成（粒径：mm）/（g/kg）			质地类别	容重 /（g/cm³）
			砂粒 2～0.05	粉粒 0.05～0.002	黏粒 <0.002		
Ap1	0～11	2	415	354	231	壤土	1.32
Ap2	11～21	2	721	66	212	砂质黏壤土	1.52
Br1	21～49	2	416	366	217	壤土	1.46
Br2	49～83	2	777	56	167	砂质壤土	1.42
Bg	83～113	0	780	129	91	砂质壤土	1.39

河婆系代表性单个土体化学性质

深度 / cm	pH （H₂O）	有机碳	全氮（N）	全磷（P）	全钾（K）	CEC	交换性盐基总量	游离氧化铁
		/（g/kg）				/（cmol（+）/kg）		/（g/kg）
0～11	5.7	20.2	1.83	0.76	20.8	10.3	6.7	6.8
11～21	6.0	12.1	0.82	0.29	22.3	7.5	4.7	18.9
21～49	6.1	3.4	0.37	0.18	22.3	7.1	4.9	20.4
49～83	6.0	1.8	0.19	0.10	25.5	4.6	3.4	19.1
83～113	6.2	1.1	0.08	0.11	27.6	3.3	2.5	3.8

4.6.2 振文系（Zhenwen Series）

土　族：黏质混合型非酸性高热性-底潜铁聚水耕人为土
拟定者：卢　瑛，侯　节，盛　庚

分布与环境条件　分布在湛江、茂名广州、肇庆、阳江、佛山等地，大、中河流两岸稍远或江河下游地势平坦的河流冲积平原，成土母质为河流冲积物，土地利用类型为水田，主要种植水稻、蔬菜等。属南亚热带海洋性季风性气候，年均气温 23.0～24.0 ℃，年平均降水量 1500～1700 mm。

振文系典型景观

土系特征与变幅　诊断层包括水耕表层、水耕氧化还原层；诊断特性包括人为滞水土壤水分状况、氧化还原特征、潜育特征、高热性土壤温度状况。由河流冲积物发育土壤淹水种植水稻演变而成，耕作层厚 10～15 cm，地表 70cm 以下土层具有潜育特征；受冲积物或冲积时期的影响，出现砂黏相间的不同质地的土层，不同层次细土质地变化大，为壤土-黏土；水耕氧化还原层有 15%～25%铁锰斑纹，游离氧化铁与耕作层之比>1.5；土壤呈强酸性-酸性，pH 4.0～6.5。

对比土系　赤坎系，分布地形部位相似，成土母质相同，属同一亚类；土族控制层段颗粒大小级别为壤质盖黏质，矿物学类型为硅质混合型盖混合型。

利用性能综述　该土系质地适中，耕性好，适种性广，保水保肥、供肥性好，作物早发且有后劲。但也有些地下水位高、水利条件差的田，洪水大时受浸，部分淤泥上田，产量高而不稳。改良利用措施：实行土地整治，修建和完善农田水利设施，防止洪涝灾害；增施有机肥，实行水旱轮作，推广秸秆回田、冬种绿肥等，提高土壤肥力；测土配方施肥，协调养分供应，用地与养地相结合，不断提高地力。

参比土种　潮沙坭田。

代表性单个土体　位于湛江市吴川市振文镇山东村委会鱼笋埠村；21°25'52"N，110°42'51"E，海拔 6 m；河流冲积平原，地势平坦，成土母质为河流冲积物。水田，目前种植水稻、蔬菜、玉米，50 cm 深度土温 25.1 ℃。野外调查时间为 2010 年 12 月 29 日，编号 44-072。

振文系代表性单个土体剖面

Ap1：0～12 cm，淡黄色（5Y7/3，干），橄榄棕色（2.5Y4/3，润）；壤土，强度发育 10～20 mm 的块状结构，坚实，多量细根，结构体表面、根系周围有 5% 左右直径 2～6 mm 的对比明显的铁锰斑纹；向下层平滑突变过渡。

Ap2：12～23 cm，浅淡黄色（5Y8/3，干），橄榄棕色（2.5Y4/6，润）；壤土，强度发育 10～20 mm 的块状结构，很坚实，中量细根，结构体内有 10% 左右直径 2～6 mm 的对比明显的铁锰斑纹；向下层平滑渐变过渡。

Br1：23～31 cm，浅淡黄色（5Y8/4，干），黄棕色（2.5Y5/6，润）；粉质黏壤土，强度发育 10～20 mm 的块状结构，坚实，少量细根，结构体内有 15% 左右直径 2～6 mm 的对比明显的铁锰斑纹；向下层平滑渐变过渡。

Br2：31～49 cm，浅淡黄色（5Y8/3，干），亮黄棕色（2.5Y6/6，润）；粉质黏壤土，中度发育 20～50 mm 的块状结构，坚实，结构体内有 25% 左右直径 2～6 mm 的对比明显的铁锰斑纹；向下层平滑渐变过渡。

Br3：49～68 cm，浅淡黄色（5Y8/4，干），黄色（2.5Y7/8，润）；粉质黏壤土，中度发育 20～50 mm 的块状结构，坚实，结构体内有 25% 左右直径 2～6 mm 的对比明显的铁锰斑纹；向下层平滑突变过渡。

Bg1：68～92 cm，灰白色（5Y8/2，干），淡黄色（2.5Y7/4，润）；粉质黏土，弱发育 20～50 mm 的块状结构，坚实，结构体内有 10% 左右直径 2～6 mm 的对比模糊的铁锰斑纹，有 10% 左右直径 2～6 mm、球形的颜色为灰棕（5YR4/2）的铁锰结核，轻度亚铁反应；向下层平滑渐变过渡。

Bg2：92～120 cm，灰白色（5Y8/2，干），浊黄色（2.5Y6/3，润）；黏土，弱发育 20～50 mm 的块状结构，坚实，土体内有 10% 左右直径 2～6 mm 的对比模糊的铁锰斑纹，有 10% 左右直径 2～6 mm、球形的颜色为灰棕（5YR4/2）的铁锰结核，中度亚铁反应。

振文系代表性单个土体物理性质

土层	深度 / cm	砾石 (>2mm，体积分数) / %	细土颗粒组成（粒径：mm）/（g/kg）			质地类别	容重 / (g/cm³)
			砂粒 2～0.05	粉粒 0.05～0.002	黏粒 <0.002		
Ap1	0～12	0	472	319	209	壤土	1.23
Ap2	12～23	0	504	302	193	壤土	1.38
Br1	23～31	0	188	505	307	粉质黏壤土	1.28
Br2	31～49	0	86	534	380	粉质黏壤土	1.27
Br3	49～68	0	119	515	366	粉质黏壤土	1.28
Bg1	68～92	0	110	486	404	粉质黏土	1.32
Bg2	92～120	0	80	374	546	黏土	1.34

振文系代表性单个土体化学性质

深度 / cm	pH (H$_2$O)	有机碳	全氮（N）	全磷（P）	全钾（K）	CEC	交换性盐基总量	游离氧化铁
				/ (g/kg)			/ (cmol (+) /kg)	/ (g/kg)
0~12	5.1	12.7	0.82	1.50	19.48	8.0	4.2	16.3
12~23	5.7	2.4	0.35	0.38	19.64	5.9	4.1	18.8
23~31	6.1	5.7	0.41	0.35	20.34	9.2	5.7	28.9
31~49	6.2	6.7	0.50	0.39	19.01	13.7	6.9	35.9
49~68	5.2	6.4	0.45	0.40	18.9	11.8	6.3	36.9
68~92	4.9	5.5	0.43	0.41	20.1	10.3	5.5	35.7
92~120	4.3	9.2	0.53	0.27	16.4	18.4	4.7	37.6

4.6.3　澄海系（Chenghai Series）

土　　族：黏壤质硅质混合型非酸性高热性-底潜铁聚水耕人为土
拟定者：卢　瑛，盛　庚，陈　冲

澄海系典型景观

分布与环境条件　分布于汕头、揭阳、潮州、惠州等地，滨海平原。成土母质为滨海沉积物，土地利用类型为水田，主要种植水稻、果树等；属南亚热带至热带海洋性季风性气候，年平均气温 21.0～22.0 ℃，年平均降水量 1500～1700 mm。

土系特征与变幅　诊断层包括水耕表层、水耕氧化还原层；诊断特性包括人为滞水土壤水分状况、氧化还原特征、潜育特征、高热性土壤温度状况。由盐渍型水耕人为土经长期耕作种植脱咸而成，耕作层厚 10～18 cm，水耕氧化还原层有 10%～20%对比鲜明的铁锈斑与铁锰胶膜，游离氧化铁与耕作层之比为 1.5～1.8，地表 70 cm 以下土层具有潜育特征；细土质地变异大，为壤土-黏土；土壤呈酸性-微酸性，pH5.0～6.5。

对比土系　流沙系，属相同土族；流沙系由宽谷冲积物母质发育而成，表层（0～20 cm）细土质地为黏壤质；水耕氧化还原层中有 5%～15%的铁锰结核。

生产性能综述　该土系土壤质地较好，宜耕性好，适种性广，一般排灌方便，水源足，具爽水爽肥特性，目前多利用种植双季稻或改种水果，土壤肥力中等。改良利用措施：修建和完善农田水利设施，增强抗旱排涝能力；增施有机肥，推广秸秆回田、水旱轮作、粮肥间作等，用地与养地相结合，不断提高地力；实行测土平衡施肥，协调土壤养分供应，向高产、稳产土壤发展。

参比土种　海坝田。

代表性单个土体　位于汕头市澄海区溪南镇海岱村四合片；23°31'46"N，116°50'55"E，海拔 2 m；滨海平原，成土母质为滨海沉积物；水田，种植水稻、果树等，50 cm 深度土温 23.6℃。野外调查时间为 2011 年 11 月 17 日，编号 44-101。

Ap1：0～12 cm，淡黄色（2.5Y7/3，干），橄榄棕色（2.5Y4/3，润）；壤土，强度发育 5～10 mm 的块状结构，坚实，中量细根，根系周围有 20%左右直径 2～6 mm 的对比鲜明的铁锈斑纹；向下层平滑渐变过渡。

Ap2：12～26 cm，灰白色（2.5Y8/2，干），黄棕色（2.5Y5/6，润）；壤土，强度发育 10～20 mm 的块状结构，坚实，少量细根，根系周围有 10%左右直径 2～6 mm 对比鲜明的铁锈斑纹，有少量植物残体；向下层平滑渐变过渡。

Br1：26～47 cm，浅淡黄色（2.5Y8/4，干），棕色（10YR4/4，润）；粉壤土，强度发育 10～20 mm 的块状结构，坚实，结构体内有 10%左右直径 2～6 mm 对比鲜明的铁斑纹，有少量植物残体；向下层平滑渐变过渡。

Br2：47～68 cm，黄色（2.5Y8/6，干），浊黄棕色（10YR4/3，润）；黏壤土，中度发育 10～20 mm 的块状结构，坚实，结构体内有 20%左右直径 2～6 mm 对比鲜明的铁斑纹，有少量植物残体；向下层平滑渐变过渡。

澄海系代表性单个土体剖面

Bg：68～100 cm，浅淡黄色（2.5Y8/3，干），棕色（10YR4/4，润）；粉质黏土，弱发育 20～50 mm 块状结构，坚实，有体积占 10%左右直径 2～6 mm 的管状铁锰结核，中度亚铁反应。

澄海系代表性单个土体物理性质

| 土层 | 深度 / cm | 砾石 (>2mm，体积分数) / % | 细土颗粒组成（粒径：mm）/（g/kg） | | | 质地类别 | 容重 /（g/cm³） |
			砂粒 2～0.05	粉粒 0.05～0.002	黏粒 <0.002		
Ap1	0～12	2	477	340	183	壤土	1.25
Ap2	12～26	2	497	329	174	壤土	1.40
Br1	26～47	0	227	506	266	粉壤土	1.32
Br2	47～68	0	272	456	272	黏壤土	1.37
Bg	68～100	0	126	442	433	粉质黏土	1.34

澄海系代表性单个土体化学性质

| 深度 / cm | pH (H₂O) | 有机碳 | 全氮（N） | 全磷（P） | 全钾（K） | CEC | 交换性盐基总量 | 游离氧化铁 /（g/kg） |
		/（g/kg）				/（cmol（+）/kg）		
0～12	5.3	15.1	1.22	0.98	17.8	8.2	4.1	19.7
12～26	6.4	5.5	0.37	0.35	18.0	5.4	5.2	22.0
26～47	6.3	5.1	0.31	0.35	18.0	9.8	7.0	34.6
47～68	5.5	6.6	0.36	0.44	17.8	8.8	6.0	29.9
68～100	5.5	5.5	0.37	0.47	17.7	10.0	7.4	33.5

4.6.4　流沙系（Liusha Series）

土　族：黏壤质硅质混合型非酸性高热性-底潜铁聚水耕人为土
拟定者：卢　瑛，侯　节，陈　冲

流沙系典型景观

分布与环境条件　分布于汕头、揭阳、潮州、汕尾等地，地势平坦的宽谷盆地，成土母质为宽谷冲积物。土地利用类型为水田，主要种植水稻、玉米、蔬菜等。属南亚热带海洋性季风性气候，年平均气温 21.0～22.0 ℃，年平均降水量 2100～2300 mm。

土系特征与变幅　诊断层包括水耕表层、水耕氧化还原层；诊断特性包括人为滞水土壤水分状况、氧化还原特征、潜育特征、高热性土壤温度状况。耕作层厚 15～20 cm，水耕氧化还原层有 10%～15%对比鲜明的铁锈锰斑，有 5%～15%的铁锰结核，游离氧化铁与耕作层之比为 1.5～2.1，约 75 cm 以下土层具有潜育特征；细土质地为壤土-黏壤土；土壤呈微酸性，pH5.5～6.5。

对比土系　澄海系，属相同土族；澄海系由滨海沉积物发育土壤经耕作脱盐而成，表层（0～20 cm）细土质地为壤质；水耕氧化还原层中铁锰结核很少（<2%）。

利用性能综述　耕性良好，适耕期长，保肥供肥性好，作物稳健，宜种性广复种指数高，多为粮食、经作和果树种植的重要土壤。精耕细作，土壤熟化程度与生产水平较高。但部分地区靠近河岸，洪水易淹浸，用地频繁，培肥不够，耕层养分有趋于贫化现象。改良利用主要措施：完善农田基本设施，增强农田抗旱排涝能力，提高灌排效率；增施有机肥，推广秸秆还田、冬种绿肥等，增加土壤有机质含量，培肥地力；实行水旱轮作、合理耕作，用地养地相结合，促进土壤熟化；测土平衡施肥，协调土壤氮、磷、钾等养分供应，提高肥料利用率。

参比土种　宽谷沙泥田。

代表性单个土体　位于揭阳市普宁市流沙镇北山村牛帽山片；23°19'41"N，116°11'57"E，海拔 20 m；宽谷盆地，成土母质为宽谷冲积物；水田，种植水稻、玉米等，50 cm 深度土温23.7℃。野外调查时间为 2011 年 11 月 23 日，编号 44-108。

Ap1: 0～19 cm, 灰黄色 (2.5Y6/2, 干), 橄榄棕色 (2.5Y4/3, 润); 黏壤土, 强度发育 5～10 mm 的块状结构, 疏松, 中量中根, 有 2～3 条蚯蚓; 向下层平滑渐变过渡。

Ap2: 19～37 cm, 淡黄色 (2.5Y7/4, 干), 黄棕色 (2.5Y5/4, 润); 黏壤土, 强度发育 10～20 mm 的块状结构, 疏松, 中量细根, 结构体表面有 10% 左右直径 2～6 mm 对比明显的铁锰斑纹, 有 3% 左右瓦片, 有 1～2 条蚯蚓; 向下层平滑渐变过渡。

Br1: 37～55 cm, 淡黄色 (2.5Y7/3, 干), 黄棕色 (2.5Y5/6, 润); 砂质黏壤土, 中度发育 10～20 mm 的块状结构, 疏松, 结构体表面有 15% 左右直径<2 mm 的对比明显的铁锰斑纹, 土体内有 5% 左右直径 2～6 mm 的铁锰结核; 向下层平滑渐变过渡。

Br2: 55～76 cm, 淡黄色 (2.5Y7/3, 干), 亮黄棕色 (2.5Y6/6, 润); 黏壤土, 度发育 10～20 mm 的块状结构, 坚实, 结构体表面有 10% 左右直径 2～6 mm 对比明显的铁锰斑纹, 土体内有 15% 左右直径 2～6 mm 的铁锰结核; 向下层平滑渐变过渡。

Bg: 76～100 cm, 淡黄色 (2.5Y7/3, 干), 亮黄棕色 (2.5Y6/8, 润); 砂质壤土, 弱发育 10～20 mm 的块状结构, 疏松, 轻度亚铁反应。

流沙系代表性单个土体剖面

流沙系代表性单个土体物理性质

土层	深度 / cm	砾石 (>2mm, 体积分数) / %	细土颗粒组成（粒径：mm）/ (g/kg)			质地类别	容重 / (g/cm³)
			砂粒 2～0.05	粉粒 0.05～0.002	黏粒 <0.002		
Ap1	0～19	5	314	404	282	黏壤土	1.28
Ap2	19～37	8	377	352	272	黏壤土	1.47
Br1	37～55	10	482	247	272	砂质黏壤土	1.51
Br2	55～76	8	274	346	380	黏壤土	1.38
Bg	76～100	12	656	159	185	砂质壤土	1.33

流沙系代表性单个土体化学性质

深度 / cm	pH (H₂O)	有机碳	全氮（N）	全磷（P）	全钾（K）	CEC	交换性盐基总量	游离氧化铁 / (g/kg)
		/ (g/kg)				/ (cmol (+) /kg)		
0～19	5.6	12.1	1.08	1.55	21.9	10.3	8.6	18.5
19～37	5.8	3.6	0.44	0.30	22.0	7.7	5.8	32.6
37～55	5.9	3.9	0.41	0.31	21.7	7.9	5.4	26.8
55～76	6.0	5.5	0.52	0.34	15.0	13.9	9.3	39.4
76～100	6.3	3.9	0.32	0.26	25.0	5.2	3.9	20.4

4.6.5　赤坎系（Chikan Series）

土　族：壤质盖黏质硅质混合型盖混合型非酸性高热性-底潜铁聚水耕人为土
拟定者：卢　瑛，侯　节，盛　庚

赤坎系典型景观

分布与环境条件　主要分布在惠州、广州、江门、阳江、肇庆、云浮、佛山等地，河流中下游沿岸离河流较近的平原。成土母质为河流冲积物，土地利用类型为水田，种植水稻、蔬菜等。属南亚热带海洋性季风性气候，年平均气温22.0～23.0 ℃，年平均降水量 1900～2100 mm。

土系特征与变幅　诊断层包括水耕表层、水耕氧化还原层；诊断特性包括人为滞水土壤水分状况、潜育特征、氧化还原特征、高热性土壤温度状况。耕作层厚 10～20cm，水耕氧化还原层中有 10%～20%的铁锰斑纹，65 cm 以下土层具有潜育特征；因河流冲积物来源等差异，土体质地层理性明显，土壤颗粒大小级别出现强烈对比，细土质地壤土-黏土；水耕氧化还原层强度发育，呈灰黄色，铁锰斑纹淀积明显，有铁锰结核；土壤呈强酸性-微酸性，pH 4.0～6.0。

对比土系　振文系，分布地形部位相似，成土母质相同，属同一亚类；土族控制层段颗粒大小级别为黏质，矿物学类型为混合型。

利用性能综述　该土系耕性良好，适耕期长，保肥供肥性好，作物稳健，宜种性广，复种指数高，多为粮食、经济作物和果树种植的重要土壤。精耕细作，土壤熟化程度与生产水平较高。但部分地区靠近河岸，洪水易淹浸，复种指数高，培肥不够，耕层肥力下降。改良利用主要措施：完善农田基本水利设施，防洪抗旱；增施有机肥，推广秸秆还田、冬种绿肥，水旱轮作，用地养地相结合，培肥地力；测土平衡施肥，协调养分供应，提高肥料利用效率。

参比土种　河沙坭田。

代表性单个土体　位于江门市开平市赤坎镇塘联村大圩围；22°20′08″N，112°37′36″E，海拔 10 m；河流冲积平原，地势平坦，成土母质为河流冲积物，水田，种植水稻、蔬菜等，50 cm 深度土温 24.4 ℃。野外调查时间为 2010 年 12 月 8 日，编号 44-052。

Ap1：0～15 cm，淡灰色（7.5Y7/1，干），灰色（5Y4/1，润）；粉壤土，强度发育 10～20 mm 的块状结构，疏松，中量细根，结构体表面、孔隙周围有 25%左右直径 2～6 mm 的对比明显的铁锰斑纹；向下层平滑渐变过渡。

Ap2：15～22 cm，淡灰色（7.5Y7/2，干），灰橄榄色（5Y4/2，润）；粉壤土，强度发育 20～50 mm 的块状结构，坚实，少量细根，结构体表面、孔隙周围有 25%左右、直径<2 mm 的对比明显的铁锰斑纹；向下层平滑突变过渡。

Br1：22～40 cm，淡灰色（7.5Y7/2，干），橄榄棕色（2.5Y4/4，润）；砂质壤土，中度发育 10～20 mm 的块状结构，坚实，结构体表面有 15%左右直径<2 mm 的对比模糊的铁锰斑纹；向下层平滑突变过渡。

Br2：40～65 cm，浅淡黄色（5Y8/3，干），黄棕色（2.5Y5/6，润）；粉质黏壤土，中度发育 10～20 mm 块状结构，坚实，孔隙周围有 15%左右直径 2～6 mm 的对比明显的铁锰斑纹，有树枝残体，有很少的砖瓦碎片；向下层平滑突变过渡。

赤坎系代表性单个土体剖面

Bg：65～110 cm，灰白色（5Y8/1，干），淡黄色（2.5Y7/3，润）；粉质黏土，弱发育≥50 mm 的块状结构，松软，孔隙周围有 10%左右直径 2～6 mm 的对比明显的铁锰斑纹，轻度亚铁反应。

赤坎系代表性单个土体物理性质

土层	深度 /cm	砾石 (>2mm，体积分数)/%	细土颗粒组成（粒径：mm）/（g/kg）			质地类别	容重 /（g/cm³）
			砂粒 2～0.05	粉粒 0.05～0.002	黏粒 <0.002		
Ap1	0～15	0	288	506	207	粉壤土	1.31
Ap2	15～22	0	299	510	191	粉壤土	1.47
Br1	22～40	0	524	370	106	砂质壤土	1.35
Br2	40～65	0	58	583	359	粉质黏壤土	1.38
Bg	65～110	0	36	526	437	粉质黏土	1.42

赤坎系代表性单个土体化学性质

深度 /cm	pH (H₂O)	有机碳	全氮（N）	全磷（P）	全钾（K）	CEC	交换性盐基总量	游离氧化铁
		/（g/kg）				/（cmol（+）/kg）		/（g/kg）
0～15	4.0	20.7	1.98	0.45	16.74	8.6	3.8	8.6
15～22	4.8	16.6	1.40	0.32	17.43	6.5	4.2	11.5
22～40	5.9	3.9	0.29	0.21	17.30	3.2	2.9	13.6
40～65	4.8	4.2	0.38	0.25	18.39	12.1	6.8	46.5
65～110	4.3	4.3	0.45	0.16	17.40	11.6	4.9	27.4

4.7　普通铁聚水耕人为土

4.7.1　大坝系（Daba Series）

土　　族：砂质硅质混合型非酸性热性-普通铁聚水耕人为土
拟定者：卢　瑛，余炜敏

分布与环境条件　主
要分布在河源、韶关、
清远、梅州等地，丘陵
坡地或坑垌的中部。成
土母质为花岗岩坡积、
洪积物。土地利用类型
为水田，主要种植双季
水稻。属中亚热带海洋
性季风性气候，年平均
气温 20.0～21.0 ℃，
年平均降水量 1700～
1900 mm。

大坝系典型景观

土系特征与变幅　诊断层包括水耕表层、水耕氧化还原层；诊断特性包括人为滞水土壤
水分状况、氧化还原特征、热性土壤温度状况。耕作层厚度 10～20 cm，水耕氧化还原
层有 5%～10%的锈纹锈斑，游离氧化铁与耕作层之比>3.0，100 cm 以下为砾石层；细土
质地为砂质壤土-壤土，土壤呈酸性-微酸性，pH 5.0～6.5。

对比土系　竹料系，属相同亚类。有效土层深厚，>100 cm；因施肥影响，竹料系耕作
层和犁底层土壤有效磷积累显著，Olsen-P 含量>25 mg/kg；土壤温度状况为高热性。

利用性能综述　该土系质地多为壤土，砂泥比例适中，通气透水性能好，易于耕作，宜
种性广。有机质、全氮、全钾含量高，但有效磷、速效钾含量偏低。改良利用措施：完
善农田基本设施，完善田间排灌渠系；改善农田生态环境，沿山边开防洪沟，防止山洪
冲刷；增施有机肥，推广秸秆回田，实行水旱轮作，提高土壤有机质含量，培肥土壤，
提高地力；实行测土平衡施肥，协调养分供应。

参比土种　麻黄坭田。

代表性单个土体　位于河源市和平县大坝镇长寿村，24°21′50″N，114°05′52″E，海拔
190 m。丘陵谷地，成土母质为花岗岩洪积物。水田，种植双季水稻，冬种蔬菜。50 cm
深度土温 22.7℃。野外调查时间为 2011 年 11 月 16 日，编号 44-133。

Ap1：0～14 cm，灰黄棕色（10YR5/2，干），黄灰色（2.5Y4/1，润）；壤土，强度发育5～10 mm的块状结构，疏松，中量细根；向下层平滑渐变过渡。

Ap2：14～23 cm，浊黄棕色（10YR5/3，干），黑棕色（2.5Y3/2，润）；壤土，强度发育5～10 mm的块状结构，坚实，少量细根，结构面上有5%左右直径2～6 mm的锈纹锈斑；向下层平滑渐变过渡。

Br1：23～41 cm，浊黄棕色（10YR5/4，干），暗橄榄棕色（2.5Y3/3，润）；砂质壤土，中度发育<10 mm棱柱状结构，坚实，结构体内有5%左右直径2～6 mm的锈纹锈斑；向下层平滑渐变过渡。

Br2：41～100 cm，浊黄橙色（10YR6/3，干），橄榄棕色（2.5Y4/3，润）；砂质壤土，弱发育<10 mm的棱柱状结构，坚实，结构体内有10%左右直径2～6 mm的锈纹锈斑。

大坝系代表性单个土体剖面

大坝系代表性单个土体物理性质

土层	深度 / cm	砾石 (>2mm，体积分数) / %	细土颗粒组成（粒径：mm）/（g/kg）			质地类别	容重 / （g/cm³）
			砂粒 2～0.05	粉粒 0.05～0.002	黏粒 <0.002		
Ap1	0～14	2～5	373	369	257	壤土	1.18
Ap2	14～23	2～5	423	328	249	壤土	1.33
Br1	23～41	2～5	541	286	173	砂质壤土	1.28
Br2	41～100	2～5	553	287	161	砂质壤土	1.26

大坝系代表性单个土体化学性质

深度 / cm	pH (H₂O)	有机碳	全氮（N）	全磷（P）	全钾（K）	CEC	交换性盐基总量	游离氧化铁
		/（g/kg）				/（cmol（+）/kg）		/（g/kg）
0～14	5.4	28.1	2.54	1.40	31.9	12.0	7.0	8.0
14～23	5.8	12.7	1.22	1.27	35.1	9.8	7.7	8.0
23～41	6.1	5.0	0.42	1.17	33.8	8.0	6.8	23.8
41～100	6.1	3.8	0.31	1.00	31.9	8.8	7.7	27.2

4.7.2　竹料系（Zhuliao Series）

土　　族：砂质硅质混合型非酸性高热性-普通铁聚水耕人为土
拟定者：卢　瑛，郭彦彪，董　飞

竹料系典型景观

分布与环境条件　分布在广州、江门、佛山、肇庆等地，地势较平坦的宽谷盆地（俗称垌田）。成土母质为宽谷洪积、冲积物。土地利用类型为水田，主要种植水稻、蔬菜等；属南亚热带海洋性季风性气候，年平均气温 21.0～22.0 ℃，年平均降水量 1700～1900 mm。

土系特征与变幅　诊断层包括水耕表层、水耕氧化还原层；诊断特性包括人为滞水土壤水分状况、氧化还原特征、高热性土壤温度状况。发育于冲积、洪积物，土体深厚，厚度>100 cm，耕作层厚>20 cm，水耕氧化还原层厚度 30～50 cm，地下水位在 100 cm 以下，土体中有 2%～10%的铁锈斑纹，水耕氧化还原层游离氧化铁与耕作层之比>3.0；细土砂粒含量>550 g/kg，质地为砂质壤土-砂质黏壤土；土壤呈微酸性-中性，pH 6.0～7.0。

对比土系　大坝系，属相同亚类，有效土层<100 cm，100 cm 以下为砾石层；耕作层和犁底层土壤有效磷含量显著低于竹料系；土壤温度状况为热性。

利用性能综述　该土系所处地势平坦，光照充足，水热条件优越，水利设施完善。耕作时间较长，熟化程度较高。渗漏量适当，保水、保肥性较好，宜耕性好，适种性广。目前多利用种植蔬菜。由于重施化肥，故土壤养分不平衡，土壤磷素富集明显。改良利用措施：实行土地整理，修建和完善农田水利设施和田间道路等，提高土地生产率。合理轮作，防治土传病害；增施有机肥，提高土壤基础肥力，根据土壤养分状况和水稻、蔬菜营养特点，平衡施用肥料。

参比土种　宽谷砂泥田。

代表性单个土体　位于广州市白云区钟落潭镇竹料片村，23°21'12"N，113°21'04"E，海拔 23m，宽谷盆地，成土母质为宽谷洪积、冲积物；水田，种植制度为水稻、蔬菜轮作。50 cm 深度土温 23.7℃。野外调查时间为 2010 年 1 月 13 日，编号 44-115（GD-gz02）。

Ap1：0～25 cm，灰色（5Y6/1，干），橄榄黑色（5Y2/2，润）；砂质壤土，强度发育 5～10 mm 的团粒状结构，疏松，中量细根，有体积占 5%左右煤渣瓦片等；向下层波状渐变过渡。

Ap2：25～38 cm，淡灰色（5Y7/1，干），暗橄榄色（5Y4/3，润）；砂质壤土，强度发育 5～10 mm 的块状结构，坚实，少量细根，根系周围有 2%左右直径<2 mm 的对比度明显、边界清楚的铁绣斑纹；向下层平滑突变过渡。

Br1：38～52 cm，淡黄色（2.5Y7/3，干），黄棕色（2.5Y5/6，润）；砂质黏壤土，中度发育 20～50 mm 的块状结构，坚实，结构体内有 5%左右直径<2 mm 的对比度明显、边界清楚的铁斑纹；向下层平滑渐变过渡。

Br2：52～71 cm，淡黄色（2.5Y7/4，干），亮黄棕色（2.5Y6/6，润）；砂质黏壤土，中度发育 20～50 mm 的块状结构，坚实，结构体内有 10%左右直径 2～6 mm 的对比度显著、边界清楚的铁绣斑纹；向下层平滑渐变过渡。

C：71～120 cm，灰白色（2.5Y8/2，干），灰黄色（2.5Y6/2，润）；砂质黏壤土，中度发育 20～50 mm 的块状结构，坚实。

竹料系代表性单个土体剖面

竹料系代表性单个土体物理性质

土层	深度 /cm	砾石 (>2mm，体积分数)/%	细土颗粒组成（粒径：mm）/（g/kg）			质地类别	容重 /（g/cm³）
			砂粒 2～0.05	粉粒 0.05～0.002	黏粒 <0.002		
Ap1	0～25	0	735	159	107	砂质壤土	1.21
Ap2	25～38	0	745	147	108	砂质壤土	1.35
Br1	38～52	0	619	166	215	砂质黏壤土	1.41
Br2	52～71	0	563	169	268	砂质黏壤土	1.42
C	71～120	0	620	145	235	砂质黏壤土	1.40

竹料系代表性单个土体化学性质

深度 /cm	pH (H₂O)	有机碳	全氮（N）	全磷（P）	全钾（K）	CEC	交换性盐基总量	游离氧化铁 /（g/kg）
		/（g/kg）				/（cmol (+) /kg）		
0～25	6.3	16.2	1.55	2.63	3.4	4.2	10.2	3.1
25～38	6.3	3.3	0.35	0.37	2.5	2.7	3.1	4.9
38～52	6.4	4.8	0.38	0.22	4.0	5.6	4.3	16.6
52～71	6.5	2.6	0.27	0.13	6.4	6.6	4.4	14.7
71～120	6.6	3.0	0.22	0.12	7.0	4.5	3.4	7.7

4.7.3　石鼓系（Shigu Series）

土　　族：黏质高岭石混合型酸性高热性-普通铁聚水耕人为土
拟定者：卢　瑛，盛　庚，侯　节

石鼓系典型景观

分布与环境条件　分布在江门、阳江、广州、茂名、肇庆、云浮、湛江等地，地势平缓的砂页岩地区坑田、垌田中部；成土母质为砂页岩风化坡积、洪积物；土地利用类型为水田，主要种植水稻等；属南亚热带至热带海洋性季风性气候，年均气温 22.0～23.0 ℃，年平均降水量 1700～1900 mm。

土系特征与变幅　土系诊断层包括水耕表层、水耕氧化还原层；诊断特性包括人为滞水土壤水分状况、氧化还原特征、高热性土壤温度状况。土体深厚，>100 cm，耕作层 10～20 cm，水耕氧化还原层厚度>80 cm，土体中有 10%～20%的铁锰斑纹；细土质地黏壤土-黏土；土壤呈酸性，pH4.5～5.5。

对比土系　花东系，属同一土族，耕作层厚度≥20 cm，土体颜色为淡灰色；土体下部有灰白色漂洗层，地下水位 1.0～1.5 m。

利用性能综述　该土系质地适中，易于耕作，供肥性能及通透性能较好，肥力中上，适种性较广，适宜水旱轮作和冬种，精耕细作易获高产。但水稻生长前期好，后劲稍差。改良利用措施：修建和完善农田基本水利设施，提高灌溉保证率，增强抗旱防洪能力；增施有机肥料，推广秸秆回田、冬种粮肥兼用绿肥，实行水旱轮作，提高土壤有机质含量，培肥土壤，提高地力；测土平衡施肥，协调养分供应，提高作物产量和经济收益。

参比土种　页红坭田。

代表性单个土体　位于茂名市高州市石鼓镇冲口村委会冲口门口垌；21°45'22"N，110°41'29"E，海拔 25 m；宽谷盆地，地势平坦，母质为砂页岩风化坡积、洪积物。水田，种植双季水稻，50 cm 深度土温 24.9 ℃。野外调查时间为 2011 年 1 月 5 日，编号 44-076。

　　Ap1：0～12 cm，浊黄橙色（10YR7/3，干），黄棕色（10YR5/6，润）；黏壤土，强度发育 10～20 mm 的块状结构，坚实，中量细根，孔隙周围、根系周围有 10%左右直径 2～6 mm 的对比明显的铁锰斑纹，有 3%左右的砖瓦碎屑；向下层平滑渐变过渡。

　　Ap2：12～22 cm，浊黄橙色（10YR7/4，干），黄棕色（10YR5/8，润）；黏壤土，强度发育 10～20 mm 的块状结构，很坚实，少量细根，孔隙周围、根系周围有 15%左右直径 2～6 mm 的对比明显的铁锰斑纹；向下层平滑渐变过渡。

Br1：22～35 cm，浊黄橙色（10YR7/4，干），浊黄橙色（10YR6/4，润）；黏壤土，强度发育 20～50 mm 的块状结构，很坚实，少量极细根，结构体表面、孔隙周围有 10%左右直径 2～6 mm 的对比明显的铁锰斑纹；向下层平滑渐变过渡。

Br2：35～72 cm，浊黄橙色（10YR7/3，干），黄棕色（10YR5/8，润）；黏土，中度发育 20～50mm 的棱柱状结构，坚实，结构体表面、孔隙周围有 10%左右直径 2～6mm 的对比明显的铁锰斑纹；向下层平滑渐变过渡。

Br3：72～96 cm，30%淡灰、70%浊黄橙色（30%2.5Y7/1、70%10YR7/4，干），30%黄棕色、70%橙色（30%10YR5/6、70%7.5YR6/6，润）；黏土，中度发育 20～50 mm 的块状结构，坚实，结构体表面有 10%左右直径 2～6 mm 对比明显的铁锰斑纹；向下层平滑渐变过渡。

Br4：96～110 cm，40%灰白色、60%亮黄棕色（40%2.5Y8/2、60%10YR7/6，干），40%亮黄棕色、60%橙色（40%10YR6/6、60%7.5YR7/6，润）；黏土，弱发育 20～50 mm 的块状结构，坚实。

石鼓系代表性单个土体剖面

石鼓系代表性单个土体物理性质

土层	深度 / cm	砾石 （>2mm，体积分数）/ %	细土颗粒组成（粒径：mm）/（g/kg）			质地类别	容重 /（g/cm³）
			砂粒 2～0.05	粉粒 0.05～0.002	黏粒 <0.002		
Ap1	0～12	0	346	311	343	黏壤土	1.24
Ap2	12～22	2	333	326	341	黏壤土	1.42
Br1	22～35	2	278	347	375	黏壤土	1.38
Br2	35～72	3	227	335	438	黏土	1.40
Br3	72～96	3	160	255	585	黏土	1.42
Br4	96～110	0	101	318	580	黏土	1.42

石鼓系代表性单个土体化学性质

深度 / cm	pH （H₂O）	有机碳	全氮（N）	全磷（P）	全钾（K）	CEC	交换性盐基总量	游离氧化铁 /（g/kg）
		/（g/kg）				/（cmol（+）/kg）		
0～12	4.7	22.1	1.72	0.53	5.2	8.6	4.3	29.5
12～22	5.0	17.5	1.35	0.47	5.8	8.7	4.1	37.8
22～35	5.5	7.9	0.79	0.28	5.3	9.0	5.9	50.1
35～72	5.4	6.2	0.48	0.27	5.9	9.2	6.2	58.2
72～96	5.2	5.9	0.44	0.31	6.7	13.4	6.1	78.7
96～110	5.2	5.5	0.37	0.29	5.9	14.3	6.3	76.1

4.7.4　花东系（Huadong Series）

土　　族：黏质高岭石混合型酸性高热性-普通铁聚水耕人为土
拟定者：卢　瑛，郭彦彪，董　飞

花东系典型景观

分布与环境条件　主要分布在广州、佛山等地，垌田中下部较低平的地段。成土母质为宽谷洪积、冲积物；土地利用类型为耕地，主要种植水稻、蔬菜等；属南亚热带海洋性季风性气候，年平均气温 21.0～22.0 ℃，年平均降水量 1900～2100 mm。

土系特征与变幅　诊断层包括水耕表层、水耕氧化还原层；诊断特性包括人为滞水土壤水分状况、氧化还原特征、高热性土壤温度状况。耕作层深厚，达 20 cm，水耕氧化还原层厚度 30～50 cm，土体中有很少量（<2%）的铁锰斑纹，水耕氧化还原层下部有 40～60 cm 厚的灰白色漂白层；细土质地砂质壤土-黏土；土壤呈酸性，pH4.5～5.5。

对比土系　石鼓系，属同一土族，土体深厚，地下水位 1.2 m 以下，耕作层厚度<20 cm，土体颜色浊黄色-浊黄橙色，土体中没有灰白色漂白层。

利用性能综述　该土系耕作容易，适耕期长，宜种性广，供肥性好，保肥力强，耕作层普遍偏浅，作物前期长得快，中后期仍需补肥。改良利用措施：修建和完善农田水利设施，提高农田抗旱防洪能力；增施有机肥，推广秸秆回田、冬种绿肥、水旱轮作等措施，提高土壤有机质含量，培肥土壤，加速土壤熟化；测土平衡施肥，配施磷、钾肥，协调养分供应。

参比土种　低白鳝坭田。

代表性单个土体　位于广州市花都区花东镇联安村（绿源菜场）；23°28′39″N，113°20′15″E，海拔 30 m；宽谷平原，母质为宽谷冲积物，水田，种植水稻、蔬菜；50 cm 深度土温 23.6 ℃。野外调查时间为 2010 年 1 月 20 日，编号 44-123（GD-gz11）。

　　Ap1：0～20 cm，淡灰色（5Y7/1，干），黑棕色（2.5Y3/2，润）；黏壤土，强度发育 10～20 mm 的块状结构，疏松，少量细根；向下层平滑渐变过渡。

　　Ap2：20～40 cm，淡灰色（5Y7/2，干），暗灰黄色（2.5Y4/2，润）；黏土，强度发育 20～50 mm 的块状结构，坚实，少量细根，孔隙周围有 2%左右直径<2 mm 的对比度明显、边界鲜明的铁锈斑纹；向下层平滑渐变过渡。

Br1：40~70 cm，浅淡黄色（5Y8/4，干），亮黄棕色（2.5Y6/8，润）；黏土，强度发育 20~50 mm 的块状结构，坚实，孔隙周围有2%左右直径<2 mm的对比度明显、边界鲜明的铁锈斑纹；向下层平滑突变过渡。

Br2：70~100 cm，灰白色（7.5Y8/1，干），淡黄色（2.5Y7/4，润）；黏壤土，中度发育 20~50 mm 的块状结构，坚实，孔隙周围有 20%左右直径 2~6 mm 的对比度显著、边界鲜明的铁锈斑纹；向下层平滑渐变过渡。

Br3：100~120 cm，灰白色（7.5Y8/1，干），灰白色（2.5Y8/1，润）；砂质黏壤土，弱发育 20~50 mm 的块状结构，坚实，孔隙周围有 5%左右直径 2~6 mm 的对比度显著、边界鲜明的铁锈斑纹；向下层平滑突变过渡。

C：120~130 cm，亮黄棕色（2.5Y7/6，干），亮黄棕色（10YR6/8，润）；砂质壤土，无结构，坚实。

花东系代表性单个土体剖面

花东系代表性单个土体物理性质

| 土层 | 深度 / cm | 砾石 (>2mm, 体积分数) / % | 细土颗粒组成（粒径：mm）/（g/kg） | | | 质地类别 | 容重 /（g/cm³） |
			砂粒 2~0.05	粉粒 0.05~0.002	黏粒 <0.002		
Ap1	0~20	0	289	377	334	黏壤土	1.18
Ap2	20~40	0	168	390	442	黏土	1.34
Br1	40~70	0	263	294	443	黏土	1.30
Br2	70~100	0	328	300	372	黏壤土	1.28
Br3	100~120	0	565	172	262	砂质黏壤土	1.26
C	120~130	0	693	113	194	砂质壤土	—

花东系代表性单个土体化学性质

| 深度 / cm | pH （H₂O） | 有机碳 | 全氮（N） | 全磷（P） | 全钾（K） | CEC | 交换性盐基总量 | 游离氧化铁 |
		/（g/kg）				/（cmol（+）/kg）		/（g/kg）
0~20	4.7	18.3	1.53	1.50	14.1	13.8	7.2	11.2
20~40	5.3	12.9	0.97	0.28	12.6	10.7	7.9	16.3
40~70	5.3	3.6	0.36	0.13	18.3	9.2	4.7	32.1
70~100	5.0	2.1	0.18	0.08	22.8	12.5	3.1	1.5
100~120	5.4	2.8	0.15	0.09	27.9	7.0	1.6	0.8
120~130	5.4	1.2	0.13	0.18	28.6	6.0	1.1	17.1

4.7.5　元善系（Yuanshan Series）

土　族：黏质高岭石混合型非酸性热性-普通铁聚水耕人为土
拟定者：卢　瑛，余炜敏

元善系典型景观

分布与环境条件　主要分布在河源、清远、梅州、韶关等地，地势较平缓的砂页岩地区的坑田、垌田中部。成土母质为砂页岩风化坡积、洪积物；土地利用类型为水田，主要种植水稻等。属中亚热带、南亚热带海洋性季风性气候，年平均气温 18.0～19.0℃，年平均降水量 1700～1900 mm。

土系特征与变幅　诊断层包括水耕表层、水耕氧化还原层；诊断特性包括人为滞水土壤水分状况、氧化还原特征、热性土壤温度状况。土体深厚，>100cm，耕作层 10～20 cm，水耕氧化还原层厚度 30～50 cm，土体中有 20%～30%的铁锈斑纹；细土粉粒含量>450 g/kg，土壤质地壤土-黏壤土；土壤呈酸性-中性，pH 5.0～7.0。

对比土系　珠玑系，分布区域相似，属相同土族。珠玑系地下水位在 1 m 左右，下部土体颜色较浅，为灰白色，与元善系具有明显差异。

利用性能综述　该土系土壤质地适中，易于耕作，供肥性及通透性较好，适种性较广，精耕细作易获高产。改良利用措施：修建和完善农田水利设施，解决灌溉水源，防止旱灾，提高灌溉保证率和效率；增施有机肥，推广秸秆回田、冬种粮肥兼用绿肥，实行水旱轮作，提高土壤有机质含量，培肥土壤，加速土壤熟化，提高地力；测土平衡施肥，增加磷、钾等肥料使用，协调土壤养分供应。

参比土种　页黄坭田。

代表性单个土体　位于河源市连平县元善镇醒狮村，24°25′14″N，114°30′22″E，海拔 256 m。丘陵山区中下部，成土母质为砂页岩风化坡积、洪积物。水田，种植水稻；50 cm 深度土温 22.7℃。野外调查时间为 2011 年 11 月 15 日，编号 44-135。

Ap1：0~14 cm，灰橄榄色（5Y6/2，干），灰色（5Y4/1，润）；壤土，强度发育 5~10 mm 的块状结构，疏松，中量细根，结构体外有根孔；向下层平滑渐变过渡。

Ap2：14~21 cm，淡灰色（5Y7/2，干），灰色（5Y5/1，润）；粉质黏壤土，强度发育 10~20 mm 的块状结构，坚实，少量细根，有 5%左右直径 2~6 mm 的对比度明显的、边界扩散的铁锈斑纹；向下层平滑清晰过渡。

Br：21~54 cm，黄色（2.5Y8/6，干），（黄色 5Y7/6，润）；粉质黏壤土，强度发育 10~20 mm 的块状结构，坚实，有 25%左右直径 2~6 mm 对比度明显的、边界扩散的铁锈斑纹；向下层平滑渐变过渡。

C：54~120 cm，黄色（5Y8/6，干），黄色（5Y7/8，润）；粉质黏壤土，中度发育 10~20 mm 的块状结构，坚实。

元善系代表性单个土体剖面

元善系代表性单个土体物理性质

土层	深度 / cm	砾石 (>2mm，体积分数) / %	细土颗粒组成（粒径：mm）/（g/kg）			质地类别	容重 /（g/cm³）
			砂粒 2~0.05	粉粒 0.05~0.002	黏粒 <0.002		
Ap1	0~14	2	325	475	200	壤土	1.21
Ap2	14~21	2	177	511	312	粉质黏壤土	1.42
Br	21~54	2	147	481	372	粉质黏壤土	1.32
C	54~120	2	162	494	344	粉质黏壤土	1.35

元善系代表性单个土体化学性质

深度 / cm	pH (H₂O)	有机碳	全氮（N）	全磷（P）	全钾（K）	CEC	交换性盐基总量	游离氧化铁
		/（g/kg）				/（cmol (+) /kg）		/（g/kg）
0~14	5.4	15.7	1.50	0.99	10.5	9.7	5.7	11.2
14~21	6.9	3.0	0.53	0.35	13.1	9.1	8.2	42.7
21~54	5.9	2.1	0.45	0.29	15.7	10.8	7.7	42.1
54~120	6.0	1.3	0.43	0.31	18.2	8.2	6.6	39.2

4.7.6　珠玑系（Zhuji Series）

土　族：黏质高岭石混合型非酸性热性-普通铁聚水耕人为土
拟定者：卢　瑛，侯　节，盛　庚

珠玑系典型景观

分布与环境条件　分布在韶关、清远、梅州等地，宽谷盆地，地势平坦。成土母质为洪积、冲积物，土地利用类型为水田，主要种植水稻、蔬菜、烤烟等。属中亚热带海洋性季风性气候，年平均气温 19.0～20.0 ℃，年平均降水量 1500～1700 mm。

土系特征与变幅　诊断层包括水耕表层、水耕氧化还原层；诊断特性包括人为滞水土壤水分状况、氧化还原特征、热性土壤温度状况。耕作层 10～20 cm，水耕氧化还原层厚度>80 cm，土体中有 5%～15%铁锈斑纹，结构面有灰色胶膜，水耕氧化还原层游离氧化铁与耕作层比值>3.0；地下水位 1 m 左右，100 cm 以下土体具有潜育特征；细土粉粒含量>450 g/kg，土壤质地粉壤土-粉质黏土；土壤呈酸性-微酸性，pH 4.5～6.0。

对比土系　元善系，分布区域相似，属相同土族。元善系地下水位在 1.2 m 以下，下部土体颜色为黄色，与珠玑系的灰白色具有明显差异。

利用性能综述　该土系所处地势平坦，光照充足，水热条件优越，耕作时间较长，熟化程度较高。渗漏量适当，宜耕性好，适种性广。目前多利用种植双季稻、烤烟水稻连作或冬种番薯、花生等。改良利用措施：实行土地整理，修建和完善农田基本水利设施和田间道路，增强抗旱排涝能力，提高机械化程度；增施有机肥，推广秸秆回田、冬种绿肥，提高土壤有机质含量，改良土壤肥力特性，培肥土壤；实行合理轮作，用地、养地相结合，培肥地力；实行测土平衡施肥，协调养分供应，提高肥料利用效率。

参比土种　砂泥田。

代表性单个土体　位于韶关市南雄市珠玑镇祇沅村委会中坑村山组；25°16′09″N，114°24′36″E，海拔 192 m；宽谷盆地，成土母质为洪积、冲积物，水田，种植双季水稻；50 cm 深度土温 22.2 ℃。野外调查时间为 2010 年 10 月 22 日，编号 44-021。

　　Ap1: 0～15 cm，灰白色（5Y8/1，干），暗灰黄色（2.5Y4/2，润）；粉壤土，强度发育 10～20 mm 的块状结构，疏松，根系周围、结构面上有 5%左右直径<2 mm 对比度明显、边界清楚的铁锰斑、胶膜，有中量细根，有 3%左右砖瓦等碎屑；向下层平滑渐变过渡。

Ap2：15～24 cm，灰白色（7.5Y8/1，干），橄榄棕色（2.5Y4/4，润）；粉壤土，强度发育 10～20 mm 的块状结构，坚实，有少量很细根，根系周围、结构面上有 5%左右直径<2 mm 对比度明显、边界清楚的铁锰斑、胶膜；向下层平滑突变过渡。

Br1：24～50 cm，淡灰色（5Y7/1，干），橄榄棕色（2.5Y4/6，润）；粉质黏壤土，中度发育 20～50 mm 的棱柱状结构，坚实，结构体内有 10%左右直径 2～6 mm 对比度模糊、边界扩散的小的铁锰斑纹，结构体表面有灰色黏粒胶膜；向下层平滑渐变过渡。

Br2：50～63 cm，黄色（2.5Y8/8，干），亮黄棕色（2.5Y6/8，润）；粉质黏土，中度发育 10～20 mm 的棱柱状结构，坚实，结构体内有 15%左右直径 2～6 mm 的对比度模糊、边界扩散的铁锰斑纹，结构体表面有灰色黏粒胶膜；向下层平滑渐变过渡。

Br3：63～100 cm，灰白色（5Y8/1，干），浊黄色（2.5Y6/3，润）；粉质黏土，弱发育 20～50 mm 的块状结构，坚实，结构体内有 5%左右直径 2～6 mm 的对比度模糊，边界扩散的铁锰斑纹。

珠玑系代表性单个土体剖面

珠玑系代表性单个土体物理性质

土层	深度 / cm	砾石（>2mm，体积分数）/ %	细土颗粒组成（粒径：mm）/（g/kg）			质地类别	容重 /（g/cm³）
			砂粒 2～0.05	粉粒 0.05～0.002	黏粒 <0.002		
Ap1	0～15	0	193	559	247	粉壤土	1.27
Ap2	15～24	0	208	547	245	粉壤土	1.45
Br1	24～50	0	191	502	307	粉质黏壤土	1.36
Br2	50～63	0	58	481	461	粉质黏土	1.40
Br3	63～100	0	122	468	409	粉质黏土	1.38

珠玑系代表性单个土体化学性质

深度 / cm	pH （H₂O）	有机碳	全氮（N）	全磷（P）	全钾（K）	CEC	交换性盐基总量	游离氧化铁
		/（g/kg）				/（cmol（+）/kg）		/（g/kg）
0～15	4.8	21.6	1.97	0.43	9.02	6.6	2.8	6.9
15～24	5.1	8.2	0.80	0.16	10.08	4.7	2.1	9.0
24～50	5.7	5.2	0.44	0.16	8.50	5.5	3.8	46.9
50～63	5.8	4.5	0.41	0.18	10.54	6.9	5.0	72.7
63～100	5.9	2.3	0.28	0.16	11.99	8.8	6.0	27.0

中国土系志·广东卷

4.7.7　岗坪系（Gangping Series）

土　族：黏质高岭石混合型非酸性高热性-普通铁聚水耕人为土
拟定者：卢　瑛，张　琳，潘　琦

分布与环境条件　分布在肇庆、江门、阳江等地，丘陵山地的宽谷平原或山间盆地，地势平坦开阔。成土母质为宽谷冲积物；土地利用类型为水田，主要种植水稻、蔬菜等。南亚热带海洋性季风性气候，年平均气温 20.0～21.0 ℃，年平均降水量 1700～1900 mm。

岗坪系典型景观

土系与特征变幅　诊断层包括水耕表层、水耕氧化还原层；诊断特性包括人为滞水土壤水分状况、氧化还原特征、高热性土壤温度状况。土体深厚，厚度>100 cm，耕作层 10～20 cm，水耕氧化还原层厚度 60～80 cm，土体中有 5%～10%的铁锈斑纹，水耕氧化还原层游离氧化铁与耕作层比值>1.5；细土质地变异大，土壤质地壤土-黏土；土壤呈酸性-微酸性，pH 5.0～6.5。

对比土系　凤安系，土体颜色为淡黄色-黄色，细土粉粒含量高，质地为粉质黏壤土-粉质黏土，表层（0～20 cm）土壤质地为黏壤土类。

利用性能综述　该土系质地适中，适耕性强，宜种性广，目前多种植两造水稻，作物长势好，产量高，稻谷年亩产 1000 kg。改良利用措施：完善农田基本设施，修建灌渠排沟和田间道路，增强抗旱排涝能力，提高机械化水平；增施有机肥，推广秸秆还田、水旱轮作等，提高土壤有机质含量，改善土壤结构，培肥土壤，提高地力；测土平衡施肥，注意氮磷钾肥、有机肥与无机肥的合理搭配。

参比土种　松坭田。

代表性单个土体　位于肇庆市怀集县岗坪镇红星村委会罗屋村民小组，24°00′39″N，111°58′7″E，海拔 70 m；宽谷盆地，成土母质为宽谷冲积物，水田，种植水稻，50 cm 深度土温 23.2℃。野外调查时间为 2010 年 11 月 16 日，编号 44-032。

　　Ap1：0～14 cm，淡灰色（2.5Y7/1，干），暗橄榄棕色（2.5Y3/3，润）；壤土，强度发育 10～20 mm 的块状结构，疏松，有中量细根，孔隙周围有 5%左右直径<2 mm 的对比度明显、边界清楚的铁锰斑纹；向下层平滑渐变过渡。

Ap2：14～21 cm，淡灰色（2.5Y 7/1，干），暗灰黄色（2.5Y4/2，润）；壤土，强度发育 10～20 mm 的块状结构，坚实，有少量细根，结构体表面有 20%左右直径 2～6 mm 的对比度明显、边界扩散的铁锰斑纹，有体积占 2%左右砖、瓦碎屑；向下层平滑突变过渡。

Br1：21～34 cm，灰白色（2.5Y 8/2，干），橄榄棕色（2.5Y4/3，润）；黏壤土，中度发育 10～20 mm 的块状结构，坚实，有少量细根，结构体内有 10%左右直径<2 mm 的对比度明显、边界清楚的铁锰斑纹，有 2%左右砖、瓦碎屑；向下层平滑渐变过渡。

Br2：34～49 cm，淡灰色（2.5Y 7/1，干），黄棕色（2.5Y5/4，润）；黏壤土，中度发育 10～20 mm 的块状结构，坚实，有很少量的很细根系，结构体内有 5%左右直径<2 mm 的对比度明显、边界扩散的铁锰斑纹；向下层平滑突变过渡。

Br3：49～64 cm，灰白色（2.5Y 8/2，干），灰黄色（2.5Y6/2，润）；砂质黏壤土，中度发育 10～20 mm 的块状结构，坚实，结构体内有 5%左右直径<2 mm 的对比度明显、边界扩散的铁锰斑纹；向下层平滑渐变过渡。

岗坪系代表性单个土体剖面

Br4：64～96 cm，灰白色（5Y 8/1，干），黄棕色（2.5Y5/3，润）；黏土，弱发育 10～20 mm 的块状结构，坚实，有体积占 20%左右直径 5～20 mm 的角状的强风化的岩屑；向下层平滑渐变过渡。

C：96～125 cm，灰白色（5Y 8/1 干），灰黄色、亮红棕色（2.5Y7/2、5YR5/8，润）；粉质黏土，弱发育 10～20 mm 的块状结构，坚实，有体积占 40%左右直径 20～75 mm 的角状的强风化岩屑。

岗坪系代表性单个土体物理性质

土层	深度 / cm	砾石 (>2mm, 体积分数) / %	细土颗粒组成（粒径：mm）/（g/kg）			质地类别	容重 /（g/cm³）
			砂粒 2～0.05	粉粒 0.05～0.002	黏粒 <0.002		
Ap1	0～14	2	382	380	238	壤土	1.30
Ap2	14～21	2	413	355	232	壤土	1.47
Br1	21～34	2	293	363	345	黏壤土	1.40
Br2	34～49	2	435	273	293	黏壤土	1.38
Br3	49～64	2	488	258	254	砂质黏壤土	1.38
Br4	64～96	2	195	361	443	黏土	—
C	96～125	3	136	435	429	粉质黏土	—

岗坪系代表性单个土体化学性质

深度 / cm	pH (H₂O)	有机碳	全氮（N）	全磷（P）	全钾（K）	CEC	交换性盐基总量	游离氧化铁 /（g/kg）
		/（g/kg）				/（cmol（+）/kg）		
0～14	5.0	25.9	2.18	0.62	3.62	9.6	5.5	7.8
14～21	5.4	13.1	1.22	0.43	3.49	7.3	4.4	11.4
21～34	6.2	5.0	0.48	0.17	4.34	8.4	5.1	15.8
34～49	6.3	4.4	0.37	0.19	4.33	8.3	4.8	14.2
49～64	6.4	2.9	0.29	0.15	5.78	6.3	3.7	8.8
64～96	5.7	4.5	0.42	0.28	5.77	14.3	7.1	32.8
96～125	5.8	3.9	0.47	0.25	6.45	14.4	7.8	31.3

4.7.8　凤安系（Feng'an Series）

土　　族：黏质高岭石混合型非酸性高热性-普通铁聚水耕人为土
拟定者：卢　瑛，余炜敏

凤安系典型景观

分布与环境条件　主要分布在河源、广州、清远、惠州等地，受山洪冲刷的低山丘陵峡谷的上部及山脚下部，多为梯田、坑头田。成土母质为洪积物；土地利用类型为水田，每年种植两造水稻。属南亚热带海洋性季风性气候，年平均气温 20.0～21.0 ℃，年平均降水量 1900～2100 mm。

土系特征与变幅　诊断层包括水耕表层、水耕氧化还原层；诊断特性包括人为滞水土壤水分状况、氧化还原特征、高热性土壤温度状况。土体深厚，厚度>100 cm，耕作层 10～20 cm，水耕氧化还原层厚度 40～60 cm，土体中有 5%～15%的铁锈斑纹，水耕氧化还原层游离氧化铁与耕作层比值为 1.5～2.0；细土粉粒含量>450 g/kg，土壤质地黏壤土-黏土；土壤呈酸性-中性，pH 5.0～7.0。

对比土系　岗坪系，属同一土族，岗坪系土体颜色为淡灰色-灰白色，细土砂粒含量高，质地为壤土-黏土，表层（0～20 cm）土壤质地为壤土类。

利用性能综述　土壤质地较黏重，犁耙困难，易板结，耕性差，种植水稻回青慢，发稞少，禾苗长势差，产量不高。改良利用措施：进行土地整治，加强农田基本设施建设和生态环境治理工程建设，搞好水土保持，实行治山、治水、改土相结合，根据山洪危害程度，开好防洪沟，杜绝黄泥水入田；增施有机肥，冬种绿肥、秸秆还田，提高土壤有机质含量，培肥土壤，提高地力；实行稻花（即花生）等水旱轮作，犁冬晒白，改良土壤理化性状；测土平衡施肥，协调土壤养分供应，不断提高土壤肥力。

参比土种　鸭蛋黄泥田。

代表性单个土体　位于河源市紫金县凤安镇佛岭村，23°25′23″N，114°49′08″E，海拔 30 m。丘陵谷地，成土母质为页岩风化坡积、洪积物。水田，种植双季水稻；50 cm 深度土温 23.6℃。野外调查时间为 2011 年 12 月 2 日，编号 44-124。

Ap1：0～13 cm，淡灰色（5Y7/2，干），灰色（5Y4/1，润）；粉质黏壤土，强度发育 5～10 mm 的块状结构，疏松，中量细根，土体有根孔，1～2 条蚯蚓；向下层平滑清晰过渡。

Ap2：13～21 cm，淡黄色（5Y7/4，干），暗橄榄色（5Y4/3，润）；粉质黏土，强度发育 10～20 mm 的块状结构，坚实，少量细根，结构体内有 5%左右直径 2～6 mm 的锈纹锈斑；向下层平滑清晰过渡。

Br1：21～39 cm，灰白色（5Y8/2，干），灰橄榄色（5Y5/2，润）；粉质黏土，强度发育 10～20 mm 块状结构，坚实，极少量细根。结构体内有 10%左右直径 2～6 mm 的锈纹锈斑；向下层平滑清晰过渡。

Br2：39～76 cm，浅淡黄色（5Y8/4，干），橄榄色（5Y6/6，润）；粉质黏土，强度发育 10～20 mm 块状结构，坚实，结构体内有 10%左右直径 2～6 mm 的锈纹锈斑；向下层平滑清晰过渡。

C：76～120 cm，黄色（5Y8/6，干），黄色（5Y7/8，润）；粉质黏土，中度发育 10～20 mm 块状结构，坚实。

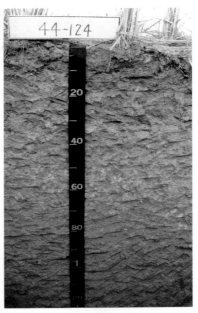

凤安系代表性单个土体剖面

凤安系代表性单个土体物理性质

土层	深度 /cm	砾石 (>2mm, 体积分数) /%	细土颗粒组成（粒径：mm）/（g/kg）			质地类别	容重 /（g/cm³）
			砂粒 2～0.05	粉粒 0.05～0.002	黏粒 <0.002		
Ap1	0～13	2	127	530	343	粉质黏壤土	1.22
Ap2	13～21	2	111	476	414	粉质黏土	1.37
Br1	21～39	2	107	489	404	粉质黏土	1.31
Br2	39～76	0	87	510	403	粉质黏土	1.24
C	76～120	0	110	453	436	粉质黏土	1.22

凤安系代表性单个土体化学性质

深度 /cm	pH (H₂O)	有机碳	全氮（N）	全磷（P）	全钾（K）	CEC	交换性盐基总量	游离氧化铁
		/（g/kg）				/（cmol（+）/kg）		/（g/kg）
0～13	5.1	19.9	2.31	0.81	11.8	8.9	2.8	27.2
13～21	5.8	6.6	1.23	0.40	13.4	7.7	6.2	58.8
21～39	5.8	6.4	1.05	0.33	13.8	6.9	8.1	43.0
39～76	6.4	2.9	1.26	0.35	17.4	6.6	8.3	53.3
76～120	6.6	3.0	1.25	0.39	17.2	5.3	6.3	56.2

4.7.9　山阁系（Shange Series）

土　　族：黏质混合型非酸性高热性-普通铁聚水耕人为土
拟定者：卢　瑛，盛　庚，侯　节

分布与环境条件　主要分布在湛江、茂名等地，海拔 30m 以下滨海缓坡台地坡塘田地形（碟形洼地），成土母质为古浅海沉积物；土地利用类型为水田，种植水稻、蔬菜、花生、番薯等。南亚热带至热带海洋性季风性气候，年平均气温 23.0～24.0 ℃，年平均降水量 1700～1900 mm。

山阁系典型景观

土系特征与变幅　诊断层包括水耕表层、水耕氧化还原层；诊断特性包括人为滞水土壤水分状况、氧化还原特征、高热性土壤温度状况。土体深厚，厚度>100 cm，耕作层 10～20 cm，水耕氧化还原层厚度 60～80 cm，土体中有 5%～15% 的铁锈斑纹，水耕氧化还原层游离氧化铁与耕作层比值>3.0；细土质地砂质壤土-黏土；土壤呈酸性-微性，pH 5.0～6.0。土体深厚，层次发育明显，耕作层一般厚 10～14 cm，含砂粒较多，质地为砂质壤土，灰色至灰黄色，疏松易耕；水耕氧化还原层呈棱柱状结构，结构体面有灰色胶膜、褐色铁锈斑纹及铁锰结核。由于水的漂洗分选作用，黏粒流失，水耕表层粉砂粒含量较多，结构松散，易漏水漏肥，有机质、全氮含量中等，全磷、全钾含量低。

对比土系　合水系、天堂系，成土母质为石灰岩风化物，犁底层有少量石灰碎屑，有强度石灰反应；耕层细土砂粒含量具有明显差异。

利用性能综述　该土系所处地形平坦开阔，阳光足，排灌便利，耕作性能良好，适种性广。但灌溉水源不足，常有干旱威胁，养分含量亦偏低，特别缺磷、缺钾，作物生长欠佳，产量不高。改良利用措施：改善排灌渠系，引水灌溉，增强抗旱能力；增施有机肥，推广秸秆回田、水旱轮作等，提高土壤有机质含量，培肥土壤，加速建成高产稳产农田；实行测土平衡施肥，分次多施钾肥，协调氮、磷、钾养分比例。

参比土种　黄赤砂泥田。

代表性单个土体　位于茂名市茂南区山阁镇烧酒村委会烧酒村，21°45′25″N，110°55′49″E，海拔 16 m；地势平坦的台地平原，成土母质为浅海沉积物。水田，种植水稻、蔬菜、番薯。50cm 深度土温 24.9 ℃。野外调查时间为 2011 年 1 月 4 日，编号 44-074。

Ap1：0～12 cm，黄灰色（2.5Y6/1，干），黑棕色（10YR2/3，润）；砂质壤土，中等发育 5～10 mm 的块状结构，疏松，多量细根，孔隙周围有 3%左右直径<2 mm 的对比明显的铁锰斑纹，有 1～2 条地老虎；向下层平滑渐变过渡。

Ap2：12～25 cm，灰黄色（2.5Y6/2，干），浊黄棕色（10YR4/3，润）；砂质壤土，中等发育 10～20 mm 的块状结构，坚实，中量细根，孔隙周围有 3%左右直径<2 mm 的对比明显的铁锰斑纹；向下层平滑突变过渡。

Br1：25～38 cm，亮黄棕色（2.5Y6/6，干），棕色（10YR4/6，润）；黏壤土，中等发育 10～20 mm 的块状结构，坚实，少量极细根，结构体表面有 15%左右直径 2～6 mm 的对比明显的铁锰斑纹；向下层平滑突变过渡。

Br2：38～76 cm，橄榄棕色（2.5Y4/6，干），浊黄棕色（10YR4/3，润）；黏壤土，中等发育 20～50 mm 的块状结构，坚实，结构面上有 5%左右直径<2 mm 铁锈斑纹；向下层平滑突变过渡。

山阁系代表性单个土体剖面

Br3：76～100 cm，70%黄棕色、30%亮黄棕色（70%2.5Y5/3、30%2.5Y6/6，干），70%棕色、30%亮黄棕色（70%10YR4/4、30%10YR6/8，润）；黏土，弱发育 20～50 mm 的块状结构，坚实，结构面上有 5%左右直径<2 mm 的铁锈斑纹；向下层平滑渐变过渡。

C：100～110 cm，50%黄色、50%橙色（50%2.5Y8/6、50%7.5YR7/6，干），50%黄橙色、50%橙色（50%10YR7/8、50%7.5YR6/8，润）；黏壤土，弱发育 20～50 mm 的块状结构，坚实，结构面上有 30%左右、直径 2～6 mm 棕红色的铁锈斑纹。

山阁系代表性单个土体物理性质

土层	深度 /cm	砾石 (>2mm，体积分数) /%	细土颗粒组成（粒径：mm）/（g/kg）			质地类别	容重 /（g/cm³）
			砂粒 2～0.05	粉粒 0.05～0.002	黏粒 <0.002		
Ap1	0～12	0	612	245	143	砂质壤土	1.18
Ap2	12～25	0	615	239	145	砂质壤土	1.32
Br1	25～38	0	379	299	322	黏壤土	1.30
Br2	38～76	0	372	281	346	黏壤土	1.32
Br3	76～100	0	301	286	413	黏土	1.38
C	100～110	0	304	319	378	黏壤土	—

山阁系代表性单个土体化学性质

深度 /cm	pH （H₂O）	有机碳	全氮（N）	全磷（P）	全钾（K）	CEC	交换性盐基总量	游离氧化铁
		/（g/kg）				/（cmol(+)/kg）		/（g/kg）
0～12	5.2	13.0	1.14	0.69	2.7	6.2	2.8	4.6
12～25	5.4	14.0	1.00	0.77	3.0	5.8	1.9	5.1
25～38	5.5	11.4	0.65	0.33	2.2	9.0	3.0	50.6
38～76	5.6	9.1	0.43	0.23	2.3	11.4	3.3	17.7
76～100	5.8	5.3	0.25	0.17	4.6	7.3	3.3	34.9
100～110	5.9	4.8	0.23	0.19	5.3	7.8	3.0	34.4

4.7.10　天堂系（Tiantang Series）

土　　族：黏质混合型非酸性高热性-普通铁聚水耕人为土
拟定者：卢　瑛，张　琳，潘　琦

天堂系典型景观

分布与环境条件　主要分布在肇庆、云浮、阳江等地，石灰岩地区的宽谷平原或坑垌田地区。成土母质为石灰岩风化的洪积物或洪积、冲积物。土地利用类型为水田，主要种植水稻。属南亚热带海洋性季风性气候，年平均气温 21.0～22.0 ℃，年平均降水量 1700～1900 mm。

土系特征与变幅　诊断层包括水耕表层、水耕氧化还原层；诊断特性包括人为滞水土壤水分状况、氧化还原特征、高热性土壤温度状况。土体深厚，厚度>100 cm，耕作层 10～20 cm，耕作层下犁底层因人为滥施石灰或长期引用石灰岩溶洞水灌溉，使土壤钙质积累过多，土壤结构板结，且有灰白色石灰渣残迹，有强烈石灰反应。水耕氧化还原层厚度 40～60 cm，土体中有 5%～25%的铁锈斑纹，水耕氧化还原层游离氧化铁与耕作层比值>1.5；细土质地黏壤土-黏土；土壤呈酸性-中性，pH 5.5～7.5。

对比土系　山阁系、合水系，属同一土族。山阁系成土母质为古浅海沉积物，表层土壤中砂粒含量>60%；合水系与天堂系成土母质相同，但表层（0～20 cm）细土质地为壤土类。

利用性能综述　本土系耕层犁底层土壤板结，耕作困难，通透性差，供肥性差，水稻前期迟生慢发，后期死根早衰，产量不高，一般年亩产 500～600kg。改良利用措施：实行土地整治，修建和完善农田基本设施，提高灌排效率；停施石灰，增施有机肥，提倡冬种绿肥、秸秆还田、水旱轮作、禾本科与豆科作物轮作等，提高土壤有机质含量，改良土壤性质，提高土壤肥力；测土平衡施肥，协调土壤营养元素供应，提高肥料利用率。

参比土种　石灰板结田。

代表性单个土体　位于云浮市新兴县天堂镇东中村委会第六队社主公垌；22°34′11″N，112°00′22″E，海拔 82 m。宽谷平原，母质为石灰岩风化的洪积、冲积物，水田，种植双季水稻，50 cm 深度土温 24.2℃。野外调查时间为 2010 年 11 月 12 日，编号 44-031。

Ap1：0～15 cm，浅淡黄色（5Y 8/3，干），暗橄榄棕色（2.5Y3/3，润）；粉质黏壤土，强度发育 5～10 mm 的块状结构，坚实，有中量细根，在结构体表面、根系周围有 2%左右直径<2 mm 的对比度明显、边界清楚的铁锰斑纹；向下层平滑渐变过渡。

Ap2：15～33 cm，灰白色（5Y 8/2，干），暗灰黄色（2.5Y 4/2，润）；黏壤土，强度发育 20～50 mm 的块状结构，很坚实，有少量细根，结构体表面、根系周围有 2%左右直径<2 mm 的对比度明显、边界清楚的铁锰斑纹，有少量的石灰渣，有强烈石灰反应；向下层平滑突变过渡。

Br1：33～50 cm，浅淡黄色（2.5Y8/3，干），黄橙色（10YR8/6，润）；粉质黏土，中等发育 50～100 mm 的棱柱状结构，很坚实，结构体表面、孔隙周围有 5%左右直径<2 mm 的对比度明显、边界扩散的铁锰物质；向下层平滑突变过渡。

Br2：50～82 cm，浅淡黄色（2.5Y8/3，干），黄橙色（10YR8/6，

天堂系代表性单个土体剖面

润）；粉质黏土，中等发育 50～100 mm 的棱柱状结构，坚实，结构体内有 25%左右直径 2～6 mm 的对比度明显、边界扩散的铁锰斑纹；向下层平滑渐变过渡。

Cr1：82～108 cm，浅淡黄色（2.5Y8/3，干），浊黄橙色（10YR7/4，润）；粉质黏土，弱发育 20～50 mm 的块状结构，坚实，结构体内有 25%左右直径 2～6 mm 的对比度明显、边界扩散的铁锰斑纹；向下层平滑渐变过渡。

Cr2：108～130 cm，67%浅淡黄色、33%灰白色（67% 2.5Y8/3、33% 10Y8/1，干），67%淡黄橙色、33%淡黄色（67% 10YR8/4、33% 2.5Y7/3，润）；黏壤土，弱发育 20～50 mm 的块状结构，坚实，结构体内有 25%左右直径 2～6 mm 的对比度明显、边界扩散的铁锰斑纹。

天堂系代表性单个土体物理性质

| 土层 | 深度 / cm | 砾石（>2mm，体积分数）/ % | 细土颗粒组成（粒径：mm）/ (g/kg) | | | 质地类别 | 容重 / (g/cm³) |
			砂粒 2～0.05	粉粒 0.05～0.002	黏粒 <0.002		
Ap1	0～15	3	192	501	307	粉质黏壤土	1.32
Ap2	15～33	5	208	457	335	黏壤土	1.48
Br1	33～50	3	136	443	421	粉质黏土	1.42
Br2	50～82	2	64	460	476	粉质黏土	1.43
Cr1	82～108	2	160	427	413	粉质黏土	1.42
Cr2	108～130	2	296	330	374	黏壤土	1.39

天堂系代表性单个土体化学性质

| 深度 / cm | pH (H₂O) | 有机碳 | 全氮（N） | 全磷（P） | 全钾（K） | CEC | 交换性盐基总量 | 游离氧化铁 / (g/kg) |
			/ (g/kg)				/ (cmol (+) /kg)	
0～15	5.8	26.4	2.35	0.79	13.63	12.8	14.1	24.3
15～33	7.6	10.9	1.05	0.45	14.27	11.0	39.6	24.0
33～50	7.4	4.8	0.47	0.16	14.77	10.5	9.2	25.4
50～82	7.2	3.8	0.48	0.14	21.81	9.6	7.4	38.3
82～108	6.7	3.6	0.42	0.13	20.76	6.4	5.8	32.4
108～130	7.0	2.1	0.37	0.14	23.55	5.1	4.5	41.1

4.7.11　合水系（Heshui Series）

土　族：黏质混合型非酸性高热性-普通铁聚水耕人为土
拟定者：卢　瑛，侯　节，盛　庚

分布与环境条件　主要分布在韶关、清远、云浮、肇庆、阳江等地，石灰岩地区的宽谷平原或坑垌田地区。成土母质为石灰岩风化的洪积、冲积物。土地利用类型为水田，主要种植水稻等。南亚热带海洋性季风性气候，年平均气温 22.0～23.0 ℃，年平均降水量 2100～2300 mm。

合水系典型景观

土系特征与变幅　诊断层包括水耕表层、水耕氧化还原层；诊断特性包括人为滞水土壤水分状况、氧化还原特征、高热性土壤温度状况。土体深厚，厚度>100 cm，耕作层 10～20 cm，耕作层下犁底层因人为滥施石灰或长期引用石灰岩溶洞水灌溉，使土壤钙质积累过多，土壤结构板结，且有灰白色石灰渣残迹，有强烈石灰反应。水耕氧化还原层厚度>80 cm，土体中有 10%～40%的铁锈斑纹，水耕氧化还原层游离氧化铁与耕作层比值>2.0；细土质地壤土-黏土；土壤呈酸性-微碱性，pH 5.5～8.0。

对比土系　山阁系、天堂系，属同一土族。山阁系成土母质为古浅海沉积物，表层土壤中砂粒含量>60%；天堂系与合水系成土母质相同，天堂系表层（0～20 cm）细土质地为黏壤土类。

利用性能综述　该土系耕层浅薄，耕性不良，土壤钾素缺乏，养分不协调，特别是土壤板结，通透性差，肥力低，植株矮小，根系短而多呈水平状分布。改良利用措施：修建和完善农田基础设施，增强农田抗旱防洪能力，提高灌溉效率；增施有机肥料，推广秸秆回田，豆科作物轮作，适当安排"浸冬"，提高土壤有机质含量，改良土壤结构，加速土壤熟化；测土平衡施肥，停施石灰，增施钾肥，宜施用生理酸性肥料，改良土壤；解决好灌溉用水问题，防止含大量钙质水流入稻田。

参比土种　石灰性泥田。

代表性单个土体　位于阳江市阳春市合水镇竹园村委会新寨仓管背；22°20′19″N，111°54′23″E，海拔 35 m，宽谷平原，地势平坦；成土母质为石灰岩风化洪积、冲积物，水田，种植双季水稻，50 cm 深度土温 24.4 ℃。野外调查时间为 2010 年 11 月 26 日，编号 44-045。

Ap1：0～13 cm，灰黄色（2.5Y6/2，干），暗灰黄色（2.5Y5/2，润）；壤土，强度发育 10～20 mm 的块状结构，坚实，中量细根，结构体表面有 3%左右直径<2 mm 的对比明显的铁锰斑纹；向下层平滑突变过渡。

Ap2：13～22 cm，亮黄棕色（2.5Y7/6，干），浊黄色（2.5Y6/4，润）；黏壤土，强度发育 10～20 mm 的块状结构，很坚实，少量细根，结构体表面有 5%左右直径<2 mm 的对比明显的铁锰斑纹，强度石灰反应；向下层平滑渐变过渡。

Br1：22～40 cm，淡黄色（2.5Y7/3，干），淡黄色（2.5Y7/4，润）；粉质黏土，中度发育≥50 mm 的块状结构，很坚实，很少量极细根，结构体表面有 10%左右直径 2～6 mm 的对比明显的铁锰斑纹，轻度的石灰性；向下层平滑渐变过渡。

Br2：40～73 cm，浅淡黄色（2.5Y8/4，干），亮黄棕色（10YR6/6，润）；黏土，中度发育 20～50 mm 的块状结构，坚实，结构体表面有 25%左右直径 6～20 mm 的对比模糊的铁锰斑纹；向下层平滑渐变过渡。

合水系代表性单个土体剖面

Br3：73～118 cm，浅淡黄色（2.5Y8/3，干），亮黄棕色（10YR7/6，润）；黏土，中度发育 20～50 mm 的块状结构，坚实，结构体表面有 40%左右直径≥20 mm 的对比模糊的铁锰斑纹。

合水系代表性单个土体物理性质

土层	深度 /cm	砾石 （>2mm，体积分数）/%	细土颗粒组成（粒径：mm）/（g/kg）			质地类别	容重 /（g/cm³）
			砂粒 2～0.05	粉粒 0.05～0.002	黏粒 <0.002		
Ap1	0～13	2	267	487	246	壤土	1.35
Ap2	13～22	2	216	441	343	黏壤土	1.52
Br1	22～40	0	64	460	476	粉质黏土	1.45
Br2	40～73	0	197	358	445	黏土	1.43
Br3	73～118	0	205	394	402	黏土	1.45

合水系代表性单个土体化学性质

深度 /cm	pH （H₂O）	有机碳	全氮（N）	全磷（P）	全钾（K）	CEC	交换性盐基总量	游离氧化铁
		/（g/kg）				/（cmol（+）/kg）		/（g/kg）
0～13	5.6	15.6	1.27	1.13	8.67	8.5	7.5	18.2
13～22	7.7	6.0	0.45	0.47	12.79	7.5	73.5	64.6
22～40	7.6	7.1	0.45	0.28	23.72	8.9	16.5	52.4
40～73	7.4	5.4	0.36	0.23	21.19	9.9	8.4	41.7
73～118	7.2	5.8	0.36	0.22	22.31	11.0	8.8	45.4

4.7.12　平潭系（Pingtan Series）

土　族：黏壤质盖极黏质硅质混合型盖混合型非酸性高热性-普通铁聚水耕人为土
拟定者：卢　瑛，余炜敏

分布与环境条件　分布在惠州、汕尾、茂名、阳江、湛江等地，系在原生长水生植物的古海湾、古湖、滨海洼地、潟湖、低洼沼泽地等被泥沙掩埋形成泥炭层上发育而成。成土母质为炭质古海、湖、沼泽沉积物。土地利用类型为水田，主要种植水稻、蔬菜等。属南亚热带海洋性季风性气候，年平均气温21.0～22.0 ℃，年平均降水量1700～1900 mm。

平谭系典型景观

土系特征与变幅　诊断层包括水耕表层、水耕氧化还原层；诊断特性包括人为滞水土壤水分状况、氧化还原特征、高热性土壤温度状况。在过去的古湖、低洼沼泽地上，由泥炭土演变而成，土体深厚，厚度>100cm，耕作层10～20 cm，水耕氧化还原层厚度60～80c m，土体中有2%～5%的铁锈斑纹，水耕氧化还原层游离铁与耕作层比值>2.0；细土质地粉壤土-黏土；土壤呈酸性-微酸性，pH 5.0～6.0。

对比土系　客路系、谭屋系，分布地形部位、成土母质相同。客路系、谭屋系氧化还原层中DCB浸提氧化铁与表层之比小于1.5，属普通简育水耕人为土。

利用性能综述　该土系土体中有有机碳埋藏层，但多已炭化分解，有机质含量一般。耕层土壤较疏松，其他土层较坚实。土壤中的磷、钾严重缺乏。改良利用措施：修建和完善农田水利设施，提高防洪抗旱能力和灌溉保证率；增施有机肥，推广秸秆回田，提倡稻-豆轮作，用地养地相结合，提高土壤有机质含量，改良土壤结构，培肥土壤，提高地力；实行测土平衡施肥，增施磷、钾肥等，协调土壤养分供应，提高肥料利用率。

参比土种　黑坭黏田。

代表性单个土体　位于惠州市惠阳区平潭镇董屋排村，23°04′55″N，114° 34′50′E。海拔15 m。沿海台地成土母质为炭质古湖相沉积物，形成的泥炭土经过水耕熟化过程而成。水田，种植水稻、蔬菜，50cm深度土温23.9 ℃。野外调查时间为2011年3月31日，编号44-149。

Ap1：0～13 cm，淡灰色（2.5Y7/1，干），黄灰色（2.5Y6/1，润）；粉壤土，强度发育 50～10 mm 的块状结构，疏松，中量细根，地表有裂隙，长度 10～30 cm，间距 30～50 cm；向下层平滑渐变过渡。

Ap2：13～28 cm，浅淡黄色（2.5Y8/3，干），亮黄棕色（2.5Y7/6，润）；粉质黏壤土，强度发育 10～20 mm 的块状结构，坚实，少量细根。根系周围有 3%左右直径 2～6 mm 的对比度明显的、边界扩散的铁斑纹；向下层平滑清晰过渡。

Br1：28～70 cm，黄灰色（2.5Y4/1，干），黑色（2.5Y2/1，润）；黏土，弱发育 20～50mm 的棱柱状结构，坚实，少量细根。结构体内有 5%左右直径 2～6mm 的对比度明显的、边界扩散的铁斑纹；向下层平滑渐变过渡。

Br2：70～102cm，浊黄色（2.5Y6/3，干），橄榄棕色（2.5Y4/3，润）；黏土，弱发育 20～50 mm 的棱柱状结构，坚实。结构体内有 5%左右直径 2～6 mm 的对比度明显的、边界扩散的铁斑纹。垂直结构面上有 30%对比度明显的铁锰胶膜；向下层平滑渐变过渡。

平谭系代表性单个土体剖面

C：102～120 cm，黄棕色（2.5Y5/4，干），黑色（2.5Y3/2，润）；粉质黏土，中度发育 20～50 mm 的块状结构，坚实。

平谭系代表性单个土体物理性质

| 土层 | 深度 / cm | 砾石 （>2mm，体积分数）/ % | 细土颗粒组成（粒径：mm）/（g/kg） | | | 质地类别 | 容重 / (g/cm³) |
			砂粒 2～0.05	粉粒 0.05～0.002	黏粒 <0.002		
Ap1	0～13	2	178	604	219	粉壤土	1.20
Ap2	13～28	2	167	541	292	粉质黏壤土	1.65
Br1	28～70	0	40	375	585	黏土	1.44
Br2	70～102	0	16	220	764	黏土	1.35
C	102～120	0	40	453	507	粉质黏土	1.32

平谭系代表性单个土体化学性质

| 深度 / cm | pH （H₂O） | 有机碳 | 全氮（N） | 全磷（P） | 全钾（K） | CEC | 交换性盐基总量 | 游离氧化铁 |
		/ (g/kg)				/ (cmol（+）/kg)		/ (g/kg)
0～13	5.0	22.6	1.95	0.50	11.6	10.5	7.4	15.7
13～28	5.6	11.1	1.00	0.33	11.8	7.7	5.5	22.0
28～70	5.5	15.3	0.96	0.25	14.0	22.2	7.7	42.7
70～102	4.9	11.3	0.75	0.25	13.9	20.0	3.2	64.4
102～120	4.9	8.7	0.61	0.24	9.0	18.2	1.9	25.9

4.7.13　牛路水系（Niulushui Series）

土　　族：黏壤质硅质混合型非酸性热性-普通铁聚水耕人为土
拟定者：卢　瑛，侯　节，盛　庚

牛路水系典型景观

分布与环境条件　分布于韶关、清远、梅州、河源等地，海拔 600～800 m 以下的低山丘陵坡地的梯田地区。成土母质为花岗岩风化残积、坡积物，由花岗岩发育形成的富铁土或雏形土经长期淹水种植水稻而形成。属中亚热带海洋性季风性气候，年平均气温 19.0～20.0 ℃，年平均降水量 1500～1700 mm。

土系特征与变幅　诊断层包括水耕表层、水耕氧化还原层；诊断特性包括人为滞水土壤水分状况、氧化还原特征、热性土壤温度状况。分布地势较高，土壤水耕熟化程度不高，耕作层 10～20 cm，水耕氧化还原层厚度 30～50 cm，土体中有 2%～5%的铁锈斑纹，水耕氧化还原层游离铁与耕作层比值>3.0，70 cm 以下的土层仍保留母土的特征；细土质地壤土-黏壤土；土壤呈酸性-中性，pH 4.5～7.0。

对比土系　青莲系、老马屋系，属同一土族。青莲系和老马屋系表层（0～20 cm）土壤中粉粒含量>60%，明显区别于牛路水系，细土质地为壤土类。

利用性能综述　多为梯田，水耕熟化程度低，适种性、适耕性较差，水源不足，易受旱患，部分田块受山洪冲刷，黏粒流失，土壤含砂量较多，保水保肥力较差。改良利用措施：修建农田水利设施，修建灌渠排沟，引水灌溉，防止旱害；抓好山区封山育林，防止山洪冲刷表土；增施有机肥，推广秸秆回田，提高土壤有机质含量，改良土壤，提高地力；逐年深耕，并适当安排"浸冬"，以加深耕作层和加速土壤熟化；测土平衡施肥，协调土壤养分供应。

参比土种　麻红坭底田。

代表性单个土体　位于清远市连南县大坪镇牛路水村第八组社断昂，24°40′40″N，112°12′22″E，海拔 285 m；低山丘陵，坡底部梯田，地势起伏较大，成土母质为花岗岩风化坡积物，水田，种植双季水稻，50 cm 深度土温 22.5 ℃。野外调查时间为 2010 年 10 月 12 日，编号 44-005。

Ap1：0～18 cm，淡灰色（2.5Y7/1，干），灰黄棕色（10YR4/2，润）；砂质黏壤土，强度发育 5～10 mm 的块状结构，疏松，有中量中根；向下层平滑渐变过渡。

Ap2：18～40 cm，灰黄色（2.5Y7/2，干），浊黄棕色（10YR4/3，润）；壤土，强度发育 10～20mm 的块状结构，坚实，有少量细根，根系、孔隙周围有 2%左右直径<2 mm 的对比度明显、边界清楚铁锰斑纹，有体积占 2%的砖瓦等碎屑；向下层平滑突变过渡。

Br1：40～60 cm，淡黄色（2.5Y7/4，干），浊黄橙色（10YR6/3，润）；黏壤土，中度发育 20～50 mm 的柱状结构，坚实，孔隙周围有 5%左右直径 2～6 mm 的对比度明显、边界清楚铁锰斑纹；向下层波状渐变过渡。

Br2：60～75 cm，浅淡黄色（2.5Y8/4，干），亮黄棕色（10YR6/6，润）；黏壤土，中度发育 20～50 mm 的柱状结构，坚实，孔隙周围有 5%左右直径 2～6 mm 的对比度明显、边界清楚铁锰斑纹；向下层平滑渐变过渡。

牛路水系代表性单个土体剖面

C1：75～85 cm，浊黄橙色（10YR7/4，干），橙色（7.5YR6/6，润）；黏壤土，中度发育 20～50 mm 的块状结构，坚实；向下层平滑渐变过渡。

C2：85～100 cm，亮黄棕色（10YR7/6，干），亮棕色（7.5YR5/8，润）；黏壤土，中度发育 20～50 mm 的块状结构，坚实。

牛路水系代表性单个土体物理性质

| 土层 | 深度 /cm | 砾石 (>2mm, 体积分数) /% | 细土颗粒组成（粒径：mm）/（g/kg） | | | 质地类别 | 容重 /（g/cm³） |
			砂粒 2～0.05	粉粒 0.05～0.002	黏粒 <0.002		
Ap1	0～18	0	631	101	268	砂质黏壤土	1.18
Ap2	18～40	0	382	381	237	壤土	1.38
Br1	40～60	0	358	333	309	黏壤土	1.35
Br2	60～75	0	345	328	327	黏壤土	1.40
C1	75～85	0	341	284	375	黏壤土	1.38
C2	85～100	0	400	304	296	黏壤土	1.41

牛路水系代表性单个土体化学性质

| 深度 /cm | pH (H₂O) | 有机碳 | 全氮（N） | 全磷（P） | 全钾（K） | CEC | 交换性盐基总量 | 游离氧化铁 |
		/（g/kg）				/（cmol(+)/kg）		/（g/kg）
0～18	4.7	28.5	2.28	0.80	27.66	9.8	3.4	8.3
18～40	5.2	14.4	1.14	0.45	29.60	6.9	2.9	15.5
40～60	5.8	8.0	0.50	0.34	28.21	6.9	4.1	49.6
60～75	5.8	5.9	0.42	0.34	30.02	8.6	4.9	39.7
75～85	6.4	5.1	0.59	0.54	27.29	12.0	6.7	51.4
85～100	6.7	7.0	0.59	0.57	26.57	10.8	7.1	39.7

4.7.14 青莲系（Qinglian Series）

土　族：黏壤质硅质混合型非酸性热性-普通铁聚水耕人为土
拟定者：卢　瑛，张　琳，潘　琦

分布与环境条件　主要分布在韶关、清远等地，石灰岩丘陵区坡脚或谷地，成土母质为石灰岩的坡积、洪积物；土地利用类型为水田，主要种植水稻、花生、大豆等；属中亚热带海洋性季风性气候，年平均气温 20.0～21.0 ℃，年平均降水量 1700～1900 mm。

青莲系典型景观

土系特征与变幅　诊断层包括水耕表层、水耕氧化还原层；诊断特性包括人为滞水土壤水分状况、氧化还原特征、热性土壤温度状况。土体深厚，厚度>100 cm，耕作层 10～20 cm，水耕氧化还原层厚度 30～50 cm，土体中有 5%～40%的铁锈斑纹，水耕氧化还原层游离铁与耕作层比值>1.5；细土质地壤土-黏壤土；土壤呈微酸性-中性，pH 5.5～7.5。

对比土系　牛路水系、老马屋系，属同一土族。牛路水系成土母质为花岗岩坡积物，表层（0～20 cm）细土质地为黏壤土类；老马屋系耕层土壤颜色为淡灰色，明显区别于青莲系黄色。

利用性能综述　该土系由于长期人工改良，土壤疏松，保肥供肥性好，肥力高，属石灰岩地区较高产的土壤，主要障碍因素是质地偏黏，部分耕层土壤养分含量仍不高或不协调。改良利用措施：进行土地整治，修建和完善农田基本设施，引水或蓄水灌溉，提高灌溉保证率；增施有机肥，推广秸秆回田、冬种绿肥、犁冬晒白、水旱轮作等，提高土壤有机质含量，改良土壤结构，增加土壤通透性，提高土壤熟化程度，培肥土壤，加速土壤向高产稳产农田转变；测土平衡施肥，合理使用肥料，协调土壤养分供应和提高土壤肥力。

参比土种　红火黏土田。

代表性单个土体　位于清远市阳山县青莲镇山口村委会门口洞；24°28′19″N，112°41′56″E，海拔 300 m，丘陵坡脚；成土母质为石灰岩洪积、冲积物，水田，种植水稻、大豆等；50 cm 深度土温 22.6 ℃。野外调查时间为 2010 年 10 月 16 日，编号 44-012。

Ap1：0～18 cm，黄色（2.5Y8/6，干），亮黄棕色（10YR7/6，润）；粉壤土，强度发育 10～20 mm 的块状结构，坚实，有少量中根，结构体表面和根系周围有 2%左右直径<2 mm 对比度明显、边界清楚的铁锰胶膜、锈纹锈斑；向下层平滑渐变过渡。

Ap2：18～30 cm，浅淡黄色（2.5Y8/4，干），黄橙色（10YR8/8，润）；粉壤土，强度发育 20～50 mm 的块状结构，坚实，有很少量中根，结构体表面和孔隙周围有 5 %左右直径<2 mm 对比度明显、边界清楚的铁锰胶膜、锈纹锈斑；向下层平滑渐变过渡。

Br1：30～49 cm，浅淡黄色（5Y8/4，干），浊黄色（2.5Y6/4，润）；砂质壤土，中度发育 20～50 mm 的块状结构，坚实，有很少量细根，结构体表面和孔隙周围有 5 %左右直径<2 mm 对比度明显、边界清楚的铁锰胶膜、锈纹锈斑；向下层平滑突变过渡。

Br2：49～70 cm，淡黄色（2.5Y7/3，干），亮黄棕色（2.5Y 6/6，润）；粉质黏壤土，中度发育 20～50 mm 的块状结构，坚实，结构体表面和孔隙周围有 40%左右直径 2～6 mm 对比度模糊、边界扩散的锈纹锈斑；向下层平滑突变过渡。

青莲系代表性单个土体剖面

C：70～105 cm，灰黄色（2.5Y7/2，干），黄棕色（2.5Y5/4，润）；粉质黏壤土，弱发育 20～50 mm 的块状结构，坚实，有 5%左右直径 5～20 mm 的角状的风化的岩屑，结构体表面和孔隙周围有 5 %左右直径<2 mm 对比度明显的锈纹锈斑。

青莲系代表性单个土体物理性质

土层	深度 / cm	砾石（>2mm，体积分数）/ %	细土颗粒组成（粒径：mm）/ (g/kg)			质地类别	容重 / (g/cm³)
			砂粒 2～0.05	粉粒 0.05～0.002	黏粒 <0.002		
Ap1	0～18	0	128	661	211	粉壤土	1.28
Ap2	18～30	0	144	630	226	粉壤土	1.45
Br1	30～49	0	696	164	140	砂质壤土	1.40
Br2	49～70	0	104	607	289	粉质黏壤土	1.39
C	70～105	5	184	504	312	粉质黏壤土	1.41

青莲系代表性单个土体化学性质

深度 / cm	pH （H₂O）	有机碳	全氮（N）	全磷（P）	全钾（K）	CEC	交换性盐基总量	游离氧化铁
				/ (g/kg)			/ (cmol (+) /kg)	/ (g/kg)
0～18	5.7	10.5	1.87	0.91	4.54	7.7	5.7	24.1
18～30	6.4	6.1	1.59	0.53	5.24	7.3	6.3	31.0
30～49	6.9	5.4	1.67	0.41	6.39	7.4	6.9	29.1
49～70	6.7	3.3	1.75	0.36	7.24	7.0	6.4	50.6
70～105	7.1	2.7	1.97	0.36	7.91	6.2	6.0	56.2

4.7.15　老马屋系（Laomawu Series）

土　　族：黏壤质硅质混合型非酸性热性-普通铁聚水耕人为土
拟定者：卢　瑛，盛　庚，侯　节

分布与环境条件　分布于韶关、清远、梅州等地，丘陵和山脚之间开阔平缓垌田。成土母质为宽谷冲积物，土地利用类型为水田，主要种植水稻、蔬菜。属中亚热带海洋性季风性气候，年平均气温 19.0～20.0 ℃，年平均降水量 1500～1700 mm。

老马屋系典型景观

土系特征与变幅　诊断层包括水耕表层、水耕氧化还原层；诊断特性包括人为滞水土壤水分状况、氧化还原特征、热性土壤温度状况。土体深厚，厚度>100 cm，耕作层 10～20 cm，水耕氧化还原层厚度 30～50 cm，土体中有 2%～5%的铁锈斑纹，水耕氧化还原层游离铁与耕作层比值>2.0；细土粉粒含量>450 g/kg，土壤质地壤土-黏壤土；土壤呈酸性-中性，pH 4.5～7.0。

对比土系　牛路水系、青莲系，属同一土族。牛路水系成土母质为花岗岩坡积物，表层（0～20 cm）细土质地为黏壤土类；青莲系耕层土壤颜色为黄色，明显区别于老马屋系的淡灰色。

利用性能综述　该土系所处地势平坦，地下水位低，水源充足，排灌方便，光温条件较好，耕作时间较长，熟化程度较高，水、肥、气、热比较协调，宜种性广，生产性能较好。目前多利用种植双季稻或冬种番薯、花生等。改良利用措施：完善农田基本水利设施和田间道路，增强抗旱排涝能力，提高机械化程度；增施有机肥，推广秸秆回田、冬种绿肥，提高土壤有机质含量，改良土壤肥力特性，培肥土壤；实行合理轮作，用地、养地相结合，培肥地力，提高土壤生产力；实行测土平衡施肥，协调养分供应，提高肥料利用效率。

参比土种　沙泥田。

代表性单个土体　位于韶关市仁化县丹霞街道黄屋村委会老马屋下横路；25°03′13″N，113°45′27″E，海拔 90 m；宽谷盆地，成土母质为红色砂页岩风化的洪积物。水田，种植水稻、蔬菜。50 cm 深度土温 22.4 ℃。野外调查时间为 2010 年 10 月 21 日，编号 44-019。

Ap1: 0~14 cm，淡灰色（5Y7/2，干），灰黄棕色（10YR5/2，润）；粉壤土，强度发育 5~10 mm 的块状结构，疏松，有中量细根，结构体表面和根系周围有 10%左右直径<2 mm 的对比度明显、边界清晰的铁锰斑纹；向下层平滑突变过渡。

Ap2: 14~29 cm，淡黄色（5Y7/3，干），浊黄橙色（10YR6/4，润）；粉质黏壤土，强度发育 10~20 mm 的块状结构，坚实，有少量细根，结构体表面有 2%左右直径<2 mm 的对比度明显、边界清晰的铁锰斑纹，有砖、瓦碎屑；向下层平滑渐变过渡。

Br1: 29~51 cm，黄色（5Y8/6，干），亮黄棕色（10YR6/8，润）；粉质黏壤土，中度发育 10~20 mm 的块状结构，坚实，结构体表面有 5%左右直径<2 mm 的对比度明显、边界清晰的铁锰斑纹；向下层平滑渐变过渡。

Br2: 51~70 cm，浅淡黄色（5Y8/3，干），浊黄橙色（10YR7/3，润）；粉质黏壤土，中度发育 10~20 mm 的块状结构，坚实，结构体表面有 5%左右直径 2~6 mm 的对比度明显、边界扩散的铁锰斑纹；向下层平滑渐变过渡。

老马屋系代表性单个土体剖面

Cr: 70~114 cm，33% 淡灰色、67% 浊黄橙色（33% 2.5Y7/1、67% 10YR7/4，干），33% 灰黄棕色、67% 亮棕色（33% 10YR6/2、67% 7.5YR5/6，润）；粉质黏壤土，弱发育 10~20 mm 块状结构，坚实，结构体表面有 10%左右直径 2~6 mm 的对比度明显、边界扩散的铁锰斑纹。

老马屋系代表性单个土体物理性质

| 土层 | 深度 /cm | 砾石 (>2mm, 体积分数)/% | 细土颗粒组成（粒径: mm）/（g/kg） | | | 质地类别 | 容重 /（g/cm³） |
			砂粒 2~0.05	粉粒 0.05~0.002	黏粒 <0.002		
Ap1	0~14	0	80	686	234	粉壤土	1.21
Ap2	14~29	0	120	568	312	粉质黏壤土	1.38
Br1	29~51	0	120	607	273	粉质黏壤土	1.37
Br2	51~70	0	80	608	312	粉质黏壤土	1.38
Cr	70~114	0	120	490	390	粉质黏壤土	1.41

老马屋系代表性单个土体化学性质

| 深度 /cm | pH (H₂O) | 有机碳 | 全氮（N） | 全磷（P） | 全钾（K） | CEC | 交换性盐基总量 | 游离氧化铁 /（g/kg） |
		/（g/kg）				/（cmol (+) /kg）		
0~14	4.6	25.4	2.16	0.51	18.63	12.0	3.4	12.1
14~29	6.2	5.6	0.44	0.32	19.41	8.0	7.7	46.2
29~51	6.7	2.9	0.34	0.31	19.60	9.3	7.8	54.4
51~70	6.5	2.9	0.33	0.24	19.06	9.7	10.0	29.9
70~114	6.7	3.1	0.39	0.28	12.98	11.8	8.6	42.0

4.7.16 大塘系（Datang Series）

土　　族：黏壤质硅质混合型非酸性高热性-普通铁聚水耕人为土
拟定者：卢　瑛，贾重建，熊　凡

大塘系典型景观

分布与环境条件　主要分布在广州、清远、肇庆、云浮、佛山、江门、阳江等地，河谷平原边缘与丘陵台地交界处。成土母质上层为河流冲积物，下层为黄色或棕黄色谷底冲积物。土地利用类型为水田，主要种植水稻、蔬菜等。属南亚热带海洋性季风性气候，年平均气温21.0～22.0 ℃，年平均降水量1700～1900 mm。

土系特征与变幅　诊断层包括水耕表层、水耕氧化还原层；诊断特性包括人为滞水土壤水分状况、氧化还原特征、高热性土壤温度状况。为二元母质发育而成，耕层深厚，>20 cm；水耕氧化还原层厚度10～30 cm，土体中有10%～20%的铁锈斑纹，水耕氧化还原层游离铁与耕作层比值>1.5；细土质地为黏壤土；土壤呈微酸性，pH 5.5～6.0。

对比土系　盘龙塘系、共和系、白石系、石角系、鳌头系、龙城系、矮岭系，属同一土族，土壤为单一母质发育；大塘系属二元母质，土层浅，<50cm。

利用性能综述　该土系耕性良好，适耕期长，宜种性广，土壤通透性好，供肥能力较强，保肥能力较弱，主要种植双季稻和蔬菜。改良利用主要措施：完善农田基本设施，增强农田抗旱排涝能力，提高灌排效率；增施有机肥，推广秸秆还田、冬种绿肥等，增加土壤有机质含量，培肥地力；实行水旱轮作、合理耕作，用地养地相结合，促进土壤熟化；测土平衡施肥，协调土壤氮、磷、钾等养分供应，提高肥料利用率。

参比土种　河黄坭底田。

代表性单个土体　位于佛山市三水区大塘镇连滘村委塘边村，23°25′59″N，112°54′44″E；海拔15 m；河谷平原靠近低丘边缘，地势平坦，成土母质上层为河流冲积物，下层为黄色或棕黄色谷底冲积物。水田，种植水稻、蔬菜，50 cm深度土温23.6 ℃。野外调查时间为2013年4月24日，编号44-174。

Ap1：0～21 cm，浅淡黄色（2.5Y8/4，干），浊黄棕色（10YR5/4，润）；黏壤土，中度发育 10～20 mm 的块状结构，坚实，有多量细根，结构体内外有 20%左右直径 2～6 mm 的对比度明显、边界清楚的锈斑；向下层平滑渐变过渡。

Ap2：21～33 cm，灰黄色（2.5Y7/2，干），橄榄棕色（2.5Y4/6，润）；黏壤土，中度发育 10～20 mm 的块状结构，坚实，有少量细根，结构体内外有 20%左右直径 2～6 mm 的对比度明显、边界清楚的锈斑，有2%左右砖瓦碎片；向下层平滑渐变过渡。

Br：33～43 cm，浊黄橙色（10YR7/4，干），黄橙色（10YR7/8，润）；砂质黏壤土，中度发育 10～20 mm 的块状结构，坚实，有体积占 10%左右直径 5～20mm 风化的角状岩石碎屑，结构体内外有 25%左右直径 2～6 mm 的对比度明显、边界清楚的锈斑，有 2%砖瓦碎片；向下层平滑渐变过渡。

大塘系代表性单个土体剖面

2C1：43～60 cm，25%黄色、75%淡黄橙色（25% 5Y8/6、75% 10YR8/4，干），25% 黄橙色、75%亮黄棕色（25% 10YR7/8、75%2.5Y7/6，润）；砂质黏壤土，弱发育 10～20 mm 的块状结构，坚实，有体积占 10%左右直径 5～20 mm 风化的角状岩石碎屑，结构体内外有 20%左右直径 2～6 mm 的对比度明显、边界清楚的锈斑；向下层平滑渐变过渡。

2C2：60～90 cm，50%灰白色、50%黄橙色（50% 2.5Y8/2、50% 10YR8/6，干），50%黄橙色、50%黄色（50% 10YR7/8、50% 2.5Y8/6，润）；砂质黏壤土，弱发育 10～20 mm 的块状结构，坚实，有体积占 10%左右直径 5～20 mm 风化的角状岩石碎屑，结构体内外有 20%左右直径 2～6 mm 的对比度明显、边界清楚的锈斑。

大塘系代表性单个土体物理性质

| 土层 | 深度 / cm | 砾石 (>2mm, 体积分数) / % | 细土颗粒组成（粒径：mm）/（g/kg） | | | 质地类别 | 容重 /（g/cm³） |
			砂粒 2～0.05	粉粒 0.05～0.002	黏粒 <0.002		
Ap1	0～21	2	311	357	332	黏壤土	1.44
Ap2	21～33	3	352	309	339	黏壤土	1.60
Br	33～43	10	512	197	291	砂质黏壤土	1.62
2C1	43～60	10	602	173	225	砂质黏壤土	1.57
2C2	60～90	10	569	208	223	砂质黏壤土	1.60

大塘系代表性单个土体化学性质

| 深度 / cm | pH (H₂O) | 有机碳 | 全氮（N） | 全磷（P） | 全钾（K） | CEC | 交换性盐基总量 | 游离氧化铁 /（g/kg） |
		/（g/kg）				/（cmol（+）/kg）		
0～21	5.6	11.5	1.35	0.71	16.7	8.5	6.1	27.7
21～33	5.7	7.7	0.86	0.44	17.2	7.5	6.4	32.7
33～43	5.9	2.5	0.41	0.30	13.5	6.9	5.3	45.1
43～60	5.9	1.7	0.26	0.23	12.3	6.9	5.2	28.3
60～90	6.0	1.8	0.27	0.22	14.2	6.8	5.2	28.3

4.7.17　盘龙塘系（Panlongtang Series）

土　族：黏壤质硅质混合型非酸性高热性-普通铁聚水耕人为土
拟定者：卢　瑛，侯　节，盛　庚

分布与环境条件　分布在湛江、茂名、阳江等地，丘陵、山区谷地离山脚边缘稍远的坑垌田中部地段。成土母质为洪积物，土地利用类型为水田，主要种植水稻、蔬菜等；属南亚热带海洋性季风性气候，年平均气温 21.0～23.0 ℃，年平均降水量 1700～1900 mm。

盘龙塘系典型景观

土系特征与变幅　诊断层包括水耕表层、水耕氧化还原层；诊断特性包括人为滞水土壤水分状况、氧化还原特征、高热性土壤温度状况。由洪积物发育而成，有效土体厚度<60cm，耕层厚 10～20 cm；水耕氧化还原层厚度 30～40 cm，土体中有 5%～10%的铁锈斑纹，水耕氧化还原层游离铁与耕作层比值>1.5；细土砂粒含量>500 g/kg，土壤质地为壤土-黏壤土；土壤呈微酸性，pH 5.5～6.5。

对比土系　大塘系、共和系、白石系、石角系、鳌头系、龙城系、矮岭系，属同一土族。大塘系属二元母质，土层浅，<50 cm。共和系、白石系、石角系、鳌头系、龙城系、矮岭系土体中均没有铁质胶结层。

利用性能综述　该土系所处地势平坦，光照充足，水热条件优越，水利设施较完善。耕作时间较长，熟化程度高。质地良好，渗漏适当，宜耕性好，适种性广。目前多利用种植双季稻、蔬菜等。改良利用措施：完善农田基本设施，修建和维修排灌渠系，提高灌溉效率，提高抗旱防洪能力。增施有机肥，推广秸秆回田、冬种绿肥，水旱轮作等，提高土壤有机质含量，培肥土壤，提升地力；实行测土平衡施肥，协调土壤养分供应。

参比土种　沙泥田。

代表性单个土体　位于湛江市廉江市石岭镇盘龙塘村委会新屋村；21°36′17″N，110°05′26″E，海拔 30 m；宽谷盆地，成土母质为宽谷洪积、冲积物，水田，种植双季水稻。50 cm 深度土温 25.0 ℃。野外调查时间为 2010 年 12 月 27 日，编号 44-069。

Ap1：0～16 cm，暗灰黄色（2.5Y4/2，干），暗棕色（10YR3/3，润）；砂质壤土，中等发育 10～20 mm 的块状结构，坚实，多量细根；向下层平滑渐变过渡。

Ap2：16～30 cm，灰黄色（2.5Y6/2，干），黑棕色（10YR2/2，润）；砂质黏壤土，中等发育 20～50 mm 的块状结构，很坚实，中量细根，结构体内有 2%左右直径<2 mm 的对比度模糊、边界扩散的锈斑；向下层平滑渐变过渡。

Br1：30～44 cm，浊黄色（2.5Y6/3，干），暗棕色（10YR3/3，润）；砂质黏壤土，中等发育 20～50 mm 的块状结构，坚实，少量细根，结构体内有 5%左右直径<2 mm 的对比度模糊、边界扩散的锈斑；向下层平滑突变过渡。

Br2：44～60 cm，46%黄色、60%灰黄棕色（40%2.5Y8/6、60%10YR6/2，干），40%浊黄棕色、60%棕灰色（40%10YR5/3、60%10YR6/1，润）；砂质黏壤土，弱发育 20～50 mm 的块状结构，坚实，结构体内有 5%左右直径<2 mm 的对比度模糊、边界扩散的锈斑；向下层平滑渐变过渡。

盘龙塘系代表性单个土体剖面

C：60～90 cm，30%灰白色、70%淡黄橙色（30%2.5Y8/1、70%7.5YR8/3，干），30%浊黄橙色、70%亮棕色（30%10YR7/2、70%7.5YR5/8，润）；砂质黏壤土，弱发育 20～50 mm 的块状结构，坚实。

盘龙塘系代表性单个土体物理性质

| 土层 | 深度 / cm | 砾石 （>2mm，体积分数）/ % | 细土颗粒组成（粒径：mm）/（g/kg） | | | 质地类别 | 容重 /（g/cm³） |
			砂粒 2～0.05	粉粒 0.05～0.002	黏粒 <0.002		
Ap1	0～16	2	635	186	178	砂质壤土	1.26
Ap2	16～30	2	510	217	273	砂质黏壤土	1.44
Br1	30～44	2	535	205	260	砂质黏壤土	1.41
Br2	44～60	2	563	196	241	砂质黏壤土	1.40
C	60～90	10	564	224	212	砂质黏壤土	—

盘龙塘系代表性单个土体化学性质

| 深度 / cm | pH （H₂O） | 有机碳 | 全氮（N） | 全磷（P） | 全钾（K） | CEC | 交换性盐基总量 | 游离氧化铁 /（g/kg） |
		/（g/kg）				/（cmol（+）/kg）		
0～16	5.4	15.1	1.01	0.39	1.36	6.3	4.9	8.9
16～30	6.0	6.1	0.48	0.23	1.52	7.7	4.4	14.0
30～44	6.2	5.5	0.30	0.15	1.17	8.3	3.8	16.3
44～60	6.3	4.0	0.21	0.14	1.29	5.8	2.6	20.1
60～90	6.3	5.0	0.14	0.12	1.65	7.9	4.2	32.3

4.7.18　共和系（**Gonghe Series**）

土　　族：黏壤质硅质混合型非酸性高热性-普通铁聚水耕人为土
拟定者：卢　瑛，盛　庚，侯　节

共和系典型景观

分布与环境条件　主要分布在肇庆、云浮、茂名、江门、阳江、广州等地，丘陵、山地峡谷离山脚边缘稍远的坑垌田中部地段。成土母质为洪积物，土地利用类型为水田，主要种植水稻、蔬菜等；属南亚热带海洋性季风性气候，年平均气温 21.0～22.0 ℃，年平均降水量 1700～1900 mm。

土系特征与变幅　诊断层包括水耕表层、水耕氧化还原层；诊断特性包括人为滞水土壤水分状况、氧化还原特征、高热性土壤温度状况。土体深厚，厚度>100 cm，耕层厚> 20 cm；水耕氧化还原层厚度 60～80 cm，土体中有 5%～15% 的铁锈斑纹，水耕氧化还原层游离氧化铁与耕作层比值>1.5；细土质地为壤土-黏壤土；土壤呈酸性-微酸性，pH 4.5～6.5。

对比土系　大塘系、盘龙塘系、白石系、石角系、鳌头系、龙城系、矮岭系，属同一土族。大塘系属二元母质，土体浅，<50 cm。盘龙塘系土体中有铁质胶结层。白石系、石角系、鳌头系、龙城系、矮岭系耕作层厚度<20 cm。

利用性能综述　该土系所处地势平坦，光照充足，水热条件优越，水利设施较完善。耕作时间较长，熟化程度高。质地良好，渗漏适当，宜耕性好，适种性广。目前多利用种植双季稻、蔬菜等。改良利用措施：完善农田基本设施，维修排灌渠系，提高灌溉效率，提高抗旱防洪能力。增施有机肥，推广秸秆回田、冬种绿肥，水旱轮作等，提高土壤有机质含量，培肥土壤，提升地力；实行测土平衡施肥，协调土壤养分供应。

参比土种　洪积沙泥田。

代表性单个土体　位于江门市鹤山市共和镇大凹村坡真底；22°34′15″N，112°55′43″E，海拔 16 m；丘陵坡脚、谷底，地势平坦，成土母质为洪积物，水田，种植水稻、蔬菜等，50 cm 深度土温 24.3 ℃。野外调查时间为 2010 年 12 月 10 日，编号 44-055。

Ap1：0～21 cm，灰白色（5Y 8/2，干），橄榄棕色（2.5Y4/3，润）；壤土，强度发育 5～10 mm 的块状结构，疏松，多量细根，结构体表面、根系周围有 2%左右直径<2 mm 的对比明显的铁锰斑纹；向下层平滑渐变过渡。

Ap2：21～30 cm，淡灰色（5Y 7/2，干），橄榄棕色（2.5Y4/3，润）；壤土，强度发育 10～20 mm 的块状结构，坚实，较多细根，结构体表面、根系周围有 3%左右直径 2～6 mm 的对比明显的铁锰斑纹；向下层平滑突变过渡。

Br1：30～47 cm，浅淡黄色（5Y8/3，干），淡黄色（2.5Y7/4，润）；壤土，中度发育 20～50 mm 的棱柱状结构，坚实，少量细根，结构体内有 10%左右直径 2～6 mm 的对比模糊的铁锰斑纹；向下层平滑渐变过渡。

Br2：47～69 cm，浅淡黄色（5Y8/4，干），亮黄棕色（2.5Y7/6，润）；壤土，中度发育 20～50 mm 的棱柱状结构，坚实，结构体内有 10%左右直径 6～20 mm 的对比模糊的铁锰斑纹；向下层平滑渐变过渡。

共和系代表性单个土体剖面

Br3：69～101 cm，淡黄色（5Y7/4，干），亮黄棕色（2.5Y6/6，润）；黏壤土，中度发育 20～50 mm 的棱柱状结构，坚实，结构体内有 10%左右直径 6～20 mm 的对比模糊的铁锰斑纹；向下层平滑渐变过渡。

C：101～112 cm，灰白色（5Y8/1，干），淡黄色（2.5Y7/4，润）；粉质黏壤土，弱发育≥50 mm 的块状结构，坚实，结构体内有 5%左右直径 2～6 mm 的的对比模糊的铁锰斑纹。

共和系代表性单个土体物理性质

| 土层 | 深度 / cm | 砾石 (>2mm，体积分数) / % | 细土颗粒组成（粒径：mm）/ (g/kg) | | | 质地类别 | 容重 / (g/cm³) |
			砂粒 2～0.05	粉粒 0.05～0.002	黏粒 <0.002		
Ap1	0～21	2	370	388	242	壤土	1.26
Ap2	21～30	2	360	393	247	壤土	1.41
Br1	30～47	2	350	406	244	壤土	1.38
Br2	47～69	2	514	316	170	壤土	1.36
Br3	69～101	2	241	451	308	黏壤土	1.35
C	101～112	2	154	476	370	粉质黏壤土	1.38

共和系代表性单个土体化学性质

| 深度 / cm | pH (H₂O) | 有机碳 | 全氮（N） | 全磷（P） | 全钾（K） | CEC | 交换性盐基总量 | 游离氧化铁 |
		/(g/kg)				/(cmol (+) /kg)		/ (g/kg)
0～21	4.9	14.2	1.26	2.12	17.15	6.7	51.7	15.6
21～30	5.4	10.5	1.03	0.98	17.52	5.9	4.5	17.0
30～47	6.0	5.7	0.50	0.43	18.05	4.9	4.1	28.1
47～69	6.3	3.6	0.24	0.28	16.75	3.4	3.7	20.0
69～101	6.4	6.1	0.34	0.37	17.16	6.5	5.5	46.5
101～112	6.3	7.6	0.37	0.33	18.72	9.7	6.5	23.5

4.7.19　白石系〔Baishi Series〕

土　族：黏壤质硅质混合型非酸性高热性-普通铁聚水耕人为土
拟定者：卢　瑛，侯　节，盛　庚

白石系典型景观

分布与环境条件　分布于茂名、肇庆、阳江、云浮、惠州等地，片、板岩丘陵山坡的中下部梯田。成土母质为片、板岩风化的坡积或洪积物，土地利用类型为水田，主要种植水稻等；属南亚热带海洋性季风性气候，年均气温22.0～23.0 ℃，年平均降水量1700～1900 mm。

土系特征与变幅　诊断层包括水耕表层、水耕氧化还原层；诊断特性包括人为滞水土壤水分状况、氧化还原特征、高热性土壤温度状况。由片、板岩风化的坡积或洪积物发育土壤种植水稻演变而成，土体深厚，厚度>100cm，耕层厚10～20 cm；水耕氧化还原层厚度40～60 cm，土体中有10%～25%的铁锈斑纹，水耕氧化还原层游离氧化铁与耕作层比值>1.5；细土质地为壤土-黏壤土；土壤呈酸性-微酸性，pH 4.5～6.5。土体中有占体积5%～15%的岩石碎屑。

对比土系　大塘系、盘龙塘系、共和系、石角系、鳌头系、龙城系、矮岭系，属同一土族。大塘系属二元母质，土层浅，<50 cm；盘龙塘系土体中有铁质胶结层；共和系耕作层厚度>20 cm；石角系、鳌头系、龙城系、矮岭系土体中均没有岩石碎屑。

利用性能综述　该土系质地适中，耕性好，宜种性广，保肥供肥性能较好，增产潜力大。改良利用措施：修建和完善农田基本设施，修建灌渠排沟，实行排灌分家，科学管理，防止水土流失；增施有机肥料，推广秸秆回田、水旱轮作等，提高土壤有机质含量，改善土壤结构，培肥土壤，提高地力；测土平衡施肥，协调养分供应；适量施用石灰，中和土壤酸性。

参比土种　片沙坭田。

代表性单个土体　位于茂名市信宜市白石镇六域村委会坊尾路边梯田；22°23′50″N，111°02′54″E，海拔465 m；低山坡脚梯田，成土母质为片、板岩风化的坡积或洪积物；水田，种植水稻，50 cm深度土温24.1℃。野外调查时间为2011年1月7日，编号44-079。

　　Ap1: 0～17 cm，淡灰色（5Y7/2，干），灰橄榄色（5Y5/2，润）；壤土，中度发育20～50 mm的块状结构，坚实，多量细根，有10%左右直径5～20 mm的角状的岩石碎屑，根系周围有10%左右、直径 2～6 mm 的对比明显的铁锰斑纹；向下层波形渐变过渡。

Ap2：17～30 cm，灰白色（5Y8/2，干），灰橄榄色（5Y5/3，润）；壤土，中度发育 20～50 mm 的块状结构，坚实，中量细根，有 10%左右直径 5～20 mm 的角状的岩石碎屑，根系周围有 15%左右直径 2～6 mm 的对比明显的铁锰斑纹；向下层波形渐变过渡。

Br1：30～52 cm，灰白色（5Y8/2，干），灰橄榄色（5Y5/2，润）；壤土，弱发育 20～50 mm 的棱柱状结构，坚实，少量极细根，有 10%左右直径 5～20 mm 的角状的岩石碎屑，根系周围、结构体内有 15%左右、直径 2～6 mm 的对比明显的铁锰斑纹；向下层波形渐变过渡。

Br2：52～75 cm，灰白色（5Y8/1，干），灰橄榄色（5Y6/2，润）；砂质黏壤土，弱发育 20～50 mm 的棱柱状结构，很坚实，有 10%左右直径 5～20 mm 的角状的岩石碎屑，孔隙周围、结构体内有 25%左右、直径 2～6 mm 的对比明显的铁锰斑纹；向下层波形渐变过渡。

白石系代表性单个土体剖面

Cr1：75～103 cm，灰白色（5Y8/2，干），橄榄黄色（5Y6/3，润）；砂质壤土，弱发育 20～50 mm 的块状结构，很坚实，有 10%左右直径 5～20 mm 的角状的岩石碎屑，孔隙周围、结构体内有 10%左右直径 2～6 mm 的对比明显的铁锰斑纹；向下层波形渐变过渡。

Cr2：103～122 cm，浅淡黄色（5Y8/3，干），橄榄棕色（2.5Y4/3，润）；砂质壤土，弱发育 10～20 mm 的块状结构，很坚实，有 10%左右直径 5～20 mm 的角状的岩石碎屑，孔隙周围、结构体内有 10%左右直径 2～6 mm 的对比明显的铁锰斑纹。

白石系代表性单个土体物理性质

| 土层 | 深度 / cm | 砾石 (>2mm, 体积分数) / % | 细土颗粒组成（粒径：mm）/（g/kg） | | | 质地类别 | 容重 /（g/cm³） |
			砂粒 2～0.05	粉粒 0.05～0.002	黏粒 <0.002		
Ap1	0～17	10	438	337	225	壤土	1.38
Ap2	17～30	10	448	324	228	壤土	1.56
Br1	30～52	10	475	310	215	壤土	1.52
Br2	52～75	10	506	279	214	砂质黏壤土	1.52
Cr1	75～103	10	588	234	178	砂质壤土	1.53
Cr2	103～122	10	683	181	136	砂质壤土	1.55

白石系代表性单个土体化学性质

| 深度 / cm | pH (H₂O) | 有机碳 | 全氮（N） | 全磷（P） | 全钾（K） | CEC | 交换性盐基总量 | 游离氧化铁 |
		/（g/kg）				/（cmol（+）/kg）		/（g/kg）
0～17	4.9	19.0	1.67	0.59	21.0	9.4	2.6	10.3
17～30	5.3	12.6	1.13	0.56	20.9	7.9	2.4	15.5
30～52	5.5	8.0	0.56	0.30	21.8	6.8	3.5	19.7
52～75	6.0	5.8	0.46	0.28	22.4	7.4	4.6	18.2
75～103	6.0	3.8	0.28	0.21	19.5	6.7	4.5	16.4
103～122	6.1	4.0	0.30	0.29	19.4	5.1	3.6	25.5

4.7.20　石角系（Shijiao Series）

土　　族：黏壤质硅质混合型非酸性高热性-普通铁聚水耕人为土
拟定者：卢　瑛，盛　庚，侯　节

石角系典型景观

分布与环境条件　主要分布在清远、惠州、河源、肇庆、云浮、深圳、东莞等地，丘陵台地的缓坡，成土母质为花岗岩坡积物或洪积物，土地利用类型为水田，主要种植水稻、蔬菜、果树等。属南亚热带海洋性季风性气候，年均气温 21.0 ～22.0 ℃，年平均降水量 2100～2300 mm。

土系特征与变幅　诊断层包括水耕表层、水耕氧化还原层；诊断特性包括人为滞水土壤水分状况、氧化还原特征、高热性土壤温度状况。由花岗岩坡积、洪积物发育土壤种植水稻演变而成，土体深厚，厚度>100 cm，耕层厚 10～20 cm；水耕氧化还原层厚度 60～80 cm，土体中有 2%～10%的铁锈斑纹，水耕氧化还原层游离铁与耕作层比值>2.0；细土质地为壤土-黏壤土；土壤呈强酸性-微酸性，pH 4.0～6.0。

对比土系　大塘系、盘龙塘系、共和系、白石系、鳌头系、龙城系、矮岭系，属同一土族。大塘系属二元母质，土层浅，<50 cm。盘龙塘系土体中有铁质胶结层。共和系耕作层厚度>20 cm；白石系土体中各土层均有岩石碎块。共和系、龙城系土体中没有铁还原淋溶层（铁渗层）。鳌头系表层（0～20 cm）土壤质地类别为黏壤土类；矮岭系水耕表层和水耕氧化还原层厚度之和<50 cm。

利用性能综述　该土系质地多为壤土，通透性好，耕种容易，肥力中等，供肥性能好；宜种性广，复种指数也高，目前多利用种植双季稻，部分地区已改种果树等。改良利用措施：在其周围植树造林积蓄水源，改善农田生态环境，完善田间排灌渠系，杜绝长流水串灌，防止养分和黏粒流失；沿山脚开防洪沟，防止黄泥水下田；增施有机肥料，推广秸秆回田、冬种绿肥、水旱轮作等，提高土壤有机质含量，改良土壤结构，培肥土壤，提高地力；测土平衡施肥，协调养分供应，以加速建成稳产高产农田。

参比土种　麻砂坭田。

代表性单个土体　位于清远市佛冈县石角镇科旺村委新群村，23°50'02″N，113°29'01″E，海拔 78 m；丘陵中坡，成土母质为花岗岩风化坡积、洪积物；水田改为果园 3 年，种植砂糖桔。50 cm 深度土温 23.3℃。野外调查时间为 2011 年 3 月 3 日，编号 44-086。

Ap1：0～13 cm，淡灰色（5Y7/1，干），灰橄榄色（5Y4/2，润）；砂质壤土，强度发育 5～10 mm 的块状结构，松散，中量细根，有 1～2 条蚯蚓；向下层平滑突变过渡。

Ap2：13～28 cm，淡黄色（5Y7/3，干），灰橄榄色（5Y5/3，润）；砂质黏壤土，中度发育 10～20 mm 的块状结构，坚实，少量细根，根系周围有 10%左右直径 2～6 mm 对比模糊的铁锈斑纹，有 1～2 条蚯蚓；向下层平滑渐变过渡。

Br1：28～44 cm，灰白色（5Y8/1，干），灰色（5Y6/1，润）；壤土，中度发育 20～50 mm 的块状结构，坚实，结构体内有 5%左右直径 2～6 mm 的对比模糊的铁锰斑纹，有 1～2 条蚯蚓；向下层平滑渐变过渡。

Br2：44～67 cm，灰白色（7.5Y8/1，干），灰色（5Y5/1，润）；黏壤土，中度发育 10～20 mm 的块状结构，坚实，结构体内有 5%左右直径 2～6 mm 的对比明显的铁锰斑纹，有 3～4 条蚯蚓；向下层平滑渐变过渡。

石角系代表性单个土体剖面

Br3：67～89 cm，灰白色（7.5Y8/1，干），灰色（5Y6/1，润）；壤土，中度发育 10～20 mm 的块状结构，坚实，结构体内有 10%左右直径 2～6 mm 的对比明显的铁锰斑纹；向下层平滑渐变过渡。

Br4：89～108 cm，灰白色（7.5Y8/1，干），灰橄榄色（5Y6/2，润）；黏壤土，弱发育 20～50 mm 的块状结构，坚实，结构体内有 3%左右直径 2～6 mm 的对比明显的铁锰斑纹。

石角系代表性单个土体物理性质

土层	深度 / cm	砾石 (>2mm, 体积分数) / %	细土颗粒组成（粒径：mm）/（g/kg）			质地类别	容重 / (g/cm³)
			砂粒 2～0.05	粉粒 0.05～0.002	黏粒 <0.002		
Ap1	0～13	3	684	209	106	砂质壤土	1.24
Ap2	13～28	2	538	227	235	砂质黏壤土	1.41
Br1	28～44	2	509	286	206	壤土	1.38
Br2	44～67	2	329	374	297	黏壤土	1.38
Br3	67～89	2	313	434	253	壤土	1.35
Br4	89～108	2	288	437	275	黏壤土	1.35

石角系代表性单个土体化学性质

深度 / cm	pH (H₂O)	有机碳	全氮（N）	全磷（P）	全钾（K）	CEC	交换性盐基总量	游离氧化铁
				/ (g/kg)			/ (cmol (+) /kg)	/ (g/kg)
0～13	4.2	12.7	0.98	0.69	12.6	5.6	4.7	3.3
13～28	5.3	4.1	0.24	0.15	14.4	5.8	4.3	31.9
28～44	5.7	3.8	0.18	0.13	17.5	5.7	4.3	18.6
44～67	5.8	5.5	0.29	0.18	19.5	7.4	6.4	9.3
67～89	6.0	5.4	0.25	0.18	19.6	4.4	6.4	7.2
89～108	5.9	6.0	0.26	0.22	20.0	8.9	6.8	6.1

4.7.21　鳌头系（Aotou Series）

土　族：黏壤质硅质混合型非酸性高热性-普通铁聚水耕人为土
拟定者：卢　瑛，侯　节，盛　庚

鳌头系典型景观

分布与环境条件　主要分布在清远、广州、阳江、佛山等地，低丘陵的缓坡地和谷地、河流的二级和三级阶地。成土母质为第四纪红土的洪积物和坡积物；土地利用类型为水田；种植水稻、蔬菜等；南亚热带海洋性季风性气候，年均气温 21.0～22.0 ℃，年平均降水量 1900～2100 mm。

土系特征与变幅　诊断层包括水耕表层、水耕氧化还原层；诊断特性包括人为滞水土壤水分状况、氧化还原特征、高热性土壤温度状况。土体深厚，厚度>100 cm，耕层厚 10～20 cm；水耕氧化还原层厚度 80～100 cm，土体中有 5%～15%铁锈斑纹，水耕氧化还原层游离铁与耕作层比值>1.5；细土质地为壤土-黏壤土；土壤呈微酸性-中性，pH 5.5～7.5。

对比土系　大塘系、盘龙塘系、共和系、白石系、石角系、龙城系、矮岭系，属同一土族。大塘系属二元母质，土层浅，<50 cm。盘龙塘系土体中有铁质胶结层。共和系耕作层厚度>20 cm；白石系土体中各土层均有岩石碎块。共和系、龙城系土体中没有铁还原淋溶层（铁渗层）。石角系表层（0～20 cm）土壤质地类别为壤土类；矮岭系水耕表层和水耕氧化还原层厚度之和<50 cm。

利用性能综述　该土系地形开阔，田块平整，有利于机械化耕作。排灌设施完善，水源充足，耕作容易，适耕期长，宜种性广，土体熟化程度高。改良利用措施：完善农田基本设施，提高抗旱防洪能力和机械化水平；增施有机肥料，推广秸秆回田、冬种绿肥和水旱轮作等，提高土壤有机质含量，逐步培肥土壤，提高地力；测土平衡施肥，增施磷、钾肥等，提高单位面积产量。

参比土种　乌红土田。

代表性单个土体　位于广州市从化市鳌头镇高禾村农业技术推广中心基地，23°34'40"N，113°29'47"E，海拔 33 m；低丘陵宽谷地，成土母质为第四纪红色黏土的洪积物；水田，水旱轮作，种植水稻和马铃薯；50 cm 深度土温 23.5℃。野外调查时间为 2011 年 3 月 24 日，编号 44-088。

Ap1：0～19 cm，淡黄色（5Y7/3，干），橄榄棕色（2.5Y4/3，润）；黏壤土，强度发育 10～20 mm 的块状结构，疏松，少量细根；向下层平滑渐变过渡。

Ap2：19～27 cm，淡黄色（5Y7/4，干），黄棕色（2.5Y5/4，润）；壤土，强度发育 20～50 mm 的块状结构，坚实，极少量细根，根系周围有 2%左右直径<2 mm 的锈纹锈斑；向下层平滑渐变过渡。

Br1：27～61 cm，黄色（5Y8/6，干），亮黄棕色（10YR6/8，润）；壤土，中度发育 10～20 mm 的块状结构，坚实，结构体内有 10%左右直径 2～6 mm 的锈纹锈斑；向下层平滑渐变过渡。

Br2：61～96 cm，50%灰白色、50%灰白色（50%5Y8/2、50%2.5Y8/1，干），50%淡灰色、50%亮黄棕色（50%2.5Y7/1、50%10YR7/6，润）；粉壤土，中度发育 10～20 mm 的块状结构，坚实，结构体内有 10%左右直径 2～6 mm 的锈纹锈斑；向下层平滑渐变过渡。

鳌头系代表性单个土体剖面

Br3：96～120 cm，50%灰白色、50%灰白色（50%2.5Y8/1、50%7.5Y8/1，干），50%淡灰色、50%亮黄棕色（50%2.5Y7/1、50%2.5Y7/6，润）；黏壤土，弱发育 20～50 mm 的块状结构，坚实，结构体内有 10%左右直径 2～6 mm 的锈纹锈斑。

鳌头系代表性单个土体物理性质

| 土层 | 深度 /cm | 砾石 （>2mm，体积分数）/% | 细土颗粒组成（粒径：mm）/（g/kg） | | | 质地类别 | 容重 /（g/cm³） |
			砂粒 2～0.05	粉粒 0.05～0.002	黏粒<0.002		
Ap1	0～19	0	271	400	328	黏壤土	1.18
Ap2	19～27	0	264	471	265	壤土	1.41
Br1	27～61	0	320	446	234	壤土	1.36
Br2	61～96	0	320	524	156	粉壤土	1.38
Br3	96～120	0	320	290	390	黏壤土	1.42

鳌头系代表性单个土体化学性质

| 深度 /cm | pH （H₂O） | 有机碳 | 全氮（N） | 全磷（P） | 全钾（K） | CEC | 交换性盐基总量 | 游离氧化铁 /（g/kg） |
		/（g/kg）				/（cmol（+）/kg）		
0～19	5.7	16.3	1.58	0.78	8.6	9.7	7.6	25.4
19～27	6.9	10.5	1.04	0.38	9.9	7.3	6.0	27.4
27～61	7.1	1.8	0.26	0.18	9.8	5.8	4.8	38.9
61～96	7.1	1.2	0.16	0.11	5.2	4.5	4.1	16.3
96～120	6.9	1.2	0.15	0.16	7.7	9.2	7.8	12.3

4.7.22　龙城系（Longcheng Series）

土　　族：黏壤质硅质混合型非酸性高热性-普通铁聚水耕人为土
拟定者：卢　瑛，余炜敏

分布与环境条件　主要分布在广州、清远、惠州、河源、汕头、潮州、汕尾等地，河流下游离岸较远的平原中部，多在河流一、二级阶地之间。成土母质为河流冲积物，土地利用类型为水田，主要种植水稻、蔬菜等。属南亚热带海洋性季风性气候，年平均气温 21.0～22.0 ℃，年平均降水量 2100～2300 mm。

龙城系典型景观

土系特征与变幅　土系诊断层包括水耕表层、水耕氧化还原层；诊断特性包括人为滞水土壤水分状况、氧化还原特征、高热性土壤温度状况。土体深厚，厚度>100 cm，耕层厚 10～20 cm；水耕氧化还原层厚度 80～100 cm，土体中有 2%～5%的铁锈斑纹，垂直结构面上有 2%～5%的灰色黏粒-腐殖质胶膜，水耕氧化还原层游离铁与耕作层比值>3.0；细土质地为壤土-黏壤土；土壤呈酸性-微酸性，pH 5.0～6.0。

对比土系　大塘系、盘龙塘系、共和系、白石系、石角系、鳌头系、矮岭系，属同一土族。大塘系属二元母质，土层浅，<50 cm。盘龙塘系土体中有铁质胶结层。共和系耕作层厚度>20 cm；白石系土体中各土层均有岩石碎块。鳌头系、石角系土体中没有铁还原淋溶层（铁渗层）；矮岭系水耕表层和水耕氧化还原层厚度之和<50 cm。

利用性能综述　该土系土层深厚，耕作较易，宜种性广，自然肥力中上。但靠近河流，容易受到洪涝影响。水稻年亩产 800～900 kg（两造）。改良利用措施：完善农田基本设施，修建灌渠排沟，防止洪涝灾害；增施有机肥，推广秸秆回田、冬种豆科绿肥，实行水旱轮作，提高土壤有机质含量，培肥土壤，提高地力；测土平衡施肥，增施磷、钾肥等，平衡营养元素供应。

参比土种　河坦田。

代表性单个土体　位于惠州市龙门县龙城镇水西村，23°42′55″N，114°16′03″E，海拔 72 m。冲积平原，成土母质为河流冲积物。水田，种植双季稻或水稻-蔬菜轮作，50 cm 深度土温 23.4℃。野外调查时间为 2011 年 4 月 2 日，编号 44-146。

Ap1：0～13 cm，淡灰色（2.5Y7/1，干），黄灰色（2.5Y5/1，润）；砂质壤土，强度发育 5～10 mm 的块状结构，疏松，中量细根，结构体外有大量根孔；向下层平滑渐变过渡。

Ap2：13～21 cm，灰黄色（2.5Y7/2，干），黄灰色（2.5Y6/1，润）；砂质壤土，强度发育 5～10 mm 的块状结构，坚实，少量细根；向下层平滑渐变过渡。

Br1：21～35 cm，浅淡黄色（2.5Y8/4，干），灰黄色（2.5Y6/2，润）；壤土，中度发育 10～20 mm 的棱柱状结构，坚实，少量根系，结构体内有 5%左右直径<2 mm 的对比度显著、边界鲜明的铁锈斑纹，垂直结构面上有 3%左右对比度明显的灰色黏粒-腐殖质胶膜；向下层平滑渐变过渡。

Br2：35～70 cm，亮黄棕色（2.5Y7/6，干），淡黄色（2.5Y7/4，润）；黏壤土，中度发育 10～20 mm 的棱柱状结构，坚实。结构体内有 5%左右直径<2 mm 的对比度显著、边界鲜明的铁锈斑纹，垂直结构面上有 2%左右对比度明显的灰色黏粒胶膜；向下层平滑渐变过渡。

龙城系代表性单个土体剖面

Br3：70～120 cm，亮黄棕色（2.5Y7/6，干），淡黄色（2.5Y7/4，润）；壤土，中度发育 10～20 mm 的块状结构，坚实，结构体内有 3%左右直径<2 mm 的对比度显著、边界鲜明的铁锈斑纹。

龙城系代表性单个土体物理性质

土层	深度 /cm	砾石 (>2mm，体积分数) /%	细土颗粒组成（粒径：mm）/（g/kg）			质地类别	容重 /（g/cm³）
			砂粒 2～0.05	粉粒 0.05～0.002	黏粒 <0.002		
Ap1	0～13	0	658	181	161	砂质壤土	1.46
Ap2	13～21	0	677	184	139	砂质壤土	1.62
Br1	21～35	0	443	374	182	壤土	1.54
Br2	35～70	0	214	499	288	黏壤土	1.60
Br3	70～120	0	266	470	264	壤土	1.60

龙城系代表性单个土体化学性质

深度 /cm	pH (H₂O)	有机碳	全氮（N）	全磷（P）	全钾（K）	CEC	交换性盐基总量	游离氧化铁 /（g/kg）
		/（g/kg）				/（cmol（+）/kg）		
0～13	5.2	18.4	1.77	0.67	25.1	6.4	3.7	4.1
13～21	5.4	6.9	0.72	0.44	24.8	6.3	2.7	9.6
21～35	5.5	4.5	0.41	0.40	25.7	7.4	5.1	20.7
35～70	5.7	4.5	0.38	0.42	25.3	11.0	9.5	25.9
70～120	5.9	3.0	0.33	0.39	26.0	8.7	7.0	28.4

4.7.23　矮岭系（Ailing Series）

土　族：黏壤质硅质混合型非酸性高热性-普通铁聚水耕人为土
拟定者：卢　瑛，郭彦彪，潘　琦

分布与环境条件　主要分布于广州、清远、惠州、河源、肇庆、云浮等地，丘陵山脚与宽谷垌田间靠近山边处。成土母质为宽谷冲积、洪积物。土地利用类型为水田，主要种植水稻、蔬菜。属南亚热带海洋性季风性气候。年平均气温 21.0～22.0 ℃，年平均降水量 1900～2100 mm。

矮岭系典型景观

土系特征与变幅　诊断层包括水耕表层、水耕氧化还原层；诊断特性包括人为滞水土壤水分状况、氧化还原特征、高热性土壤温度状况。土体深厚，厚度>100 cm，水耕熟化程度低，水耕表层和水耕氧化还原层厚度之和<50 cm，土体中有 5%～15%的铁锈斑纹，水耕氧化还原层游离铁与耕作层比值>3.0；细土质地为黏壤土-黏土；土壤呈微酸性，pH 5.5～6.0。60 cm 以下土层保留原母土特性，未受到水耕熟化影响。

对比土系　大塘系、盘龙塘系、共和系、白石系、石角系、鳌头系、龙城系，属同一土族。大塘系属二元母质，土层浅，<50 cm。盘龙塘系土体中有铁质胶结层。共和系耕作层厚度>20 cm；白石系土体中各土层均有岩石碎块。鳌头系、石角系土体中没有铁还原淋溶层（铁渗层）；龙城系水耕表层和水耕氧化还原层厚度之和<50 cm，表层（0～20 cm）土壤质地类别为壤土类。

利用性能综述　本土系土层深厚，耕作较易，宜种性广，但耕层浅，土壤熟化程度不高。改良利用措施：完善农田基本设施，修建灌渠排沟，防止洪涝灾害；增施有机肥，推广秸秆回田、冬种豆科绿肥，实行水旱轮作，提高土壤有机质含量，培肥土壤，提高地力；测土平衡施肥，增施磷、钾肥等，平衡营养元素供应。

参比土种　黄坭底砂质田。

代表性单个土体　位于广州从化市鳌头镇龙潭矮岭大围队；23°40′31″N，113°24′26″E，海拔 30 m；地形为丘陵谷地，成土母质为宽谷冲积、洪积物，水田，种植水稻、蔬菜；50 cm 深度土温 23.4 ℃。野外调查时间为 2010 年 1 月 21 日，编号 44-153（GD- gz15）。

Ap1：0～10 cm，灰黄色（2.5Y6/2，干），灰黄棕色（10YR4/2，润）；砂质黏壤土，强度发育 10～20 mm 的块状结构，极松散，少量细根；向下层平滑渐变过渡。

Ap2：10～18 cm，淡灰色（2.5Y7/1，干），棕灰色（10YR4/1，润）；砂质黏壤土，强度发育 20～50 mm 的块状结构，少量细根，结构体内有 3%左右直径<2 mm 对比度明显、边界清楚的铁锈斑纹，有 1%瓷片；向下层平滑清晰过渡。

Br：18～35 cm，淡黄色（2.5Y7/4，干），亮黄棕色（2.5Y6/8，润）；砂质黏壤土，弱发育 20～50 mm 的柱状结构，坚实，黏着，结构体内有 10%左右直径<2 mm 对比度明显、边界清楚的铁锈斑纹；向下层平滑清晰过渡。

Cr：35～60 cm，亮黄棕色（10YR7/6，干），亮棕色（7.5YR5/8，润）；黏土，中度发育 20～50 mm 的块状结构，坚实，黏着，结构体内有 5%左右直径<2 mm 对比度明显、边界清楚的铁锈斑纹；向下层波状渐变过渡。

C：60～100 cm，淡黄橙色（7.5YR8/6，干），橙色（5YR6/8，润）；粉质黏土，中度发育 20～50 mm 的块状结构，坚实，黏着。

矮岭系代表性单个土体剖面

矮岭系代表性单个土体物理性质

土层	深度 /cm	砾石 (>2mm，体积分数)/%	细土颗粒组成（粒径：mm）/（g/kg）			质地类别	容重 /（g/cm³）
			砂粒 2～0.05	粉粒 0.05～0.002	黏粒 <0.002		
Ap1	0～10	0	558	203	239	砂质黏壤土	1.31
Ap2	10～18	0	538	213	249	砂质黏壤土	1.52
Br	18～35	0	564	183	253	砂质黏壤土	1.46
Cr	35～60	0	88	351	561	黏土	1.50
C	60～100	0	44	465	491	粉质黏土	1.52

矮岭系代表性单个土体化学性质

深度 /cm	pH (H₂O)	有机碳	全氮（N）	全磷（P）	全钾（K）	CEC	交换性盐基总量	游离氧化铁
		/（g/kg）				/（cmol(+)/kg）		/（g/kg）
0～10	5.5	25.8	2.77	1.35	18.5	7.7	3.8	5.7
10～18	5.5	22.2	2.20	1.01	18.2	7.1	3.3	6.0
18～35	5.6	7.8	0.47	0.25	17.3	4.8	3.1	36.3
35～60	5.7	4.0	0.38	0.23	10.9	15.9	6.7	32.3
60～100	5.8	3.4	0.27	0.17	10.8	12.2	7.4	30.2

4.7.24　高岗系（Gaogang Series）

土　族：壤质硅质混合型非酸性高热性-普通铁聚水耕人为土
拟定者：卢　瑛，盛　庚，侯　节

分布与环境条件　主要分布于广州、清远、惠州等地，丘陵、山地峡谷离山脚边缘稍远的坑垌田中部地段。成土母质为洪积、冲积物，土地利用类型为水田，主要种植水稻、蔬菜、果树等。属南亚热带海洋性季风性气候，年平均气温21.0～22.1 ℃，年平均降水量 1900～2100 mm。

高岗系典型景观

土系特征与变幅　诊断层包括水耕表层、水耕氧化还原层；诊断特性包括人为滞水土壤水分状况、氧化还原特征、高热性土壤温度状况。由洪积、冲积物发育土壤种植水稻演变而成，土体深厚，厚度>100 cm，耕层厚 10～20 cm；水耕氧化还原层厚度 40～60cm，土体中有 5%～20%铁锈斑纹，水耕氧化还原层游离铁与耕作层比值>1.5；细土质地变异大，为砂土-黏壤土；土壤呈酸性-微酸性，pH 4.5～6.0。

对比土系　石角系，分布区域相邻，成土母质为洪积、坡积物，细土质地为砂质壤土-黏壤土，土族控制层段颗粒大小级别为黏壤质，表层（0～20 cm）细土质地为壤土类。

利用性能综述　本土系土层深厚，耕作较易，宜种性广，自然肥力中上。改良利用措施：完善农田基本设施，修建灌渠排沟，防止洪涝灾害；增施有机肥，推广秸秆回田、冬种豆科绿肥，实行水旱轮作，提高土壤有机质含量，培肥土壤，提高地力；测土平衡施肥，增施磷、钾肥等，平衡营养元素供应。

参比土种　洪积沙质田。

代表性单个土体　位于清远市佛冈县高岗镇三江村委梧塘村小组，24°1'6"N, 113°37'7"E，海拔 120 m；低丘谷地，母质为洪积物；水田，种植水稻、果树，50 cm 深度土温：23.1℃。野外调查时间为 2011 年 3 月 2 日，编号 44-085。

　　Ap1：0～16 cm，淡黄色（5Y7/3，干），黄棕色（2.5Y5/4，润）；黏壤土，强度发育 10～20 mm 的块状结构，疏松，中量中细根，根系周围、结构体内有10%左右直径<2mm 的对比显著的铁锰斑纹；向下层平滑突变过渡。

　　Ap2：16～28 cm，浅淡黄色（5Y8/4，干），黄棕色（2.5Y5/6，润）；壤土，中度发育 20～50 mm 的块状结构，坚实，少量细根，根系周围、结构体内有 10%左右直径 2～6 mm 的对比明显的铁锰斑纹；向下层平滑渐变过渡。

Br1：28～42 cm，灰白色（5Y8/2，干），亮黄棕色（2.5Y6/6，润）；粉壤土，中度发育 20～50 mm 的块状结构，坚实，少量细根，结构体内有 20% 左右直径 2～6 mm 的对比明显的铁锰斑纹；向下层平滑突变过渡。

Br2：42～70 cm，黄色（2.5Y8/6，干），黄色（2.5Y7/8，润）；壤土，中度发育 20～50 mm 的块状结构，坚实，中量中细根，结构体内有 10% 左右直径 2～6 mm 的对比明显的铁锰斑纹，有 15% 左右直径 2～6 mm 的形状不规则的易于小刀破开的红棕色（2.5YR 4/6）的铁锰结核；向下层平滑突变过渡。

Br3：70～80 cm，浊黄色（2.5Y6/4，干），黄棕色（10YR5/6，润）；砂土，很弱发育 2～5 mm 的屑粒状结构，松散，结构体内有 5% 左右直径 2～6mm 的对比明显的铁锰斑纹；向下层平滑渐变过渡。

C1：80～91 cm，淡黄色（2.5Y7/4，干），亮黄棕色（2.5Y6/8，润）；壤土，弱发育 10～20 mm 的块状结构，坚实，有 10% 左右直径 2～6 mm 的形状不规则的易于小刀破开的橙色（2.5YR 6/8）的铁锰结核；向下层平滑渐变过渡。

高岗系代表性单个土体剖面

C2：91～112 cm，浅淡黄色（2.5Y8/4，干），黄棕色（2.5Y5/4，润）；壤土，弱发育 10～20 mm 的块状结构，坚实，有 10% 左右直径 2～6 mm 的形状不规则的易于小刀破开的橙色（2.5YR 6/8）的铁锰结核。

高岗系代表性单个土体物理性质

土层	深度 / cm	砾石（>2mm，体积分数）/ %	细土颗粒组成（粒径：mm）/（g/kg）			质地类别	容重 /（g/cm³）
			砂粒 2～0.05	粉粒 0.05～0.002	黏粒 <0.002		
Ap1	0～16	2	292	436	272	黏壤土	1.35
Ap2	16～28	2	407	397	196	壤土	1.50
Br1	28～42	2	244	500	255	粉壤土	1.43
Br2	42～70	2	384	427	189	壤土	1.45
Br3	70～80	2	920	2	78	砂土	1.54
C1	80～91	5	336	475	189	壤土	1.44
C2	91～112	5	457	394	149	壤土	1.42

高岗系代表性单个土体化学性质

深度 / cm	pH（H₂O）	有机碳	全氮（N）	全磷（P）	全钾（K）	CEC	交换性盐基总量	游离氧化铁 /（g/kg）
		/（g/kg）				/（cmol（+）/kg）		
0～16	4.9	20.2	1.88	0.58	20.0	11.5	3.7	17.1
16～28	5.6	7.6	0.63	0.36	21.7	8.5	4.2	22.0
28～42	5.2	9.3	0.63	0.36	20.1	9.5	3.5	23.6
42～70	5.3	5.8	0.33	0.40	21.2	8.4	4.3	44.5
70～80	5.5	1.8	0.09	0.24	27.5	3.7	2.5	19.5
80～91	5.4	4.2	0.29	0.40	20.4	9.0	4.9	31.7
91～112	5.5	3.8	0.25	0.36	20.9	8.0	4.7	32.3

4.8　弱盐简育水耕人为土

4.8.1　麻涌系（Machong Series）

土　族：黏质伊利石混合型酸性高热性-弱盐简育水耕人为土
拟定者：卢　瑛，贾重建，熊　凡

麻涌系典型景观

分布与环境条件　主要分布于江门、广州、东莞、珠海、中山等地，沿海港湾的老围田。成土母质为滨海沉积物，土地利用类型为水田，种植制度为水稻-蔬菜轮作，部分区域改种香蕉、蔬菜等。南亚热带海洋性季风性气候，年平均气温 22.0～23.0 ℃，年平均降水量 1700～1900 mm。

土系特征与变幅　诊断层包括水耕表层、水耕氧化还原层；诊断特性包括人为滞水土壤水分状况、氧化还原特征、硫化物物质、高热性土壤温度状况；诊断现象包括盐积现象。耕作层厚 10～20 cm，水耕氧化还原层中有黄色黄钾铁矾结晶，地下水位在 60 cm 以下，表土 60 cm 以下土层中具有潜育特征，土壤呈青灰色，亚铁反应强烈；土体中水溶性硫酸盐含量 0.5～2.5g/kg，整个剖面具有盐积现象，土壤中可溶性盐分含量>2g/kg。细土粉粒含量>500 g/kg，土壤质地为黏壤土-黏土；土壤呈强酸性，pH 2.5～4.0。

对比土系　平沙系，分布区域相邻，属相同亚类，土体中无硫化物物质，土壤呈酸性-中性，土壤酸碱反应类别为非酸性。

利用性能综述　该土系耕层已脱酸脱盐，但底土层仍含有一定量硫酸盐和盐分，在雨量充足和水分管理正常的情况下无酸害出现，作物生长正常，在缺水灌溉的旱季，作物受酸害威胁。改良利用主要措施：修建和完善农田水利设施，实行灌排分家，勤灌勤排，用淡水洗酸洗盐；加强田间水分管理，降低地下水位，施石灰中和酸性，减少酸害；增施有机肥，推广秸秆回田、冬种绿肥等，培肥土壤，提高地力；选用耐酸作物品种，测土平衡施肥，重施磷肥等。

参比土种　咸酸田。

代表性单个土体　位于东莞市麻涌镇大步村王茅坊；23°01′24″N，113°33′47″E，海拔 1 m；三角洲平原，地势平坦，系滨海沉积物发育的含硫潮湿盐成土（酸性硫酸盐土）种稻演变而成。种植水稻；50 cm 深度土温 23.9℃。野外调查时间为 2013 年 3 月 14 日，编号 44-166。

Ap1：0～13 cm，橙白色（10YR8/1，干），棕色（10YR4/4，润）；粉质黏壤土，强度发育 5～10 mm 的块状结构，疏松，有少量中细根；向下层平滑渐变过渡。

Ap2：13～22 cm，灰白色（2.5Y8/2，干），浊黄棕色（10YR5/4，润）；粉质黏土，强度发育 5～10 mm 的块状结构，坚实，有少量细根，结构体表面有 5%左右直径<2 mm 的对比度明显、边界清楚的锈纹锈斑；向下层平滑渐变过渡。

Brj1：22～54 cm，灰白色（2.5Y8/1，干），浊黄棕色（10YR5/3，润）；粉质黏壤土，中度发育 20～50 mm 的棱柱状结构，坚实，有少量极细根，结构体表面有 10%左右直径<2 mm 的对比度明显、边界清楚的锈纹锈斑，有含硫化合物黄色斑纹，有少量植物残体；向下层平滑渐变过渡。

Brj2：54～77 cm，灰色（7.5Y6/1，干），灰色（10Y4/1，润）；粉质黏壤土，中度发育 20～50 mm 的棱柱状结构，坚实，结构体表面有 10%左右直径<2 mm 的对比度明显、边界清楚的锈纹锈斑，有含硫化合物的黄色斑纹，有少量植物残体，轻度亚铁反应；向下层平滑渐变过渡。

麻涌系代表性单个土体剖面

Bgj：77～120 cm，淡灰色（7.5Y7/1，干），橄榄黑色（7.5Y3/1，润）；黏壤土，弱发育≥50 mm 的块状结构，软泥，结构体内有 5%左右直径<2 mm 的对比度明显、边界清楚的锈斑，有少量植物残体，强度亚铁反应。

麻涌系代表性单个土体物理性质

土层	深度 /cm	砾石（>2mm，体积分数）/%	细土颗粒组成（粒径：mm）/（g/kg）			质地类别	容重 /（g/cm³）
			砂粒 2～0.05	粉粒 0.05～0.002	黏粒 <0.002		
Ap1	0～13	0	66	538	395	粉质黏壤土	1.15
Ap2	13～22	0	68	529	402	粉质黏土	1.34
Brj1	22～54	0	65	547	388	粉质黏壤土	1.23
Brj2	54～77	0	93	530	378	粉质黏壤土	1.08
Bgj	77～120	0	200	503	297	黏壤土	1.02

麻涌系代表性单个土体化学性质

深度 /cm	pH (H₂O)	有机碳	全氮(N)	全磷(P)	全钾(K)	CEC	交换性盐基总量	游离氧化铁	可溶性盐	水溶性硫酸盐
		/（g/kg）				/（cmol（+）/kg）		/（g/kg）	/（g/kg）	
0～13	3.9	20.5	1.84	1.54	23.6	17.5	11.6	36.7	3.1	0.6
13～22	3.5	17.9	1.48	0.92	23.4	16.1	8.3	38.7	2.3	0.5
22～54	3.0	14.4	1.09	0.29	23.3	14.9	5.1	38.5	2.1	0.5
54～77	2.9	23.9	1.19	0.34	22.5	18.6	13.2	22.2	13.0	2.3
77～120	3.7	22.9	1.07	0.35	23.2	17.8	17.0	21.0	9.3	1.4

4.8.2　平沙系（Pingsha Series）

土　　族：黏质伊利石混合型非酸性高热性-弱盐简育水耕人为土
拟定者：卢　瑛，张　琳，潘　琦

平沙系典型景观

分布与环境条件　分布在江门、阳江、珠海、中山、湛江等地，围垦种稻较久而脱盐较甚的滨海地区。成土母质为滨海沉积物，土地利用类型为水田，种植水稻、蔬菜等。属热带、南亚热带海洋性季风性气候，年平均气温 22.0～23.0 ℃，年平均降水量 2100～2300 mm。

土系特征与变幅　诊断层包括水耕表层、水耕氧化还原层；诊断特性包括人为滞水土壤水分状况、氧化还原特征、高热性土壤温度状况；诊断现象包括盐积现象。由草滩或坭滩经长期种植水稻演变而成，有效土体深厚，>100 cm，耕层厚 10～20 cm；耕层脱盐明显，盐含量<1.0 g/kg，受含盐成土母质影响，剖面下部含盐量>2.0 g/kg，具有盐积现象；地下水位在 1m 以下，土表约 100 cm 以下土层具有潜育特征；细土粉粒、黏粒含量均>400 g/kg，砂粒含量<100 g/kg，土壤质地均一，为粉质黏土。土壤呈酸性-微碱性，pH 4.5～8.0。

对比土系　麻涌系，分布区域相邻，属相同亚类；土体中有硫化物物质，水溶性硫酸盐含量>0.5 g/kg，土壤酸性强，pH<4.0，土壤酸碱反应类别为酸性。

利用性能综述　该土系土壤肥力较高，但脱盐不彻底，在春旱或缺水灌溉时会发生咸害，质地黏着，保肥性好。主种水稻、稻菜轮种、香蕉等。改良利用主要措施：进行土地整理，修建和完善农田水利设施，蓄淡和电动排灌相结合，保证灌溉和洗盐；同时排灌分家，降低地下水位，灌沟浅，排沟深（低于田面 80～100 cm），利于排水洗盐，地下水位保持在 60～100 cm 以下，防止返咸；多施腐熟有机肥、稻秆回田，提高土壤有机质含量，改良土壤物理、化学、生物学特性；合理轮作田菁、香蕉、甘蔗，利用高畦种植作物，既促进雨季洗盐，也有利于用养结合，培肥土壤；测土平衡施肥，保证养分均衡供应，提高肥料利用率，提高经济效益。

参比土种　咸底田。

代表性单个土体　位于珠海市金湾区平沙镇平塘社区五队；22°04′40″N，113°11′46″E，海拔 1.5 m；滨海平原，地势平坦，成土母质为滨海沉积物，水田，种植水稻、香蕉、蔬菜，50 cm 深度土温 24.7 ℃。野外调查时间为 2010 年 9 月 15 日，编号 44-002。

Ap1：0~19 cm，浊黄橙色（10YR6/3，干），棕色（10YR4/6，润）；粉质黏土，强度发育 5~10 mm 的块状结构，坚实，有少量细根；向下层平滑渐变过渡。

Ap2：19~32 cm，浊黄橙色（10YR7/3，干），棕色（10YR4/4，润）；粉质黏土，强度发育 10~20 mm 的块状结构，坚实，有很少量极细根，孔隙周围有 2%左右直径<2 mm 的对比度模糊、边界扩散的锈斑；向下层平滑渐变过渡。

Br1：32~50 cm，浊黄橙色（10YR7/3，干），暗棕色（10YR3/4，润）；粉质黏土，强度发育 20~50 mm 的块状结构，坚实，有很少量中根，结构体内有 10%左右直径 2~6 mm 的对比度明显、边界清楚的锈斑；向下层平滑渐变过渡。

Br2：50~73 cm，灰白色（2.5Y8/2，干），暗棕色（10YR3/4，润）；粉质黏土，强度发育 20~50 mm 的块状结构，坚实，有很少量中根，结构体内有 10%左右直径 2~6 mm 的对比度明显、边界清楚的锈斑；向下层平滑渐变过渡。

Br3：73~95 cm，浅淡黄色（2.5Y8/3，干），暗棕色（10YR3/3，

平沙系代表性单个土体剖面

润）；粉质黏土，中度发育 20~50 mm 的块状结构，坚实，结构体内有 10%左右直径 2~6 mm 的对比度显著、边界清楚的锈斑，有 5%左右的小的暗红色管状铁质新生体，有很少量的贝壳；向下层平滑渐变过渡。

Bg：95~130 cm，浊黄色（2.5Y6/3，干），暗橄榄棕色（2.5Y3/3，润）；粉质黏土，无结构，软泥，中度亚铁反应。

平沙系代表性单个土体物理性质

土层	深度 /cm	砾石 (>2mm，体积分数)/%	细土颗粒组成（粒径：mm）/（g/kg）			质地类别	容重 /（g/cm³）
			砂粒 2~0.05	粉粒 0.05~0.002	黏粒 <0.002		
Ap1	0~19	0	40	453	507	粉质黏土	1.28
Ap2	19~32	0	48	539	413	粉质黏土	1.42
Br1	32~50	0	56	476	468	粉质黏土	1.37
Br2	50~73	0	80	491	429	粉质黏土	1.38
Br3	73~95	0	32	508	460	粉质黏土	1.35
Bg	95~130	0	16	563	421	粉质黏土	—

平沙系代表性单个土体化学性质

深度 /cm	pH (H₂O)	有机碳	全氮(N)	全磷(P)	全钾(K)	CEC	交换性盐基总量	游离氧化铁 /（g/kg）	可溶性盐 /（g/kg）
		/（g/kg）				/（cmol（+）/kg）			
0~19	4.8	14.8	1.38	1.27	21.30	20.5	9.5	55.8	0.4
19~32	6.6	9.3	1.07	0.79	19.55	18.5	17.4	54.8	1.3
32~50	6.8	11.2	1.12	1.05	20.39	20.2	20.4	70.8	1.7
50~73	6.3	12.4	1.09	1.04	21.21	21.4	21.6	64.3	2.0
73~95	7.6	12.6	0.98	0.93	19.97	19.1	41.3	56.9	3.1
95~130	7.5	11.5	0.85	0.89	20.09	14.9	48.3	49.2	4.6

4.8.3 万顷沙系〔Wanqingsha Series〕

土　族：黏壤质硅质混合型非酸性高热性-弱盐简育水耕人为土
拟定者：卢　瑛，盛　庚，陈　冲

万顷沙系典型景观

分布与环境条件　分布在江门、阳江、珠海、中山、广州等地，围垦种稻较久而脱盐的滨海地区。成土母质为滨海沉积物，土地利用类型为水田，种植制度为水稻-蔬菜等轮作。南亚热带海洋性季风性气候，年均气温 22.0～23.0 ℃，年平均降水量 1700～1900 mm。

土系特征与变幅　诊断层包括水耕表层、水耕氧化还原层；诊断特性包括人为滞水土壤水分状况、氧化还原特征、高热性土壤温度状况；诊断现象包括盐积现象。由草滩或坭滩经长期种植水稻演变而成，耕层厚 10～20 cm；耕层脱盐明显，盐含量<1.0 g/kg，受含盐成土母质影响，剖面下部含盐量>2.0 g/kg，具有盐积现象；地下水位 60 cm 以下，土表 60cm 以下土层具有潜育特征；细土粉粒含量>450 g/kg，土壤质地主要为粉质黏壤土。土壤呈中性-微碱性，pH7.0～8.0。

对比土系　平沙系、麻涌系，分布区域相邻，属相同亚类；平沙系、麻涌系土族控制层段颗粒大小级别为黏质，矿物学类型为伊利石混合型；麻涌系土体中有硫化物物质，水溶性硫酸盐含量>0.5 g/kg，土壤酸性强，pH<4.0。

利用性能综述　该土系土壤肥力较高，但脱盐不彻底，在春旱或缺水灌溉时会发生咸害；保肥性中等。主要种植方式为稻菜轮种、香蕉等。改良利用主要措施：进行土地整理，修建和完善农田水利设施，蓄淡和电动排灌相结合，保证灌溉和洗盐；同时排灌分家，降低地下水位，灌沟浅，排沟深，利于排水洗盐，地下水位保持在 60～100 cm 以下，防止返盐；多施腐熟有机肥、稻秆回田，提高土壤有机质含量；合理轮作田菁、香蕉、甘蔗，利用高畦种植作物，既促进雨季洗盐，也利于用养结合，培肥土壤；测土平衡施肥，保证养分均衡供应，提高肥料利用率，提高经济效益。

参比土种　轻咸田。

代表性单个土体　位于广州市南沙区万顷沙镇红洋村十六围；22°37'25"N，113°35'48"E，海拔 1 m，滨海平原，成土母质为滨海沉积物；种植制度为水稻-蔬菜轮作，50 cm 深度土温 24.2℃。野外调查时间为 2011 年 11 月 11 日，编号 44-094。

Ap1：0～16 cm，黄棕色（2.5Y 5/3，干），橄榄棕色（2.5Y4/3，润）；粉质黏壤土，中等发育 2～5 mm 的屑粒状结构，疏松，中量中细根，有 1%的贝壳，轻度石灰反应；向下层平滑渐变过渡。

Ap2：16～36 cm，浊黄色（2.5Y6/4，干），棕色（10YR4/6，润）；黏壤土，中等发育 2～5 mm 的屑粒状结构，坚实，少量细根；向下层平滑渐变过渡。

Br：36～56 cm，淡黄色（2.5Y7/4，干），棕色（10YR4/6，润）；粉质黏壤土，弱发育 20～50 mm 的柱状结构，坚实，孔隙周围有 5%左右直径 2～6 mm 的对比显著的锈纹锈斑，有 3%的贝壳，强度石灰反应；向下层平滑渐变过渡。

Bg：56～80 cm，灰黄色（2.5Y7/2，干），黄灰色（2.5Y4/1，润）；粉质黏壤土，无结构，软泥，强度石灰反应。

万顷沙系代表性单个土体剖面

万顷沙系代表性单个土体物理性质

土层	深度 / cm	砾石 (>2mm，体积分数) / %	细土颗粒组成（粒径：mm）/（g/kg）			质地类别	容重 /（g/cm³）
			砂粒 2～0.05	粉粒 0.05～0.002	黏粒 <0.002		
Ap1	0～16	0	200	488	312	粉质黏壤土	1.23
Ap2	16～36	0	240	464	296	黏壤土	1.36
Br	36～56	0	56	601	343	粉质黏壤土	1.23
Bg	56～80	0	200	511	289	粉质黏壤土	1.36

万顷沙系代表性单个土体化学性质

深度 / cm	pH (H₂O)	有机碳	全氮（N）	全磷（P）	全钾（K）	CEC	交换性盐基总量	游离氧化铁	可溶性盐
		/（g/kg）				/（cmol(+)/kg）		/（g/kg）	/（g/kg）
0～16	7.6	10.4	0.90	1.43	14.3	14.5	27.4	39.5	0.9
16～36	7.0	9.0	0.82	0.88	13.4	15.4	38.2	45.7	2.3
36～56	7.1	12.4	0.80	0.83	13.6	16.0	46.1	47.2	2.2
56～80	7.1	11.0	0.72	0.77	12.9	12.3	59.2	40.6	2.8

4.9 底潜简育水耕人为土

4.9.1 石基系（Shiji Series）

土　族：黏质伊利石混合型酸性高热性-底潜简育水耕人为土
拟定者：卢　瑛，郭彦彪，董　飞

石基系典型景观

分布与环境条件　分布于广州、东莞等地，珠江三角洲平原地势较高的沙围田区。地势平坦，成土母质为三角洲沉积物。土地利用类型为耕地，种植制度为两季水稻或水稻-蔬菜等轮作，南亚热带海洋性季风性气候，年平均气温 22.0～23.0℃，年平均降水量 1500～1700 mm。

土系特征与变幅　诊断层包括水耕表层、水耕氧化还原层；诊断特性包括人为滞水土壤水分状况、氧化还原特征、潜育特征、高热性土壤温度状况。由珠江三角洲沉积物经长期种植水稻演变而成，耕层厚 10～20 cm；地下水位 60 cm 以下，土表 60cm 以下土层具有潜育特征，土体呈青灰色、灰蓝色，亚铁反应强烈；在水耕氧化还原层和潜育层聚积有"管状"的铁质新生体，形似铁钉是本土系的主要特征之一。细土粉粒含量>450 g/kg，土壤质地主要为粉质黏壤土-粉质黏土；土壤呈酸性～微酸性，pH 4.5～6.5。

对比土系　莲洲系、沙北系，分布区域相邻，属相同亚类；莲洲系、沙北系土壤酸碱反应类别为非酸性；沙北系水耕氧化还原层中有管状铁锰结核。

利用性能综述　该土系细土质地偏黏，耕性差，通气性不良，地下水偏高，作物产量不高。改良利用措施：完善农田基本设施，完善排灌系统，降低地下水位，排除铁锈毒质危害；增施有机肥，水旱轮作、推广秸秆回田、冬种绿肥等，培肥土壤，提高地力；实行测土平衡施肥，平衡养分供应，提高肥料利用率。

参比土种　低铁钉格田。

代表性单个土体　位于广州市番禺区石基镇番禺农科所试验田，22°56'25"N，113°26'59"E，海拔 0.9 m；三角洲平原，成土母质为三角洲沉积物，水田，种植制度为水稻-蔬菜轮作；50 cm 深度土温：24.0 ℃。野外调查时间为 2010 年 1 月 19 日，编号 44-120（GD-gz08）。

Ap1：0～14 cm，灰黄色（2.5Y7/2，干），暗橄榄棕色（2.5Y3/3，润）；粉质黏土，强度发育 10～20 mm 的块状结构，少量粗根，孔隙周围有 5%左右直径<2 mm 对比度模糊、边界扩散的锈纹锈斑；向下层平滑渐变过渡。

Ap2：14～23 cm，灰黄色（2.5Y7/2，干），橄榄棕色（2.5Y4/3，润）；粉质黏土，强度发育 10～20mm 的块状结构，少量粗根，孔隙周围有 5%左右直径<2 mm 对比度模糊、边界扩散的锈纹锈斑；向下层平滑渐变过渡。

Br1：23～40 cm，灰黄棕色（10YR4/2，干），橄榄棕色（2.5Y4/4，润）；粉质黏土，强度发育 10～20 mm 的棱柱状结构，少量中根，结构体内有 10%左右直径 2～6 mm 对比度明显、边界鲜明的锈纹锈斑；向下层平滑渐变过渡。

Br2：40～60 cm，橙白色（10YR 8/1，干），棕色（10YR4/4，润）；粉质黏土，强度发育 10～20 mm 的棱柱状结构，结构体内有 10%左右直径 2～6 mm 对比度明显、边界鲜明的锈纹锈斑；向下层平滑渐变过渡。

Bg1：60～100 cm，灰白色（2.5Y8/2，干），浊黄棕色

石基系代表性单个土体剖面

（10YR4/3，润）；粉质黏土，中度发育 10～20 mm 的棱柱状结构，有 2%左右直径 2～6 mm 的暗红色管状铁质新生体，中度亚铁反应；向下层平滑突变过渡。

Bg2：100～140 cm，灰黄色（2.5Y7/2，干），灰黄棕色（10YR4/2，润）； 粉质黏壤土，无结构，软泥，有暗红色管状铁质新生体，强度亚铁反应。

石基系代表性单个土体物理性质

| 土层 | 深度 /cm | 砾石 （>2mm，体积分数）/% | 细土颗粒组成（粒径：mm）/（g/kg） | | | 质地类别 | 容重 /（g/cm³） |
			砂粒 2～0.05	粉粒 0.05～0.002	黏粒 <0.002		
Ap1	0～14	0	80	507	413	粉质黏土	1.26
Ap2	14～23	0	80	499	421	粉质黏土	1.40
Br1	23～40	0	104	483	413	粉质黏土	1.36
Br2	40～60	0	112	459	429	粉质黏土	1.35
Bg1	60～100	0	80	483	437	粉质黏土	—
Bg2	100～140	0	24	594	382	粉质黏壤土	—

石基系代表性单个土体化学性质

| 深度 /cm | pH （H₂O） | 有机碳 | 全氮（N） | 全磷（P） | 全钾（K） | CEC | 交换性盐基总量 | 游离氧化铁 |
		/（g/kg）				/（cmol（+）/kg）		/（g/kg）
0～14	5.2	16.6	1.43	1.91	19.4	17.8	14.3	38.3
14～23	4.8	7.4	0.93	0.50	19.1	16.0	11.6	40.4
23～40	5.0	10.1	0.84	0.48	19.3	16.0	12.6	39.3
40～60	5.3	11.1	0.86	0.64	19.0	16.8	14.6	44.1
60～100	5.3	14.0	0.92	0.82	18.8	19.1	16.8	43.7
100～140	6.0	16.8	1.04	0.67	18.5	19.1	19.6	30.0

4.9.2 莲洲系（Lianzhou Series）

土　族： 黏质伊利石混合型非酸性高热性-底潜简育水耕人为土
拟定者： 卢　瑛，侯　节，盛　庚

分布与环境条件　分布在广州、佛山、中山、珠海、江门、东莞等地，珠江三角洲平原的高中沙田及围田地区，地势平坦。成土母质为三角洲沉积物，土地利用类型为水田，种植制度为水稻-水稻或水稻-蔬菜等轮作。南亚热带海洋性季风性气候，年平均气温 22.0～23.0 ℃，年平均降水量 2100～2300 mm。

莲洲系典型景观

土系特征与变幅　诊断层包括水耕表层、水耕氧化还原层；诊断特性包括人为滞水土壤水分状况、氧化还原特征、潜育特征、高热性土壤温度状况。由珠江三角洲沉积物经长期种植水稻演变而成，土壤熟化程度高，耕层厚 10～20 cm；水耕氧化还原层呈棱柱状结构，结构面灰色胶膜特别明显，普遍有锈纹或铁锰结核；地下水位 60～80 cm，土表 60 cm 以下土层具有潜育特征，土体呈青灰色、灰蓝色，亚铁反应强烈；细土质地主要为粉质黏壤土-黏土；土壤呈酸性-中性，pH 5.5～7.5。

对比土系　沙北系，分布区域相邻，属相同土族。水耕氧化还原层中有较多管状铁锰结核，俗称"铁钉"；潜育层以上土体颜色为淡黄色-灰黄色，耕作层厚度≥20 cm。

利用性能综述　土质黏重，耕作困难，通透性差，水气不协调，地下水位较高。土壤保肥性好，但供肥性差，早春土温回升慢，导致禾苗早期迟发，供肥能力有后劲。多以种植双季稻为主，水稻年亩产 900 kg 以上，部分地区冬种蔬菜、马铃薯。改良利用措施：进行土地整理，修建和完善农田排灌设施，降低地下水位；合理耕作，如犁冬晒白，以改善土壤结构和通气性能；实行水旱轮作，改良土壤；施用有机肥、秸秆回田、冬种绿肥，提高土壤有机质含量，培肥土壤；有条件的地方可适当入沙改土，改良土壤质地；测土平衡施肥，协调土壤养分供应。

参比土种　洲黏土田。

代表性单个土体　位于珠海市斗门区莲洲镇西滘村卫东围，22°18′08″N，113°12′14″E，海拔 3 m；三角洲平原，地势较平坦，成土母质为三角洲沉积物，水田，种植制度为双季稻，冬种蔬菜。50 cm 深度土温 24.5 ℃。野外调查时间为 2010 年 9 月 14 日，编号 44-001。

Ap1：0～14 cm，浊黄橙色（10YR6/4，干），棕色（7.5YR4/4，润）；黏土，强度发育 10～20 mm 的块状结构，疏松，有少量细根系；向下层平滑渐变过渡。

Ap2：14～23 cm，浊黄橙色（10YR7/3，干），暗棕色（7.5YR3/4，润）；黏土，强度发育 20～50 mm 的块状结构，坚实，有少量细根，孔隙周围有 5%左右直径 2～6 mm 的对比度明显、边界清楚的铁锈斑纹；向下层平滑渐变过渡。

Br1：23～44 cm，浊黄橙色（10YR6/3，干），棕色（7.5YR4/3，润）；黏土，强度发育 10～20 mm 的柱状结构，坚实，有少量细根，结构体内有 5%左右直径 2～6 mm 的对比度明显、边界清楚的有铁锈斑纹；向下层平滑渐变过渡。

Br2：44～68 cm，浊黄橙色（10YR6/3，干），棕色（7.5YR4/6，润）；黏土，强度发育 10～20 mm 的柱状结构，坚实，有少量极细根，结构体内有 5%左右直径 2～6 mm 的对比度明显、边界清楚的有铁锈斑纹；向下层平滑渐变过渡。

莲洲系代表性单个土体剖面

Bg：68～130 cm，浊黄橙色（10YR7/2，干），暗棕色（7.5YR3/3，润）；黏土，中度发育 10～20 mm 的柱状结构，松软，结构体内有 2%左右直径<2 mm 的对比度显著、边界鲜明的铁锈斑纹，有 2%左右直径 2～6 mm 的管状铁锰结核。

莲洲系代表性单个土体物理性质

土层	深度 / cm	砾石 (>2mm，体积分数) / %	细土颗粒组成（粒径：mm）/（g/kg）			质地类别	容重 /（g/cm³）
			砂粒 2～0.05	粉粒 0.05～0.002	黏粒 <0.002		
Ap1	0～14	0	355	104	541	黏土	1.27
Ap2	14～23	0	360	108	532	黏土	1.41
Br1	23～44	0	387	99	514	黏土	1.38
Br2	44～68	0	40	554	406	黏土	1.35
Bg	68～130	0	24	594	382	黏土	1.31

莲洲系代表性单个土体化学性质

深度 / cm	pH （H₂O）	有机碳	全氮（N）	全磷（P）	全钾（K）	CEC	交换性盐基总量	游离氧化铁
		/（g/kg）				/（cmol（+）/kg）		/（g/kg）
0～14	5.9	28.5	2.71	1.33	21.17	20.2	16.3	54.5
14～23	6.4	25.5	2.25	1.01	19.85	19.3	19.4	55.9
23～44	6.6	21.3	1.78	0.64	21.12	18.7	20.4	61.8
44～68	7.0	10.9	1.10	0.62	21.17	18.5	25.4	54.8
68～130	7.4	12.8	1.00	0.78	20.65	15.5	42.4	42.8

4.9.3　沙北系（Shabei Series）

土　　族：黏质伊利石混合型非酸性高热性-底潜简育水耕人为土
拟定者：卢　瑛，郭彦彪，董　飞

分布与环境条件　主要分布在广州、中山、珠海、佛山、东莞等地，珠江三角洲冲积平原；成土母质为三角洲沉积物；土地利用类型为水田，主要种植水稻、蔬菜、果树等；南亚热带海洋性季风性气候，年平均气温 22.0 ～23.0 ℃，年平均降水量 1700～1900 mm。

沙北系典型景观

土系与特征变幅　诊断层包括水耕表层、水耕氧化还原层；诊断特性包括人为滞水土壤水分状况、氧化还原特征、潜育特征、高热性土壤温度状况。由珠江三角洲沉积物经长期种植水稻演变而成，耕层厚 10～20cm；地下水位 90～100 cm，土表 90cm 以下土层具有潜育特征，土体呈青灰色、灰蓝色，亚铁反应强烈；在水耕氧化还原层和潜育层聚积有"管状"的铁质新生体；细土粉粒含量>500 g/kg，土壤质地主要为粉质黏壤土-粉质黏土；土壤呈酸性-微酸性，pH 5.0～6.5。

对比土系　莲洲系，分布区域相邻，属相同土族；水耕氧化还原层中没有极少的管状铁锰结核；潜育层以上土体颜色为浊黄橙色，耕作层厚度<20 cm。

利用性能综述　该土系地势较高，地下水位较低，脱潜脱盐明显，基本无渍水现象，土体盐分含量低。养分含量较高，宜水稻、甘蔗轮作，产量颇高。改良利用措施：完善农田水利设施，彻底整治排灌系统，达到排灌自如，提高灌溉效率；增施有机肥料，合理轮作，用地养地结合，培肥土壤，提高地力；测土平衡施肥，平衡各养分元素供应。

参比土种　高铁钉格田。

代表性单个土体　位于广州市番禺区石楼镇沙北村八队；22°55'28"N，113°30'56"E，海拔 1 m；三角洲平原，成土母质为三角洲沉积物，水田，种植制度为蔬菜、水稻轮作；50 cm 深度土温 24.0 ℃。野外调查时间为 2010 年 1 月 19 日，编号 44-122（GD-gz10）。

Ap1：0～20 cm，淡黄色（2.5Y7/3，干），橄榄棕色（2.5Y4/3，润）；粉质黏土，强度发育 10～20 mm 的块状结构，疏松，少量粗根，有 1～2 条蚯蚓；向下层平滑渐变过渡。

Ap2：20～40 cm，淡黄色（2.5Y7/4，干），棕色（10YR4/4，润）；粉质黏土，强度发育 10～20 mm 的块状结构，坚实，很少细根，孔隙周围有 5% 左右直径 2～6 mm 对比度明显、边界清楚的锈纹；向下层波状渐变过渡。

Br1：40～60 cm，灰黄色（2.5Y7/2，干），浊黄棕色（10YR5/4，润）；粉质黏土，强度发育 20～50 mm 的棱柱状结构，坚实，很少极细根，结构体内有 15% 左右直径 6～20 mm 对比度明显、边界清楚的锈斑，有 5% 左右直径 6～20 mm 形状不规则、较硬的暗红色铁质管状结核；向下层波状突变过渡。

Br2：60～90 cm，灰白色（2.5Y8/2，干），蓝灰色（10BG5/1，润）；粉质黏壤土，中度发育 20～50 mm 的棱柱状结构，坚实，结构体内有 15% 左右直径 6～20 mm 对比度明显、边界清楚的锈斑；向下层平滑渐变过渡。

Bg：90～110 cm，灰黄色（2.5Y7/2，干），暗蓝灰色（10BG4/1，润）；粉质黏壤土，无结构，软泥，强度亚铁反应。

沙北系代表性单个土体剖面

沙北系代表性单个土体物理性质

土层	深度 /cm	砾石 (>2mm, 体积分数) /%	细土颗粒组成（粒径：mm）/（g/kg）			质地类别	容重 /（g/cm³）
			砂粒 2～0.05	粉粒 0.05～0.002	黏粒 <0.002		
Ap1	0～20	0	32	508	460	粉质黏土	1.21
Ap2	20～40	0	32	531	437	粉质黏土	1.40
Br1	40～60	0	48	507	445	粉质黏土	1.36
Br2	60～90	0	32	594	374	粉质黏壤土	1.35
Bg	90～110	0	56	609	335	粉质黏壤土	1.32

沙北系代表性单个土体化学性质

深度 /cm	pH (H₂O)	有机碳	全氮（N）	全磷（P）	全钾（K）	CEC	交换性盐基总量	游离氧化铁	可溶性盐
		/（g/kg）				/（cmol（+）/kg）		/（g/kg）	/（g/kg）
0～20	5.1	14.4	1.44	1.11	17.7	16.0	10.8	43.4	0.9
20～40	5.4	10.8	0.89	0.64	16.8	14.8	13.4	43.8	1.4
40～60	5.3	11.1	1.02	0.65	18.0	15.9	14.3	41.4	0.9
60～90	5.9	16.1	1.01	0.74	17.7	17.7	18.3	40.5	1.4
90～110	6.2	15.2	0.88	0.77	16.8	17.8	18.8	41.9	1.9

4.9.4 冯村系（Fengcun Series）

土　　族：黏壤质硅质混合型酸性高热性-底潜简育水耕人为土
拟定者：卢　瑛，侯　节，陈　冲

冯村系典型景观

分布与环境条件　主要分布在惠州、河源、肇庆、云浮、江门、阳江、广州、清远等地，山地丘陵坡脚、垌田低洼地区；成土母质为洪积、冲积物，土地利用类型为水田，主要种植水稻、玉米等；属南亚热带、热带海洋性季风性气候，年均气温21.0～22.0 ℃，年平均降水量 1700～1900 mm。

土系特征与变幅　诊断层包括水耕表层、水耕氧化还原层；诊断特性包括人为滞水土壤水分状况、氧化还原特征、潜育特征、高热性土壤温度状况。由洪积、冲积物发育土壤经长期种植水稻演变而成，耕层厚 10～20 cm；地下水位 60～80 cm，土表 60 cm 以下土层具有潜育特征，土体呈青灰色、灰蓝色，亚铁反应强烈；细土砂粒含量>450 g/kg，质地主要为壤土-砂质黏黏土；土壤呈酸性，pH 5.0～5.5。

对比土系　实业岭系，分布地形部位相似，属相同亚类；土族控制层段土壤 pH >5.5，土壤酸碱反应类别为非酸性。

利用性能综述　该土系受铁锈水危害，易导致水稻根缺氧中毒变黑根，水稻生长不良，产量低。改良利用措施：实行土地整治，修建和完善农田水利设施，开沟排除锈水，加速土壤脱潜育化；增施有机肥料，推广秸秆回田、水旱轮作等，提高土壤有机质含量，培肥土壤，提高地力；测土平衡施肥，增施磷、钾肥，适施石灰，改良土壤酸性，协调土壤养分供应，提高土壤生产力。

参比土种　铁锈水田。

代表性单个土体　位于广州市增城市宁西华南农业大学教学科研基地；23°14'20"N，113°37'53"E，海拔 30 m，坡麓，成土母质为洪积、冲积物；水田，种植水稻、玉米等；50 cm 深度土温 23.8 ℃。野外调查时间为 2011 年 11 月 2 日，编号 44-092。

Ap1：0～12 cm，淡灰色（5Y 7/2，干），暗橄榄色（5Y 4/3，润）；壤土，强度发育 10～20 mm 的块状结构，疏松，少量中细根，根系周围有 5%左右直径<2 mm 的对比明显、边界鲜明的铁锰斑纹；向下层平滑渐变过渡。

Ap2：12～33 cm，淡灰色（5Y 7/1，干），灰橄榄色（5Y6/2，润）；砂质黏壤土，中度发育 20～50 mm 的块状结构，坚实，很少量极细根，根系周围有 8%左右直径<2 mm 的对比明显、边界清楚的铁锰斑纹；向下层平滑渐变过渡。

Br1：33～52 cm，灰白色（5Y8/1，干），橄榄黑色（5Y3/2，润）；砂质黏壤土，中度发育 20～50 mm 的块状结构，坚实，结构体内有 5%左右直径<2 mm 的对比明显、边界清楚的铁锰斑纹；向下层平滑渐变过渡。

Br2：52～66 cm，灰白色（5Y8/2，干），暗橄榄色（5Y4/3，润）；砂质黏壤土，中度发育 20～50mm 的块状结构，坚实，结构体内有 5%左右直径<2 mm 的对比明显、边界清楚的铁锰斑纹；向下层平滑渐变过渡。

冯村系代表性单个土体剖面

Bg：66～102cm，灰色（7.5Y6/1，干），黄灰色（2.5Y4/1，润）；砂质黏壤土，弱发育 20～50 mm 的块状结构，坚实，中度亚铁反应。

冯村系代表性单个土体物理性质

土层	深度 /cm	砾石 (>2mm，体积分数) /%	细土颗粒组成（粒径：mm）/（g/kg)			质地类别	容重 /（g/cm³)
			砂粒 2～0.05	粉粒 0.05～0.002	黏粒 <0.002		
Ap1	0～12	2	497	289	213	壤土	1.35
Ap2	12～33	2	554	241	204	砂质黏壤土	1.50
Br1	33～52	2	529	237	234	砂质黏壤土	1.52
Br2	52～66	2	473	256	271	砂质黏壤土	1.50
Bg	66～102	2	481	228	291	砂质黏壤土	1.55

冯村系代表性单个土体化学性质

深度 /cm	pH (H₂O)	有机碳	全氮(N)	全磷(P)	全钾(K)	CEC	交换性盐基总量	游离氧化铁 /（g/kg)
		/（g/kg)				/（cmol（+）/kg)		
0～12	5.2	13.0	0.86	0.66	7.0	6.3	2.1	12.6
12～33	5.4	9.9	0.72	0.59	7.2	6.8	2.4	15.2
33～52	5.3	8.4	0.62	0.37	6.5	7.0	1.6	10.6
52～66	5.4	8.0	0.40	0.26	5.5	6.7	1.3	7.9
66～102	5.3	9.0	0.36	0.17	4.5	10.6	1.2	0.3

4.9.5　实业岭系（Shiyeling Series）

土　族：黏壤质硅质混合型非酸性高热性-底潜简育水耕人为土
拟定者：卢　瑛，侯　节，盛　庚

分布与环境条件　主要分布在江门、阳江、广州、茂名、肇庆、云浮、湛江等地，地势平缓的砂页岩地区坑田、垌田中部。成土母质为砂页岩洪积、冲积物；土地利用类型为水田，主要种植水稻、蔬菜等；南亚热带海洋性季风性气候，年平均气温23.0～24.0 ℃，年平均降水量 1500～1700 mm。

实业岭系典型景观

土系特征与变幅　诊断层包括水耕表层、水耕氧化还原层；诊断特性包括人为滞水土壤水分状况、氧化还原特征、潜育特征、高热性土壤温度状况。由砂页岩洪积、冲积物发育土壤经长期种植水稻演变而成，耕层厚 10～20 cm；地下水位 60～80 cm，土表 60 cm 以下土层具有潜育特征，土体呈青灰色、蓝灰色，亚铁反应强烈；细土质地主要为砂质壤土-黏土；土壤呈酸性-微酸性，pH 5.0～6.5。

对比土系　冯村系，分布地形部位相似，属相同亚类；土族控制层段土壤 pH<5.5，土壤酸碱反应类别为酸性。

利用性能综述　该土系质地适中，易于耕作，供肥性能及通透性能好，肥力中上，适种性较广，但水稻生长前期好，后劲稍差。年亩产 550～600 kg，改良利用措施：实行水旱轮作，以适应水源不足，并增加经济收益；部分稻田尚易受旱，要注意解决水源问题；要大力推广冬种粮肥兼用绿肥，进一步增加土壤有机质，保持和提高地力。

参比土种　页砂坭田。

代表性单个土体　位于湛江市吴川市樟铺镇塘口村委会实业岭村民小组；21°27′28″N，110°39′56″E；海拔 10 m；丘陵谷地，地势较平坦，成土母质为砂页岩风化洪积、冲积物。水田，种植双季水稻，50 cm 深度土温 25.1 ℃。野外调查时间为 2010 年 12 月 28 日，编号 44-070。

　　Ap1：0～13 cm，淡黄色（2.5Y 7/4，干），橄榄棕色（2.5Y4/3，润）；黏壤土，强度发育 10～20 mm 的块状结构，疏松，中量细根，结构体表面、根系周围有 15%左右直径 2～6 mm 的对比明显、边界清晰的铁锰斑纹，有体积占 1%的砖瓦碎屑；向下层平滑渐变过渡。

Ap2：13～21 cm，亮黄棕色（2.5Y7/6，干），黄棕色（2.5Y5/4，润）；黏壤土，强度发育 10～20 mm 的块状结构，坚实，中量细根，结构体表面、根系周围有 10% 左右直径 2～6 mm 的对比明显、边界清晰的铁锰斑纹，有体积占 1% 左右的砖瓦碎屑；向下层平滑渐变过渡。

Br1：21～45 cm，淡黄色（2.5Y 7/4，干），亮黄棕色（2.5Y 6/6，润）；黏壤土，中度发育 20～50mm 的块状结构，坚实，少量极细根，结构体内有 10% 左右直径 2～6 mm 的对比模糊、边界扩散的铁锰斑纹，有体积占 1% 左右的砖瓦碎屑；向下层平滑突变过渡。

Br2：45～69 cm，淡黄色（2.5Y 7/3，干），黄棕色（2.5Y5/3，润）；黏壤土，中度发育 20～50 mm 的块状结构，松软，结构体内有 15% 左右直径 2～6 mm 的对比模糊、边界扩散的铁锰斑纹；向下层平滑渐变过渡。

Bg1：69～89 cm，淡灰色（5Y7/2，干），灰色（10Y6/1，润）；黏壤土，弱发育 20～50 mm 的块状结构，松软，结构体内有 5% 左右直径 2～6 mm 的对比模糊、边界扩散的铁锰斑纹，轻度亚铁反应；向下层平滑渐变过渡。

实业岭系代表性单个土体剖面

Bg2：89～120 cm，淡灰色（5Y7/1，干），蓝灰色（10BG5/1，润）；砂质壤土，很弱发育 20～50 mm 的块状结构，坚实，中度亚铁反应。

实业岭系代表性单个土体物理性质

| 土层 | 深度 / cm | 砾石 (>2mm，体积分数) / % | 细土颗粒组成（粒径：mm）/（g/kg） | | | 质地类别 | 容重 /（g/cm³） |
			砂粒 2～0.05	粉粒 0.05～0.002	黏粒 <0.002		
Ap1	0～13	<2	336	371	293	黏壤土	1.33
Ap2	13～21	<2	396	325	279	黏壤土	1.46
Br1	21～45	<2	330	348	322	黏壤土	1.38
Br2	45～69	<2	376	309	315	黏壤土	1.39
Bg1	69～89	0	397	312	291	黏壤土	1.41
Bg2	89～120	0	563	288	149	砂质壤土	1.45

实业岭系代表性单个土体化学性质

| 深度 / cm | pH (H₂O) | 有机碳 | 全氮(N) | 全磷(P) | 全钾(K) | CEC | 交换性盐基总量 | 游离氧化铁 |
		/（g/kg）				/（cmol(+)/kg）		/（g/kg）
0～13	5.4	21.0	1.42	0.70	5.98	7.7	4.0	43.0
13～21	5.8	16.7	0.65	0.29	5.46	5.3	3.6	43.5
21～45	5.5	11.8	0.45	0.24	6.27	8.9	3.4	40.9
45～69	6.0	4.6	0.29	0.11	5.46	6.8	3.4	20.4
69～89	6.2	4.1	0.24	0.08	4.63	7.2	4.8	6.1
89～120	6.3	3.3	0.15	0.07	3.26	3.9	2.1	1.1

4.10　普通简育水耕人为土

4.10.1　湖口系（Hukou Series）

土　族：砂质云母混合型石灰性热性-普通简育水耕人为土
拟定者：卢　瑛，侯　节，盛　庚

分布与环境条件　分布在韶关、清远等地，紫色砂页岩地区的低丘陵坡脚或垌边。成土母质为紫色砂页岩风化坡积物，土地利用类型为水田，种植制度为水稻-水稻或水稻-烤烟等轮作。中亚热带至南亚热带海洋性季风性气候，年平均气温 19.0～20.0 ℃，年平均降水量 1500～1700 mm。

湖口系典型景观

土系特征与变幅　诊断层包括水耕表层、水耕氧化还原层；诊断特性包括人为滞水土壤水分状况、氧化还原特征、热性土壤温度状况、石灰性。土壤熟化程度不高，整个剖面保留母岩紫红色；耕作层厚 10～20 cm，水耕氧化还原层中有很少（<2%）的铁锰斑纹；细土质地为砂质壤土-黏壤土；整个土体有石灰反应，土壤呈中性-微碱性，pH 7.0～8.5。

对比土系　星子系，属相同亚类，分布于相同地貌类型较低地形部位，细土质地为粉质黏土-黏土，土族控制层段颗粒大小级别为黏质，矿物学类型为混合型。

利用性能综述　土壤疏松，质地为壤土，宜耕性好，通气性好，适种性广，多数地区水源不足，水利设施不完善，水土流失较严重。改良利用措施：加强农田基本设施建设，修建灌渠排沟，解决灌溉用水；挖沟防洪，防治水土流失；增施有机肥，推广冬种绿肥、禾本科与豆科作物轮作、水稻与烤烟轮作等，提高土壤有机质含量，加速土壤熟化，培肥土壤，提高地力；测土平衡施肥，增施氮、磷等肥料，协调土壤养分供应。

参比土种　浅脚紫沙坭田。

代表性单个土体　位于韶关市南雄市湖口镇湖口村窝塘村；25°10′51″N，114°23′24″E，海拔 150 m；低丘坡脚，成土母质为石灰性紫色砂页岩风化坡积物，水田，种植水稻、烤烟，50 cm 深度土温 22.2℃。野外调查时间为 2010 年 10 月 22 日，编号 44-022。

Ap1: 0~14 cm, 棕色 (7.5YR4/4, 干), 暗红棕色 (5YR3/4, 润); 壤土, 中等发育 10~20 mm 的块状结构, 疏松, 有中量细根, 有体积占 1% 左右的砖瓦碎屑, 轻度石灰反应; 向下层平滑渐变过渡。

Ap2: 14~26 cm, 棕色 (7.5YR4/4, 干), 极暗红棕色 (5YR2/4, 润); 砂质壤土, 中等发育 5~10 mm 的块状结构, 疏松, 有少量细根, 有体积占 1% 左右的砖瓦碎屑, 中度石灰反应; 向下层平滑渐变过渡。

Br1: 26~52 cm, 棕色 (7.5YR4/6, 干), 暗红棕色 (5YR3/4, 润); 砂质黏壤土, 弱发育 5~10 mm 的块状结构, 疏松, 结构体内有 2% 左右直径<2 mm 对比度模糊、边界扩散的铁锰斑纹, 轻度石灰反应; 向下层平滑渐变过渡。

Br2: 52~62 cm, 棕色 (7.5YR4/6, 干), 极暗红棕色 (5YR2/4, 润); 砂质壤土, 弱发育 5~10 mm 的块状结构, 疏松, 结构体内有 2% 左右直径<2 mm 对比度模糊、边界扩散的铁锰斑纹, 轻度石灰反应。

湖口系代表性单个土体剖面

湖口系代表性单个土体物理性质

土层	深度 / cm	砾石 (>2mm, 体积分数) / %	细土颗粒组成 (粒径: mm) / (g/kg)			质地类别	容重 / (g/cm³)
			砂粒 2~0.05	粉粒 0.05~0.002	黏粒 <0.002		
Ap1	0~14	0	344	422	234	壤土	1.26
Ap2	14~26	0	552	261	187	砂质壤土	1.40
Br1	26~52	0	544	230	226	砂质黏壤土	1.38
Br2	52~62	0	688	133	179	砂质壤土	1.38

湖口系代表性单个土体化学性质

深度 / cm	pH (H₂O)	有机碳	全氮(N)	全磷(P)	全钾(K)	CEC	交换性盐基总量	游离氧化铁
		/ (g/kg)				/ (cmol (+) /kg)		/ (g/kg)
0~14	7.4	15.1	1.34	1.18	17.64	19.9	105.1	21.8
14~26	8.1	5.3	0.53	0.53	16.79	17.7	100.2	22.6
26~52	8.2	4.3	0.41	0.49	18.47	18.7	106.9	24.1
52~62	8.3	3.4	0.36	0.44	18.88	19.9	104.5	25.8

4.10.2　漠阳江系（Moyangjiang Series）

土　　族：砂质硅质混合型非酸性高热性-普通简育水耕人为土
拟定者：卢　瑛，侯　节，盛　庚

分布与环境条件　主要分布在茂名、江门、阳江、肇庆、云浮、佛山、广州等地，河流上游或近河两岸的河流冲积平原上。成土母质为河流冲积物，土地利用类型为水田，种植双季水稻。南亚热带海洋性季风性气候，年平均气温22.0～23.0 ℃，年均降水量 2300～2500 mm。

漠阳江系典型景观

土系与特征变幅　诊断层包括水耕表层、水耕氧化还原层；诊断特性包括人为滞水土壤水分状况、氧化还原特征、高热性土壤温度状况。有效土层深厚，厚度>100 cm，耕作层10～20 cm，水耕氧化还原层厚度60～80 cm，土体中有5%～30%的铁锈斑纹，水耕氧化还原层游离铁与耕作层比值<1.5；细土砂粒含量>400 g/kg，土壤质地壤质砂土-壤土；土壤呈酸性-微酸性，pH 4.5～6.5。

对比土系　振文系，分布地形部位相似，成土母质相同。水耕氧化还原 DCB 浸提铁与表层之比大于 1.5，土表 100 cm 以内土层有潜育特征，属底潜铁聚水耕人为土；土族控制层段颗粒大小级别为黏质，矿物学类型为混合型。

利用性能综述　该土系耕层浅，砂粒含量高，有机质和养分含量低，耕性良好，适耕期长，宜种性广，土壤通透性好，供肥能力强，保肥能力弱，作物前期发棵快，后期脱肥易早衰。种植双季稻为主，部分轮种豆类、番薯、花生等，产量不高。部分地区靠近河岸，洪水易淹浸。改良利用主要措施：完善农田基本设施，增强农田抗旱排涝能力，提高灌排效率；增施有机肥，推广秸秆还田、冬种绿肥等，增加土壤有机质含量，培肥地力；实行水旱轮作、合理耕作，用地养地相结合，促进土壤熟化；测土平衡施肥，协调土壤氮、磷、钾等养分供应；肥料施用应少量多次，防止肥料流失，提高肥料利用率。

参比土种　河沙质田。

代表性单个土体　位于阳江市江城区白沙镇麻桥村委会渡头圩村；21°53′13″N，111°53′40″E，海拔 6 m；河流冲积平原，地势平坦，成土母质为河流冲积物，水田，种植双季稻，50 cm 深度土温 24.8 ℃。野外调查时间为 2010 年 11 月 23 日，编号 44-040。

　　Ap1：0～12 cm，淡黄色（2.5Y7/3，干），橄榄棕色（2.5Y4/4，润）；壤土，中等发育 20～50 mm 的块状结构，疏松，中量细根，孔隙周围有 5%左右直径<2 mm 的对比明显、边界清楚的铁锰斑纹，有 1～2 条蚯蚓；向下层平滑渐变过渡。

　　Ap2：12～33 cm，淡黄色（2.5Y7/4，干），橄榄棕色（2.5Y4/4，润）；壤土，中等发育 20～50mm 的块状结构，坚实，中量细根，孔隙周围有 10%左右直径<2mm 的对比明显、边界清楚的铁锰斑纹；向下层平滑清晰过渡。

　　Br1：33～48 cm，淡黄色（2.5Y7/4，干），黄棕色（2.5Y5/4，润）；砂质壤土，中等发育 20～50 mm 的块状结构，疏松，少量细根，结构体内有 25%左右直径 2～6 mm 的对比明显、边界扩散的铁锰斑纹；向下层平滑渐变过渡。

　　Br2：48～89 cm，浅淡黄色（2.5Y8/4，干），亮黄棕色（2.5Y6/6，润）；壤质砂土，弱发育 10～20 mm 的块状结构，极疏松，结构体内有 25%左右直径 2～6 mm 的对比明显、边界扩散的铁锰斑纹；向下层平滑渐变过渡。

漠阳江系代表性单个土体剖面

　　Br3：89～110 cm，浅淡黄色（2.5Y8/4，干），亮黄棕色（2.5Y7/6，润）；砂质壤土，中等发育 10～20 mm 的块状结构，疏松，结构体内有 30%左右直径 2～6 mm 的对比明显、边界扩散的铁锰斑纹；向下层平滑渐变过渡。

　　Cr：110～136 cm，浅淡黄色（2.5Y8/3，干），淡黄色（2.5Y7/4，润）；砂质壤土，弱发育 10～20 mm 的块状结构，疏松，结构体内有 20%左右直径 2～6 mm 对比明显、边界扩散的铁锰斑纹，有 10%左右直径 2～6 mm 小的管状的暗红色（7.5R3/6）用小刀易于破开的铁锰结核。

漠阳江系代表性单个土体物理性质

| 土层 | 深度 / cm | 砾石 (>2mm，体积分数) / % | 细土颗粒组成（粒径：mm）/（g/kg） | | | 质地类别 | 容重 / (g/cm³) |
			砂粒 2～0.05	粉粒 0.05～0.002	黏粒 <0.002		
Ap1	0～12	0	502	359	139	壤土	1.32
Ap2	12～33	0	448	405	148	壤土	1.50
Br1	33～48	0	524	332	144	砂质壤土	1.46
Br2	48～89	0	828	139	33	壤质砂土	1.51
Br3	89～110	0	639	321	39	砂质壤土	1.51
Cr	110～136	0	615	259	126	砂质壤土	1.48

漠阳江系代表性单个土体化学性质

| 深度 / cm | pH (H₂O) | 有机碳 | 全氮（N） | 全磷（P） | 全钾（K） | CEC | 交换性盐基总量 | 游离氧化铁 |
			/（g/kg）				/（cmol (+) /kg）	/（g/kg）
0～12	5.1	11.9	0.93	0.26	16.90	5.6	3.6	14.3
12～33	5.3	8.0	0.63	0.24	17.76	4.9	2.8	16.4
33～48	5.7	4.5	0.33	0.20	17.53	3.6	2.4	17.0
48～89	6.2	1.5	0.13	0.17	17.09	2.3	2.0	10.3
89～110	5.0	1.1	0.11	0.17	15.47	2.1	1.3	9.9
110～136	4.6	3.0	0.23	0.21	17.60	3.9	1.2	12.4

4.10.3　西城坑系（Xichengkeng Series）

土　　族：黏质高岭石型非酸性高热性-普通简育水耕人为土
拟定者：卢　瑛，盛　庚，侯　节

分布与环境条件　主要分布在湛江市的雷州、遂溪、徐闻、麻章、湖光等地，玄武岩低丘谷底的坑垌田。成土母质为玄武岩风化的坡积物或残积物。土地利用类型为水田，主要种植水稻等；属热带北缘海洋性季风性气候，年平均气温23.0～24.0℃，年平均降水量 1500～1700 mm。

西城坑系典型景观

土系与特征变幅　诊断层包括水耕表层、水耕氧化还原层；诊断特性包括人为滞水土壤水分状况、氧化还原特征、高热性土壤温度状况。有效土层深厚，厚度>100 cm，耕作层10～20 cm，水耕氧化还原层厚度 60～70 cm，土体中有 5%～20%铁锈斑纹，水耕氧化还原层游离铁与耕作层比值<1.0；地下水位在 100 cm 以下，土表 100 cm 以下土体具有潜育特征，土体呈青灰色、蓝灰色；细土质地为黏壤土-黏土；土壤呈微酸性-中性，pH 6.0～7.5。因受玄武岩母质影响，土壤较黏重，耕层厚度一般在 13～16 cm，呈棕红色（暗红色），质地主要为壤质黏土至砂黏壤土，犁底层以下铁锈斑纹较多，局部有薄层铁磐出现，水耕氧化还原层较紧实，多呈暗褐色的铁锰结核；耕层有机质、全氮、碱解氮含量较高，其余养分较低。

对比土系　城北系、仙安系，分布区域相邻。城北系地处玄武岩台地较低地形部位，土壤具有铁渗特征，60 cm 以下土层出现潜育特征，属底潜铁渗水耕人为土；仙安系地处玄武岩台地低洼部位，排水不畅，60 cm 以内出现潜育特征，属普通潜育水耕人为土。

利用性能综述　该土系质地黏重，保肥性能好，供肥性较持久，但干硬湿结，耕性不良，过干过湿都难于犁耙，熟化程度不高，速效磷钾缺乏。水源较缺乏，主靠"青年运河"与水库水灌溉，部分地区有自流井（泉水），但水量不大，数量不多。目前多种植双季稻，冬季休闲，部分轮种。改良利用措施：修建和完善农田水利设施，改善排灌渠系，充分合理利用水源灌溉，提高灌溉效率；增施有机肥料，推广秸秆回田，实行水旱轮作，改良土壤结构，提高土壤肥力；实行测土平衡施肥，增施磷钾肥等，协调土壤养分供应；有条件的地方可掺砂改土，加速赤土田熟化演变为乌赤土田。

参比土种　赤土田。

代表性单个土体　位于湛江市雷州市英利镇英利村委会西城坑；20°33′53″N，110°04′24″E，海拔 110 m；低丘谷地，成土母质为玄武岩风化的坡积物或残积物。水田，种植双季水稻，50 cm深度土温25.7 ℃。野外调查时间为 2010 年 12 月 23 日，编号 44-061。

Ap1：0～19 cm，浊黄橙色（10YR6/4，干），橄榄棕色（2.5Y4/3，润）；黏土，强度发育 10～20 mm 的块状结构，疏松，多量中细根，根系周围、结构体表面有 5%直径 2～6 mm 的对比明显、边界清楚的铁锰斑纹；向下层平滑渐变过渡。

Ap2：19～38 cm，黄棕色（2.5Y5/6，干），棕色（10YR4/6，润）；黏土，强度发育 10～20 mm 的块状结构，坚实，少量细根，根系周围、结构体表面有 10%左右直径 2～6 mm 的对比明显、边界扩散的铁锰斑纹；向下层平滑渐变过渡。

Br1：38～56 cm，黄棕色（2.5Y5/3，干），橄榄棕色（2.5Y4/3，润）；黏土，中度发育 20～50 mm 的柱状结构，坚实，结构体内有 10%左右直径 2～6 mm 的对比明显、边界扩散的铁锰斑纹，有 10%左右直径 2～6 mm 的不规则的颜色为兰灰（10BG6/1）的铁锰结核；向下层平滑突变过渡。

Br2：56～100 cm，黄棕色（2.5Y5/4，干），棕色（10YR4/6，润）；粉质黏壤土，弱发育 20～50 mm 的柱状结构，坚实，结构体内有 20%左右直径 6～20 mm 的对比明显、边界扩散的铁锰斑

西城坑系代表性单个土体剖面

纹，有 10%左右直径 2～6 mm 的不规则的颜色为橄榄棕（2.5Y4/6）的铁锰结核；向下层平滑渐变过渡。

Bg：100～110 cm，黄灰色（2.5Y5/1，干），棕灰色（10YR4/1，润）；黏壤土，很弱发育 20～50 mm 的块状结构，坚实，结构体内有 10%左右直径 2～6mm 的对比明显、边界清楚的铁锰斑纹，强度亚铁反应。

西城坑系代表性单个土体物理性质

土层	深度 / cm	砾石（>2mm, 体积分数）/ %	细土颗粒组成（粒径: mm）/（g/kg）			质地类别	容重 /（g/cm³）
			砂粒 2～0.05	粉粒 0.05～0.002	黏粒 <0.002		
Ap1	0～19	0	160	333	507	黏土	1.35
Ap2	19～38	0	120	396	484	黏土	1.51
Br1	38～56	0	128	295	577	黏土	1.46
Br2	56～100	0	200	402	398	粉质黏壤土	1.43
Bg	100～110	0	216	402	382	黏壤土	1.38

西城坑系代表性单个土体化学性质

深度 / cm	pH （H₂O）	有机碳	全氮（N）	全磷（P）	全钾（K）	CEC	交换性盐基总量	游离氧化铁 / (g/kg)
			/（g/kg）			/（cmol (+) /kg）		
0～19	6.4	27.0	2.28	1.45	1.28	14.9	12.2	106.5
19～38	6.6	13.5	1.04	0.80	1.11	11.6	8.1	104.3
38～56	6.7	8.8	0.65	0.61	1.04	12.9	10.4	87.3
56～100	6.9	6.2	0.43	0.72	1.34	21.4	8.1	88.7
100～110	7.1	4.8	0.36	0.21	0.63	11.0	8.7	30.7

4.10.4　新圩系（Xinxu Series）

土　　族：黏质高岭石混合型酸性高热性-普通简育水耕人为土
拟定者：卢　瑛，张　琳，潘　琦

分布与环境条件　主要分布在肇庆、云浮、广州、茂名、湛江、江门、阳江等地，受山洪冲刷的低山丘陵峡谷的上部及山脚下部，多为梯田、坑头田。成土母质为洪积物；土地利用类型为水田，种植水稻等。属南亚热带、热带海洋性季风性气候，年平均气温 21.0～22.0 ℃，年平均降水量 1500～2700 mm。

新圩系典型景观

土系与特征变幅　诊断层包括水耕表层、水耕氧化还原层；诊断特性包括人为滞水土壤水分状况、氧化还原特征、高热土壤温度状况。有效土层深厚，厚度>100 cm，耕作层10～20cm，水耕氧化还原层厚度 70～90 cm，土体中有 2%～10%铁锈斑纹，水耕氧化还原层游离铁与耕作层比值<1.2；细土粉粒、黏粒含量均>400 g/kg，土壤质地为粉质黏土；土壤呈酸性-微酸性，pH 5.0～6.0。

对比土系　蓝口系、彭寨系，分布地形部位相似，成土母质相同。蓝口系土壤酸碱反应类别为非酸性，表层细土质地为黏壤土类；彭寨系处于北部气温较低区域，土壤温度状况为热性。

利用性能综述　土质较黏韧难耕，犁耙困难，易板结，黏结闭气，供肥性差，种植水稻回青慢，发棵少，禾苗长势差，产量不高。改良利用措施：进行土地整治，加强农田基本设施建设和生态环境治理工程建设，搞好水土保持，实行治山、治水、改土相结合，根据山洪危害程度，开好防洪沟，杜绝黄泥水入田；增施有机肥，冬种绿肥、秸秆还田，提高土壤有机质含量，改良土壤；实行水稻-花生等水旱轮作，犁冬晒白，改良土壤理化性状，提高地力；测土平衡施肥，协调土壤养分供应，不断提高土壤肥力。

参比土种　洪积黄红泥田。

代表性单个土体　位于肇庆市德庆县新圩镇中垌村委会下新村；23°10′18″N，111°47′56″E，海拔 15 m；低山丘陵底部平坦区域，成土母质为洪积物，水田，种植两季水稻，50 cm 深度土温 23.8℃。野外调查时间为 2010 年 11 月 18 日，编号 44-035。

Ap1：0～16 cm，淡黄橙色（10YR8/4，干），黄棕色（10YR5/6，润）；粉质黏土，强度发育 10～20 mm 的块状结构，坚实，有中量细根，根系周围、结构体表面有 5%左右直径 6～20 mm 的对比度明显、边界扩散的铁锰斑纹；向下层平滑渐变过渡。

Ap2：16～25 cm，黄色（2.5Y 8/6，干），亮黄棕色（10YR6/8，润）；粉质黏土，强度发育 10～20 mm 的块状结构，坚实，有少量细根，根系周围、结构体表面有 5%左右直径 2～6 mm 的对比度明显、边界扩散的铁锰斑纹；向下层平滑渐变过渡。

Br1：25～46 cm，淡黄橙色（10YR8/4，干），黄橙色（10YR7/8，润）；粉质黏土，中度发育 10～20 mm 的块状结构，坚实，有很少量细根，结构体内有 10%左右直径 2～6 mm 的对比度模糊、边界扩散的铁锰斑纹；向下层平滑突变过渡。

Br2：46～62 cm，淡黄橙色（10YR8/4，干），黄橙色（10YR7/8，润）；粉质黏土，中度发育 10～20 mm 的块状结构，坚实，结构体内有 5%左右直径 2～6 mm 的对比度模糊、边界扩散的铁锰斑纹；向下层平滑突变过渡。

新圩系代表性单个土体剖面

Br3：62～110 cm，浅淡橙色（5YR8/4，干），橙色（2.5YR7/8，润）；粉质黏土，弱发育 20～50 mm 的块状结构，坚实，结构体内有 2%左右直径 2～6 mm 的对比度模糊、边界扩散的铁锰斑纹；向下层平滑突变过渡。

C：110～130 cm，淡黄橙色（7.5YR8/4，干），橙色（5YR6/8，润）；粉质黏土，弱发育 20～50 mm 的块状结构，坚实。

新圩系代表性单个土体物理性质

| 土层 | 深度 /cm | 砾石 (>2mm，体积分数) /% | 细土颗粒组成（粒径：mm）/（g/kg） | | | 质地类别 | 容重 /（g/cm³） |
			砂粒 2～0.05	粉粒 0.05～0.002	黏粒 <0.002		
Ap1	0～16	2	88	428	484	粉质黏土	1.31
Ap2	16～25	2	56	453	491	粉质黏土	1.48
Br1	25～46	2	80	452	468	粉质黏土	1.43
Br2	46～62	2	32	539	429	粉质黏土	1.42
Br3	62～110	2	24	485	491	粉质黏土	1.38
C	110～130	0	8	524	468	粉质黏土	1.50

新圩系代表性单个土体化学性质

| 深度 /cm | pH （H₂O） | 有机碳 | 全氮（N） | 全磷（P） | 全钾（K） | CEC | 交换性盐基总量 | 游离氧化铁 /（g/kg） |
		/（g/kg）				/（cmol（+）/kg）		
0～16	5.8	24.9	2.17	1.65	6.96	12.5	11.5	46.9
16～25	5.6	14.5	1.22	0.51	6.90	9.8	6.8	51.6
25～46	5.2	10.2	0.73	0.34	7.00	9.2	5.1	54.8
46～62	5.2	5.5	0.32	0.19	6.30	9.5	3.2	52.4
62～110	5.2	7.7	0.44	0.21	6.44	8.7	2.9	49.6
110～130	5.3	4.5	0.34	0.14	6.17	8.6	2.5	50.0

4.10.5　彭寨系（Pengzhai Series）

土　　族：黏质高岭石混合型非酸性热性-普通简育水耕人为土
拟定者：卢　瑛，余炜敏

分布与环境条件　主要分布于梅州、韶关、河源、清远等地，丘陵、山地峡谷离山脚边缘稍远的坑垌田中部地段。成土母质为洪积物，土地利用类型为水田，种植制度为水稻-水稻连作。中亚热带海洋性季风性气候，年平均气温 20.0～21.0 ℃，年平均降水量 1700～1900 mm。

彭寨系典型景观

土系特征与变幅　诊断层包括水耕表层、水耕氧化还原层；诊断特性包括人为滞水土壤水分状况、氧化还原特征、热性土壤温度状况。有效土层深厚，厚度>100cm，耕作层 10～20 cm，水耕氧化还原层厚度 80～100 cm，土体中有 2%～15%的铁锈斑纹，水耕氧化还原层游离铁与耕作层比值<1.5；地下水位在 120 cm 以下，土表 120cm 以下土体具有潜育特征；细土质地为黏壤土；土壤呈微酸性，pH 6.0～6.5。本土系细土质地主要为黏壤土，犁底层较紧，水耕氧化还原层发育良好，垂直节理明显。耕层土壤有机质、全氮含量高，全磷、全钾含量较低；土壤呈微酸性反应，土壤盐基饱和度较高，地下水位在 100 cm 以下。

对比土系　蓝口系、新圩系，分布地形部位相似，成土母质相同。新圩系土族控制层段土壤 pH<5.5，土壤酸碱反应类别为酸性，表层细土质地为黏土类；蓝口系、新圩系处于南部气温较高区域，土壤温度状况为高热性。

利用性能综述　该土系质地适中，耕性好，适种性广。土壤肥力一般，土壤磷、钾较缺乏。改良利用措施：修建和完善农田水利设施，增强抗旱防洪能力，提高灌溉效率；增施有机肥料，推广秸秆回田、冬种豆科绿肥，实行水旱轮作，用地养地相结合，提高土壤有机质含量，培肥土壤，促进土壤熟化，提高地力；测土平衡施肥，增施磷、钾肥等，平衡大、中、微量营养元素供应，提高土壤生产率。

参比土种　洪积沙泥田。

代表性单个土体　位于河源市和平县彭寨镇聚史村，24°31′24″N，114°55′56″E，海拔 116 m。丘陵谷地，成土母质为洪积物。水田，种植双季水稻，50cm 深度土温 22.9 ℃。野外调查时间为 2011 年 11 月 16 日，编号 44-132。

Ap1：0～13 cm，黄灰色（2.5Y6/1，干），黄灰色（2.5Y4/1，润）；黏壤土，强度发育 5～10mm 的块状结构，疏松，中量细根；向下层平滑渐变过渡。

Ap2：13～23 cm，灰黄色（2.5Y6/2，干），暗灰黄色（2.5Y4/2，润）；黏壤土，中度发育 10～20 mm 的块状结构，坚实，少量细根。根系周围有 2%左右直径 2～6 mm 的对比度明显的、边界扩散的铁锈斑纹；向下层平滑渐变过渡。

Br1：23～60 cm，淡黄橙色（10YR8/4，干），黄灰色（2.5Y5/1，润）；黏壤土，中度发育 10～20 mm 的棱柱状结构，坚实，根系少。结构体内有 10%左右直径 2～6 mm 的对比度明显的、边界扩散的铁锈斑纹；向下层平滑渐变过渡。

Br2：60～120 cm，橙白色（10YR8/2，干），灰黄色（2.5Y6/2，润）；黏壤土，中度发育 10～20 mm 的棱柱状结构，坚实，结构体内有 15%左右直径 2～6 mm 的对比度明显、边界扩散的铁锈斑纹。

彭寨系代表性单个土体剖面

彭寨系代表性单个土体物理性质

| 土层 | 深度 /cm | 砾石 （>2mm，体积分数）/% | 细土颗粒组成（粒径：mm）/（g/kg） | | | 质地类别 | 容重 /（g/cm³） |
			砂粒 2～0.05	粉粒 0.05～0.002	黏粒 <0.002		
Ap1	0～13	2	300	349	350	黏壤土	1.25
Ap2	13～23	2	319	344	337	黏壤土	1.42
Br1	23～60	5	286	330	385	黏壤土	1.44
Br2	60～120	5	350	314	336	黏壤土	1.45

彭寨系代表性单个土体化学性质

| 深度 /cm | pH （H₂O） | 有机碳 | 全氮（N） | 全磷（P） | 全钾（K） | CEC | 交换性盐基总量 | 游离氧化铁 /（g/kg） |
		/（g/kg）				/（cmol（+）/kg）		
0～13	6.0	27.2	2.61	0.82	9.8	13.6	10.7	30.4
13～23	6.3	15.7	1.43	0.57	10.1	11.3	10.3	36.4
23～60	6.4	11.9	0.92	0.46	9.5	13.0	10.2	42.2
60～120	6.4	8.5	0.61	0.37	8.0	11.2	7.7	37.1

4.10.6　蓝口系（Lankou Series）

土　族：黏质高岭石混合型非酸性高热性-普通简育水耕人为土
拟定者：卢　瑛，余炜敏

分布与环境条件　主要分布在河源、惠州、揭阳、汕尾、清远等地，丘陵和山地的谷底下部或坑田区。成土母质为洪积物，土地利用类型为水田，种植制度为水稻-水稻等；南亚热带海洋性季风性气候，年平均气温 21.0～22.0℃，年平均降水量 1900～2100 mm。

蓝口系典型景观

土系特征与变幅　诊断层包括水耕表层、水耕氧化还原层；诊断特性包括人为滞水土壤水分状况、氧化还原特征、高热性土壤温度状况。有效土层深厚，厚度>100cm，耕作层 15～20 cm，水耕氧化还原层厚度 70～90 cm，土体中有 5%～15%铁锈斑纹，水耕氧化还原层游离铁与耕作层比值<1.5；地下水位在 100 cm 以下，土表 100 cm 以下土体具有潜育特征；细土质地为壤土-黏壤土；土壤呈酸性-微酸性，pH 5.0～6.0。

对比土系　彭寨系、新圩系，分布地形部位相似，成土母质相同。新圩系土族控制层段土壤 pH<5.5，土壤酸碱反应类别为酸性，表层细土质地为黏土类；彭寨系处于北部气温较低区域，土壤温度状况为热性。

利用性能综述　该土系上层土壤质地疏松，下层土壤偏黏，丰水期地下水位较高。种植水稻年亩产 600kg 以上（两造）。改良利用措施：实行农田整治，完善、疏通农田灌排渠沟，防止土壤次生潜育化；恢复和保护周边丘陵山区植被，防止山洪暴发，破坏农田；增施有机肥料，推广水旱轮作，提高土壤有机质含量，培肥土壤，提高地力；测土平衡施肥，增施磷、钾肥等，平衡营养元素供应。

参比土种　洪积沙泥田。

代表性单个土体　位于河源市东源县蓝口镇榄子围村，23°57′04″N，114°03′15″E。海拔 50 m，低山丘陵谷地，成土母质为洪积物，水田，种植双季水稻。50 cm 深度土温 23.2℃。野外调查时间为 2011 年 12 月 1 日，编号 44-125。

Ap1：0～18 cm，灰棕色（5YR6/2，干），极暗红棕色（5YR2/3，润）；黏壤土，强度发育 10～20 mm 的块状结构，疏松，中量细根；向下层平滑突变过渡。

Ap2：18～25 cm，淡棕灰色（5YR7/1，干），暗红棕色（5YR3/2，润）；黏壤土，中度发育 10～20 mm 的块状结构，坚硬，少量细根；向下层平滑渐变过渡。

Br：25～100 cm，浊红棕色（5YR5/4，干），浊红棕色（5YR4/4，润）；黏壤土，中度发育 10～20 mm 的棱柱状结构，稍硬。结构体内有 10%左右直径<2 mm 的对比明显、边界鲜明的铁锈斑纹，垂直结构面上有 40%左右与土壤基质对比度明显的黏粒胶膜；向下层平滑渐变过渡。

Bg：100～120 cm，淡棕灰色（5YR7/2，干），灰棕色（5YR6/2，润）；壤土，弱发育 10～20 mm 的棱柱状结构，稍硬，结构体内有 5%左右直径<2 mm 的对比明显、边界鲜明的铁锈斑纹，轻度亚铁反应。

蓝口系代表性单个土体剖面

蓝口系代表性单个土体物理性质

| 土层 | 深度 / cm | 砾石 (>2mm, 体积分数) / % | 细土颗粒组成（粒径：mm）/（g/kg） | | | 质地类别 | 容重 /（g/cm³） |
			砂粒 2～0.05	粉粒 0.05～0.002	黏粒 <0.002		
Ap1	0～18	<2	251	419	330	黏壤土	1.20
Ap2	18～25	<2	265	419	316	黏壤土	1.55
Br	25～100	<2	223	405	373	黏壤土	1.55
Bg	100～120	<2	393	346	261	壤土	1.50

蓝口系代表性单个土体化学性质

| 深度 / cm | pH (H₂O) | 有机碳 | 全氮（N） | 全磷（P） | 全钾（K） | CEC | 交换性盐基总量 | 游离氧化铁 |
		/（g/kg）				/（cmol（+）/kg）		/（g/kg）
0～18	5.4	22.2	2.17	0.81	7.3	12.0	7.0	34.8
18～25	6.0	16.5	1.40	0.58	7.7	8.9	8.3	39.8
25～100	5.9	9.3	0.75	0.43	7.7	10.7	6.7	40.8
100～120	5.4	8.6	0.48	0.26	6.1	5.7	2.5	6.8

4.10.7　大岗系（Dagang Series）

土　　族：黏质伊利石混合型非酸性高热性-普通简育水耕人为土
拟定者：卢　瑛，盛　庚，陈　冲

大岗系典型景观

分布与环境条件　主要分布在广州、东莞、中山、珠海、江门等地，地势平坦的三角洲平原老围田地区。成土母质为珠江三角洲沉积物，土地利用类型为水田，主要种植水稻、蔬菜、果树等；属南亚热带海洋性季风性气候，年均气温 22.0～23.0 ℃，年平均降水量 1700～1900 mm。

土系特征与变幅　诊断层包括水耕表层、水耕氧化还原层；诊断特性包括人为滞水土壤水分状况、氧化还原特征、高热土壤温度状况。有效土层深厚，厚度>100 cm，耕作层 15～20 cm，水耕氧化还原层厚度 80～100 cm，土体中有 5%～20%的铁锈斑纹，水耕氧化还原层游离铁与耕作层比值<1.5；地下水位在 120 cm 以下，土表 120cm 以下土体具有潜育特征；细土粉粒含量>500 g/kg，土壤质地为粉质黏壤土-粉质黏土；土壤呈中性，pH 6.5～7.5。

对比土系　莲洲系、沙北系，同分布于珠江三角洲平原，低围田区，莲洲系和沙北系地下水位较高，60～100 cm 土层有潜育特征，属底潜简育水耕人为土。

利用性能综述　该土系耕层较厚，耕性良好，适耕期长，土壤潮湿，通透性好，宜种性广，肥力水平较高。改良利用措施：修建和完善农田水利设施，整治灌排渠系，降低地下水位；增施有机肥料，推广秸秆回田、冬种绿肥、水旱轮作、犁冬晒白等，提高土壤有机质含量，改良土壤结构，培肥土壤，提高地力；测土平衡施肥，协调养分供应。

参比土种　洲坭田。

代表性单个土体　位于广州市南沙区大岗镇庙贝村东升农场；22°48'08"N，113°26'03"E，海拔 2 m；三角洲平原，成土母质为珠江三角洲沉积物；水田，种植制度为水稻-蔬菜轮作，50 cm 深度土温 24.1℃。野外调查时间为 2011 年 11 月 11 日，编号 44-095。

Ap1：0～18 cm，淡黄色（2.5Y7/3，干），暗棕色（10YR3/3，润）；粉质黏壤土，强度发育 10～20 mm 的块状结构，疏松，少量细根；向下层平滑渐变过渡。

Ap2：18～30 cm，灰黄色（2.5Y7/2，干），棕色（10YR4/4，润）；粉质黏土，强度发育 20～50 mm 的块状结构，坚实，极少量细根；向下层平滑渐变过渡。

Br1：30～67 cm，淡黄色（2.5Y7/3，干）；浊黄棕色（10YR4/3，润）；粉质黏土，中度发育 50～100 mm 的柱状结构，坚实，结构体内有 15%左右直径 2～6 mm 的对比明显、边界清楚的铁锰斑纹；向下层平滑渐变过渡。

Br2：67～89 cm，浊黄橙色（10YR7/2，干），棕色（10YR4/6，润）；粉质黏土，中度发育 50～100 mm 的柱状结构，坚实，结构体内有 20%左右直径 6～20 mm 对比明显、边界扩散的铁锰斑纹，垂直结构面上有 5%左右对比度明显的铁锰胶膜；向下层平滑渐变过渡。

Br3：89～120 cm，灰白色（2.5Y8/2，干），黑棕色（2.5Y3/2，润）；粉质黏土，弱发育≥100 mm 的柱状结构，坚实，结构体内有 5%左右直径 6～20 mm 对比明显、边界扩散的铁锰斑纹。

大岗系代表性单个土体剖面

大岗系代表性单个土体物理性质

土层	深度 /cm	砾石 (>2mm，体积分数)/%	细土颗粒组成（粒径：mm）/（g/kg）			质地类别	容重 /（g/cm³）
			砂粒 2～0.05	粉粒 0.05～0.002	黏粒 <0.002		
Ap1	0～18	0	80	530	390	粉质黏壤土	1.23
Ap2	18～30	0	40	547	413	粉质黏土	1.40
Br1	30～67	0	48	539	413	粉质黏土	1.30
Br2	67～89	0	16	555	429	粉质黏土	1.23
Br3	89～120	0	40	515	445	粉质黏土	1.21

大岗系代表性单个土体化学性质

深度 /cm	pH (H₂O)	有机碳	全氮（N）	全磷（P）	全钾（K）	CEC	交换性盐基总量	游离氧化铁 /（g/kg）
		/（g/kg）				/（cmol（+）/kg）		
0～18	6.9	17.0	1.54	1.34	16.3	20.1	23.1	46.0
18～30	7.1	12.4	1.06	0.62	16.0	16.5	20.1	49.9
30～67	6.9	8.7	0.81	0.75	16.0	18.1	18.0	51.4
67～89	6.9	8.7	0.80	0.86	16.7	20.3	17.1	56.4
89～120	6.8	10.9	0.85	0.80	16.4	18.4	22.3	41.6

4.10.8　星子系（Xingzi Series）

土　族：黏质混合型石灰性热性-普通简育水耕人为土
拟定者：卢　瑛，侯　节，陈　冲

星子系典型景观

分布与环境条件　主要分布在韶关市南雄、清远市连州等地，低丘盆地，成土母质为石灰性紫色页岩或紫色砂页岩的洪积、冲积物，土地利用类型为水田，主要种植双季稻，部分冬种蔬菜或水稻-烤烟轮作。属中亚热带海洋性季风性气候，年平均气温19.0～20.0 ℃，年平均降水量1500～1700 mm。

土系特征与变幅　诊断层包括水耕表层、水耕氧化还原层；诊断特性包括人为滞水土壤水分状况、氧化还原特征、热性土壤温度状况、石灰性。有效土层深厚，厚度>100 cm，耕作层12～15 cm，水耕氧化还原层厚度60～80 cm，土体中有2%～5%铁锈斑纹，水耕氧化还原层游离铁与耕作层比值<1.5；细土质地为粉质黏壤土-黏土；整个剖面具有石灰性反应，土壤呈微碱性，pH7.5～8.5。

对比土系　江英系，属同一土族。江英系成土母质为石灰岩坡积物、洪积物，表层（0～20 cm）细土质地为壤土类。

利用性能综述　该土系呈碱性，钾素含量高，有机质含量亦较多，耕性尚好，质地较黏，对水稻长势略有影响，生长发育较慢，根系较细短。改良利用措施：修建和完善农田水利设施，合理排灌，防止旱涝灾害，建设高标准高产稳产农田；增施有机肥料，推广秸秆回田、冬种绿肥，提高土壤有机质含量，有条件的地方可掺砂改土，改善土壤通透性和耕性；完善水稻与花生、烟草轮作制，旱作间种豆科植物，用地养地相结合，提高地力；测土平衡施肥，平衡大、中、微量养分供应；施用生理酸性肥料，中和土壤碱性。

参比土种　碱性牛肝土田。

代表性单个土体　位于清远市连州市星子镇新村村委会老塝塘村；24°57′44″N，112°32′0″E，海拔132 m；低丘盆地，成土母质为石灰性紫色砂页岩洪积、冲积物，水田，种植水稻、蔬菜，50 cm深度土温22.4 ℃。野外调查时间为2010年10月14日，编号44-007。

Ap1：0～14 cm，浊红棕色（5YR5/3，干），灰棕色（5YR4/2，润）；粉质黏土，中等发育 5～10 mm 的块状结构，疏松，有少量细根，轻度石灰反应；向下层平滑模糊过渡。

Ap2：14～28 cm，浊红棕色（5YR5/3，干），暗红棕色（5YR3/3，润）；粉质黏土，中等发育 10～20 mm 的块状结构，坚实，有很少量细根，有 2% 的螺壳，中度石灰反应；向下层平滑模糊过渡。

Br1：28～72 cm，浊红棕色（5YR5/3，干），暗红棕色（5YR3/4，润）；粉质黏土，中等发育 20～50 mm 的块状结构，坚实，结构体表面有 2% 左右直径<2 mm 的对比模糊、边界扩散的锈纹锈斑，有 2% 的螺壳，中度石灰反应；向下层平滑模糊过渡。

Br2：72～94 cm，浊红棕色（5YR5/3，干），暗红棕色（5YR3/4，润）；黏土，中等发育 20～50 mm 的块状结构，坚实，结构体表面有 2% 左右直径<2 mm 的对比模糊、边界扩散的锈纹锈斑，有 2% 的螺壳，轻度石灰反应；向下层平滑渐变过渡。

C：94～113 cm，灰棕色（5YR5/2，干），极暗红棕色（5YR2/3，润）；粉质黏壤土，弱发育 20～50 mm 的块状结构，坚实，有 2% 的螺壳，轻度石灰反应。

星子系代表性单个土体剖面

星子系代表性单个土体物理性质

| 土层 | 深度 /cm | 砾石 (>2mm，体积分数) /% | 细土颗粒组成（粒径：mm）/（g/kg） | | | 质地类别 | 容重 /（g/cm³） |
			砂粒 2～0.05	粉粒 0.05～0.002	黏粒 <0.002		
Ap1	0～14	0	86	477	437	粉质黏土	1.36
Ap2	14～28	0	74	476	450	粉质黏土	1.53
Br1	28～72	0	64	422	514	粉质黏土	1.48
Br2	72～94	0	40	375	585	黏土	1.50
C	94～113	0	40	609	351	粉质黏壤土	1.52

星子系代表性单个土体化学性质

| 深度 /cm | pH （H₂O） | 有机碳 | 全氮（N） | 全磷（P） | 全钾（K） | CEC | 交换性盐基总量 | 游离氧化铁 |
		/（g/kg）				/（cmol（+）/kg）		/（g/kg）
0～14	7.9	22.9	2.33	1.23	26.69	18.4	172.5	19.7
14～28	8.1	19.3	1.97	1.07	26.74	24.1	169.7	19.7
28～72	8.0	8.3	0.69	0.80	27.78	19.6	181.2	21.2
72～94	8.1	7.1	0.70	0.63	26.82	21.6	77.3	21.5
94～113	7.9	6.6	0.60	0.40	22.03	19.1	28.3	21.1

4.10.9　江英系（Jiangying Series）

土　　族：黏质混合型石灰性热性-普通简育水耕人为土
拟定者：卢　瑛，张　琳，潘　琦

江英系典型景观

分布与环境条件　主要分布在清远、韶关等地，石灰岩丘陵区山脚或谷地。成土母质为石灰岩坡积物、洪积物；土地利用类型为水田，主要种植水稻、蔬菜、花生等。属中亚热带海洋性季风性气候，年平均气温 20.0～21.0 ℃，年平均降水量 1700～1900 mm。

土系特征与变幅　诊断层包括水耕表层、水耕氧化还原层；诊断特性包括人为滞水土壤水分状况、氧化还原特征、热性土壤温度状况、石灰性。有效土层深厚，厚度>100 cm，耕作层 12～15 cm，水耕氧化还原层厚度 60～80 cm，土体中有 2%～5%铁锈斑纹，水耕氧化还原层游离铁与耕作层比值<1.5；细土质地为粉壤土-黏壤土；整个剖面具有石灰性反应，土壤呈中性-微碱性，pH 7.0～8.5。

对比土系　星子系，属相同土族。星子系表层（0～20 cm）细土质地为黏土类；土体呈浊红棕、暗红棕色。与青莲系分布区域相邻，成土母质相同，但青莲系土体无石灰反应。

利用性能综述　该土系由于长期人工改良，土壤疏松，保肥供肥性好，肥力高，属石灰岩地区较高产的土壤，主要障碍因素是质地偏黏、碱性大，部分耕层土壤养分含量仍不高或不协调。改良利用措施：修建和完善农田基本设施，引水或蓄水灌溉；增施有机肥料，推广秸秆回田、冬种绿肥、水旱轮作、犁冬晒白等，利用有机酸中和碱性，增加土壤通透性，培肥土壤，加速土壤向高产稳产农田转化；测土平衡施肥，严禁施石灰，合理施用肥料，提高肥料利用率。

参比土种　乌红火泥田。

代表性单个土体　位于清远市阳山县江英镇江英村梁屋小组；24°29′55″N，112°49′55″E，海拔 454 m；山间谷地，成土母质为石灰岩坡积物、洪积物，水田，种植水稻、蔬菜，50 cm 深度土温 22.7 ℃。野外调查时间为 2010 年 10 月 15 日，编号 44-009。

Ap1：0~15 cm，淡黄色（2.5Y7/3，干），橄榄棕色（2.5Y4/4，润）；粉质壤土，强度发育 5~10 mm 的块状结构，疏松，有少量的细根，有 3~5 条蚯蚓，轻度石灰反应；向下层平滑渐变过渡。

Ap2：15~23 cm，淡黄色（2.5Y7/4，干），橄榄棕色（2.5Y4/4，润）；粉质黏壤土，强度发育 20~50 mm 的块状结构，坚实，有很少量的极细根，有 1%的陶瓷碎片，轻度石灰反应；向下层平滑渐变过渡。

Br1：23~41 cm，淡黄色（2.5Y7/3，干），橄榄棕色（2.5Y4/3，润）；粉质黏壤土，中度发育 20~50 mm 的棱柱状结构，坚实，结构体内有 5%左右直径<2 mm 的铁锈斑纹，有 1%的砖瓦碎屑，轻度石灰反应；向下层平滑渐变过渡。

Br2：41~70 cm，浅淡黄色（5Y8/3，干），橄榄棕色（2.5Y4/6，润）；黏壤土，中度发育 20~50 mm 的棱柱状结构，坚实，结构体内有 5%左右直径<2 mm 的铁锈斑纹，轻度石灰反应；向下层平滑突变过渡。

江英系代表性单个土体剖面

Br3：70~86 cm，黄色（5Y8/6，干），亮黄棕色（10YR6/8，润）；黏壤土，弱发育 10~20 mm 的棱柱状结构，坚实，结构体内有 5%左右直径<2 mm 的铁锈斑纹，轻度石灰反应；向下层平滑渐变过渡。

Cr：86~105 cm，黄色（2.5Y8/6，干），黄橙色（10YR7/8，润）；黏壤土，弱发育 10~20 mm 的棱柱状结构，坚实，结构体内有 5%左右直径<2 mm 的铁锈斑纹，轻度石灰反应。

江英系代表性单个土体物理性质

| 土层 | 深度/ cm | 砾石（>2mm，体积分数）/ % | 细土颗粒组成（粒径：mm）/ (g/kg) | | | 质地类别 | 容重/ (g/cm³) |
			砂粒 2~0.05	粉粒 0.05~0.002	黏粒 <0.002		
Ap1	0~15	0	216	527	257	粉壤土	1.32
Ap2	15~23	0	144	497	359	粉质黏壤土	1.50
Br1	23~41	0	136	490	374	粉质黏壤土	1.43
Br2	41~70	0	224	409	367	黏壤土	1.41
Br3	70~86	5	248	370	382	黏壤土	1.42
Cr	86~105	0	216	425	359	黏壤土	1.48

江英系代表性单个土体化学性质

| 深度/ cm | pH（H₂O） | 有机碳 | 全氮（N） | 全磷（P） | 全钾（K） | CEC | 交换性盐基总量 | 游离氧化铁 |
		/ (g/kg)				/ (cmol (+) /kg)		/ (g/kg)
0~15	7.6	21.5	2.68	1.41	28.93	14.6	22.0	50.7
15~23	7.6	11.9	1.60	0.86	30.36	12.6	32.3	53.9
23~41	7.7	11.2	1.49	0.79	24.48	11.7	13.0	56.2
41~70	7.6	9.5	1.13	0.61	19.99	11.0	12.9	51.2
70~86	7.7	4.1	0.85	0.38	19.37	7.5	8.5	54.2
86~105	7.4	2.7	0.77	0.38	20.07	9.6	8.2	58.8

4.10.10　大沟系（Dagou Series）

土　　族：黏质混合型酸性高热性-普通简育水耕人为土
拟定者：卢　瑛，盛　庚，侯　节

大沟系典型景观

分布与环境条件　主要分布江门、阳江、肇庆、湛江、珠海等地，丘陵山区的坑垌或沿海地带潟湖沉积较低洼地带。成土母质为古潟湖沉积物，土地利用类型为水田，主要种植水稻等。南亚热带、热带海洋性季风性气候，年平均气温 22.0～23.0 ℃，年平均降水量 2300～2500 mm。

土系特征与变幅　诊断层包括水耕表层、水耕氧化还原层；诊断特性包括人为滞水土壤水分状况、氧化还原特征、高热性土壤温度状况。有效土层深厚，厚度>100 cm，耕作层10～15 cm，水耕氧化还原层厚度 60～80 cm，土体中有 10%～40%铁锈斑纹；土体中埋藏有一层厚 25～35 cm、松散的泥炭层；细土质地为黏壤土；土壤呈酸性，pH 4.5～5.5。

对比土系　大岗系，属相同亚类。大岗系成土母质为三角洲沉积物，土体中没有泥炭层。大岗系土族控制层段矿物学类别为伊利石混合型，土壤酸碱反应类别为非酸性。

利用性能综述　该土系质地适中，耕作容易，耕作层有机质和氮素含量较丰富，磷、钾速效养分含量丰缺不一，土壤呈酸性，目前利用种植双季稻，作物产量不高。改良利用措施：修建和完善农田水利设施，开沟排水，降低地下水位；增施有机肥，推广秸秆回田、冬种绿肥，实行水旱轮作，加速土壤熟化速度，提升地力；测土平衡施肥，增施磷、钾肥等，适量施用石灰，中和土壤酸性。

参比土种　低黑坭田。

代表性单个土体　位于阳江市阳东县大沟镇徐赤村委会费屋寨；21°49′35″N，112°08′55″E，海拔 10 m；成土母质为古潟湖沉积物，地势平坦，50 cm 深度土温 24.8℃。野外调查时间为 2010 年 11 月 24 日，编号 44-042。

　　Ap1：0～12 cm，灰黄棕色（10YR6/2，干），棕灰色（7.5YR4/1，润）；砂质黏壤土，强度发育10～20 mm 的块状结构，疏松，中量中根，结构体表面、根系周围有 10%左右直径 2～6 mm 的对比明显、边界清楚的铁锰斑纹；向下层平滑渐变过渡。

Ap2：12～25 cm，灰黄棕色（10YR 5/2，干），黑棕色（7.5YR2/2，润）；黏壤土，强度发育 20～50 mm 的块状结构，坚实，中量中、细根，结构体表面、根系周围有 10% 左右直径 2～6 mm 的对比明显、边界清楚的铁锰斑纹；向下层平滑渐变过渡。

Br1：25～40 cm，棕灰色（10YR5/1，干），暗棕色（10YR3/3，润）；黏壤土，中度发育 20～50 mm 的块状结构，坚实，少量细根，结构体表面、孔隙周围有 40% 左右直径 ≥20 mm 的对比明显、边界扩散的铁锰斑纹；向下层平滑渐变过渡。

Bre：40～57 cm，棕灰色（10YR4/1，干），黑色（2.5Y2/1，润）；砂质黏土，弱发育 10～20 mm 的块状结构，疏松，少量细根，结构体内有 10% 左右直径 6～20 mm 的对比明显、边界扩散的铁锰斑纹；向下层平滑渐变过渡。

Br2：57～74 cm，灰棕色（7.5YR6/2，干），棕色（7.5YR4/4，润）；砂质黏壤土，中度发育 10～20mm 的块状结构，坚实，结构体内有 10% 左右直径 2～6 mm 的对比明显、边界扩散的铁锰斑纹；向下层平滑渐变过渡。

Br3：74～95 cm，浊橙色（7.5YR7/3，干），亮棕色（7.5YR5/6，润）；砂质黏壤土，中度发育 10～20 mm 的块状结构，坚实，结构体内有 10% 左右直径 2～6 mm 对比明显的铁锰斑纹。

大沟系代表性单个土体剖面

大沟系代表性单个土体物理性质

土层	深度 / cm	砾石 (>2mm，体积分数) / %	细土颗粒组成（粒径：mm）/（g/kg）			质地类别	容重 /（g/cm³）
			砂粒 2～0.05	粉粒 0.05～0.002	黏粒 <0.002		
Ap1	0～12	2	493	246	261	砂质黏壤土	1.25
Ap2	12～25	2	386	246	368	黏壤土	1.45
Br1	25～40	2	354	249	396	黏壤土	1.38
Bre	40～57	2	462	174	363	砂质黏土	1.26
Br2	57～74	2	535	149	316	砂质黏壤土	1.42
Br3	74～95	2	466	187	347	砂质黏壤土	1.43

大沟系代表性单个土体化学性质

深度 / cm	pH (H₂O)	有机碳	全氮（N）	全磷（P）	全钾（K）	CEC	交换性盐基总量	游离氧化铁
		/（g/kg）				/（cmol (+) /kg）		/（g/kg）
0～12	4.7	16.0	1.59	0.41	6.07	7.7	2.8	14.8
12～25	5.1	13.1	0.94	0.29	5.71	8.9	3.8	21.7
25～40	5.0	12.6	0.90	0.28	5.86	11.2	3.3	18.3
40～57	5.0	33.0	1.32	0.36	4.84	23.0	2.1	7.1
57～74	4.9	5.0	0.24	0.11	4.24	9.4	0.8	9.0
74～95	4.9	5.5	0.20	0.12	7.54	11.4	2.1	20.1

4.10.11　黎少系（Lishao Series）

土　族：黏质混合型非酸性高热性-普通简育水耕人为土
拟定者：卢　瑛，张　琳，潘　琦

分布与环境条件　主要分布在云浮、清远、河源等地，紫色砂页岩地区低丘的下部或谷地底部。成土母质为酸性紫色砂页岩风化坡积物或洪积、冲积物；土地利用类型为水田，主要种植水稻、蔬菜、果树等。属南亚热带海洋性季风性气候，年平均气温 22.0～23.0 ℃，年平均降水量 1300～1600 mm。

黎少系典型景观

土系特征与变幅　诊断层包括水耕表层、水耕氧化还原层；诊断特性包括人为滞水土壤水分状况、氧化还原特征、高热性土壤温度状况。有效土层深厚，厚度>100 cm，耕作层 15～20 cm，水耕氧化还原层厚度 40～60 cm，土体中有 2%～5%铁锈斑纹；细土粉粒含量>400 g/kg，质地为粉质黏壤土-粉质黏土；土壤呈酸性-微酸性，pH 5.0～6.5。

对比土系　黄田系、春湾系，属同一土族。黄田系表层（0～20 cm）土壤颜色为橄榄黄色-淡黄色，细土质地为黏壤土类；春湾系耕作层和犁底层均有石灰反应。

利用性能综述　该土系质地偏黏，黏着力强，通透性差，易干旱，适耕性短。但保肥、供肥性能好，稻谷产量不稳定，雨量充沛年份年亩产较高，遇上旱情大减。改良利用措施：修建和完善农田基本设施，提高防洪抗旱能力和灌溉效率，满足作物水分需要；增施有机肥，推广冬种绿肥、深翻晒冬、水旱轮作等，提高土壤有机质含量，提高土壤肥力，培肥土壤；实行测土配方施肥，平衡各养分元素供应；有条件的地区应适当掺沙以改良土壤质地。

参比土种　酸性牛肝土田。

代表性单个土体　位于云浮市罗定市黎少镇黎少村委塘角队；22°43′54″N，111°28′07″E，海拔 58 m；低丘谷地，成土母质为酸性紫色砂页岩风化坡积物、洪积冲积物，水田，种植双季水稻；50 cm 深度土温 24.1℃。野外调查时间为 2010 年 11 月 9 日，编号 44-026。

　　Ap1：0～15 cm，浊棕色（7.5YR6/3，干），浊棕色（5YR4/4，润）；粉质黏土，中度发育 20～50 mm 的块状结构，坚实，有中量细根，孔隙周围有 2%左右直径<2 mm 的对比度明显、边界清楚的铁锈斑纹，有 1～2 条蚯蚓；向下层平滑渐变过渡。

Ap2：15～24 cm，浊棕色（7.5YR5/4，干），暗红棕色（5YR3/4，润）；粉质黏壤土，中度发育 20～50 mm 的块状结构，坚实，有少量细根，孔隙周围有 5% 左右直径 2～6 mm 的对比度明显、边界清楚的铁锈斑纹；向下层平滑突变过渡。

Br1：24～41 cm，浊橙色（7.5YR6/4，干），红棕色（5YR4/8，润）；粉壤土，中度发育 20～50 mm 的块状结构，坚实，有少量细根，结构体表面、孔隙周围有 5% 左右直径<2 mm 的对比度模糊、边界扩散的铁锈斑纹，有 1% 砖、瓦碎片；向下层平滑突变过渡。

Br2：41～66 cm，浊橙色（7.5YR6/4，干），浊红棕色（5YR4/4，润），粉质黏土，中度发育 20～50 mm 的块状结构，坚实，结构体表面、孔隙周围有 5% 左右直径<2 mm 的对比度模糊、边界扩散的铁锈斑纹，平滑渐变过渡。

C1：66～87 cm，浊棕色（7.5YR6/3，干），红棕色（5YR4/6，润）；粉质黏土，弱发育 ≥50 mm 的块状结构，坚实，有 1% 砖、瓦碎片；向下层平滑渐变过渡。

C2：87～112 cm，浊橙色（7.5YR6/4，干），浊红棕色（5YR4/4，润）；粉质黏土，弱发育 ≥50 mm 的块状结构，坚实，有 1% 砖、瓦碎屑。

黎少系代表性单个土体剖面

黎少系代表性单个土体物理性质

土层	深度 /cm	砾石 (>2mm，体积分数) /%	细土颗粒组成（粒径：mm）/（g/kg）			质地类别	容重 /（g/cm³）
			砂粒 2～0.05	粉粒 0.05～0.002	黏粒 <0.002		
Ap1	0～15	0	167	416	417	粉质黏土	1.32
Ap2	15～24	0	142	464	394	粉质黏壤土	1.51
Br1	24～41	0	172	569	259	粉壤土	1.39
Br2	41～66	0	94	478	428	粉质黏土	1.45
C1	66～87	0	142	453	405	粉质黏土	1.42
C2	87～112	0	155	423	422	粉质黏土	1.43

黎少系代表性单个土体化学性质

深度 /cm	pH (H₂O)	有机碳	全氮(N)	全磷(P)	全钾(K)	CEC	交换性盐基总量	游离氧化铁 /（g/kg）
		/（g/kg）				/（cmol(+)/kg）		
0～15	5.3	13.3	1.40	0.77	14.55	11.9	9.1	41.6
15～24	6.1	9.6	0.95	0.49	16.22	10.9	11.4	49.8
24～41	6.1	3.5	0.32	0.37	20.56	12.3	10.9	47.9
41～66	6.1	8.8	0.76	0.34	13.78	10.8	9.7	43.7
66～87	5.3	5.7	0.52	0.23	12.80	9.1	7.3	43.8
87～112	5.5	6.5	0.54	0.23	14.03	10.3	8.2	46.7

4.10.12　黄田系（Huangtian Series）

土　族：黏质混合型非酸性高热性-普通简育水耕人为土
拟定者：卢　瑛，盛　庚，侯　节

分布与环境条件　主要分布于韶关、清远、云浮等地，低丘缓坡台地和多级河流阶地。成土母质为第四纪红色黏土；土地利用类型为水田，主要种植水稻、蔬菜等。南亚热带至中亚热带海洋性季风性气候，年均气温 20.0～21.0℃，年平均降水量 1700～1900 mm。

黄田系典型景观

土系特征与变幅　诊断层包括水耕表层、水耕氧化还原层；诊断特性包括人为滞水土壤水分状况、氧化还原特征、高热性土壤温度状况。由第四纪红色黏土洪积物淹水种植水稻演变而成，有效土层深厚，厚度>100 cm，耕作层 15～20 cm，水耕氧化还原层厚度 40～60 cm，土体中有 5%～10%铁锈斑纹；细土质地为黏壤土-黏土；土壤呈酸性-微酸性，pH 5.0～6.5。

对比土系　黎少系、春湾系，属同一土族。黎少系表层土壤颜色为浊棕色，黏粒含量高，细土质地为黏土类；春湾系耕作层和犁底层均有石灰反应。

利用性能综述　该土系主要障碍是浅、瘦、黏、酸，有的还易旱。耕层土壤有机质和氮磷钾含量低，物理性状差，酸性较强，因而，水稻移栽后回青慢，易脱氮变黄，长势差，结实率低。改良利用措施：完善农田基本设施，整治排灌渠系，增强抗旱排涝能力；增施有机肥料，推广秸秆回田、冬种绿肥水旱轮作等，提高土壤有机质含量，改良土壤结构，培肥地力；实行测土平衡施肥，合理施用氮、磷、钾肥和中微量元素肥料，提高作物产量和品质。

参比土种　红土田。

代表性单个土体　位于清远市英德市望埠镇黄田村委会老围塘，24°12'57"N，113°29'03"E，海拔 56 m；低丘谷底，成土母质为第四纪红土；水田，种植制度是水、旱轮作，50 cm 深度土温 23.0 ℃。野外调查时间为 2011 年 3 月 2 日，编号 44-084。

Ap1：0～15 cm，橄榄黄色（5Y6/3，干），灰橄榄色（5Y4/2，润）；黏壤土，强度发育 5～10 mm 的小块状结构，坚实，中量中细根，根系周围有 10%左右直径 2～6 mm 的对比明显、边界清楚的铁锰斑纹；向下层平滑渐变过渡。

Ap2：15～25 cm，淡黄色（5Y7/3，干），暗橄榄色（5Y4/3，润）；黏壤土，中度发育 10～20 mm 的块状结构，坚实，少量细根，根系周围有 5%左右直径 2～6 mm 的对比模糊、边界清楚的铁锰斑纹；向下层平滑渐变过渡。

Br1：25～43 cm，淡灰色（5Y7/2，干），灰橄榄色（5Y4/2，润）；黏壤土，中度发育 20～50 mm 的块状结构，坚实，少量细根，结构体内有 5%左右直径 2～6 mm 的对比模糊、边界清楚的铁锰斑纹；向下层平滑渐变过渡。

Br2：43～59 cm，橄榄黄色（5Y6/3，干），橄榄黑色（5Y3/2，润）；黏壤土，中度发育 20～50 mm 的块状结构，坚实，结构体内有 10%左右直径 2～6 mm 的对比明显、边界扩散的铁锰斑纹；向下层平滑突变过渡。

Br3：59～76 cm，灰橄榄色（5Y5/2，干），橄榄黑色（5Y2/2，润）；黏壤土，中度发育 20～50 mm 的块状结构，很坚实，结构体内有 5%左右直径 2～6 mm 的对比模糊、边界清楚的铁锰斑纹；向下层平滑突变过渡。

C：76～110 cm，浊黄棕色（10YR5/4），暗棕色（10YR3/4，润）；黏土，弱发育 5～10 mm 的块状结构，坚实。

黄田系代表性单个土体剖面

黄田系代表性单个土体物理性质

土层	深度 /cm	砾石 (>2mm, 体积分数)/%	细土颗粒组成（粒径：mm）/（g/kg）			质地类别	容重 /（g/cm³）
			砂粒 2～0.05	粉粒 0.05～0.002	黏粒 <0.002		
Ap1	0～15	0	341	385	273	黏壤土	1.34
Ap2	15～25	0	325	387	288	黏壤土	1.51
Br1	25～43	0	317	396	287	黏壤土	1.45
Br2	43～59	0	307	411	282	黏壤土	1.45
Br3	59～76	0	298	369	333	黏壤土	1.42
C	76～110	0	109	327	564	黏土	1.53

黄田系代表性单个土体化学性质

深度 /cm	pH (H₂O)	有机碳	全氮(N)	全磷(P)	全钾(K)	CEC	交换性盐基总量	游离氧化铁 /（g/kg）
			/（g/kg）				/（cmol(+)/kg）	
0～15	5.0	17.8	1.56	0.58	8.1	8.9	2.9	19.2
15～25	5.4	14.4	1.19	0.47	9.3	8.0	4.5	25.0
25～43	6.0	8.6	0.68	0.38	10.3	9.5	7.1	26.0
43～59	6.4	7.9	0.56	0.30	9.2	10.2	8.0	22.4
59～76	6.5	11.5	0.69	0.29	9.0	12.4	8.8	15.9
76～110	6.3	11.3	0.64	0.51	10.5	16.4	10.7	40.0

4.10.13　春湾系（Chunwan Series）

土　族：黏质混合型非酸性高热性-普通简育水耕人为土
拟定者：卢　瑛，侯　节，盛　庚

分布与环境条件　主要分布于韶关、阳江、肇庆、清远、云浮等地，石灰岩谷地或坑峒田区。成土母质为石灰岩风化坡积、洪积物；土地利用类型为水田，主要种植水稻等。属南亚热带海洋性季风性气候，年平均气温 22.0～23.0 ℃，年平均降水量 2100～2300 mm。

春湾系典型景观

土系特征与变幅　诊断层包括水耕表层、水耕氧化还原层；诊断特性包括人为滞水土壤水分状况、氧化还原特征、高热性土壤温度状况。有效土层深厚，厚度>100 cm，耕作层 15～20 cm，水耕氧化还原层厚度 80～100 cm，土体中有 2%～15%铁锈斑纹；细土质地为壤土-粉质黏土；受 20 世纪 80 年代之前长期过量施用石灰或钙质水灌溉的影响，犁底层板结坚实，残留有石灰渣，耕作层和犁底层有石灰反应，土壤呈微酸性-微碱性，pH 6.0～8.0。

对比土系　黎少系、黄田系，属同一土族。黎少系和黄田系耕作层和犁底层均没有石灰反应；黄田系表层（0～20 cm）细土质地为黏壤土类；黎少系表层土壤颜色为浊棕色。

利用性能综述　该土系土层板结，耕性不良，供肥性能差，水稻后期常出现早衰发赤。改良利用措施：完善农田水利设施，增强抗旱能力，提高灌溉水利用效率；增施有机质肥，推广秸秆还田、冬种绿肥，实行水旱轮作，适当安排"沤冬"等，提高土壤有机质含量，改良土壤结构；停施石灰，避免引用含钙多的水灌溉，减少土壤中钙质来源，通过耕作，人为打破石灰板结层；加速土壤熟化；实行测土平衡施肥，协调土壤养分供应。

参比土种　石灰板结黄坭田。

代表性单个土体　位于阳江市阳春市春湾镇刘屋寨村委会中垺村；22°24′16″N，111°54′15″E，海拔 38 m，低山丘陵平坦谷底，成土母质为石灰岩风化洪积、坡积物，水田，种植两季水稻，50 cm 深度土温 24.4 ℃。野外调查时间为 2010 年 11 月 26 日，编号 44-046。

Ap1：0～17 cm，亮黄棕色（2.5Y6/6，干），黑棕色（2.5Y3/2，润）；粉质黏土，强度发育 20～50 mm 的块状结构，坚实，中量细根，有 2%左右的石灰岩碎屑，结构体表面、孔隙周围有 2%左右直径<2 mm 的对比明显、边界清楚的铁锰斑纹，有 1～2 条蚯蚓，轻度石灰反应；向下层平滑渐变过渡。

Ap2：17～30 cm，淡黄色（2.5Y7/4，干），灰黄棕色（10YR5/2，润）；粉质黏壤土，中度发育 20～50 mm 的块状结构，坚实，少量细根，有 3%左右的石灰岩碎屑，结构体表面、孔隙周围有 5%左右直径 2～6 mm 的对比明显、边界清楚的铁锰斑纹，中度石灰反应；向下层平滑突变过渡。

Br1：30～85 cm，黄橙色（10YR8/6，干），浊橙色（7.5YR6/4，润）；粉质黏土，中度发育 20～50 mm 的块状结构，坚实，结构体内有 10%左右直径 2～6 mm 的对比明显、边界扩散的铁锰斑纹和结核；向下层平滑渐变过渡。

Br2：85～104 cm，亮黄棕色（10YR7/6，干），橙色（7.5YR6/8，润）；黏壤土，中度发育 10～20 mm 的块状结构，结构体内有 10%左右直径 2～6 mm 的对比明显、边界扩散的铁锰斑纹；向下层平滑突变过渡。

C：104～118 cm，黄橙色（7.5YR7/8，干），橙色（5YR6/8，润）；壤土，弱发育 20～50 mm 的块状结构，坚实。

春湾系代表性单个土体剖面

春湾系代表性单个土体物理性质

土层	深度 / cm	砾石 (>2mm，体积分数) / %	细土颗粒组成（粒径：mm）/ (g/kg)			质地类别	容重 / (g/cm³)
			砂粒 2～0.05	粉粒 0.05～0.002	黏粒 <0.002		
Ap1	0～17	2	76	505	418	粉质黏土	1.32
Ap2	17～30	3	132	518	350	粉质黏壤土	1.51
Br1	30～85	2	97	476	427	粉质黏土	1.50
Br2	85～104	3	333	347	320	黏壤土	1.48
C	104～118	3	322	426	252	壤土	1.52

春湾系代表性单个土体化学性质

深度 / cm	pH (H₂O)	有机碳	全氮（N）	全磷（P）	全钾（K）	CEC	交换性盐基总量	游离氧化铁
		/ (g/kg)				/ (cmol (+) /kg)		/ (g/kg)
0～17	6.3	24.7	2.00	1.17	12.62	12.9	14.4	41.0
17～30	7.6	11.1	1.04	0.62	13.88	10.8	38.1	49.5
30～85	7.5	4.2	0.44	0.34	17.69	13.8	12.7	59.6
85～104	7.4	3.4	0.25	0.27	8.90	9.1	8.0	54.3
104～118	7.6	3.0	0.18	0.21	9.22	9.3	8.5	57.2

4.10.14　叶塘系（Yetang Series）

土　　族：黏壤质云母混合型非酸性热性-普通简育水耕人为土
拟定者：卢　瑛，余炜敏

分布与环境条件　主要分布在梅州、河源、韶关、清远等地，低丘陵下部和谷底地势较低处。属二元母质，紫色砂页岩风化物覆盖在砂页岩之上，上部成土母质为紫色砂岩风化坡积物、谷底冲积物，土地利用类型为水田，主要种植水稻、蔬菜等。南亚热带-中亚热带海洋性季风性气候，年平均气温 20.0～21.0 ℃，年平均降水量1500～1700 mm。

叶塘系典型景观

土系特征与变幅　诊断层包括水耕表层、水耕氧化还原层；诊断特性包括人为滞水土壤水分状况、氧化还原特征、热性土壤温度状况。有效土层深厚，厚度>100 cm，耕作层 15～20 cm，水耕氧化还原层厚度 30～50 cm，土体中有 2%～5%铁锈斑纹；细土粉粒含量>400 g/kg，质地为黏壤土；土壤呈微酸性，pH 6.0～6.5。

对比土系　星子系、湖口系，分布于石灰性紫色砂页岩低丘、盆地，属相同土壤亚类。湖口系分布在低丘坡脚，细土砂粒含量高；星子系分布在低丘谷底，土壤黏重；湖口系河星子系土族控制层段颗粒大小级别分别为砂质、黏质。叶塘系属二元母质结构，紫色砂页岩风化物覆盖在砂页岩之上形成，土族控制层段颗粒大小级别为黏壤质。

利用性能综述　土壤质地偏黏，通透性差，耕作层深厚，土壤保肥能力较强。改良利用措施：实行土地整理，修建和完善农田水利设施，满足灌溉排水需要；实行水旱轮作、秸秆回田、冬种绿肥、增施有机肥等，改良土壤，培肥地力；推广测土平衡施肥，合理使用磷、钾肥等。

参比土种　黄坭底牛肝土田。

代表性单个土体　位于梅州市兴宁市叶塘镇洋陂村委会，24°12′47″N，115°39′33″E，海拔 123 m。丘陵谷地，成土母质为紫色砂岩风化坡积物、谷底冲积物。水田，种植两季水稻，冬种蔬菜。50 cm 深度土温 22.9 ℃。野外调查时间为 2011 年 11 月 30 日，编号44-128。

Ap1：0～19 cm，红灰色（2.5YR5/1，干），暗红棕色（2.5YR3/2，润）；粉质黏壤土，中度发育 10～20 mm 的块状结构，疏松，中量中细根，结构体外有根孔；向下层清晰渐变过渡。

Ap2：19～24 cm，灰红色（2.5YR5/2，干），极暗红棕色（2.5YR2/3，润）；粉质黏壤土，中度发育 10～20 mm 的块状结构，坚实，中量中细根。结构体表面有 2%左右直径<2 mm 的对比度明显、边界清楚的铁斑纹；向下层清晰渐变过渡。

Br：24～58 cm，浊红棕色（2.5YR4/3，干），极暗红棕色（2.5YR2/4，润）；黏壤土，中度发育 20～50 mm 的块状结构，坚实，少量细根。结构体表面有 5%左右直径 2～6 mm 对比度明显、边界清晰的铁斑纹；向下层清晰渐变过渡。

2Cr：58～120 cm，淡红灰色（2.5YR7/2，干），浊橙色（2.5YR6/4，润）。黏壤土，弱发育 20～50 mm 的块状结构，坚实，根系少。结构体内有 5%左右直径 2～6 mm 对比度明显、边界鲜明的铁斑纹；土壤系砂页岩风化物发育而成。

叶塘系代表性单个土体剖面

叶塘系代表性单个土体物理性质

| 土层 | 深度 /cm | 砾石 (>2mm, 体积分数)/% | 细土颗粒组成（粒径：mm）/（g/kg） | | | 质地类别 | 容重 /（g/cm³） |
			砂粒 2～0.05	粉粒 0.05～0.002	黏粒 <0.002		
Ap1	0～19	0	152	464	384	粉质黏壤土	1.31
Ap2	19～24	0	136	483	380	粉质黏壤土	1.52
Br	24～58	0	237	463	300	黏壤土	1.48
2Cr	58～120	0	268	418	314	黏壤土	1.44

叶塘系代表性单个土体化学性质

| 深度 /cm | pH (H₂O) | 有机碳 | 全氮（N） | 全磷（P） | 全钾（K） | CEC | 交换性盐基总量 | 游离氧化铁 /（g/kg） |
		/（g/kg）				/（cmol(+)/kg）		
0～19	6.1	22.3	2.00	0.78	23.3	21.2	20.4	36.6
19～24	6.0	16.1	1.40	0.62	15.9	18.7	16.7	37.4
24～58	6.3	7.6	0.65	0.21	16.6	19.0	14.8	42.1
58～120	6.5	2.4	0.38	0.44	19.6	12.3	8.9	23.3

4.10.15　谭屋系（Tanwu Series）

土　族：黏壤质硅质混合型非酸性高热性-普通简育水耕人为土
拟定者：卢　瑛，盛　庚，侯　节

谭屋系典型景观

分布与环境条件　主要分布在湛江、茂名、阳江等地，台地的凹地中由古浅海沉积物形成的"坡塘"田。成土母质为炭质古浅海沉积物。土地利用类型为水田，种植制度为水稻-水稻连作或水稻-蔬菜等轮作。热带、南亚热带海洋性季风性气候，年均气温 23.0～24.0 ℃，年平均降水量 1700～1900 mm。

土系特征与变幅　诊断层包括水耕表层、水耕氧化还原层；诊断特性包括人为滞水土壤水分状况、氧化还原特征、高热性土壤温度状况。起源于炭质古浅海沉积物，土壤剖面明显分为两种颜色，上为黑色，下为黄橙色，偶有白泥或白砂泥。有效土层深厚，厚度>100 cm，耕作层 15～20 cm，水耕氧化还原层厚度 40～60 cm，土体中有 5%～10%铁锈斑纹；细土砂粒含量>450 g/kg，质地为壤土-砂质黏壤土；土壤呈酸性-微酸性，pH 5.0～6.0。

对比土系　铁场系、赤泥系、狮岭系，属同一土族。铁场系、赤泥系和狮岭系均没有疏松、有机质含量高的炭质土层。客路系与谭屋系分布地形部位相似、成土母质相同，属相同亚类；客路系土族控制层段颗粒大小级别为壤质盖黏质。

利用性能综述　该土系耕层土壤熟化程度和肥力都较高，较疏松，耕性较好，耙田有泥浆，不易板结。保水、保肥和供肥性能均好，作物生长有后劲，宜种各种作物。改良利用措施：修建和完善农田水利设施；合理耕作，增加耕作层的厚度；合理施肥，增施钾肥，协调氮、磷、钾比例，配施中、微量元素肥料；适施石灰调节酸性。

参比土种　黑坭松田。

代表性单个土体　位于茂名市茂南区金塘镇谭屋村委会谭屋村六组；21°44'28"N，110°51'26"E，海拔 17 m；地势较平坦，母质为炭质古浅海沉积物。水田，种植水稻，冬种蔬菜。50 cm 深度土温 24.9 ℃。野外调查时间为 2011 年 1 月 5 日，编号 44-075。

Ap1: 0~15 cm, 黄灰色 (2.5Y6/1, 干), 黑棕色 (5YR2/2, 润); 砂质黏壤土, 强度发育 10~20 mm 的块状结构, 疏松, 多量细根, 根系周围有 5%左右、直径 2~6 mm 的对比明显、边界清楚的铁锰斑纹, 有体积占 1%砖瓦碎片; 向下层平滑渐变过渡。

Ap2: 15~24 cm, 黄灰色 (2.5Y6/1, 干), 橄榄黑色 (5Y3/1, 润); 砂质黏壤土, 强度发育 10~20 mm 的块状结构, 疏松, 中量细根, 根系周围有 5%左右、直径 2~6 mm 的对比明显、边界清楚的铁锰斑纹; 向下层平滑渐变过渡。

Br1: 24~45 cm, 灰色 (5Y6/1, 干), 橄榄黑色 (7.5Y2/2, 润); 砂质黏壤土, 中度发育 10~20 mm 的柱状结构, 疏松, 中量细根, 结构体内有 10%左右、直径 2~6 mm 的对比明显、边界清楚的铁锰斑纹; 向下层平滑渐变过渡。

Br2: 45~63 cm, 黄灰色 (2.5Y5/1, 干), 黑色 (5Y2/1, 润); 砂质黏壤土, 中度发育 10~20 mm 的柱状结构, 疏松, 少量极细根, 结构体内有 5%左右、直径 2~6 mm 的对比明显、边界清楚的铁锰斑纹; 向下层平滑突变过渡。

谭屋系代表性单个土体剖面

BC: 63~90 cm, 50%淡灰色、50%浅淡黄色 (50%2.5Y7/1、50%2.5Y8/4, 干); 50%橄榄黑色、50%暗灰黄色 (50%5Y3/1、50%2.5Y4/2, 润), 砂质黏壤土, 中度发育 20~50 mm 的块状结构, 坚实, 少量极细根; 向下层平滑渐变过渡。

C: 90~110 cm, 灰白色 (2.5Y8/1, 干), 灰黄色 (2.5Y6/2, 润); 壤土, 中度发育 20~50 mm 的块状结构, 坚实。

谭屋系代表性单个土体物理性质

土层	深度 /cm	砾石 (>2mm, 体积分数) /%	细土颗粒组成 (粒径: mm) / (g/kg)			质地类别	容重 / (g/cm³)
			砂粒 2~0.05	粉粒 0.05~0.002	黏粒 <0.002		
Ap1	0~15	0	520	270	210	砂质黏壤土	1.18
Ap2	15~24	0	516	267	217	砂质黏壤土	1.35
Br1	24~45	0	495	257	249	砂质黏壤土	1.24
Br2	45~63	0	485	266	250	砂质黏壤土	1.25
BC	63~90	0	496	246	258	砂质黏壤土	1.26
C	90~110	0	519	284	198	壤土	1.31

谭屋系代表性单个土体化学性质

深度 /cm	pH (H₂O)	有机碳	全氮(N)	全磷(P)	全钾(K)	CEC	交换性盐基总量	游离氧化铁 / (g/kg)
		/ (g/kg)				/ (cmol (+) /kg)		
0~15	5.2	25.0	1.92	1.19	1.3	10.8	5.1	5.5
15~24	5.7	20.1	1.62	0.73	1.3	6.3	3.9	3.8
24~45	5.6	18.6	1.28	0.54	1.3	8.4	3.6	4.2
45~63	5.5	16.0	0.77	0.26	1.4	8.6	2.3	1.5
63~90	5.5	6.6	0.26	0.12	1.1	4.8	2.4	5.1
90~110	5.3	2.7	0.14	0.11	1.1	3.5	2.0	3.2

4.10.16　铁场系（Tiechang Series）

土　族：黏壤质硅质混合型非酸性高热性-普通简育水耕人为土
拟定者：卢　瑛，余炜敏

分布与环境条件　分布于广州、东莞、惠州、河源、清远等地，宽谷盆地（俗称垌田），地形平缓。成土母质为宽谷冲积、洪积物，土地利用类型为水田，主要种植水稻、蔬菜等。属南亚热带海洋性季风性气候，年平均气温20.0～21.0 ℃，年平均降水量1500～1700 mm。

铁场系典型景观

土系与特征变幅　诊断层包括水耕表层、水耕氧化还原层；诊断特性包括人为滞水土壤水分状况、氧化还原特征、高热性土壤温度状况。有效土层深厚，厚度>100 cm，耕作层15～20 cm，水耕氧化还原层厚度80～100 cm，土体中有2%～10%铁锈斑纹；细土质地为黏壤土；土壤呈酸性-微酸性，pH 5.0～6.0。

对比土系　赤坭系、狮岭系、谭屋系，属同一土族。赤坭系土体中有灰白色漂洗层；狮岭系土体浅，土体厚度<50 cm；谭屋系具有疏松、有机质含量高的炭质土层。

利用性能综述　地势平坦，水热条件优越，耕作时间长，熟化程度高，宜耕性好。改良利用措施：完善农田水利设施，提高灌排效率，增强土壤防洪抗旱能力；增施有机肥，推广秸秆回田、冬种绿肥，提高土壤有机质，培肥土壤，提高土壤地力；测土平衡施肥，协调土壤养分供应。

参比土种　宽谷泥田。

代表性单个土体　位于河源市龙川县铁场镇罗坳村委会，24°11′38″N，115°26′13″E，海拔90m。宽谷盆地，成土母质为宽谷冲积物。水田，种植双季水稻，50 cm深度土温23.0 ℃。野外调查时间为2011年11月30日，编号44-127。

Ap1：0～17 cm，淡黄橙色（10YR8/3，干），浊黄棕色（10YR4/3，润）；黏壤土，强度发育 5～10 mm 的块状结构，疏松，中量中细根，结构体表面有 2%左右直径<2 mm 的对比度明显、边界扩散的铁锰锈斑；向下层平滑渐变过渡。

Ap2：17～23 cm，浊黄橙色（10YR7/3，干），棕色（10YR4/4，润）；黏壤土，强度发育 5～10 mm 的块状结构，坚实，中量中细根。结构体表面有 2%左右直径<2 mm 的对比度模糊的、边界扩散的铁锰锈斑；向下层平滑渐变过渡。

Br1：23～52 cm，亮黄棕色（10YR6/6，干），棕色（10YR4/6，润）。粉质黏壤土，中度发育 10～20 mm 的棱柱状结构，坚实，根系少。结构体内有 5%左右直径<2 mm 的对比度模糊、边界清楚的铁斑纹；向下层平滑渐变过渡。

Br2：52～120cm，浊黄橙色（10YR7/4，干），黄棕色（10YR5/6，润）；黏壤土，中度发育 10～20 mm 的棱柱状结构，坚实，结构体内有 10%左右直径 2～6 mm 的对比度明显、边界清晰的铁锰斑纹。

铁场系代表性单个土体剖面

铁场系代表性单个土体物理性质

土层	深度 / cm	砾石 (>2mm，体积分数) / %	细土颗粒组成（粒径：mm）/（g/kg）			质地类别	容重 /（g/cm³）
			砂粒 2～0.05	粉粒 0.05～0.002	黏粒 <0.002		
Ap1	0～17	0	267	458	275	黏壤土	1.21
Ap2	17～23	0	255	454	291	黏壤土	1.35
Br1	23～52	0	178	485	337	粉质黏壤土	1.24
Br2	52～120	0	313	371	316	黏壤土	1.24

铁场系代表性单个土体化学性质

深度 / cm	pH （H₂O）	有机碳	全氮（N）	全磷（P）	全钾（K）	CEC	交换性盐基总量	游离氧化铁
		/（g/kg）				/（cmol（+）/kg）		/（g/kg）
0～17	5.3	13.7	1.22	0.98	18.8	10.1	6.4	45.3
17～23	5.5	10.8	1.01	0.99	17.8	9.5	6.9	48.2
23～52	5.9	7.7	0.56	0.55	15.2	8.9	7.5	55.0
52～120	5.9	8.7	0.55	0.50	16.2	10.0	6.9	50.7

4.10.17　赤坭系（Chini Series）

土　族：黏壤质硅质混合型非酸性高热性-普通简育水耕人为土
拟定者：卢　瑛，郭彦彪，董　飞

赤泥系典型景观

分布与环境条件　主要分布在广州、清远、惠州、肇庆、云浮、佛山、湛江、茂名等地，山边或河流、水库下游地段，受侧渗水作用的宽谷盆地；成土母质为泥质页岩洪积物，土地利用类型为水田，主要种植水稻、蔬菜等。属热带、南亚热带海洋性季风性气候，年平均气温21.0～22.0 ℃，年平均降水量1700～1900 mm。

土系特征与变幅　诊断层包括水耕表层、水耕氧化还原层；诊断特性包括人为滞水土壤水分状况、氧化还原特征、高热性土壤温度状况。起源于泥质页岩冲积、洪积物，有效土层深厚，厚度>100 cm，耕作层15～20 cm，水耕氧化还原层厚度30～50 cm，土体中有2%～5%铁锈斑纹；60cm以下土层受侧渗水漂洗，铁锰淋溶，形成了厚40～50 cm、灰白色的漂白层；细土为壤土-粉质黏土；土壤呈酸性-中性，pH 5.0～7.0。

对比土系　铁场系、狮岭系、谭屋系，属同一土族。铁场系、狮岭系和谭屋系土体中均没有灰白色漂洗层；狮岭系土体浅，土体厚度<50 cm；谭屋系具有疏松、有机质含量高的炭质土层。

利用性能综述　该土系所处地势较平坦，水热条件优越，耕作时间较长，熟化程度较高，保水保肥性能较好，因漂白层位置较低，一般对耕作和作物生长影响较小，土壤结构和通气性较好，宜耕性好，适种性广，水稻、花生、蔬菜均可生长，作物产量较高。改良利用措施：修建和完善农田基本水利设施，提高灌溉效益，开沟截渗，降低地下水位；增施有机肥、秸秆回田，培肥地力；实行测土平衡施肥，协调养分供应。

参比土种　低白鳝坭田。

代表性单个土体　位于广州市花都区赤坭镇横沙村；23°22′58″N，113°04′04″E，海拔16 m；宽谷盆地，成土母质为泥质页岩洪积物，水田，种植双季水稻，50 cm深度土温23.7 ℃。野外调查时间为2010年1月20日，编号44-152（GD-gz13）。

Ap1：0～20 cm，灰橄榄色（5Y6/2，干），橄榄黑色（5Y3/2，润）；壤土，强度发育 20～50 mm 的块状结构，疏松，有细根系，根系周围有 2%左右直径 2 mm 的对比度模糊、边界扩散的铁锈斑纹，有 1%的瓦片；向下层平滑渐变过渡。

Ap2：20～30 cm，灰色（5Y6/1，干），灰色（5Y4/1，润）；黏壤土，强度发育 20～50 mm 的块状结构，坚实，少量极细根，根系周围有 2%左右直径<2 mm 的对比度模糊、边界扩散的铁锈斑纹，有 1%的瓦片；向下层平滑渐变过渡。

Br1：30～40 cm，灰色（5Y5/1，干），橄榄黑色（5Y3/1，润）；粉质黏土，强度发育 20～50 mm 的块状结构，坚实，有极少量极细根，结构体内有 5%左右直径<2 mm 的对比度模糊、边界扩散的铁锈斑纹；向下层平滑渐变过渡。

Br2：40～60 cm，淡灰色（5Y7/2，干），橄榄棕色（2.5Y4/4，润）；黏壤土，强度发育 50～100 mm 的柱状结构，很坚实，有连续的短裂隙，裂隙间距很小，结构体内有 5%左右直径<2 mm 的对比度模糊、边界扩散的铁锈斑纹；向下层平滑渐变过渡。

赤泥系代表性单个土体剖面

E：60～100 cm，85%灰白色、15%浊黄橙色（85%7.5Y8/1、15%10YR7/4，干），85%黄灰色、15%红棕色（85%2.5Y6/1、15%10R5/4，润）；黏壤土，强度发育 50～100 mm 的柱状结构，很坚实，结构体内有 5%左右直径 6～20 mm 的对比度明显、边界扩散的铁锈斑纹；向下层平滑渐变过渡。

Cr：100～140 cm，40%灰白色、60%浊黄橙色（40%7.5Y8/1、60%10R6/3，干），40%灰白色、60%浊红橙色（40%2.5Y8/1、60%10R6/4，润）；黏壤土，强度发育≥50 mm 的块状结构，很坚实，结构体内有 40%左右≥20 mm 的对比度明显、边界扩散的铁锈斑纹。

赤泥系代表性单个土体物理性质

土层	深度 /cm	砾石 (>2mm, 体积分数) /%	细土颗粒组成（粒径：mm）/（g/kg）			质地类别	容重 /（g/cm³）
			砂粒 2～0.05	粉粒 0.05～0.002	黏粒 <0.002		
Ap1	0～20	0	296	486	218	壤土	1.28
Ap2	20～30	0	312	360	328	黏壤土	1.42
Br1	30～40	0	152	411	437	粉质黏土	1.40
Br2	40～60	0	272	346	382	黏壤土	1.38
E	60～100	0	432	295	273	黏壤土	1.42
Cr	100～140	0	344	297	359	黏壤土	1.50

赤泥系代表性单个土体化学性质

深度 /cm	pH (H₂O)	有机碳	全氮(N)	全磷(P)	全钾(K)	CEC	交换性盐基总量	游离氧化铁
		/（g/kg）				/（cmol(+)/kg）		/（g/kg）
0～20	6.5	23.8	2.12	0.49	6.2	11.9	13.1	13.3
20～30	6.6	6.8	0.68	0.26	4.8	11.0	15.0	16.7
30～40	6.7	11.2	0.80	0.26	6.1	14.7	16.0	15.9
40～60	6.9	4.4	0.52	0.17	6.7	11.7	8.6	17.6
60～100	6.7	0.8	0.29	0.12	5.2	6.0	4.6	5.5
100～140	5.4	0.6	0.30	0.12	6.2	8.1	2.7	8.5

4.10.18　狮岭系（Shiling Series）

土　　族：黏壤质硅质混合型非酸性高热性-普通简育水耕人为土
拟定者：卢　瑛，郭彦彪，董　飞

分布与环境条件　主要分布在广州、江门、阳江、茂名、湛江、佛山等地，低丘垌田或坑田下部。成土母质为砂页岩风化物，土地利用类型为水田，种植水稻、玉米、蔬菜等。属热带、南亚热带海洋性季风性气候，年平均气温21.0～22.0 ℃，年平均降水量 1900～2100 mm。

狮岭系典型景观

土系特征与变幅　诊断层包括水耕表层、水耕氧化还原层；诊断特性包括人为滞水土壤水分状况、氧化还原特征、高热性土壤温度状况。起源于冲积、洪积物，有效土层较浅，厚度<50 cm，土表 50 cm 以下为砂页岩风化物层，耕作层 15～20cm，水耕氧化还原层厚度 15～25 cm，土体中有 5%～15%铁锈斑纹，垂直结构面上有 20%～30%灰色黏粒胶膜；细土质地为黏壤土；土壤呈酸性-微酸性，pH 5.0～6.5。

对比土系　铁场系、赤泥系、谭屋系属同一土族。铁场系、赤泥系和谭屋系土体深厚，土体厚度均>100 cm；赤泥系土体下部有灰白色的漂洗层；谭屋系具有疏松、有机质含量高的炭质土层。

利用性能综述　该土系所处地势平坦，光照充足，水热条件优越，水利设施完善。耕作时间较长，熟化程度较高。渗漏量适当，保水保肥性能较好，宜耕性好，适种性广。目前多利用种植双季稻和冬种番薯、黄烟、黄豆等，水稻一般年亩产 500～750 kg。由于重用轻养，故土壤养分欠丰。改良利用措施：需重视进一步培肥地力；高州县针对该土系高产栽培供肥性不够稳的问题，种稻管理多采用"攻前、挖中、稳尾"的方法，并增施磷钾肥；此外还需继续完善、维修排灌渠系，提高灌溉效益。

参比土种　页砂质田。

代表性单个土体　位于广州市花都区狮岭镇罗仙村十七队；23°26′55″N，113°14′16″E，海拔 15 m；丘陵谷地，母质为砂页岩风化物，水田，水稻、玉米、蔬菜等轮作，50cm深度土温 23.6 ℃。野外调查时间为 2010 年 1 月 20 日，编号 44-151（GD-gz12）。

Ap1：0～18 cm，浊黄色（2.5Y6/3，干），橄榄棕色（2.5Y4/3，润）；黏壤土，强度发育 10～20 mm 的块状结构，疏松，很少量极细根；向下层平滑渐变过渡。

Ap2：18～27 cm，浊黄色（2.5Y6/3，干），橄榄棕色（2.5Y4/3，润）；黏壤土，强度发育 10～20 mm 的块状结构，坚实，很少量极细根；向下层平滑渐变过渡。

Br：27～45 cm，淡灰色（5Y7/2，干），橄榄棕色（2.5Y4/4，润）；黏壤土，中度发育 20～50 mm 的棱柱状结构，坚实，很少量极细根，孔隙周围有10%左右直径2～6mm 的对比度明显、边界清楚的铁锰斑纹，垂直结构面上有25%左右灰色黏粒胶膜；向下层平滑清晰过渡。

Cr：45～100 cm，灰白色（5Y8/2，干），黄棕色（10YR5/6，润）；砂质壤土，弱发育 20～50 mm 的块状结构，坚实，有≥80%、直径<5mm 的风化次圆岩石碎屑，孔隙周围有40%左右直径6～20 mm 的对比度明显、边界清楚的铁锈斑纹；向下层平滑清晰过渡。

狮岭系代表性单个土体剖面

C1：100～122 cm，浅淡黄色（2.5Y 8/3，干），亮黄棕色（10YR6/6，润）；砂质壤土，碎屑结构，极松散，有≥80%、直径<5 mm 的风化次圆岩石碎屑；向下层平滑突变过渡。

C2：122～140 cm，黄色（2.5Y8/8，干），黄橙色（10YR7/8，润）；黏壤土，碎屑状，疏松，有≥80%、直径<5 mm 的风化次圆岩屑。

狮岭系代表性单个土体物理性质

| 土层 | 深度 /cm | 砾石 (>2mm, 体积分数) /% | 细土颗粒组成（粒径：mm）/（g/kg） | | | 质地类别 | 容重 /（g/cm³） |
			砂粒 2～0.05	粉粒 0.05～0.002	黏粒 <0.002		
Ap1	0～18	0	356	362	283	黏壤土	1.20
Ap2	18～27	0	330	370	300	黏壤土	1.38
Br	27～45	0	304	386	310	黏壤土	1.35
Cr	45～100	80	727	115	157	砂质壤土	—
C1	100～122	80	800	44	156	砂质壤土	—
C2	122～140	80	390	313	297	黏壤土	—

狮岭系代表性单个土体化学性质

深度 /cm	pH (H₂O)	有机碳 /（g/kg）	全氮（N）/（g/kg）	全磷（P）/（g/kg）	全钾（K）/（g/kg）	CEC /（cmol(+)/kg）	交换性盐基总量 /（cmol(+)/kg）	游离氧化铁 /（g/kg）
0～18	5.8	9.8	0.94	2.45	18.9	10.6	13.9	15.2
18～27	5.9	7.6	0.74	0.32	18.7	11.6	8.4	19.2
27～45	6.2	4.2	0.45	0.24	18.2	12.6	8.2	19.6
45～100	6.3	2.7	0.25	0.30	19.0	4.7	3.7	13.6
100～122	6.5	1.4	0.12	0.20	29.5	4.6	3.0	10.9
122～140	6.5	1.9	0.11	0.22	21.4	7.5	5.2	67.9

4.10.19　客路系（Kelu Series）

土　　族：壤质硅质混合型非酸性高热性-普通简育水耕人为土
拟定者：卢　瑛，张　琳，潘　琦

客路系典型景观

分布与环境条件　主要分布在湛江、茂名、阳江等地，浅海沉积物地带的"坡塘"田和坑田。系在原生长水生植物的古海湾或滨海洼地、潟湖被泥沙掩埋形成泥炭层上发育而成。成土母质为炭质古浅海沉积物。土地利用类型为耕地，主要种植水稻、蔬菜等。热带、南亚热带海洋性季风性气候，年平均气温 22.0～23.0 ℃，年平均降水量 1700～1900 mm。

土系特征与变幅　诊断层包括水耕表层、水耕氧化还原层；诊断特性包括人为滞水土壤水分状况、氧化还原特征、高热性土壤温度状况。由古海湾或滨海洼地的泥炭发育而成，有效土层深厚，厚度>100 cm，耕作层 10～15 cm，水耕氧化还原层厚度 30～50 cm，土体中有 2%～5%铁锈斑纹；土表 50 cm 以下为厚度>50 cm 以上灰白色、红棕色相间的母土层；细土粉粒含量>450 g/kg，质地为壤土；土壤呈酸性-微酸性，pH 4.5～6.0。

对比土系　谭屋系，分布地形部位相似，成土母质相同，属相同亚类；谭屋系土族控制层段颗粒大小级别为黏壤质，表层（0～20 cm）细土质地为黏壤土类。

利用性能综述　耕层浅薄，质地为壤土，剖面层次过渡明显。土壤养分含量不平衡，严重缺钾，属低产田。改良利用措施：修建和完善农田水利设施，提高防洪抗旱能力和灌溉保证率；增施有机肥，推广秸秆回田，提高土壤有机质含量，改良土壤结构，培肥土壤，提高地力；实行测土平衡施肥，协调土壤养分供应，合理施肥，提高肥料利用率。

参比土种　黑坭散田。

代表性单个土体　位于湛江市雷州市客路镇坡仔村委会坡仔村；21°07′31″N，110°01′32″E，海拔 20 m；滨海洼地，成土母质为炭质古浅海沉积物。种植制度为两季水稻、冬种蔬菜，50 cm 深度土温 25.3 ℃。野外调查时间为 2010 年 12 月 24 日，编号 44-064。

　　Ap1：0～11 cm，灰色（5Y4/1，干），黑色（7.5Y2/1，润）；壤土，中等发育 5～10 mm 的块状结构，疏松，多量细根；向下层平滑渐变过渡。

Ap2：11～20 cm，灰色（5Y5/1，干），黑色（7.5Y2/1，润），壤土，中等发育 10～20 mm 的块状结构，疏松，中量极细根，有体积占 2%砖瓦碎屑；向下层波状清晰过渡。

Br1：20～39 cm，橄榄黑色（5Y3/1，干），橄榄黑色（7.5Y2/2，润）；壤土，中等发育 10～20 mm 的块状结构，疏松，结构体内有 5%左右直径<2 mm 的对比度模糊、边界扩散的锈纹锈斑；向下层平滑突变过渡。

Br2：39～60 cm，浊黄色（2.5Y6/3，干），暗橄榄棕色（2.5Y3/3，润）；粉壤土，中等发育 10～20 mm 的块状结构，坚实，结构体内有 5%左右直径<2 mm 的对比度模糊、边界扩散的锈纹锈斑；向下层波状突变过渡。

Cr1：60～91 cm，67%灰白色、33%浊红棕色（67%2.5Y8/1、33%5YR5/4，干），67%橙白色、33%浊橙色（67%5YR8/2、33%5YR7/4，润）；粉壤土，弱发育 20～50 mm 的块状结构，坚实，结构体内有 10%左右直径 2～6 mm 的对比模糊、边界扩散的铁锰斑纹，有 10%左右直径 2～6mm 球形的暗红色（7.5R3/6）的铁锰结核；向下层平滑渐变过渡。

客路系代表性单个土体剖面

Cr2：91～113cm，橙白色、灰白色（7.5YR8/1、2.5Y8/2，干），橙白色、淡棕灰色（5YR8/1、7.5YR7/2，润）；壤土，弱发育 20～50 mm 的块状结构，坚实，结构体内有 10%左右直径 2～6 mm 对比明显、边界扩散的铁锰斑纹，有 10%左右直径 2～6 mm 球形的颜色为暗红色（7.5R3/6）的铁锰结核。

客路系代表性单个土体物理性质

土层	深度/ cm	砾石（>2mm，体积分数）/ %	细土颗粒组成（粒径：mm）/（g/kg）			质地类别	容重/（g/cm³）
			砂粒 2～0.05	粉粒 0.05～0.002	黏粒 <0.002		
Ap1	0～11	0	383	465	153	壤土	1.18
Ap2	11～20	0	409	432	159	壤土	1.32
Br1	20～39	0	344	496	160	壤土	1.28
Br2	39～60	0	353	515	132	粉壤土	1.32
Cr1	60～91	0	338	525	137	粉壤土	1.43
Cr2	91～113	0	312	498	190	壤土	1.45

客路系代表性单个土体化学性质

深度/ cm	pH（H₂O）	有机碳	全氮（N）	全磷（P）	全钾（K）	CEC	交换性盐基总量	游离氧化铁/（g/kg）
				/（g/kg）		/（cmol（+）/kg）		
0～11	6.0	23.5	1.50	1.01	0.62	10.0	5.4	4.6
11～20	5.9	16.6	1.09	0.61	0.58	9.2	5.0	4.9
20～39	6.0	15.9	0.53	0.59	0.77	10.5	2.9	3.2
39～53	6.0	5.9	0.21	0.10	0.66	4.7	1.7	10.0
53～91	5.1	1.8	0.13	0.08	0.58	4.2	1.1	5.0
91～113	4.8	2.0	0.13	0.08	0.75	5.1	1.0	6.4

第5章 铁 铝 土

5.1 普通暗红湿润铁铝土

5.1.1 海安系（Haian Series）

土　族：极黏质氧化物型非酸性高热性-普通暗红湿润铁铝土
拟定者：卢　瑛，赵玉国

海安系典型景观

分布与环境条件　分布在湛江市，雷州半岛热带地区一、二级台地，地势开阔、平坦。成土母质为玄武岩风化物。土地利用类型为林地，自然植被为次生季雨林和干旱草原群落，现多为人工植被，有橡胶、小叶相思、桉树等。属热带季风性气候，长夏暖冬，雨量充沛，热量丰富，四季常青。年平均气温 23.0～24.0 ℃，年平均降水量 1300～1500 mm。

土系特征与变幅　诊断层包括淡薄表层、铁铝层、黏化层；诊断特性包括湿润土壤水分状况、高热土壤温度状况。该土系土体深厚，>1.5 m，土壤颜色为红色或红棕色，土壤黏粒含量高，达 60%以上，细土质地为黏土，土壤呈微酸性，pH5.5～6.5；黏粒中矿物以高岭石、三水铝石为主，铁氧化物含量高，DCB 浸提氧化铁与黏粒含量之比>0.2，土壤矿物学类型为氧化物型。

对比土系　英利系，分布区域、地貌类型相似，成土母质相同，属同一亚类。英利系土族控制层段矿物学类型为高岭石型，耕作层深厚，>20 cm。

利用性能综述　该土系质地黏重，土壤微酸性，植被保护好的地方土壤自然肥力较高。因地处热带，光热条件优越，土层深厚，有巨大生产潜力。宜种橡胶、甘蔗、菠萝、柑橙等各种热带经济作物和果树，是北运蔬菜的重要生产基地。改良利用措施：应合理规划，进行土地整理，通过平整土地、修建和完善农田水利设施、田间道路、建立防护林带，改善农业生产条件和环境条件；用地养地相结合，建立合理轮（间）作制度，培肥地力；增施有机肥料，测土配施磷、钾、钙等肥料，充分发挥热带土壤的巨大生产潜力。

参比土种　中厚玄砖红壤。

代表性单个土体　位于湛江市徐闻县海安镇麻城村委会吉磊；20°16′31″N，110°12′05″E，海拔 10 m；台地，成土母质为玄武岩风化物。植被为人工种植的桉树。50 cm 深度土温 26.0 ℃。野外调查时间为 2009 年 10 月 15 日，编号 44-157（GD-zj01）。

海安系代表性单个土体剖面

Ah：0～15 cm，红棕色（2.5YR4/6，干），暗红棕色（7.5R3/3，润）；黏土，强度发育 5～10 mm 的碎块状结构，疏松，有少量中根；向下层平滑渐变过渡。

AB：15～30 cm，浊红棕色（2.5YR4/4，干），暗红棕色（7.5R3/3，润）；黏土，强度发育 5～10 mm 的块状结构，坚实，有少量中根，有明显的黏粒胶膜，有 2%～5%直径 2～6 mm 球形的铁锰结核；向下层平滑渐变过渡。

Bw1：30～60 cm，红棕色（2.5YR4/8，干），暗红色（7.5R3/6，润）；黏土，强度发育 10～20 mm 的块状结构，坚实，有少量中根，结构面和孔隙壁上有 2%～5%的黏粒- R_2O_3 胶膜，有 10%～15%直径 2～6 mm 球形的铁锰结核；向下层平滑渐变过渡。

Bw2：60～90 cm，红棕色（2.5YR4/6，干），暗红色（7.5R3/6，润）；黏土，强度发育 10～20 mm 的块状结构，坚实，有少量中根，结构面和孔隙壁上有 2%～5%的黏粒-R_2O_3 胶膜，有 5%～10%直径 2～6mm 球形的铁锰结核；向下层平滑渐变过渡。

Bw3：90～125 cm，红棕色（2.5YR4/6，干），暗红色（7.5R3/6，润）；黏土，强度发育 10～20 mm 的块状结构，坚实，结构面和孔隙壁上有 2%～5%的黏粒- R_2O_3 胶膜，有 2%～5%直径 2～6mm 球形的铁锰结核；向下层平滑渐变过渡。

Bw4：125～200 cm，亮红棕色（2.5YR5/6，干），暗红色（7.5R3/6，润），黏土，强度发育 10～20 mm 的块状结构，坚实，结构面和孔隙壁上有 2%～5%的黏粒- R_2O_3 胶膜，有 2～5%直径 2～6 mm 球形的铁锰结核。

海安系代表性单个土体物理性质

土层	深度 / cm	砾石（>2mm，体积分数）/ %	细土颗粒组成（粒径：mm）/（g/kg）砂粒 2～0.05	粉粒 0.05～0.002	黏粒 <0.002	质地类别	容重 /（g/cm³）
Ah	0～15	0	154	245	600	黏土	1.28
AB	15～30	0	151	261	588	黏土	1.31
Bw1	30～60	0	71	223	706	黏土	1.35
Bw2	60～90	0	193	180	627	黏土	1.32
Bw3	90～125	0	101	238	661	黏土	1.32
Bw4	125～200	0	109	240	650	黏土	1.34

海安系代表性单个土体化学性质

深度 /cm	pH		有机碳	全氮（N）	全磷（P）	全钾（K）	CEC₇	ECEC	盐基饱和度	铝饱和度	游离氧化铁	铁游离度
	H₂O	KCl			/（g/kg）			/（cmol（+）/kg 黏粒）	/%	/%	/（g/kg）	/%
0～15	5.7	4.9	21.4	1.57	0.73	0.9	25.3	16.5	64.8	0.7	128.6	67.1
15～30	5.8	5.2	14.6	1.06	0.61	0.8	21.4	15.5	71.9	0.6	132.3	65.0
30～60	6.0	5.5	9.3	0.68	0.49	0.6	15.3	10.0	64.8	0.8	138.1	69.3
60～90	6.1	5.8	7.0	0.55	0.55	0.5	15.3	10.3	67.2	0.3	143.2	70.1
90～125	6.1	5.8	5.0	0.44	0.72	0.4	15.7	8.2	51.9	0.7	149.5	64.2
125～200	6.0	5.6	4.5	0.33	0.66	0.5	16.0	8.9	55.2	0.9	154.3	67.1

5.1.2 英利系（Yingli Series）

土　族：极黏质高岭石型非酸性高热性-普通暗红湿润铁铝土
拟定者：卢　瑛，盛　庚，侯　节

分布与环境条件　分布在热带北缘的湛江市地势平坦的台地，成土母质为玄武岩风化物，土地利用类型为园地或耕地，种植制度为甘蔗、菠萝、木薯、花生、蔬菜、药材等轮作。热带季风性气候，长夏暖冬，雨量充沛，热量丰富。年平均气温 23.0~24.0 ℃，年平均降水量 1500~1700 mm。

英利系典型景观

土系特征与变幅　诊断层包括淡薄表层、铁铝层；诊断特性包括湿润土壤水分状况、高热土壤温度状况。本土系土体深厚，大于 1.5 m，耕作层深厚，>20cm；细土黏粒含量极高，>600 g/kg，质地为壤质黏土-黏土；土壤呈暗红棕色-暗红色-红棕色；土壤呈酸性-微酸性，pH 5.0~6.0。

对比土系　海安系，分布区域、地貌类型相似，同一亚类。海安系土族控制层段土壤中连二亚硫酸盐-柠檬酸盐浸提氧化铁（Fe_2O_3，%）与黏粒含量（%）之比>0.20，矿物学类型为氧化物型。

利用性能综述　该土系地处热带，光热条件优越，土层深厚，有巨大生产潜力。目前主要种植甘蔗、菠萝、香蕉、花生、蔬菜、药材等，因耕作管理水平不同，肥力差异较大。改良利用措施：进行土地整理，通过平整土地、修建和完善农田水利设施、田间道路、建立防护林带，改善农业生产条件和环境条件，防止水土流失，提高防旱能力；用地养地相结合，建立含有豆科作物的轮（间）作、套种制度，防止需肥较多的单一作物长期连作，培肥地力；增施有机肥料，测土配施磷、钾、钙等肥料，充分发挥热带土壤的巨大生产潜力。

参比土种　赤土坭地。

代表性单个土体　位于湛江市雷州市英利镇英利村；20°35′00″N，110°04′00″E，海拔 118 m，台地，地势平坦；成土母质为玄武岩风化物，旱地，种植制度为甘蔗、菠萝、药草等轮作，50 cm 深度土温 25.7 ℃。野外调查时间为 2010 年 12 月 23 日，编号 44-060。

英利系代表性单个土体剖面

Ap：0～30 cm，红棕色（2.5YR4/8，干），暗红棕色（2.5YR3/4，润）；黏土，强度发育 5～10 mm 的碎块状结构，疏松，中量细根，有 1%的砖瓦、农膜碎片；向下层平滑渐变过渡。

Bw1：30～42 cm，亮红棕色（2.5YR5/8，干），暗红棕色（2.5YR3/6，润）；黏土，强度发育 10～20 mm 的块状结构，坚实，中量细根，有 3%的砖瓦碎片，向下层平滑渐变过渡。

Bw2：42～68 cm，亮红棕色（2.5YR5/8，干），浊红棕色（2.5YR4/4，润）；黏土，强度发育 10～20 mm 的块状结构，坚实，少量极细根，结构面和孔隙壁上有 2%～5%的黏粒- R_2O_3 胶膜，土体内有 5%～10%直径 2～6 mm 的暗红棕色（2.5YR3/6）形状不规则的铁锰结核；向下层平滑渐变过渡。

Bw3：68～102 cm，亮红棕色（2.5YR5/6，干），红棕色（2.5YR4/6，润）；黏土，强度发育 10～20 mm 的块状结构，坚实，结构面和孔隙壁上有 2%～5%的黏粒- R_2O_3 胶膜；向下层平滑渐变过渡。

Bw4：102～117 cm，亮红棕色（2.5YR5/8，干），暗红色（10R3/6，润），黏土；强度发育 10～20 mm 的块状结构，结构面和孔隙壁上有 2%～5%的黏粒-R_2O_3 胶膜，坚实。

英利系代表性单个土体物理性质

土层	深度 / cm	砾石 (>2mm, 体积分数) / %	细土颗粒组成（粒径：mm）/（g/kg）			质地类别	容重 /（g/cm³）
			砂粒 2～0.05	粉粒 0.05～0.002	黏粒 <0.002		
Ap	0～30	0	167	216	617	黏土	1.21
Bw1	30～42	0	100	250	650	黏土	1.24
Bw2	42～68	0	67	283	650	黏土	1.42
Bw3	68～102	0	100	185	715	黏土	1.45
Bw4	102～117	0	167	151	683	黏土	1.43

英利系代表性单个土体化学性质

深度 / cm	pH		有机碳	全氮 (N)	全磷 (P)	全钾 (K)	CEC₇	ECEC	盐基饱和度	铝饱和度	游离氧化铁	铁游离度
	H₂O	KCl	/（g/kg）				/（cmol（+）/kg 黏粒）		/ %	/ %	/（g/kg）	/ %
0～30	5.9	4.4	22.5	1.73	1.18	1.31	19.5	7.3	34.7	7.4	120.5	70.5
30～42	5.8	4.9	14.7	1.17	0.78	1.29	15.1	5.7	34.7	7.5	125.2	71.4
42～68	5.6	4.9	9.3	0.76	0.48	1.36	12.1	3.4	25.4	9.1	125.4	71.0
68～102	5.8	4.9	6.5	0.58	0.41	1.35	10.5	3.2	28.7	5.9	129.8	73.5
102～117	5.4	5.0	5.5	0.51	0.39	1.40	12.0	2.1	15.7	10.5	131.0	76.1

5.2 腐殖黄色湿润铁铝土

5.2.1 石岭系（Shiling Series）

土　族：砂质硅质混合型酸性高热性-腐殖黄色湿润铁铝土
拟定者：卢　瑛，盛　庚，侯　节

分布与环境条件　分布在湛江市的电白、吴川、廉江等地，低丘陵坡地。成土母质为花岗岩风化残积、坡积物，土地利用类型为林地，植被包括人工种植的桉树、松树、台湾相思等。属南亚热带南缘-热带北缘湿润季风性气候，年平均气温 22.0～23.0 ℃，年平均降水量 1700～1900 mm。

石岭系典型景观

土系特征与变幅　诊断层包括淡薄表层、铁铝层；诊断特性包括湿润土壤水分状况、腐殖质特性、高热土壤温度状况。该土系土体深厚，>100 cm；因受人为活动影响，植被受到破坏，表土层较浅，<10 cm；细土中砂粒含量高，>50%，质地为砂质黏壤土-砂质黏土；土壤呈酸性，pH 4.5～5.5。AB 层、B 层结构体表面、孔隙壁上有 2%～5%的腐殖质淀积胶膜，具有腐殖质特性。

对比土系　曲界系，分布在相邻区域的玄武岩台地，成土母质为玄武岩风化物，细土质地黏重，土族控制层段颗粒大小级别为极黏质，土壤矿物学类型为高岭石型。

利用性能综述　该土系有机质层浅薄，质地偏砂，氮、磷、钾养分含量低，但土体深厚，有利林木生长。目前植被有松树、桉树、台湾相思，植被稀疏，生长不良，地面覆盖度低，水土流失严重。改良利用措施：抓好封山育林，增加植被覆盖，营造针阔叶混交林，避免单一种植桉树，防止水土流失；在低山中下部缓坡可开垦梯地种植果树、油茶等热带或南亚热带经济林果，但要施足有机肥，合理增施磷、钾肥，宜间种绿肥、牧草，培肥土壤。

参比土种　薄厚麻砖红壤。

代表性单个土体　位于湛江市廉江市国营东升农场三队（石岭镇塘雷村委会内）；21°41′58″N，110°06′31″E，海拔 52 m；低丘的顶部，成土母质为花岗岩风化残积、坡积物；次生林地，植被类型为人工种植的桉树，50 cm 深度土温 24.9 ℃。野外调查时间为 2010 年 12 月 27 日，编号 44-068。

石岭系代表性单个土体剖面

Ah: 0～6 cm, 浊黄橙色 (10YR7/3, 干), 棕色 (7.5YR4/3, 润); 砂质黏壤土, 强度发育 5～10 mm 的块状结构, 疏松, 中量细根, 有 2%～5% 直径 <5 mm 次圆形石英颗粒; 向下层平滑渐变过渡。

AB: 6～30 cm, 浊黄橙色 (10YR7/2, 干), 橙色 (7.5YR6/6, 润); 砂质黏壤土, 强度发育 10～20 mm 的块状结构, 坚实, 中量细根, 结构体表面、孔隙壁上有 2%～5% 的腐殖质淀积胶膜, 有 2%～5% 直径 <5 mm 次圆形石英颗粒; 向下层平滑渐变过渡。

Bw1: 30～70 cm, 淡黄橙色 (10YR8/4, 干), 橙色 (7.5YR6/8, 润); 砂质黏壤土, 强度发育 10～20 mm 的块状结构, 很坚实, 少量极细根, 有蚂蚁/白蚁, 结构体表面、孔隙壁上有 2%～5% 腐殖质淀积胶膜, 有 2%～5% 直径 <5 mm 次圆形石英颗粒; 向下层平滑渐变过渡。

Bw2: 70～110 cm, 淡黄橙色 (10YR8/4, 干), 橙色 (7.5YR6/8, 润); 砂质黏土, 强度发育 10～20 mm 的块状结构, 很坚实, 结构面上有 2%～5% 直径 <5 mm 的次圆形石英颗粒。

石岭系代表性单个土体物理性质

土层	深度 /cm	砾石 (>2mm, 体积分数) /%	细土颗粒组成 (粒径: mm) /(g/kg) 砂粒 2～0.05	粉粒 0.05～0.002	黏粒 <0.002	质地类别	容重 /(g/cm³)
Ah	0～6	2～5	720	46	234	砂质黏壤土	1.35
AB	6～30	2～5	640	126	234	砂质黏壤土	1.42
Bw1	30～70	2～5	600	127	273	砂质黏壤土	1.51
Bw2	70～110	2～5	520	90	390	砂质黏土	1.55

石岭系代表性单个土体化学性质

深度 /cm	pH H₂O	pH KCl	有机碳	全氮 (N)	全磷 (P)	全钾 (K)	CEC₇	ECEC	盐基饱和度 /%	铝饱和度 /%	游离氧化铁 /(g/kg)	铁游离度 /%
			/(g/kg)				/(cmol(+)/kg 黏粒)					
0～6	4.8	3.9	17.1	0.81	0.28	1.30	27.2	11.5	25.9	39.1	16.1	63.7
6～30	4.6	3.7	15.7	0.70	0.27	1.23	29.2	9.7	9.2	72.2	18.1	63.8
30～70	4.6	3.7	12.8	0.60	0.26	1.51	19.5	8.9	11.7	74.5	24.9	61.7
70～110	4.8	3.8	10.1	0.44	0.24	1.70	13.3	5.1	8.1	78.8	28.8	62.0

5.2.2　曲界系（Qujie Series）

土　族：极黏质高岭石型酸性高热性-腐殖黄色湿润铁铝土
拟定者：卢　瑛，盛　庚，侯　节

分布与环境条件　分布
在湛江市徐闻县中部，低
丘陵台地。成土母质为玄
武岩风化残积、坡积物。
土地利用类型为园地或
耕地，种植菠萝、甘蔗、
木薯等。属热带湿润季风
性气候，高温多雨，光、
热充足，全年无霜，四季
如春，年平均气温 23.0～
24.0 ℃，年平均降水量
1500～1700 mm。

曲界系典型景观

土系特征与变幅　诊断层包括淡薄表层、铁铝层；诊断特性包括湿润土壤水分状况、腐
殖质特性、高热土壤温度状况。该土系是玄武岩风化物形成土壤经长期耕种发育而成，
土体深厚，>100 cm，耕作层厚，>20 cm；因土体长期处于较湿润条件下，土壤铁氧化物
发生水化，形成针铁矿，土体呈黄棕色-棕黄色；细土中砂粒含量<50 g/kg，黏粒含量
高，>700 g/kg，质地为黏土；土壤呈强酸性-酸性，pH 4.0～5.0。

对比土系　石岭系，分布在相邻区域花岗岩低丘，成土母质为花岗岩风化物，细土砂粒
含量>55%，土族控制层段颗粒大小级别为砂质，矿物学类型为硅质混合型。

利用性能综述　该土系地处高温多雨地区，光、热条件优越，原热带季雨林生长茂盛。
目前以种植果树等经济作物为主。改良利用措施：实行土地整理，平整土地，修建和完
善农田水利设施、田间道路，完善防护林网的建设，改善农业生态环境；用地养地结合，
实行与豆科作物、绿肥轮（间）作，提高耕地基础地力；增施有机肥，测土配施磷、钾
肥等，以调节土壤养分比例，提高土壤肥力，促进热作生长，不断提高经济效益。

参比土种　黄赤土地。

代表性单个土体　位于湛江市徐闻县曲界镇三河村委会三河村西侧；20°28′58″N，
110°20′09″E，海拔 71 m；台地，地势平坦，成土母质为玄武岩风化残积、坡积物，园地，
种植菠萝。50 cm 深度土温 25.7 ℃。野外调查时间为 2010 年 12 月 21 日，编号 44-056。

曲界系代表性单个土体剖面

Ap：0～26 cm，黄棕色（10YR5/8，干），棕色（7.5YR4/6，润）；黏土，强度发育 2～5 mm 的屑粒状结构，疏松，中量细根；向下层平滑渐变过渡。

Bw1：26～45 cm，黄棕色（10YR5/6，干），棕色（7.5YR4/6，润）；黏土，强度发育 5～10 mm 的块状结构，坚实，少量极细根，结构体孔隙壁上有 2%～5%的腐殖质淀积胶膜；向下层平滑渐变过渡。

Bw2：45～73 cm，黄棕色（10YR5/6，干），棕色（7.5YR4/4，润）；黏土，强度发育 5～10 mm 的块状结构，坚实，结构面上有 <2%的黏粒胶膜；向下层平滑渐变过渡。

Bw3：73～100 cm，黄棕色（10YR5/6，干），棕色（7.5YR4/4，润）；黏土，强度发育 5～10 mm 的块状结构，较实，结构面上有 <2%的黏粒胶膜。

曲界系代表性单个土体物理性质

土层	深度 / cm	砾石 (>2mm，体积分数) / %	细土颗粒组成（粒径：mm）/（g/kg）			质地类别	容重 /（g/cm³）
			砂粒 2～0.05	粉粒 0.05～0.002	黏粒 <0.002		
Ap	0～26	0	33	219	747	黏土	1.26
Bw1	26～45	0	33	219	747	黏土	1.32
Bw2	45～73	0	33	154	813	黏土	1.41
Bw3	73～100	0	33	89	878	黏土	1.40

曲界系代表性单个土体化学性质

深度 / cm	pH		有机碳	全氮 (N)	全磷 (P)	全钾 (K)	CEC_7	ECEC	盐基饱和度	铝饱和度	游离氧化铁	铁游离度
	H₂O	KCl		/（g/kg）			/（cmol (+) /kg 黏粒）		/ %	/ %	/（g/kg）	/ %
0～26	4.2	3.8	20.9	1.44	1.79	1.29	15.8	5.6	6.5	81.4	120.3	65.8
26～45	4.2	4.1	14.6	0.97	0.98	1.50	11.6	4.8	9.1	77.9	122.2	67.6
45～73	4.8	4.5	9.5	0.59	0.93	1.55	13.7	2.1	11.8	24.1	123.7	62.1
73～100	4.7	3.7	7.7	0.52	0.90	1.72	9.3	1.3	13.5	4.5	128.0	65.1

5.3 普通黄色湿润铁铝土

5.3.1 双捷系（Shuangjie Series）

土　族：砂质硅质混合型酸性高热性-普通黄色湿润铁铝土
拟定者：卢　瑛，盛　庚，侯　节

分布与环境条件　分布在湛江、茂名、阳江等地，地势较低的花岗岩低丘缓坡。成土母质为花岗岩风化残积、坡积物。土地利用方式为果园、耕地，种植荔枝、龙眼、花生、大豆、番薯、甘蔗等。属南亚热带至热带湿润季风性气候，年平均气温 22.0～23.0 ℃，年平均降水量 2300～2500 mm。

双捷系典型景观

土系特征与变幅　诊断层包括淡薄表层、铁铝层、黏化层；诊断特性包括湿润土壤水分状况、高热土壤温度状况。该土系受成土母质特性影响，土体深厚，>100 cm；腐殖质层厚度中等，10～20 cm。细土质地偏砂，砂质壤土-砂质黏壤土。土壤呈酸性反应，pH4.0～5.5。黏粒淋溶淀积明显，在地表 30cm 以下出现黏化层，厚度 50～80 cm。

对比土系　三乡系，属同一亚类，成土母质为砂页岩风化物，土壤黏粒含量高，土族控制层段颗粒大小级别为黏质，矿物学类型为高岭石型。

利用性能综述　该土系具有砂、瘦、旱、酸等特点。地处丘陵岗地，多是水源不足，易受旱，作物产量一般不高，目前多种植果树或旱作。改良利用措施：进行土地整理，平整土地，修建灌排设施，防止水土流失，提高抗旱能力，解除旱患；增施有机肥，因土配施磷钾肥，轮作豆科作物，间种绿肥，以地养地，改良土壤质地和结构；耕地上部山地宜抓好植树造林，保持水土涵蓄水源；发展经济作物和果树，提高经济效益。

参比土种　麻赤红砂坭地。

代表性单个土体　位于阳江市江城区双捷镇 G325 国道边，21°55′04″N，111°50′36″E；母质为花岗岩风化残积、坡积物，海拔 18 m；低丘缓坡，土地利用方式为果园，种植荔枝、龙眼、菠萝蜜等。50cm 深度土温 24.7 ℃。野外调查时间为 2010 年 11 月 27 日，编号44-048。

双捷系代表性单个土体剖面

Ah：0～17 cm，橙色（7.5YR7/6，干），黄橙色（7.5YR7/8，润）；砂质壤土，中度发育 10～20 mm 的块状结构，坚实，中量中根，有 2%左右直径 2～5 mm 的次圆形的石英颗粒，有 2～3 条蚯蚓；向下层平滑渐变过渡。

AB：17～36 cm，浊橙色（7.5YR7/4，干），黄棕色（7.5YR5/8，润）；砂质黏壤土，中度发育 10～20 mm 的块状结构，坚实，少量细根，有 5%左右直径 2～5 mm 的次圆形的石英颗粒；向下层平滑渐变过渡。

Bt1：36～62 cm，亮黄棕色（10YR6/6，干），棕色（7.5YR4/4，润）；砂质黏壤土，中度发育 20～50 mm 的块状结构，坚实，少量中根系有 5%左右直径 2～5 mm 的次圆形的石英颗粒；向下层平滑突变过渡。

Bt2：62～116 cm，橙色（7.5YR7/6，干），橙色（5YR6/8，润）；砂质黏壤土，中度发育 20～50mm 的块状结构，坚实，少量中根，有 10%左右直径 2～5mm 的次圆形的石英颗粒；向下层平滑渐变过渡。

BC：116～135cm，黄橙色（7.5YR7/8，干），橙色（5YR6/8，润）；砂质黏壤土，弱发育 20～50 mm 的块状结构，坚实，有 20%左右的直径为 2～5 mm 的次圆形的石英颗粒和 5～20 mm 的角状强度风化的花岗岩碎屑。

双捷系代表性单个土体物理性质

土层	深度 / cm	砾石 (>2mm，体积分数) / %	细土颗粒组成（粒径：mm）/（g/kg）			质地类别	容重 / (g/cm³)
			砂粒 2～0.05	粉粒 0.05～0.002	黏粒 <0.002		
Ah	0～17	2	602	199	199	砂质壤土	1.41
AB	17～36	5	676	121	203	砂质黏壤土	1.42
Bt1	36～62	5	659	89	252	砂质黏壤土	1.54
Bt2	62～116	10	548	116	336	砂质黏壤土	1.58
BC	116～135	20	540	148	312	砂质黏壤土	—

双捷系代表性单个土体化学性质

深度 / cm	pH		有机碳	全氮 (N)	全磷 (P)	全钾 (K)	CEC₇	ECEC	盐基饱和度	铝饱和度	游离氧化铁	铁游离度
	H₂O	KCl		/（g/kg）			/（cmol（+）/kg 黏粒）		/ %	/ %	/（g/kg）	/ %
0～17	4.7	3.6	11.3	0.82	0.38	0.93	27.7	17.4	33.2	47.2	14.8	65.4
17～36	4.5	3.8	6.0	0.33	0.10	1.35	17.9	10.8	12.1	80.0	15.3	69.8
36～62	4.4	3.9	6.1	0.38	0.11	1.18	14.2	8.1	8.8	84.4	17.1	72.1
62～116	4.5	3.9	6.1	0.33	0.15	1.72	12.1	5.7	10.5	77.7	23.5	70.4
116～135	4.7	4.0	4.1	0.23	0.13	1.72	11.3	4.9	13.4	69.1	23.1	78.0

5.3.2　三乡系（Sanxiang Series）

土　族：黏质高岭石型酸性高热性-普通黄色湿润铁铝土
拟定者：卢　瑛，卢维盛，潘　琦

分布与环境条件　分布在湛江、茂名、江门、阳江、中山等地，海拔 300 m 以下低丘陵区。成土母质为砂页岩风化残积、坡积物。土地利用类型为林地，植被有松树、荷木、椎木，林下有芒萁等草本植物。属南亚热带至热带湿润季风性气候，年平均气温 22.0～23.0 ℃，年平均降水量 1900～2100 mm。

三乡系典型景观

土系特征与变幅　诊断层包括淡薄表层、铁铝层；诊断特性包括湿润土壤水分状况、高热性土壤温度状况。该土系土体深厚，>100 cm。因受人为活动影响，原生植被受到破坏，表土层层较浅，约 10 cm 厚；细土质地为砂壤质黏壤土-黏土；土壤呈强酸性-酸性反应，pH 4.5～6.5。土壤盐基淋失和脱硅富铝化作用强烈，土壤全钾（K）含量<8.0 g/kg；土壤黏粒活性低，CEC_7 和 ECEC 12～16 cmol（+）/kg 黏粒和 3～7 cmol（+）/kg 黏粒。

对比土系　双捷系，属同一亚类，成土母质为花岗岩风化物，细土砂粒含量高，土族控制层段颗粒大小级别为砂质，矿物学类型为硅质混合型。

利用性能综述　该土系土体深厚，但表层浅薄，表层有机质及养分含量较高。改良利用措施：应营造针、阔叶混交林，抓好封山育林，防止水土流失；在缓坡地带可开垦梯地种植果树、油茶等经济林木，但要防止水土流失；施有机肥，合理增施磷、钾肥；宜间种绿肥、牧草、豆科作物等；培肥土壤。

参比土种　薄厚页赤红壤。

代表性单个土体　位于中山市三乡镇乌石村，22°21′23″N，113°24′45″E，海拔 13 m；低丘，成土母质为砂页岩风化残积、坡积物。次生林地，植被有荷木、杂草等。50 cm 深度土温 24.4℃。野外调查时间为 2010 年 3 月 27 日，编号 44-160（GD-zs04）。

　　Ah: 0～10 cm，浊黄橙色（10YR7/4，干），亮棕色（7.5YR5/6，润）；砂质黏壤土，强度发育 5～10 mm 的屑粒状结构，疏松，有少量中等大小的树根；向下层平滑渐变过渡。

三乡系代表性单个土体剖面

AB：10～27 cm，亮黄棕色（10YR7/6，干），橙色（7.5YR 6/6，润）；黏壤土，强度发育 10～20 mm 的块状结构，坚实，有少量细的树根；向下层平滑渐变过渡。

Bw1：27～43 cm，亮黄棕色（10YR 7/6，干），橙色（7.5YR 6/8，润）；黏壤土，中度发育 10～20 mm 的块状结构，坚实，有少量中等大小的树根，有 3%左右的直径 5～20 mm 角状风化的母岩碎屑；向下层平滑渐变过渡。

Bw2：43～82 cm，淡黄橙色（7.5YR 8/4，干），亮黄棕色（10YR6/8，润）；黏土，中度发育 10～20 mm 的块状结构，很坚实，有少量的中等大小树根，有 3%左右的直径 5～20 mm 角状风化的母岩碎屑；向下层平滑渐变过渡。

Bw3：82～125 cm，淡黄橙色（7.5YR8/6，干），亮黄棕色（10YR6/8，润）；黏土，中度发育 20～50 mm 的块状结构，很坚实，有少量中等大小的树根；向下层平滑渐变过渡。

Bw4：125～140 cm，黄橙色（7.5YR8/8，干），黄橙色（10YR 7/8，润）；黏土，中度发育 20～50 mm 的块状结构，很坚实，土内有少量中等大小的树根。

三乡系代表性单个土体物理性质

土层	深度 /cm	砾石 (>2mm，体积分数) /%	细土颗粒组成（粒径：mm）/（g/kg）			质地类别	容重 /（g/cm³）
			砂粒 2～0.05	粉粒 0.05～0.002	黏粒 <0.002		
Ah	0～10	0	523	163	314	砂质黏壤土	1.41
AB	10～27	0	433	208	359	黏壤土	1.43
Bw1	27～43	3	410	209	380	黏壤土	1.54
Bw2	43～82	3	358	207	435	黏土	1.53
Bw3	82～125	0	342	201	458	黏土	1.52
Bw4	125～140	0	310	215	475	黏土	1.52

三乡系代表性单个土体化学性质

深度 /cm	pH		有机碳	全氮 (N)	全磷 (P)	全钾 (K)	CEC₇	ECEC	盐基饱和度 /%	铝饱和度 /%	游离氧化铁 /（g/kg）	铁游离度 /%
	H₂O	KCl	/（g/kg）				/（cmol（+）/kg 黏粒）					
0～10	5.5	3.7	29.6	1.90	0.47	7.7	22.1	11.2	32.5	35.6	29.7	43.4
10～27	4.5	3.6	13.1	0.89	0.31	6.3	15.2	7.6	7.8	84.4	38.5	51.2
27～43	4.7	3.8	6.5	0.41	0.26	5.3	12.7	6.2	7.3	85.1	44.4	55.2
43～82	6.1	4.0	3.8	0.25	0.26	5.2	13.0	3.3	8.8	65.4	39.8	46.6
82～125	5.5	4.0	2.8	0.16	0.24	4.5	14.2	3.5	7.3	70.7	50.4	59.9
125～140	5.1	4.0	1.8	0.16	0.24	3.8	15.3	3.6	7.3	69.0	50.9	67.5

5.4 普通简育湿润铁铝土

5.4.1 白沙系（Baisha Series）

土　族：砂质硅质混合型酸性高热性-普通简育湿润铁铝土
拟定者：卢　瑛，侯　节，盛　庚

分布与环境条件　主要分布在湛江、茂名等地，地势平坦、海拔约 20 m 以下的低丘缓坡地，多属于开阔平坦的二级阶地。成土母质为古浅海沉积物。土地利用类型为林地或旱地，植被有桉树、甘蔗、花生、木薯等。南亚热带南缘至热带北缘海洋性季风性气候，年平均气温 23.0～24.0 ℃，年平均降水量 1700～1900 mm。

白沙系典型景观

土系特征与变幅　诊断层包括淡薄表层、铁铝层、黏化层；诊断特性包括湿润土壤水分状况、高热性土壤温度状况。该土系土体深厚，细土中砂粒含量高，>500 mg/kg，质地为砂质壤土-砂质黏土，土壤盐基淋失和脱硅富铝化作用强烈，土壤全钾(K)含量<5.0 g/kg；土壤黏土矿物成分以石英和高岭石为主，黏粒的硅铝率在 1.7 左右，硅铁铝率在 1.45 左右；黏粒活性低，CEC_7 和 ECEC 分别为 13～16 cmol（+）/kg 黏粒和 8～10 cmol（+）/kg 黏粒。土壤呈强酸性-酸性反应，pH 4.5～6.0。

对比土系　小良系，属同一亚类，成土母质为花岗岩风化物，细土中黏粒含量高，土族控制层段颗粒大小级别为黏质，矿物学类型为高岭石型。

利用性能综述　该土系土体深厚，但表层质地偏砂，保水、保肥性差，有机质和养分含量低。目前多为人工林地，以桉树特别是隆缘桉生长良好。改良利用措施：以发展林业和果树为主，适当种植混交水源林和用材林；为了建立良好的森林生态系统，提高土壤肥力，应营造混交林，隆缘桉与大叶相思、湿地松、加勒比松、台湾相思混交；在立地条件和土壤肥力较好的地方可规划开发为果园或其他深根热带作物，亦可种植木薯、甘蔗、花生等作物，但需特别配施磷、钾肥，并间（套）种绿肥，加速培肥地力，提高作物产量，增加收益。

参比土种　厚薄古海积砖红壤。

代表性单个土体　位于湛江市雷州市白沙镇政府后；20°54′02″N，110°03′31″E，海拔

白沙系代表性单个土体剖面

22 m，为地势起伏小的低丘台地；成土母质为古浅海沉积物，次生林地，植被为桉树，50 cm 深度土温 25.5 ℃。野外调查时间为 2010 年 12 月 23 日，编号 44-062。

Ah：0～10 cm，橙色（5YR6/8，干），红棕色（2.5YR4/8，润）；砂质壤土，中度发育 5～10 mm 的块状结构，疏松，少量细根，有 5%左右的直径为 2～5 mm 次圆形的石英颗粒，垂直方向上有 5～10 mm 宽、≥50cm 长的连续裂隙；向下层平滑渐变过渡。

AB：10～44 cm，橙色（5YR6/6，干），红棕色（2.5YR4/6，润）；砂质壤土，中度发育 10～20 mm 的块状结构，坚实，少量细根，有 10%左右的直径为 2～5 mm 次圆形的石英颗粒，垂直方向上有 5～10 mm 宽、≥50 cm 长的连续裂隙；向下层平滑渐变过渡。

Bt1：44～124 cm，橙色（5YR6/8，干），亮红棕色（2.5YR5/8，润）；砂质黏土，中度发育 20～50 mm 的块状结构，坚实，有 15%左右的直径为 2～5 mm 次圆形的石英颗粒，垂直方向上有 5～10 mm 宽、≥50 cm 长的连续裂隙；向下层平滑渐变过渡。

Bt2：124～150 cm，亮红棕色（5YR5/8，干），亮红棕色（2.5YR5/8，润）；砂质黏土，中度发育 20～50 mm 的块状结构，坚实，有 15%左右的直径为 2～5 mm 次圆形的石英颗粒，垂直方向上有 5～10 mm 宽、≥50 cm 长的连续裂隙。

白沙系代表性单个土体物理性质

| 土层 | 深度 / cm | 砾石 (>2mm, 体积分数) / % | 细土颗粒组成（粒径：mm）/（g/kg） | | | 质地类别 | 容重 /（g/cm³） |
			砂粒 2～0.05	粉粒 0.05～0.002	黏粒 <0.002		
Ah	0～10	5	733	164	103	砂质壤土	1.51
AB	10～44	10	725	172	102	砂质壤土	1.52
Bt1	44～124	15	560	89	351	砂质黏土	1.62
Bt2	124～150	15	520	90	390	砂质黏土	1.65

白沙系代表性单个土体化学性质

| 深度 / cm | pH | | 有机碳 | 全氮 (N) | 全磷 (P) | 全钾 (K) | CEC₇ | ECEC | 盐基饱和度 / % | 铝饱和度 / % | 游离氧化铁 /（g/kg） | 铁游离度 / % |
	H₂O	KCl	/（g/kg）				/（cmol（+）/kg 黏粒）					
0～10	4.5	3.6	10.2	0.69	0.14	1.24	27.2	16.8	16.0	74.1	14.5	63.5
10～44	4.6	3.7	6.5	0.37	0.12	1.32	23.7	13.2	10.3	81.5	15.1	60.9
44～124	5.0	3.7	7.0	0.45	0.21	2.73	13.0	8.4	22.1	65.8	33.8	57.8
124～150	5.8	5.0	6.6	0.51	0.22	3.52	15.4	8.5	54.3	1.5	45.5	59.7

5.4.2 小良系（Xiaoliang Series）

土　族：黏质高岭石型铝质高热性-普通简育湿润铁铝土
拟定者：卢　瑛，盛　庚，侯　节

分布与环境条件　分布在湛江、茂名等地，低丘陵坡地。成土母质为花岗岩风化的残积、坡积物；土地利用类型为林地，植被包括桉树、松树、大叶相思、岗松、桃金娘、芒萁群落等。属南亚热带南缘至热带北缘海洋性季风性气候，年均气温 23.0 ～ 24.0 ℃，年平均降水量 1500～ 1700 mm。

小良系典型景观

土系特征与变幅　诊断层包括淡薄表层、铁铝层、黏化层；诊断特性包括湿润土壤水分状况、高热性土壤温度状况。该土系发育于花岗岩风化的残积、坡积物，在高温多雨、干湿季节明显的生物气候条件下，花岗岩风化强烈彻底，盐基淋溶作用强烈，土壤全钾（K）含量<2.0 g/kg。土体深厚，>100 cm；细土质地壤土-黏土；土壤呈酸性-强酸性反应，pH 4.0～5.0。

对比土系　白沙系，属同一亚类，成土母质为古浅海沉积物，细土砂粒含量高，粉粒含量低，土族控制层段颗粒大小级别为砂质，矿物学类型为硅质混合型。

利用性能综述　该土系土层深厚，宜种植湿地松、桉树、橡胶、荔枝等，土壤阳离子交换量低，保肥性能差，土壤养分缺乏，土壤肥力低。改良利用措施：水土流失区应封山育林，营造针阔叶混交林，如种植松树、桉树、大叶相思等，增加植被覆盖，以保持水土；在低山中下部缓坡可开垦梯地种植胡椒、荔枝、菠萝等经济作物和果树，但要多施有机肥，合理增施磷、钾肥，宜间种绿肥、牧草，培肥土壤。

参比土种　中厚麻砖红壤。

代表性单个土体　位于茂名市电白区小良镇马岚村委会马岚村；21°29'12"N，110°56'04"E，海拔 38 m；低丘顶部。成土母质为花岗岩风化的残积、坡积物。林地，植被主要有桉树、灌丛、矮草等；50 cm 深度土温 25.0 ℃。野外调查时间为 2011 年 1 月 4 日，编号 44-073。

小良系代表性单个土体剖面

Ah：0～17 cm，黄橙色（7.5YR8/8，干），橙色（5YR6/8，润）；砂质壤土，中度发育 5～10 mm 的块状结构，疏松，多量中根，有 5%左右直径为 2～5 mm 角状石英颗粒；向下层平滑渐变过渡。

Bt1：17～59 cm，淡黄橙色（7.5YR8/6，干），橙色（5YR6/6，润）；黏壤土，中度发育 10～20 mm 的块状结构，较疏松，中量中根，有 5%左右直径为 2～5 mm 角状的石英颗粒；向下层平滑渐变过渡。

Bt2：59～76 cm，淡黄橙色（7.5YR8/4，干），橙色（5YR6/8，润）；黏壤土，中度发育 10～20 mm 的块状结构，坚实，中量细根，有 5%左右直径为 2～5 mm 角状的石英颗粒；向下层平滑渐变过渡。

Bt3：76～109 cm，淡黄橙色（7.5YR8/4，干），橙色（5YR6/8，润）；黏土，弱发育 5～10 mm 的块状结构，坚实，少量细根系，有 5%左右直径为 2～5 mm 角状的石英颗粒，有 10%～15%直径为 6～20 mm 的角状浊红棕色（2.5YR4/3）的铁锰结核；向下层平滑渐变过渡。

Bt4：109～137 cm，淡黄橙色（7.5YR8/6，干），橙色（5YR7/8，润）；黏壤土，弱发育 5～10 mm 的块状结构，坚实，有 10%左右直径为 2～5 mm 角状的石英颗粒，有 10%～ 15%直径为 6～20 mm 的角状浊红棕色（2.5YR4/3）的铁锰结核；向下层平滑渐变过渡。

BC：137～160 cm，淡黄橙色（7.5YR8/6，干），橙色（5YR6/8，润）；黏壤土，弱发育 5～10 mm 的块状结构，较坚实，有 20%左右直径为 2～5 mm 角状的石英颗粒，有 10%～15%直径为 2～6 mm 的角状浊红棕色（2.5YR4/3）的铁锰结核。

小良系代表性单个土体物理性质

| 土层 | 深度 /cm | 砾石 （>2mm，体积分数）/% | 细土颗粒组成（粒径：mm）/（g/kg） | | | 质地类别 | 容重 /（g/cm³） |
			砂粒 2～0.05	粉粒 0.05～0.002	黏粒 <0.002		
Ah	0～17	5	600	205	195	砂质壤土	1.41
Bt1	17～59	5	406	238	356	黏壤土	1.48
Bt2	59～76	5	368	249	382	黏壤土	1.50
Bt3	76～109	5	280	174	546	黏土	1.53
Bt4	109～137	10	400	210	390	黏壤土	1.51
BC	137～160	20	320	290	390	黏壤土	—

小良系代表性单个土体化学性质

| 深度 /cm | pH | | 有机碳 | 全氮 （N） | 全磷 （P） | 全钾 （K） | CEC₇ | ECEC | 盐基饱和度 /% | 铝饱和度 /% | 游离氧化铁 /（g/kg） | 铁游离度 /% |
	H₂O	KCl	/（g/kg）				/（cmol（+）/kg 黏粒）					
0～17	4.5	3.6	14.8	1.00	0.49	1.7	38.0	21.3	22.4	60.0	44.3	63.6
17～59	4.5	3.6	13.3	0.78	0.39	1.8	21.0	12.2	11.7	79.8	45.2	74.9
59～76	4.5	3.7	13.9	0.76	0.29	1.7	23.0	10.0	9.0	79.3	49.8	80.5
76～109	4.5	3.8	7.4	0.42	0.31	1.3	14.8	5.9	11.2	56.2	56.6	86.0
109～137	4.4	3.8	4.8	0.54	0.27	1.7	19.3	8.2	8.9	79.1	52.2	76.4
137～160	4.4	3.8	4.2	0.24	0.24	1.7	20.7	8.4	7.4	81.7	54.8	79.4

第6章 潜 育 土

6.1 酸性简育正常潜育土

6.1.1 平冈系（Pinggang Series）

土　族：砂质硅质混合型高热性-酸性简育正常潜育土
拟定者：卢　瑛，侯　节，盛　庚

分布与环境条件　分布在阳江、江门、深圳、珠海、惠州等地，滨海沿岸静风的溺谷、河口湾和潟湖海岸潮间带的中、高潮滩；成土母质为滨海坭质、沙坭质沉积物；植被为红树林，有老鼠勒、桐花树、木榄、秋茄、白骨壤等。属南亚热带-热带海洋性季风性气候，年平均气温22.0～23.0 ℃，年平均降水量 2100～2300 mm。

平冈系典型景观

土系特征与变幅　诊断特征包括潜育特征、湿润土壤水分状况、高热性土壤温度状况、盐积现象、硫化物物质。该土系起源于滨海坭质、沙坭质沉积物，是由生长红树林并受其富含硫的植物残体分解物影响发育而成。土表 30 cm 以下即出现潜育特征土层，土体呈青灰色或灰蓝色；因受海水淹浸，土壤含盐量较高，下部土层 >10 g/kg。土体中水溶性硫酸盐含量>0.5 g/kg，土壤呈强酸性，pH 3.1～4.2。

对比土系　银湖湾系，同位于南亚热带滨海沿岸，属同一土类。银湖湾系发育于质地黏重的滨海沉积物，细土黏粒含量高，土族控制层段颗粒大小级别为黏质，无硫化物物质诊断特性。

利用性能综述　该土系具有热带、南亚热带海岸一种特殊景观。生长红树林具有特殊林相结构和生理特点，具有促淤护岸、促进海涂扩展作用，并具有抗风拒浪、固堤作用，林下腐殖质丰富，鱼虾蟹螺回游，葱郁林冠鸟类栖息，而成水产和鸟类天然养殖场。红树林组织富含单宁，是一种优良的鞣料和染料，有些还有重要的药用价值，或作绿肥、饲料。可见红树林及其土壤是一种独特的生态系统，具有特殊的生态、经济和科研价值。改良利用措施：为了保护红树林海岸生态平衡及红树林资源，该土系不宜围垦种植，而应加强保护，建立保护区，有计划地引种和发展红树林。

参比土种　林滩。

代表性单个土体　位于阳江市江城区平冈镇东一村委会墩浮自然村，21°46′00″N，111°48′22″E，海拔 1m，滨海潮滩；成土母质为滨海坭质、沙坭质沉积物，植被类为红树林灌丛，主要树种有秋茄、白骨壤、桐花树等。50 cm 深度土温 24.9 ℃。野外调查时间为 2010 年 11 月 23 日，编号 44-039。

平冈系代表性单个土体剖面

Ar：0～28 cm，浊黄橙色（10YR7/3，干），浊黄橙色（10YR7/2，润）；砂质壤土，弱发育 10～20 mm 的块状结构，松软，有中量细根，结构体表面有 5%～10%、直径 6～20 mm 的对比度明显、边界扩散的锈纹锈斑，有海蟹及洞穴等；向下层平滑渐变过渡。

Bg1：28～46 cm，灰黄棕色（10YR6/2，干），棕灰色（10YR6/1，润）；砂质黏壤土，弱发育 20～50 mm 的块状结构，松软，有少量细根，轻度亚铁反应；向下层平滑渐变过渡。

Bg2：46～65 cm，灰色（10Y6/1，干），蓝灰色（10BG6/1，润）；砂质黏壤土，无结构，软泥，强度亚铁反应；向下层平滑渐变过渡。

Bgz：65～87 cm，灰色（10Y5/1，干），蓝灰色（10BG5/1，润）；砂质黏壤土，无结构，软泥，强度亚铁反应。

平冈系代表性单个土体物理性质

土层	深度 / cm	砾石 (>2mm，体积分数) / %	细土颗粒组成（粒径：mm）/（g/kg） 砂粒 2～0.05	粉粒 0.05～0.002	黏粒 <0.002	质地类别	容重 /（g/cm³）
Ar	0～28	0	760	123	117	砂质壤土	1.37
Bg1	28～46	0	522	223	255	砂质黏壤土	1.41
Bg2	46～65	0	561	194	245	砂质黏壤土	1.41
Bgz	65～87	0	570	206	224	砂质黏壤土	1.40

平冈系代表性单个土体化学性质

深度 / cm	Ph （H₂O）	有机碳 /（g/kg）	全氮 (N) /（g/kg）	全磷 (P) /（g/kg）	全钾 (K) /（g/kg）	CEC /（cmol（+）/kg）	交换性盐基总量 /（cmol（+）/kg）	游离氧化铁 /（g/kg）	可溶性盐 /（g/kg）	水溶性硫酸盐 /（g/kg）
0～28	4.2	5.7	0.34	0.16	6.51	2.6	8.9	9.9	5.6	0.6
28～46	3.8	12.6	0.61	0.26	13.69	6.3	9.8	19.3	8.1	1.1
46～65	4.1	16.3	0.84	0.25	13.84	8.3	13.4	16.8	9.6	1.4
65～87	3.2	19.6	0.74	0.17	9.36	9.4	13.9	8.6	13.9	3.8

6.2 弱盐简育正常潜育土

6.2.1 银湖湾系（Yinhuwan Series）

土　族：黏质伊利石混合型非酸性高热性-弱盐简育正常潜育土
拟定者：卢　瑛，侯　节，盛　庚

分布与环境条件　分布在江门、阳江、珠海、中山、惠州等地，河口三角洲前缘、潟湖。海拔多在-0.6～2 m左右。成土母质为滨海坄质、沙坄质沉积物。土地利用方式为旱地，种植蔬菜、玉米等作物。经围垦种植，进行了一定程度脱盐化和脱沼泽化过程。属南亚热带海洋性季风性气候，年平均气温22.0～23.0 ℃，年平均降水量2100～2300mm。

银湖湾系典型景观

土系特征与变幅　诊断特征包括潜育特征、湿润土壤水分状况、高热性土壤温度状况；诊断现象包括盐积现象。该土系起源于滨海坄质、沙坄质沉积物，经围垦种植而成，土体中盐分含量<4.0mg/kg，不满足盐化层含量要求，干旱时地面有盐斑；细土中粉粒含量高，>500 g/kg，质地为粉质黏壤土-粉质黏土；土壤呈微酸性-微碱性，pH 6.5～8.0。

对比土系　平冈系，同位于南亚热带滨海沿岸，属同一土类。平冈系植被类型为红树，土壤砂粒含量高，土族控制层段颗粒大小级别为砂质，具有硫化物物质诊断特性，土壤酸性强。

利用性能综述　该土系质地黏重，盐分含量较高，水利条件差，在有淡水引灌条件下，可规划建设为基本农田，加快洗盐、脱盐。改良利用措施：修建农田水利设施，引淡水灌溉，加速洗盐、脱盐；种植耐盐的农作物、蔬菜；增施有机肥，提高土壤肥力；实行测土平衡施肥，加速土壤熟化。

参比土种　坄滩。

代表性单个土体　位于江门市新会区银湖湾管理委员会；22°09′28″N，113°03′06″E，海拔-1 m，滨海泥滩；成土母质为滨海沉积物；经围垦种植，进行一定程度的脱盐化和脱沼泽化而成。目前种植蔬菜。50 cm深度土温24.6 ℃。野外调查时间为2010年12月9日，编号44-054。

银湖湾系代表性单个土体剖面

Ap: 0～20 cm，黄棕色（2.5Y5/4，干），橄榄棕色（2.5Y4/3，润）；粉质黏壤土，弱发育20～50 mm的块状结构，疏松，中量中根，孔隙周围有<2%直径<2 mm的对比度模糊、边界扩散的锈纹锈斑；向下层平滑渐变过渡。

Bg1: 20～46 cm，黄棕色（2.5Y5/4，干），暗灰黄色（2.5Y4/2，润）；粉质黏壤土，弱发育20～50 mm的块状结构，坚实，少量细根，孔隙周围有<2%直径<2 mm的对比度模糊、边界扩散的锈纹锈斑，轻度亚铁反应；向下层平滑渐变过渡。

Bg2: 46～70 cm，浊黄色（2.5Y6/4，干），暗灰黄色（2.5Y4/2，润）；粉质黏土，弱发育块状结构，松软，孔隙周围有<2%直径<2 mm的对比度模糊、边界扩散的锈纹锈斑，中度亚铁反应；向下层平滑突变过渡。

Cg: 70～85 cm，淡黄色（2.5Y7/3，干），橄榄棕色（2.5Y4/3，润）；粉质黏土，无结构，软泥，强度亚铁反应。

银湖湾系代表性单个土体物理性质

| 土层 | 深度 / cm | 砾石 (>2mm，体积分数) /% | 细土颗粒组成（粒径：mm）/（g/kg） | | | 质地类别 | 容重 /（g/cm³） |
			砂粒 2～0.05	粉粒 0.05～0.002	黏粒 <0.002		
Ap	0～20	0	64	577	359	粉质黏壤土	1.35
Bg1	20～46	0	48	570	382	粉质黏壤土	1.42
Bg2	46～70	0	40	515	445	粉质黏土	1.41
Cg	70～85	0	32	539	429	粉质黏土	—

银湖湾系代表性单个土体化学性质

| 深度 / cm | pH (H₂O) | 有机碳 | 全氮(N) | 全磷(P) | 全钾(K) | CEC | 交换性盐基总量 | 游离氧化铁 /（g/kg） | 可溶性盐 /（g/kg） |
		/（g/kg）				/（cmol（+）/kg）			
0～20	6.3	15.5	1.49	1.66	15.36	21.3	24.5	53.6	2.7
20～46	7.4	13.8	1.05	0.95	15.45	16.6	28.3	54.1	2.3
46～70	7.6	13.0	1.19	1.06	16.14	22.5	29.2	57.7	2.6
70～85	7.7	15.5	1.27	1.04	16.28	20.8	40.7	55.5	3.9

第7章 均 腐 土

7.1 普通黑色岩性均腐土

7.1.1 石潭系（Shitan Series）

土　族：黏壤质混合型非酸性高热性-普通黑色岩性均腐土
拟定者：卢　瑛，盛　庚，侯　节

分布与环境条件　零星分布在韶关、清远、肇庆、阳江等地，坡度 30°～40°左右的石灰岩山坡、岩壁、缝隙中。成土母质为石灰岩风化残积、坡积物；植被类型为矮草、稀疏小灌木和桉树等。属南亚热带湿润季风性气候，年平均气温 21.0～22.0 ℃，年平均降水量 1900～2100 mm。

石潭系典型景观

土系特征与变幅　诊断层包括暗沃表层、黏化层；诊断特性包括均腐殖质特性、碳酸盐岩岩性特征、碳酸盐岩石质接触面、盐基饱和度、湿润土壤水分状况、高热土壤温度状况。该土系发育于石灰岩风化残积、坡积物，土层厚度 80～120 cm。土体颜色较暗，细土质地为壤土-粉质黏土。B 层结构面上有 2%～5%灰色黏粒-腐殖质胶膜。表土层深厚，达 20～40 cm，有机质积累明显，盐基饱和，形成暗沃表层。

对比土系　白屋洞系，地处石灰岩山区，由石灰岩风化坡积物发育而成，所处地形部位低，已经开垦农用，土壤有机质积累弱，没有暗沃表层，不同土纲，属普通铁质湿润雏形土。

利用性能综述　该土系所处地势较高，植被覆盖较好，灌丛草被生长茂盛，腐殖质积累多，肥力高，但 C/N 比偏大。植被群落多为喜钙灌丛草被，如白芒草、布荆及多种灌丛。但坡度大，缺水、干旱是本土系开发利用的最大限制因素。改良利用措施：应以林为主，因地制宜发展多种经营：可针对土壤含钙较多，发展喜钙经济作物和经济林木、果树、药材，如枣、槐花、鸡蛋花、剑花等；营造保持水土的水源林、风水林等，创造良好的生态环境。

参比土种　黑色石灰土。

石潭系代表性单个土体剖面

代表性单个土体　　位于清远市清新县石潭镇西安村委九牙山；24°08'12"N，112°45'24"E，低丘中坡，海拔108 m；坡度>30°；成土母质为石灰岩风化残积、坡积物；林地，植被为灌木杂草、次生桉树，50 cm 深度土温 23.0 ℃。野外调查时间为 2011 年 3 月 3 日，编号 44-087。

Ah：0～39 cm，棕色（10YR4/4，干），暗橄榄棕色（2.5Y3/3，润）；壤土，强度发育 5～10 mm 的粒状结构，疏松，多量中根；向下层平滑渐变过渡。

Bt1：39～93 cm，浊黄棕色（10YR5/3，干），黑棕色（10YR3/2，润）；黏壤土，强度发育 10～20 mm 的块状结构，疏松，中量中细根，结构面上有 2%～5% 的灰色黏粒-腐殖质胶膜；向下层平滑渐变过渡。

Bt2：93～120 cm，浊黄棕色（10YR5/3，干），暗棕色（10YR3/4，润）；黏壤土，强度发育 10～20 mm 的块状结构，坚实，结构面上有 2%～5% 的灰色黏粒-腐殖质胶膜，有角状的新鲜母岩碎块。

石潭系代表性单个土体物理性质

土层	深度 / cm	砾石 (>2mm，体积分数) / %	细土颗粒组成（粒径：mm）/（g/kg）			质地类别	容重 /（g/cm³）
			砂粒 2～0.05	粉粒 0.05～0.002	黏粒 <0.002		
Ah	0～39	0	376	413	211	壤土	1.25
Bt1	39～93	0	256	471	273	黏壤土	1.36
Bt2	93～120	0	240	479	281	黏壤土	1.38

石潭系代表性单个土体化学性质

深度 / cm	pH （H₂O）	有机碳	全氮（N）	全磷（P）	全钾（K）	CEC	交换性盐基总量	游离氧化铁 /（g/kg）	可溶性盐 /（g/kg）
		/（g/kg）				/（cmol（+）/kg）			
0～39	7.7	19.5	2.09	0.35	6.0	21.1	25.9	32.1	82.6
39～93	7.7	17.9	2.09	0.35	6.0	21.3	165.8	31.5	80.7
93～120	7.8	11.9	1.93	0.43	7.3	20.0	128.2	33.4	78.2

第8章 富 铁 土

8.1 普通富铝常湿富铁土

8.1.1 罗浮山系（Luofushan Series）

土　族：黏壤质硅质混合型酸性热性-普通富铝常湿富铁土
拟定者：卢　瑛，贾重建，熊　凡

分布与环境条件　分布在梅州、韶关、清远、揭阳、潮州、河源、惠州、云浮、肇庆、广州等地，海拔 600～700 m 以上山地，成土母质为花岗岩风化残积、坡积物。土地利用类型为林地，植被有杉、竹、荷木、马尾松、桃金娘、芒萁等。受潮湿气流的影响大，湿度大，常为云雾所笼罩，日照少，年平均气温 17～18 ℃。

罗浮山系典型景观

土系特征与变幅　诊断层包括淡薄表层、低活性富铁层；诊断特性包括常湿润土壤水分状况、热性土壤温度状况、富铝特性。该土系发育于花岗岩残积物、坡积物，在植被覆盖良好环境下，腐殖质积累过程明显，形成腐殖质表层；在脱硅富铁铝化作用下，形成了低活性富铁层；因土体常潮湿，土壤黄化作用显著，土壤中的铁化合物成为多水化合物，如针铁矿、水化针铁矿，使土体成黄色、黄棕色等。土壤剖面层次分明，腐殖质层厚 10～20 cm，细土质地为砂质壤土-砂质黏壤土；土壤铝饱和度>80%，土壤呈强酸性，pH 4.0～4.5。

对比土系　飞云顶系，分布在海拔高的区域，位于罗浮山系地形部位之上，成土母质相同，因温度低，湿度大，表层腐殖质含量高，土壤脱硅富铝化作用弱，土体中没有形成低活性富铁层，具有雏形层，属腐殖铝质常湿雏形土。

利用性能综述　该土系土体深厚，表层土壤有机质、全氮含量高，自然肥力较高，土体湿润，林木立地条件良好，适宜经济价值高的树木生长。改良利用措施：要保护现有植被，有计划地合理砍伐与营林相结合；大力发展楠竹、杉、松、麻栎、油茶等。

参比土种　中厚麻黄壤。

罗浮山系代表性单个土体剖面

代表性单个土体　位于惠州市博罗县罗浮山自然保护区分水坳；23°16′43″N，114°01′33″E，海拔 1140 m，中山；成土母质为花岗岩风化残积、坡积物。林地，植被有荷木、竹子等，林下有薄层枯枝落叶层，50 cm 深度土温 21.2℃。野外调查时间为 2013 年 5 月 6 日，编号 44-176。

Ah：0～14 cm，浊黄棕色（10YR5/3，干），暗棕色（10YR3/4，润）；砂质黏壤土，中度发育 5～10 mm 的屑粒状结构，疏松，有多量细根，有 5%左右直径 2～5 mm 的角状石英颗粒，有 3～5 条蚯蚓；向下层平滑渐变过渡。

AB：14～30 cm，淡黄橙色（10YR8/4，干），黄棕色（10YR5/8，润）；砂质黏壤土，中度发育 5～10 mm 的块状结构，疏松，有中量极细根，有 10%左右直径 2～5 mm 的角状石英颗粒；向下层波状渐变过渡。

Bw：30～85 cm，黄橙色（10YR8/6，干），亮黄棕色（10YR6/8，润）；砂质黏壤土，中度发育 5～10 mm 的块状结构，疏松，有 10%左右直径 2～5 mm 的角状石英颗粒；向下层平滑渐变过渡。

BC：85～108 cm，淡黄橙色（10YR8/3，干），黄橙色（10YR7/8，润）；砂质黏壤土，弱发育 5～10 mm 的块状结构，疏松，有 15%左右直径 2～5 mm 的角状石英颗粒；向下层平滑渐变过渡。

C：108 cm 以下，花岗岩风化物。

罗浮山系代表性单个土体物理性质

土层	深度 /cm	砾石 (>2mm，体积分数) /%	细土颗粒组成（粒径：mm）/（g/kg） 砂粒 2～0.05	粉粒 0.05～0.002	黏粒 <0.002	质地类别	容重 /（g/cm³）
Ah	0～14	5	530	255	214	砂质黏壤土	1.03
AB	14～30	10	532	231	237	砂质黏壤土	1.42
Bw	30～85	10	488	239	273	砂质黏壤土	1.60
BC	85～108	15	556	228	217	砂质黏壤土	1.60

罗浮山系代表性单个土体化学性质

深度 /cm	pH H₂O	pH KCl	有机碳	全氮 (N)	全磷 (P)	全钾 (K)	CEC₇	ECEC	盐基饱和度 /%	铝饱和度 /%	游离氧化铁 /（g/kg）	铁游离度 /%
				/（g/kg）			/（cmol（+）/kg 黏粒）					
0～14	4.0	3.4	34.0	2.13	0.18	17.5	64.2	21.6	3.9	88.4	14.1	61.9
14～30	4.0	3.6	11.0	0.98	0.17	18.6	37.4	14.4	4.8	87.6	17.3	64.3
30～85	4.0	3.6	4.4	0.46	0.15	19.8	23.2	11.3	5.5	88.8	19.4	66.5
85～108	4.3	3.8	1.8	0.15	0.18	31.3	22.7	10.3	9.2	79.9	12.3	42.6

8.2 黏化强育湿润富铁土

8.2.1 宁西系（Ningxi Series）

土　族：黏壤质硅质混合型酸性高热性-黏化强育湿润富铁土
拟定者：卢　瑛，盛　庚，陈　冲

分布与环境条件　分布在佛山、肇庆、广州、江门、茂名等地，丘陵缓坡岗地坡脚，成土母质为红色砂页岩风化残积、坡积物。土地利用方式为园地或耕地，主要种植荔枝、花生、番薯、豆类等。排水良好，表层有轻度的侵蚀。属南亚热带湿润季风性气候，年均气温 21.0～22.0 ℃，年平均降水量1700～1900 mm。

宁西系典型景观

土系特征与变幅　诊断层包括淡薄表层、低活性富铁层、黏化层；诊断特性包括湿润土壤水分状况、高热土壤温度状况、富铝特性。该土系起源于红色砂页岩风化残积、坡积物，土体深厚，厚度>100 cm，耕层因侵蚀的原因厚度浅薄不一，变幅5～20 cm；细土中砂粒含量高，>550 g/kg，质地为砂质黏壤土；土壤脱硅富铝化作用强烈，黏粒淋溶淀积明显，黏粒活性低，形成了黏化层和低活性富铁层。土壤呈强酸性，pH 5.0～5.5。

对比土系　五山系，分布在相邻区域，成土母质为花岗岩风化物，土壤黏粒含量高，土族控制层段颗粒大小级别为黏质；B 层 CEC_7 和 ECEC 分别>16 cmol（+）/kg 黏粒和 12 cmol（+）/kg 黏粒，土壤不具备强发育特征，属腐殖黏化湿润富铁土。

利用性能综述　本土系土体疏松，宜耕性好，适种性广，作物全期生长较正常。目前主要种植木薯、番薯、黄豆、花生等作物。但由于土壤侵蚀，养地不足，水利设施不完善，易受旱，影响作物产量。改良利用措施：首先做好水土保持工作，种植绿肥，增加覆盖度，减少土壤水分蒸发；增施腐熟有机肥料，提倡作物秸秆回田，培肥地力；有条件地方可进行土地整理，平整土地、修建和完善农田水利设施和田间道路，可种植荔枝、龙眼等果树。

参比土种　薄厚红页赤红壤。

代表性单个土体　位于广州市增城市宁西华南农业大学教学科研基地；23°14'49"N，113°38'14"E，海拔 50 m；位于低丘下部，成土母质为红色砂岩风化残积、坡积物；土地利用类型为园地，种植油茶等，50 cm 深度土温 23.7 ℃。野外调查时间为 2011

宁西系代表性单个土体剖面

年 11 月 2 日，编号 44-093。

Ah：0～5 cm，橙色（5YR7/6，干），亮红棕色（5YR5/6，润），砂质黏壤土，强度发育 5～10 mm 的团块状结构，疏松，极少量极细根，平滑渐变过渡。

AB：5～21 cm，橙色（5YR7/8，干），亮红棕色（5YR5/6，润）；砂质黏壤土，强度发育 5～10 mm 的块状结构，疏松，极少量极细根，有 1～2 条蚯蚓；向下层平滑渐变过渡。

Bt1：21～68 cm，橙色（5YR6/8，干），亮红棕色（5YR5/6，润）；砂质黏壤土，强度发育 10～20 mm 的块状结构，坚实，结构面和孔隙壁上有<2%对比度模糊的黏粒胶膜；向下层平滑渐变过渡。

Bt2：68～120 cm，橙色（5YR7/8，干），亮红棕色（5YR5/8，润）；砂质黏壤土，强度发育 10～20 mm 的块状结构，坚实，结构面和孔隙壁上有<2%对比度模糊的黏粒胶膜。

宁西系代表性单个土体物理性质

| 土层 | 深度 /cm | 砾石 (>2mm，体积分数) /% | 细土颗粒组成（粒径：mm）/（g/kg） | | | 质地类别 | 容重 /（g/cm³） |
			砂粒 2～0.05	粉粒 0.05～0.002	黏粒 <0.002		
Ah	0～5	2	633	157	211	砂质黏壤土	1.28
AB	5～21	2	624	161	215	砂质黏壤土	1.49
Bt1	21～68	2	600	137	264	砂质黏壤土	1.47
Bt2	68～120	2	582	153	266	砂质黏壤土	1.60

宁西系代表性单个土体化学性质

| 深度 /cm | pH | | 有机碳 | 全氮（N） | 全磷（P） | 全钾（K） | CEC₇ | ECEC | 盐基饱和度 /% | 铝饱和度 /% | 游离氧化铁 /（g/kg） | 铁游离度 /% |
	H₂O	KCl	/（g/kg）				/（cmol（+）/kg 黏粒）					
0～5	5.1	3.8	13.3	0.73	0.36	11.2	26.3	10.4	10.3	74.2	36.5	52.2
5～21	5.0	3.7	11.8	0.68	0.35	10.3	21.8	8.4	8.7	77.4	29.0	49.7
21～68	5.1	3.9	5.1	0.37	0.30	11.2	18.1	6.9	10.9	71.4	39.1	49.7
68～120	5.4	4.2	3.5	0.20	0.28	10.7	15.0	4.2	16.2	42.9	36.9	54.0

8.3　腐殖黏化湿润富铁土

8.3.1　鸡山系（Jishan Series）

土　　族：黏质高岭石型酸性高热性-腐殖黏化湿润富铁土
拟定者：卢　瑛，侯　节，盛　庚

分布与环境条件　分布在阳江、茂名、江门等地，低丘陵坡地的上部，成土母质为石英砂岩风化残积、坡积物；土地利用方式为林地，植被有松树、黄牛木、桉树、橡胶树、芒萁等。南亚热带湿润季风性气候，年平均气温 22.0～23.0 ℃，年平均降水量 2500～2700 mm。

鸡山系典型景观

土系特征与变幅　诊断层包括淡薄表层、低活性富铁层、黏化层；诊断特性包括湿润土壤水分状况、高热土壤温度状况、腐殖质特性。该土系起源于石英砂岩风化残积物、坡积物，土体深厚，厚度>100 cm，表土层厚度 10～20 cm。细土中黏粒含量>400 g/kg，质地为砂质黏壤土-黏土。脱硅富铝化作用强烈，黏粒淋溶淀积明显，形成黏化层和低活性富铁层；盐基饱和度低，铝饱和度>80%，土壤呈酸性，pH 4.0～5.0。

对比土系　五山系，属同一土族。五山系成土母质为花岗岩风化物，土体深厚，>150cm，细土质地较轻，表土质地类别为黏壤土类。

利用性能综述　该土系土体深厚，表土层厚度中等，10～20 cm，土壤酸性强，表层有机质和全氮、碱解氮含量中等，但磷、钾含量低。改良利用措施：要因地制宜，以巩固和发展现有林业，防止水土流失；可种植橡胶树、砂仁、油茶等经济林，在缓坡低地发展柑橙等水果，但要注意水土保持，施用有机肥；或实行豆科作物、绿肥轮（间）作，实行测土施肥，合理施用磷、钾肥等，提高地力。

参比土种　中厚页赤红壤。

代表性单个土体　位于阳江市阳东县新州镇下六村国营鸡山农场；21°55′17″N，112°13′02″E；海拔 42 m，丘陵坡地，坡度在 5°～15°。成土母质为石英砂岩风化残积、坡积物；植被类型有橡胶、芒萁等，50 cm 深度土温 24.7 ℃。野外调查时间为 2010 年 11 月 24 日，编号 44-041。

鸡山系代表性单个土体剖面

Ah：0～18 cm，橙色（7.5YR 7/6，干），棕色（7.5YR 4/6，润）；黏土，中度发育 5～10 mm 的块状结构，较坚实，中量粗根，有 5%左右直径为 5～20 mm 角状的风化母岩碎屑；向下层平滑渐变过渡。

Bt1：18～73 cm，橙色（7.5YR 6/8，干），亮棕色（7.5YR 5/8，润）；黏土，中度发育 10～20 mm 的块状结构，坚实，少量细根，结构面和孔隙壁上有 2%～5%的对比度模糊的腐殖质淀积胶膜，有 5%左右直径为 5～20 mm 角状的风化母岩碎屑；向下层平滑渐变过渡。

Bt2：73～100 cm，黄橙色（7.5YR7/8，干），橙色（7.5YR 6/8，润）；黏土，中度发育 10～20 mm 的块状结构，坚实，很少量细根，结构面和孔隙壁上有<2%的对比度模糊的黏粒胶膜，有 5%左右直径为 5～20 mm 角状的风化母岩碎屑；向下层平滑渐变过渡。

Bt3：100～120 cm，黄橙色（7.5YR 7/8，干），橙色（7.5YR 6/8，润）；黏土，中度发育 10～20 mm 的块状结构，坚实，结构面和孔隙壁上有<2%的对比度模糊的黏粒胶膜，有 10%左右直径为 5～20 mm 角状的风化母岩碎屑；向下层平滑渐变过渡。

BC：120～150 cm，橙色（7.5YR 6/8，干），橙色（7.5YR 6/8，润）；黏土，弱发育 10～20 mm 的块状结构，疏松，结构面和孔隙壁上有<2%的对比度模糊的黏粒胶膜，有 20%左右直径为 20～75 mm 角状的风化母岩碎屑。

鸡山系代表性单个土体物理性质

| 土层 | 深度/cm | 砾石（>2mm，体积分数）/% | 细土颗粒组成（粒径：mm）/（g/kg） | | | 质地类别 | 容重/（g/cm³） |
			砂粒 2～0.05	粉粒 0.05～0.002	黏粒 <0.002		
Ah	0～18	5	276	317	408	黏土	1.38
Bt1	18～73	5	160	282	557	黏土	1.52
Bt2	73～100	5	192	256	552	黏土	1.51
Bt3	100～120	10	238	245	517	黏土	1.52
BC	120～150	20	321	272	407	黏土	—

鸡山系代表性单个土体化学性质

| 深度/cm | pH | | 有机碳 | 全氮（N） | 全磷（P） | 全钾（K） | CEC₇ | ECEC | 盐基饱和度/% | 铝饱和度/% | 游离氧化铁/（g/kg） | 铁游离度/% |
	H₂O	KCl	/（g/kg）				/（cmol（+）/kg 黏粒）					
0～18	4.4	3.5	18.9	1.13	0.54	4.57	27.3	13.8	8.0	84.1	100.7	89.0
18～73	4.5	3.6	8.1	0.54	0.64	6.30	23.0	9.6	4.7	88.7	103.7	88.6
73～100	4.8	3.7	5.5	0.43	0.62	7.05	22.8	8.9	4.3	89.0	99.5	89.7
100～120	4.8	3.7	5.3	0.34	0.57	6.93	22.0	9.3	4.5	89.4	94.5	87.2
120～150	4.8	3.7	3.7	0.25	0.52	8.37	23.2	11.9	6.0	88.2	81.2	85.4

8.3.2 五山系（Wushan Series）

土　族：黏质高岭石型酸性高热性-腐殖黏化湿润富铁土
拟定者：卢　瑛，侯　节，陈　冲

分布与环境条件　分布于阳江、江门、肇庆、云浮、广州、惠州、汕头、潮州、揭阳、东莞等地，植被覆盖较好、地势较缓的丘陵地区。成土母质为花岗岩风化残积、坡积物，土地利用方式为次生林地，植物有荷木、杉树、台湾相思、木麻黄、芒萁等。外排水良好，有一定程度侵蚀。属南亚热带湿润季风性气候，年平均气温 21.0～22.0 ℃，年平均降水量 1700～1900 mm。

五山系典型景观

土系特征与变幅　诊断层包括淡薄表层、低活性富铁层、黏化层；诊断特性包括湿润土壤水分状况、高热性土壤温度状况、腐殖质特性。在南亚热带生物气候条件下，土体中硅酸盐类矿物强烈分解，物质淋溶作用强烈，盐基离子遭受强烈淋失，交换性盐基含量低、盐基高度不饱和，交换性酸量高，铝饱和度>75%，土壤呈强酸性，pH 4.0～5.0；土壤黏土矿物中高岭石含量>50%，黏粒活性低，形成低活性富铁层；土壤铁游离度>60%。

对比土系　鸡山系，属同一土族。鸡山系成土母质为石英砂岩风化物，土体厚度为 100～150 cm，1m 以下土层中有半风化的石英岩屑，细土质地黏重，表层土壤质地为黏土类。

利用性能综述　该土系土体深厚，在没有人为强烈破坏下，植被生长较好，覆盖度较高，表层有机质和氮含量较高，土壤磷、钾缺乏，土壤酸度高。改良利用措施：要因地制宜，山脚缓坡可开垦种植果、茶、油茶、竹等，但要注意水土流失，改良土壤强酸性，合理施肥，培肥土壤。

参比土种　中厚麻赤红壤。

代表性单个土体　位于广州市天河区五山华南农业大学树木园内；23°9'21″N，113°21'16″E，丘陵坡地，地势较平缓，海拔 50 m。成土母质为古生代至中生代黑云母花岗岩风化物。林地，植被有乔木、灌木和草本植物，如荷木、台湾相思、木麻黄、竹子、芒萁等，植被覆盖度＞90%。50 cm 深度土温 23.8 ℃。野外调查时间为 2012 年 11 月 15 日，编号 44-163。

五山系代表性单个土体剖面

Ah：0～18 cm，浊黄橙（10YR7/4，干），棕色（10YR4/6，润）；黏壤土，强度发育 5～10 mm 的块状结构，疏松，有少量细根，有 5%左右直径为 2～5 mm 次圆的石英颗粒；向下层平滑渐变过渡。

AB：18～46 cm，橙色（7.5YR7/6，干），亮棕色（7.5YR5/6，润）；黏壤土，强度发育 5～10 mm 的块状结构，疏松，有少量中根，结构面和孔隙壁上有 5%～10%的对比度明显的黏粒-腐殖质淀积胶膜，有 5%左右直径为 2～5 mm 次圆的石英颗粒；向下层平滑渐变过渡。

Bt1：46～78 cm，黄橙色（7.5YR7/8，干），橙色（5YR6/8，润）；黏壤土，中度发育 20～50 mm 的块状结构，坚实，有极少量粗根，结构面和孔隙壁上有 2%～5%的对比度明显的黏粒-腐殖质淀积胶膜，有 10%左右直径为 2～5 mm 次圆的石英颗粒；向下层平滑渐变过渡。

Bt2：78～103 cm，橙色（5YR7/8，干），橙色（5YR6/8，润）；黏壤土，中度发育 20～50 mm 的块状结构，坚实，有很少量粗根，有 10%左右直径为 2～5 mm 次圆的石英颗粒；向下层平滑渐变过渡。

Bt3：103～154 cm，橙色（5YR7/8，干），橙色（5YR6/8，润）；黏土，中度发育 20～50 mm 的块状结构，坚实，有 10%左右直径为 2～5 mm 次圆的石英颗粒。

五山系代表性单个土体物理性质

土层	深度 /cm	砾石 (>2mm，体积分数)/%	细土颗粒组成（粒径：mm）/（g/kg）			质地类别	容重 /（g/cm³）
			砂粒 2～0.05	粉粒 0.05～0.002	黏粒 <0.002		
Ah	0～18	5	400	288	312	黏壤土	1.27
AB	18～46	5	360	328	312	黏壤土	1.42
Bt1	46～78	10	360	289	351	黏壤土	1.51
Bt2	78～103	10	400	210	390	黏壤土	1.52
Bt3	103～154	10	320	134	546	黏土	1.56

五山系代表性单个土体化学性质

深度 /cm	pH		有机碳	全氮 (N)	全磷 (P)	全钾 (K)	CEC₇	ECEC	盐基饱和度 /%	铝饱和度 /%	游离氧化铁 /（g/kg）	铁游离度 /%
	H₂O	KCl	/（g/kg）				/（cmol (+) /kg 黏粒）					
0～18	4.2	3.7	21.9	1.21	0.29	4.8	44.9	14.3	3.9	87.9	44.6	70.1
18～46	4.1	3.9	10.9	0.56	0.25	4.8	36.2	11.9	3.6	89.0	43.4	64.6
46～78	4.5	3.9	6.1	0.33	0.20	4.6	29.4	8.1	6.9	75.1	37.7	74.6
78～103	4.7	4.1	2.3	0.11	0.20	4.8	18.7	5.3	6.3	77.8	38.0	73.2
103～154	4.9	4.0	2.5	0.12	0.20	5.8	17.6	3.7	3.4	83.8	45.1	74.3

8.4 黄色黏化湿润富铁土

8.4.1 阴那页系（Yinnaye Series）

土　　族：黏质高岭石型酸性热性-黄色黏化湿润富铁土
拟定者：卢　瑛，余炜敏

分布与环境条件　分布在韶关、梅州、清远、河源等地，海拔 600 m 以下砂页岩低山丘陵中下部的山腰和山脚，成土母质为砂岩风化残积、坡积物。土地利用类型为耕地或园地，种植沙田柚、柑桔、豆类、花生、薯类等。属南亚热带北缘-中亚热带湿润季风性气候，年平均气温 20.0～21.0℃，年平均降水量 1500～1700 mm。

阴那页系典型景观

土系特征与变幅　诊断层包括淡薄表层、低活性富铁层、黏化层；诊断特性包括湿润土壤水分状况、热性土壤温度状况。砂页岩风化残积、坡积物成土母质，经过脱硅富铝化过程和黏粒的淋溶淀积，在土体中形成了低活性富铁层和黏化层。土体深厚，厚度>100 cm，表土层厚度中等，10～20 cm；细土质地较黏重，为黏壤土-黏土；土壤呈酸性，pH 5.0～5.5。

对比土系　大南山系，属同一亚类。大南山系成土母质为花岗岩风化物，细土质地为砂质黏壤土-黏土，分布在纬度比阴那页系低的区域，气温较高，土壤温度状况为高热性。

利用性能综述　该土系经多年耕作培肥，土壤结构良好，但酸度高，质地较黏重，磷、钾缺乏。坡度较大，水土流失的风险高。改良利用措施：进行土地整理，修建田间道路、农田水利和水土保持工程，防止水土流失，提高抗旱能力；用地养地，果园内套种豆科作物、绿肥，豆科作物与其他农作物轮作、间作，用地养地相结合；增施有机肥料，改土培肥，合理施用磷、钾肥。

参比土种　砂红坭地。

代表性单个土体　位于梅州市大浦县阴那山东坡，24°25′34″N，116°25′56″E，海拔 192 m，坡度>30°。成土母质为砂岩风化残积、坡积物。园地，种植沙田柚多年，50 cm 深度土温 22.8 ℃。野外调查时间为 2011 年 10 月 9 日，编号 44-144。

Ah：0～12 cm，淡黄色（5Y7/3，干），橄榄黄色（5Y6/4，润）；黏壤土，强度发育 2～5 mm 的粒状结构，疏松，中量细根。有 1～2 条蚯蚓；向下层平滑渐变过渡。

AB：12～38 cm，黄色（5Y7/6，干），（橄榄色 5Y6/6，润）；黏壤土，强度发育 5～10 mm 的块状结构，坚实，少量细根；向下层平滑渐变过渡。

Bt1：38～56 cm，淡黄色（5Y7/4，干），黄色（5Y7/6，润）；黏土，强度发育 20～50 mm 的块状结构，坚实，少量细根，结构面与孔隙壁上有<2%对比度模糊的黏粒胶膜；向下层平滑渐变过渡。

Bt2：56～120 cm，橄榄色（5Y6/6，干），橄榄色（5Y6/8，润）；黏土，强度发育 20～50 mm 的块状结构，坚实，结构面与孔隙壁上有<2%对比度模糊的黏粒胶膜，有 1～2 个老鼠洞。

阴那页系代表性单个土体剖面

阴那页系代表性单个土体物理性质

土层	深度 /cm	砾石 （>2mm，体积分数）/%	细土颗粒组成（粒径：mm）/（g/kg）			质地类别	容重 /（g/cm³）
			砂粒 2～0.05	粉粒 0.05～0.002	黏粒 <0.002		
Ah	0～12	2	355	268	377	黏壤土	1.20
AB	12～38	2	269	333	398	黏壤土	1.25
Bt1	38～56	2	172	329	498	黏土	1.38
Bt2	56～120	2	157	342	501	黏土	1.38

阴那页系代表性单个土体化学性质

深度 /cm	pH		有机碳	全氮 （N）	全磷 （P）	全钾 （K）	CEC_7	ECEC	盐基饱和度 /%	铝饱和度 /%	游离氧化铁 /（g/kg）	铁游离度 /%
	H₂O	KCl	/（g/kg）				/（cmol（+）/kg 黏粒）					
0～12	5.1	3.8	15.2	1.27	0.53	4.9	27.6	9.2	12.3	63.2	57.4	68.7
12～38	5.1	4.0	9.9	0.86	0.48	4.9	24.6	8.7	20.8	41.3	77.2	72.7
38～56	5.0	4.0	5.7	0.60	0.57	5.2	21.7	8.0	27.5	25.5	97.7	73.7
56～120	5.1	4.2	5.5	0.58	0.56	5.6	23.3	7.1	26.4	13.1	96.0	72.4

8.4.2 大南山系〔Da'nanshan Series〕

土　族：黏质高岭石型酸性高热性-黄色黏化湿润富铁土
拟定者：卢　瑛，盛　庚，陈　冲

分布与环境条件　分布于揭阳、潮州、肇庆、云浮、惠州、河源、江门、阳江、广州、佛山等地，海拔 500 m 以下低山、丘陵区。成土母质为花岗岩风化残积、坡积物。土地利用方式为林地，植被有马尾松、芒萁、灌木等，排水良好。南亚热带海洋性季风性气候，年平均气温 21.0～22.0 ℃，年平均降水量 1900～2100 mm。

大南山系典型景观

土系特征与变幅　诊断层包括淡薄表层、低活性富铁层、黏化层；诊断特性包括湿润土壤水分状况、高热土壤温度状况。该土系土体深厚，厚度>100 cm；表土层厚≥20 cm。细土质地为砂质黏土-黏土。在高温多雨条件下，土体中黏粒淋溶和淀积明显，脱硅富铝化过程强烈，黏粒中次生矿物以高岭石为主，形成黏化层和低活性富铁层。盐基淋溶强烈，盐基饱和度<15%，铝饱和度>75%，土壤呈酸性，pH 4.5～5.5。

对比土系　阴那页系，属同一亚类。阴那页系成土母质为砂页岩风化物，细土质地为黏壤土-黏土，分布在纬度比大南山系高的区域，气温低，土壤温度状况为热性。

利用性能综述　该土系所处地势为低山丘陵，多为次生疏林或幼林，草被尚好，水土流失轻，土体深厚，宜果林。改良利用措施：封山育林，在山丘顶部营造薪炭林和水土保持林，平缓山坡和山脚可种植各类果树等经济林，但要实行等高种植，并注意施用有机肥和磷、钾肥等。

参比土种　厚厚麻黄赤红壤。

代表性单个土体　位于揭阳市普宁市大南山镇白马村倒拔岭；23°12'33" N，116°10'8" E，海拔 330 m，丘陵；成土母质为花岗岩风化残积、坡积物；土地利用类型是林地，植被以小灌木、芒萁等为主，覆盖度＞80%，50 cm 深度土温 23.6 ℃。野外调查时间为 2011年 11 月 23 日，编号 44-107。

Ah：0～20 cm，浊黄橙色（10YR7/3，干），棕色（10YR4/4，润）；砂质黏土，强度发育10～20 mm的块状结构，疏松，多量中根；向下层平滑渐变过渡。

Bt1：20～60 cm，淡黄橙色（10YR8/4，干），亮棕色（7.5YR5/8，润）；黏土，中度发育10～20 mm的块状结构，较紧实，多量中细根，有10%左右直径为5～20 mm扁平的花岗岩碎屑；向下层平滑渐变过渡。

Bt2：60～120 cm，黄橙色（10YR8/6，干），橙色（7.5YR6/8，润）；黏土，中度发育10～20 mm的块状结构，较紧实，有10%左右直径为5～20 mm扁平的花岗岩碎屑；向下层平滑渐变过渡。

BC：120～160 cm，淡黄橙色（7.5YR8/4，干），黄橙色（7.5YR7/8，润）；砂质黏壤土，弱发育10～20 mm的块状结构，疏松，有20%直径为5～20 mm扁平的花岗岩风化物碎屑。

大南山系代表性单个土体剖面

大南山系代表性单个土体物理性质

土层	深度 / cm	砾石（>2mm，体积分数）/ %	细土颗粒组成（粒径：mm）/（g/kg）			质地类别	容重 /（g/cm³）
			砂粒 2～0.05	粉粒 0.05～0.002	黏粒 <0.002		
Ah	0～20	5	476	170	354	砂质黏土	1.36
Bt1	20～60	10	361	186	452	黏土	1.47
Bt2	60～120	10	366	177	457	黏土	1.34
BC	120～160	20	456	224	320	砂质黏壤土	1.43

大南山系代表性单个土体化学性质

深度 / cm	pH		有机碳	全氮（N）	全磷（P）	全钾（K）	CEC_7	ECEC	盐基饱和度 / %	铝饱和度 / %	游离氧化铁 /（g/kg）	铁游离度 / %
	H₂O	KCl		/（g/kg）			/（cmol（+）/kg 黏粒）					
0～20	4.7	3.9	17.7	1.08	0.13	13.6	31.3	14.6	7.8	83.2	27.3	61.4
20～60	4.8	3.9	6.8	0.48	0.12	13.9	23.8	11.2	10.0	78.7	33.2	62.0
60～120	5.2	3.9	4.2	0.36	0.11	16.5	21.8	8.6	6.7	83.0	33.6	61.2
120～160	5.3	3.9	3.1	0.21	0.12	22.9	25.5	13.9	7.6	86.1	28.1	62.1

8.5 网纹黏化湿润富铁土

8.5.1 樟铺系（Zhangpu Series）

土　族：粗骨黏质高岭石型酸性高热性-网纹黏化湿润富铁土
拟定者：卢　瑛，盛　庚，侯　节

分布与环境条件　分布在湛江、茂名等地，海拔 20～40 m 的砂页岩低丘台地的缓坡。成土母质为砂页岩风化坡积物。土地利用类型为林地，植被为人工种植的桉树、马尾松和灌木、草木群落。南亚热带南缘至热带北缘湿润季风性气候，年均气温 23.0～24.0℃，年平均降水量 1500～1700 mm。

樟铺系典型景观

土系特征与变幅　诊断层包括淡薄表层、低活性富铁层、黏化层、聚铁网纹层；诊断特性包括湿润土壤水分状况、高热土壤温度状况。受砂页岩岩性影响，其相间的页岩部分易于风化，黏粒含量多，而砂岩风化物多为粗砂、石砾或石块。土体厚度 40～80 cm，因水土流失影响，表土层薄，厚度<10 cm，表层土壤砂化严重；细土质地为砂质壤土-黏壤土。土壤呈酸性，pH 4.0～5.0；土表 80 cm 以下土层有棕红色与橙色相间的聚铁网纹体。

对比土系　碣石系，属相同亚类。碣石系成土母质为花岗岩风化残积、坡积物，土体中粗骨物质含量少，土族控制层段颗粒大小级别为黏壤质，矿物学类型为硅质混合型。

利用性能综述　土体厚度中等，表层较薄，地面覆盖度差，表土砂化严重，土壤有机质和氮、磷、钾等养分含量低。改良利用措施：保护现有山林植被，有计划封山育林，防止水土流失和表土砂化；改变林相，种植大叶相思等，使单一林变成混交林，逐步增加地面覆盖度；平缓地带发展甘蔗、柑、橙或其他热带水果，增加经济收入；在利用过程中要注意增施有机肥和磷、钾肥，同时要适当施用石灰，中和酸性，改良土壤。

参比土种　薄中页砖红壤。

代表性单个土体　位于湛江市吴川市樟铺镇金鸡村委会石狗塘村，21°29'18"N，110°41'01"E，海拔 22 m；低丘的顶部，次生林地，种植桉树，母质为砂页岩风化坡积物。50 cm 深度土温 25.1 ℃。野外调查时间为 2010 年 12 月 28 日，编号 44-071。

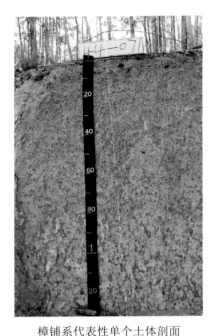

樟铺系代表性单个土体剖面

Ah：0～9 cm，浊黄橙色（10YR7/4，干），黄棕色（10YR5/6，润）；砂质壤土，中等发育5～10 mm的块状结构，疏松，中量细根，有15%左右直径2～5 mm的角状石英颗粒；向下层平滑渐变过渡。

Bt1：9～37 cm，亮黄棕色（10YR7/6，干），亮棕色（7.5YR5/8，润）；黏壤土，弱发育5～10 mm的块状结构，坚实，中量细根，有30%左右直径2～5 mm次圆的石英颗粒；向下层平滑渐变过渡。

Bt2：37～79 cm，黄橙色（7.5YR8/8，干），橙色（7.5YR6/8，润）；黏壤土，弱发育5～10 mm的块状结构，坚实，少量细根，有30%左右直径2～5 mm次圆的石英颗粒；向下层平滑渐变过渡。

Bt1：79～130 cm，35%红色、50%淡黄橙色、15%橙白色（35% 10R5/8、50%7.5YR8/3、15%10YR8/2，干），35%红色、50% 橙色、 15% 浊黄橙色（35%10R4/8、 50%7.5YR6/6、15%10YR7/4，润）；黏壤土，很弱发育10～20 mm的块状结构，坚实，有60%左右直径2～5 mm次圆的石英颗粒、棕红色与橙色相间的聚铁网纹体。

樟铺系代表性单个土体物理性质

土层	深度 / cm	砾石 (>2mm，体积分数) / %	细土颗粒组成（粒径：mm）/（g/kg） 砂粒 2～0.05	粉粒 0.05～0.002	黏粒 <0.002	质地类别	容重 /（g/cm³）
Ah	0～9	15	620	213	167	砂质壤土	—
Bt1	9～37	30	394	223	382	黏壤土	—
Bt2	37～79	30	362	263	376	黏壤土	—
Bt3	79～130	55	346	255	399	黏壤土	—

樟铺系代表性单个土体化学性质

深度 / cm	pH H₂O	pH KCl	有机碳	全氮（N）	全磷（P）	全钾（K）	CEC₇	ECEC	盐基饱和度 / %	铝饱和度 / %	游离氧化铁 /（g/kg）	铁游离度 / %
			/（g/kg）				/（cmol（+）/kg 黏粒）					
0～9	4.4	3.3	14.1	0.56	0.08	1.43	31.9	14.6	11.7	74.3	14.4	74.8
9～37	4.7	3.5	8.2	0.30	0.11	3.75	22.7	12.0	9.0	82.9	42.6	80.6
37～79	4.8	3.5	6.6	0.28	0.10	3.94	21.8	13.1	9.7	83.8	47.6	84.6
79～130	4.6	3.5	6.0	0.22	0.09	5.16	18.8	14.0	8.5	88.6	44.6	85.9

8.5.2 碣石系（Jieshi Series）

土　　族：黏壤质硅质混合型非酸性高热性-网纹黏化湿润富铁土
拟定者：卢　瑛，盛　庚，陈　冲

分布与环境条件　分布于江门、云浮、汕尾、河源、惠州、广州等地，地势较低的花岗岩缓丘。成土母质为花岗岩风化残积、坡积物。土地利用方式为果园、耕地，种植荔枝、龙眼、花生、豆类、番薯等。土体内、外排水良好。南亚热带湿润季风性气候，年平均气温22.0～23.0℃，年平均降水量1900～2100 mm。

碣石系典型景观

土系特征与变幅　诊断层包括淡薄表层、低活性富铁层、黏化层、聚铁网纹层；诊断特性包括湿润土壤水分状况、高热土壤温度状况。土层深厚，厚度>100 cm，耕作层厚，>20 cm；细土质地为砂质壤土-壤质黏土。黏粒淋溶淀积明显，耕层之下形成黏化层，其下有棕红色与黄白色相间的聚铁网纹体。土壤呈微酸性，pH 6.0～6.5。

对比土系　樟铺系，属相同亚类。樟铺系成土母质为砂页岩风化物，土体中粗骨物质含量多，土族控制层段颗粒大小级别为粗骨黏质，矿物学类型为高岭石型。

利用性能综述　该土系土质疏松通透性好，适种性广，但由于只用地不养地，加上开垦不当，引起水土流失。目前多利用种植荔枝、龙眼、花生、黄豆、番薯、甘蔗等作物，作物产量低。改良利用措施：进行土地整理，修建农田基本设施，增强抗旱、防涝能力，防止水土流失；合理轮作、间作，多种绿肥或利用秸秆还田，提高土壤肥力；增施有机肥，实行测土配方施用磷、钾肥，提高产量，增加经济效益。

参比土种　麻赤红坭地。

代表性单个土体　位于汕尾市陆丰市碣石镇 S338 省道附近果园（飞机跑道路段）；22°52′58″N，115°53′7″E，海拔 10 m，地形为低丘；成土母质为花岗岩风化残积、坡积物；土地利用类型为园地，种植荔枝，植被覆盖率大于80%，50 cm 深度土温 24.0 ℃。野外调查时间为 2011 年 11 月 25 日，编号 44-113。

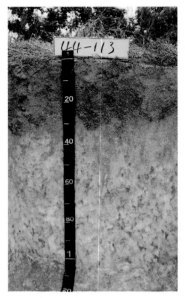

碣石系代表性单个土体剖面

Ah：0～26 cm，浊黄色（2.5Y6/3，干），黄棕色（2.5Y5/6，润）；砂质壤土，中等发育 10～20 mm 的屑粒状结构，疏松，多量中细根，有 5%左右直径 5～20 mm 的石英颗粒；向下层平滑渐变过渡。

Btl1：26～60 cm，70%浅淡黄色、15%黄橙色、15%亮红棕色（70% 2.5Y8/3、15% 10YR7/8、15% 5YR5/8，干），70%黄色、15%橙色、15%亮红棕色（50% 2.5Y8/6、15% 7.5YR6/8、15% 2.5YR5/6，润）；砂质黏壤土，中等发育 10～20 mm 的块状结构，疏松，有很少量细根，有 10%左右直径 5～20 mm 的石英颗粒，有棕红色与黄白色相间的聚铁网纹体；向下层平滑渐变过渡。

Btl2：60～100 cm，50%浅淡黄色、25%黄橙色、25%亮红色（50% 2.5Y8/3、25% 10YR7/8、25% 5YR5/8，干），50%黄色、25%橙色、25%亮红棕色（50% 2.5Y8/6、25% 7.5YR6/8、25% 2.5YR5/6，润）；砂质黏壤土，中等发育 10～20 mm 的块状结构，坚实，有 10%左右直径 5～20 mm 的石英颗粒，有棕红色与黄白色相间的聚铁网纹体。

碣石系代表性单个土体物理性质

| 土层 | 深度 / cm | 砾石（>2mm，体积分数）/ % | 细土颗粒组成（粒径：mm）/ (g/kg) | | | 质地类别 | 容重 / (g/cm³) |
			砂粒 2～0.05	粉粒 0.05～0.002	黏粒 <0.002		
Ah	0～26	5	692	111	198	砂质壤土	1.30
Btl1	26～60	10	460	205	335	砂质黏壤土	1.47
Btl2	60～100	10	467	231	302	砂质黏壤土	1.51

碣石系代表性单个土体化学性质

| 深度 / cm | pH | | 有机碳 | 全氮（N） | 全磷（P） | 全钾（K） | CEC₇ | ECEC | 盐基饱和度 / % | 铝饱和度 / % | 游离氧化铁 / % | 铁游离度 / % |
	H₂O	KCl			/ (g/kg)			/ (cmol (+) /kg 黏粒)				
0～26	6.1	4.0	16.7	1.15	0.19	3.0	27.7	13.4	14.7	69.7	17.4	57.6
26～60	6.0	3.9	4.7	0.30	0.09	3.7	20.5	10.4	10.6	79.0	27.6	62.3
60～100	6.0	3.8	1.6	0.09	0.08	4.4	24.1	15.7	7.7	88.1	26.5	66.8

8.6 普通黏化湿润富铁土

8.6.1 北坡系（Beipo Series）

土　族：砂质硅质混合型酸性高热性-普通黏化湿润富铁土
拟定者：卢　瑛，侯　节，盛　庚

分布与环境条件　分布在湛江、茂名等地，缓坡台地。成土母质为浅海沉积物形成湿润富铁土经农业种植利用后发育而成。旱地，主要种植甘蔗、花生、番薯等。热带北缘湿润季风性气候，年均气温 22.0～23.0 ℃，年平均降水量 1700～1900 mm。

北坡系典型景观

土系特征与变幅　诊断层包括淡薄表层、低活性富铁层、黏化层；诊断特性包括湿润土壤水分状况、高热土壤温度状况。由浅海沉积物发育的湿润富铁土（黄赤土）经开垦种植农作物演变而成，土体深厚，厚度>100 cm，耕作层厚度 10～20 cm；细土中砂粒含量>600 g/kg，质地为砂质壤土-砂质黏土，疏松易耕。土壤呈酸性，pH 4.0～5.0。

对比土系　湖光系，属同一亚类，分布区域相邻，成土母质为玄武岩分风化物，细土质地黏重，土族控制层段颗粒大小级别为黏质，矿物学类型为高岭石型。

利用性能综述　该土系耕层、土体均较厚，质地偏砂，耕作容易，宜种性广，但灌溉水源不足，常有干旱威胁，养分含量亦偏低，特别缺磷缺钾，作物生长欠佳，产量不高。改良利用措施：应改善排灌渠系，增施有机肥，分次多施钾肥，因土配肥施磷，提高土壤肥力；此外，由于下层土壤质地较好，养分相对较高，宜适当轮作深根作物，以利改良土壤，应充分利用下层土壤肥力，地尽其利。

参比土种　黄赤砂坭地。

代表性单个土体　位于湛江市遂溪县北坡镇水南村委会水南村；21°11′52″N，109°55′03″E，海拔 10 m；台地，成土母质为浅海沉积物，旱地，种植甘蔗等，50 cm 深度土温 25.3 ℃。野外调查时间为 2010 年 12 月 25 日，编号 44-066。

北坡系代表性单个土体剖面

Ap1：0～15 cm，浊黄色（2.5Y6/4，干），棕色（10YR4/6，润）；砂质壤土，中等发育<5 mm 的碎块状结构，松散，中量细根，有 5%左右直径 2～5 mm 圆的石英颗粒；向下层平滑渐变过渡。

Ap2：15～45 cm，亮黄棕色（2.5Y6/6，干），黄棕色（10YR5/8，润）；砂质黏壤土，中等发育 10～20 mm 的块状结构，疏松，少量细根，有 5%左右直径 2～5 mm 圆的石英颗粒；向下层平滑渐变过渡。

AB：45～75 cm，亮黄棕色（2.5Y7/6，干），黄棕色（10YR5/6，润）；砂质黏壤土，中等发育 10～20 mm 的块状结构，疏松，有 5%左右直径 2～5 mm 圆的石英颗粒，结构面与孔隙壁上有 2%～5%对比度明显的腐殖质淀积胶膜；向下层平滑突变过渡。

Bt1：75～94 cm，黄橙色（10YR8/6，干），橙色（7.5YR6/8，润）；砂质黏壤土，中等发育 10～20 mm 的块状结构，坚实，有 5%左右直径 2～5 mm 圆的石英颗粒；向下层平滑渐变过渡。

Bt2：94～120 cm，橙色（7.5YR7/6，干），橙色（5YR6/8，润）；砂质黏土，中等发育 10～20 mm 的块状结构，坚实，有 5%左右直径 2～5 mm 圆的石英颗粒。

北坡系代表性单个土体物理性质

土层	深度 / cm	砾石 (>2mm，体积分数) / %	细土颗粒组成（粒径：mm）/（g/kg）			质地类别	容重 /（g/cm³）
			砂粒 2～0.05	粉粒 0.05～0.002	黏粒 <0.002		
Ap1	0～15	5	676	153	172	砂质壤土	1.29
Ap2	15～45	5	698	100	202	砂质黏壤土	1.31
AB	45～75	5	683	110	207	砂质黏壤土	1.36
Bt1	75～94	5	680	47	273	砂质黏壤土	1.35
Bt2	94～120	5	640	9	351	砂质黏土	1.50

北坡系代表性单个土体化学性质

深度 / cm	pH		有机碳	全氮（N）	全磷（P）	全钾（K）	CEC₇	ECEC	盐基饱和度 / %	铝饱和度 / %	游离氧化铁 /（g/kg）	铁游离度 / %
	H₂O	KCl	/（g/kg）				/（cmol（+）/kg 黏粒）					
0～15	4.9	3.6	8.2	0.44	1.04	0.62	36.9	16.3	28.7	35.2	14.2	75.2
15～45	4.2	3.7	4.6	0.21	0.13	0.59	24.5	10.5	9.4	78.1	15.0	77.4
45～75	4.1	3.7	6.2	0.29	0.16	0.75	25.2	12.4	8.3	83.2	19.2	70.9
75～94	4.0	3.7	3.0	0.15	0.12	0.86	18.7	8.6	9.2	79.9	19.2	81.1
94～120	4.2	3.6	2.4	0.14	0.12	1.31	17.3	6.8	10.5	73.1	21.7	85.9

8.6.2 望埠系（Wangbu Series）

土　族：黏质高岭石型酸性热性-普通黏化湿润富铁土
拟定者：卢　瑛，盛　庚，侯　节

分布与环境条件　分布于
韶关、清远、河源、梅州、
潮州等地，砂页岩低山丘
陵上部。成土母质为砂页
岩风化残积、坡积物；土
地利用类型为林地，植被
有松树、毛竹、板栗、樟
树、映山红、芒萁等。为
南亚热带北缘至中亚热带
湿润季风性气候，年均气
温 20.0～21.0 ℃，年平均
降水量 1700～1900 mm。

望埠系典型景观

土系特与征变幅　诊断层包括淡薄表层、低活性富铁层、黏化层；诊断特性包括湿润土
壤水分状况、热性土壤温度状况。土体深厚，厚度>100 cm，腐殖质层较薄，<10 cm；细
土中粉粒含量>450 g/kg，土壤质地为粉质黏壤土-粉质黏土；脱硅富铝化作用强烈、黏粒
淋溶淀积明显，在腐殖质层之下形成黏化层和低活性富铁层，土壤铁游离度>70%。土壤
呈酸性，pH 4.5～5.5。

对比土系　官田系，属相同亚类。官田系成土母质为红色砂页岩风化物，土壤颜色为
2.5YR 或更红，表层（0～20 cm）细土质地为黏土类，土壤温度状况为高热性。

利用性能综述　该土系土体深厚，表土层较浅，植被覆盖度差，水土流失较严重，酸性
强。植被主要为生产较差的马尾松、芒萁等。改良利用措施是：计划地发展松、杉、竹、
樟、栲等树种；疏残林地宜加强封山育林管理，严禁开荒或烧山，加速地面覆盖；在缓
坡地区宜进行土地整理，完善基础设施，种植果、茶、油桐、南药等，提高经济效益。

参比土种　薄厚页红壤。

代表性单个土体　位于清远市英德市望埠镇同心村岩栋组；24°16'18"N，113°32'15"E，
海拔 65 m，低丘；成土母质为砂页岩风化残积、坡积物；林地，植被有樟树、杉树、芒
萁等。50 cm 深度土温 22.9 ℃。野外调查时间为 2011 年 3 月 1 日，编号 44-083。

望埠系代表性单个土体剖面

Ah：0~5 cm，淡黄色（2.5Y7/4，干），黄棕色（10YR 5/6，润）；粉质黏壤土，中等发育10~20 mm的块状结构，疏松，多量中根；向下层平滑渐变过渡。

Bt1：5~32 cm，浅淡黄色（2.5Y8/4，干），亮黄棕色（10YR 6/8，润）；粉质黏土，中等发育10~20 mm的块状结构，坚实，中量中根，有2%左右直径为20~75 mm的扁平母岩碎屑；向下层平滑渐变过渡。

Bt2：32~56 cm，黄色（2.5Y8/6，干），亮黄棕色（10YR6/8，润）；粉质黏土，中等发育20~50 mm的块状结构，坚实，中量中根，有2%左右直径为20~75 mm的扁平母岩碎屑；向下层平滑渐变过渡。

Bt3：56~80 cm，黄色（2.5Y8/6，干），黄橙色（10YR7/8，润）；粉质黏壤土，中等发育20~50 mm的块状结构，坚实，少量细根，有2%左右直径为20~75 mm的扁平母岩碎屑；向下层平滑突变过渡。

Bt4：80~120 cm，黄色（2.5Y8/8，干），黄橙色（10YR7/8，润）；粉质黏土，中等发育20~50 mm的块状结构，坚实，有5%左右直径为<2 mm次圆的母岩碎屑。

望埠系代表性单个土体物理性质

土层	深度 / cm	砾石 (>2mm，体积分数)/%	细土颗粒组成（粒径：mm）/（g/kg） 砂粒 2~0.05	粉粒 0.05~0.002	黏粒 <0.002	质地类别	容重 /（g/cm³）
Ah	0~5	2	169	488	342	粉质黏壤土	1.32
Bt1	5~32	2	58	492	451	粉质黏土	1.52
Bt2	32~56	2	96	498	406	粉质黏土	1.48
Bt3	56~80	2	96	506	398	粉质黏壤土	1.50
Bt4	80~120	5	101	470	429	粉质黏土	1.52

望埠系代表性单个土体化学性质

深度 / cm	pH H₂O	pH KCl	有机碳	全氮 (N)	全磷 (P)	全钾 (K)	CEC₇	ECEC	盐基饱和度 /%	铝饱和度 /%	游离氧化铁 /（g/kg）	铁游离度 /%
			/（g/kg）				/（cmol（+）/kg 黏粒）					
0~5	4.9	3.8	27.7	2.58	0.34	16.9	44.1	18.5	31.8	24.3	39.6	78.8
5~32	4.9	3.7	9.6	1.29	0.26	21.3	22.7	9.1	16.9	57.7	46.0	71.4
32~56	4.8	3.6	7.7	1.13	0.22	20.0	26.0	9.5	11.9	67.5	45.3	80.0
56~80	4.9	3.7	6.1	1.05	0.22	21.2	23.1	8.2	12.4	65.2	45.3	81.6
80~120	5.1	4.0	3.9	0.98	0.21	21.9	16.7	5.6	13.6	59.4	46.2	74.7

8.6.3 官田系（Guantian Series）

土　族：黏质高岭石型酸性高热性-普通黏化湿润富铁土
拟定者：卢　瑛，张　琳，潘　琦

分布与环境条件　分布在江门、云浮、佛山、肇庆等地，海拔400m以下丘陵区。成土母质为砂页岩风化残积、坡积物。土地利用方式为林地，植被类型有马尾松、岗松、芒萁等。属南亚热带湿润季风性气候，年平均气温 22.0～23.0 ℃，年平均降水量 1500～1700 mm。

官田系典型景观

土系特征与变幅　诊断层包括淡薄表层、低活性富铁层、黏化层；诊断特性包括湿润土壤水分状况、高热性土壤温度状况。由砂页岩风化坡积物、残积物发育而成，土体深厚，>100 cm，腐殖质层厚度 10～20 cm；细土黏粒含量>450 g/kg，土壤质地为粉质黏土-黏土。土壤盐基饱和度低<10%，铝饱和度>90%，土壤呈强酸性-酸性，pH 4.0～5.0。

对比土系　湖光系，属同一土族。湖光系成土母质为玄武岩风化物，土体 45 cm 以下的土层中有黑色的铁锰结核，表层（0～20 cm）土壤质地类别为黏壤土类。

利用性能综述　该土系土体深厚，酸性强。植被主要为生长较差的马尾松、芒萁、岗松、桃金娘等。改良利用措施：因地制宜，以巩固和发展现有林业为主，加强封山育林管理，严禁烧山、乱砍乱伐，加速地面覆盖，逐渐提高土壤肥力；可利用局部肥沃谷地、水源充足的林间间种砂仁药材和油茶等经济林，在缓坡地可发展李、柑、橙等果树，注意增施有机肥，间（套）种绿肥、豆科作物，培肥土壤。

参比土种　中厚红页赤红壤。

代表性单个土体　位于云浮市罗定市连州镇官田村委会三塘村；22°40′7″N，111°25′35″E，海拔 85 m；低丘陵中坡，母质为砂页岩风化残积、坡积物，林地，植被类型有松树、芒萁等。50 cm 深度土温 24.1℃。野外调查时间为 2010 年 11 月 9 日，编号 44-025。

官田系代表性单个土体剖面

Ah: 0～15 cm, 浊橙色 (7.5YR7/4, 干), 暗红棕色 (2.5YR3/4, 润); 黏土, 强度发育 20～50 mm 的块状结构, 疏松, 有少量粗根; 向下层平滑渐变过渡。

Bt1: 15～48 cm, 黄橙色 (7.5YR7/8, 干), 红棕色 (2.5YR4/6, 润); 黏土, 强度发育 20～50 mm 的块状结构, 坚实, 有少量中根, 结构面和孔隙壁上有<2%对比度模糊的黏粒胶膜; 向下层平滑渐变过渡。

Bt2: 48～80 cm, 橙色 (5YR 6/6, 干), 红棕色 (2.5YR4/6, 润); 黏土, 强度发育 20～50 mm 的块状结构, 坚实, 有很少量细根, 结构面和孔隙壁上有<2%对比度模糊的黏粒胶膜; 向下层平滑渐变过渡。

Bw: 80～120 cm, 浊橙色 (2.5YR6/4, 干), 红色 (10R4/6, 润); 粉质黏土, 中度发育 20～50 mm 的块状结构, 坚实。

官田系代表性单个土体物理性质

土层	深度 /cm	砾石 (>2mm, 体积分数) /%	细土颗粒组成 (粒径: mm) / (g/kg)			质地类别	容重 / (g/cm³)
			砂粒 2～0.05	粉粒 0.05～0.002	黏粒 <0.002		
Ah	0～15	0	121	380	499	黏土	1.40
Bt1	15～48	0	66	322	613	黏土	1.54
Bt2	48～80	0	106	360	534	黏土	1.50
Bw	80～120	0	105	409	486	粉质黏土	1.48

官田系代表性单个土体化学性质

深度 /cm	pH		有机碳	全氮 (N)	全磷 (P)	全钾 (K)	CEC_7	ECEC	盐基饱和度 /%	铝饱和度 /%	游离氧化铁 / (g/kg)	铁游离度 /%
	H_2O	KCl			/ (g/kg)		/ (cmol (+) /kg 黏粒)					
0～15	3.9	3.1	13.4	0.88	0.15	15.94	30.9	21.3	5.7	91.8	40.7	82.6
15～48	4.3	3.3	4.9	0.56	0.17	19.24	29.1	14.8	3.3	93.6	52.2	82.4
48～80	4.5	3.5	2.7	0.42	0.15	20.77	22.6	14.4	3.9	93.8	53.4	84.5
80～120	4.6	3.5	1.8	0.39	0.15	21.69	22.4	17.0	5.0	93.5	48.7	77.0

8.6.4 湖光系（Huguang Series）

土　族：黏质高岭石型酸性高热性-普通黏化湿润富铁土
拟定者：卢　瑛，盛　庚，侯　节

分布与环境条件　分布在湛江市，地势平坦的台地，成土母质为玄武岩风化物，土地利用类型为旱地，主要种植甘蔗、花生、番薯、豆类等作物。热带北缘海洋性季风性气候，年均气温 22.0～23.0 ℃，年均降水量 1700～1900 mm。

湖光系典型景观

土系特征与变幅　诊断层包括淡薄表层、低活性富铁层、黏化层；诊断特性包括湿润土壤水分状况、高热性土壤温度状况。由玄武岩风化物发育而成，土体深厚，厚度>100 cm，耕作层厚度 10～20 cm；土壤质地为黏壤土-黏土；黏粒下移明显，黏粒活性低，表层之下为黏化层和低活性富铁层；40 cm 以下土体中有 5%～20%球形的亮红棕和黑色的铁锰结核；土壤呈强酸性-酸性，pH 4.0～5.0。

对比土系　官田系，属相同土族。官田系成土母质为红色砂页岩风化物，土壤颜色为 2.5YR 或更红，表层（0～20 cm）土壤质地为黏土类。北坡系，分布区域相邻，成土母质为浅海沉积物，细土砂粒含量高，>60%，土族控制层段颗粒大小级别为砂质，矿物学类型为硅质混合型。

利用性能综述　该土系表土质地较好，部分因受浅海沉积物母质的影响，土质较松，保水性差，易旱。由于人工培肥，表层有机质、全氮明显高于下层，但土壤肥力不高。目前主要种植甘蔗、花生、番薯、黑豆等作物，产量不高。改良利用措施：因地势平坦，宜进行土地整理，平整土地、修建农田水利设施和田间道路，解决灌溉水源，提高防旱能力；实行合理轮作，轮作种植豆科作物，以地养地；增施有机肥料，平衡施肥，提高作物产量。

参比土种　赤土砂坭地。

代表性单个土体　位于湛江市麻章区湖光农场柳东队；21°12′43″ N，110°13′42″ E，海拔 65 m；为地势较平坦的台地，旱地，种植甘蔗等，成土母质为玄武岩风化物。50 cm 深度土温 25.2 ℃。野外调查时间为 2010 年 12 月 26 日，编号 44-067。

Ap: 0～10 cm, 亮棕色（7.5YR5/8, 干）, 暗红棕色（5YR3/6, 润）; 黏壤土, 强度发育<5 mm 的碎块状结构, 疏松, 中量中根, 有残存农膜; 向下层平滑渐变过渡。

Bt1: 10～45 cm, 亮棕色（7.5YR5/6, 干）, 红棕色（5YR4/8, 润）; 黏土, 强度发育 20～50 mm 的块状结构, 很坚实, 少量细根, 有白蚁; 向下层平滑渐变过渡。

Bt2: 45～69 cm, 橙色（7.5YR6/6, 干）, 亮红棕色（5YR5/6, 润）; 黏土, 强度发育 20～50 mm 的块状结构, 很坚实, 有5%～10%直径为 2～6 mm 球形的亮红棕（2.5YR5/8）和黑色（N2/0）的铁锰结核, 有白蚁; 向下层平滑渐变过渡。

Bt3: 69～105 cm, 亮黄棕色（10YR6/8, 干）, 亮红棕色（5YR5/8, 润）; 黏土, 中度发育 5～10 mm 的块状结构, 很坚实, 有15%～20%直径为2～6 mm 球形的亮红棕（2.5YR5/8）和黑色（N2/0）的铁锰结核。

湖光系代表性单个土体剖面

湖光系代表性单个土体物理性质

土层	深度 / cm	砾石 (>2mm, 体积分数) / %	细土颗粒组成（粒径: mm）/ (g/kg)			质地类别	容重 / (g/cm³)
			砂粒 2～0.05	粉粒 0.05～0.002	黏粒 <0.002		
Ap	0～10	0	360	328	312	黏壤土	1.38
Bt1	10～45	0	440	131	429	黏土	1.56
Bt2	45～69	0	320	240	440	黏土	1.60
Bt3	69～105	0	400	132	468	黏土	1.60

湖光系代表性单个土体化学性质

深度 / cm	pH		有机碳	全氮 (N)	全磷 (P)	全钾 (K)	CEC₇	ECEC	盐基饱和度	铝饱和度	游离氧化铁	铁游离度
	H₂O	KCl	/ (g/kg)				/ (cmol (+) /kg 黏粒)		/ %	/ %	/ (g/kg)	/ %
0～10	4.3	3.6	15.7	1.05	0.92	1.24	34.3	17.5	20.6	59.6	63.9	66.5
10～45	4.3	3.8	10.7	0.70	0.50	1.21	22.1	9.3	8.4	80.0	59.1	67.9
45～69	4.6	4.1	9.5	0.53	0.52	1.77	26.9	9.3	14.5	58.1	63.9	75.3
69～105	4.4	3.8	7.9	0.35	0.51	1.87	25.1	7.8	10.8	65.3	65.9	66.7

8.6.5 大井系（Dajing Series）

土　族：黏壤质硅质混合型酸性高热性-普通黏化湿润富铁土
拟定者：卢　瑛，侯　节，盛　庚

分布与环境条件　分布于茂名、阳江、江门、肇庆、云浮等地，低山丘陵区，成土母质为砂岩风化残积、坡积物。土地利用方式为林地、园地等，植物有马尾松、芒萁、橡胶树等。南亚热带湿润季风性气候，年均气温 22.0～23.0 ℃，年平均降水量 1700～1900 mm。

大井系典型景观

土系特征与变幅　诊断层包括淡薄表层、低活性富铁层、黏化层；诊断特性包括湿润土壤水分状况、高热性土壤温度状况。由砂岩风化残积、坡积物发育而成，土体深厚，厚度>100 cm；由于平整土地，修建梯田，原土壤腐殖质层被覆盖，形成新的腐殖质表层。黏粒淋溶淀积明显，黏粒活性低，在腐殖质层之下形成了黏化层和低活性富铁层；细土质地为砂质壤土-砂质黏土；土壤铝饱和度>80%，呈强酸性-酸性，pH 4.0～5.5。

对比土系　官田系，属相同亚类。官田系成土母质为红色砂页岩风化物，土壤颜色为 2.5YR 或更红，表层土壤质地为黏土类，土族控制层段颗粒大小级别为黏质，矿物学类型为高岭石型。

利用性能综述　该土系土壤疏松宜耕性好，适种性较广，但土壤磷、钾等养分含量低，若管理不善植物易出现缺磷、缺钾症。目前多为林地、园地等，植物有马尾松、橡胶树等。改良利用措施：应注意等高种植和坡地梯田化，防止水土流失；采取间（套）种方式种植豆科作物和绿肥，提高土壤有机质和养分含量，改良土壤；缓坡地带可进行土地整理，改善水利条件，提高土地利用率；在施肥技术上应提高施肥水平，进行测土配方施肥，提高作物产量。

参比土种　中厚页赤红壤。

代表性单个土体　位于茂名市高州市大井镇大沙村委会；22°4'52"N，110°51'28"E，海拔 55 m，微度起伏的丘陵；母质为石英砂岩，该区域进行过土地平整，修建成梯田，园地，种植橡胶。50 cm 深度土温 24.6 ℃。野外调查时间为 2011 年 1 月 6 日，编号 44-077。

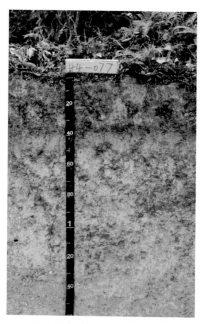

Ah1：0～29 cm，亮黄棕色（10YR6/6，干），橙色（5YR6/6，润）；砂质黏壤土，中等发育 10～20 mm 的块状结构，疏松，多量细根；向下层平滑渐变过渡。

Ah2：29～45 cm，浊黄橙色（10YR7/4，干）；浊棕色（7.5YR5/4，润），砂质壤土，中等发育 10～20 mm 的块状结构，坚实，少量极细根；向下层波状突变过渡。

Bt1：45～87 cm，橙色（7.5YR7/6，干），橙色（5YR6/8，润）；黏壤土，中等发育 20～50 mm 的块状结构，坚实；向下层平滑渐变过渡。

Bt2：87～126 cm，黄橙色（7.5YR7/8，干），橙色（5YR6/8，润）；砂质黏土，中等发育 20～50 mm 的块状结构，很坚实；向下层平滑渐变过渡。

Bt3：126～160 cm，黄橙色（7.5YR 8/8，干），橙色（5YR6/8，润）；黏壤土，中等发育 20～50 mm 的块状结构，很坚实，含有 5%左右直径 5～20 mm 岩石碎屑。

大井系代表性单个土体剖面

大井系代表性单个土体物理性质

土层	深度 / cm	砾石 (>2mm，体积分数)/%	细土颗粒组成（粒径：mm）/（g/kg）			质地类别	容重 /（g/cm³）
			砂粒 2～0.05	粉粒 0.05～0.002	黏粒 <0.002		
Ah1	0～29	0	520	168	312	砂质黏壤土	1.38
Ah2	29～45	0	560	245	195	砂质壤土	1.36
Bt1	45～87	0	400	288	312	黏壤土	1.42
Bt2	87～126	0	480	169	351	砂质黏土	1.44
Bt3	126～160	5	360	250	390	黏壤土	1.45

大井系代表性单个土体化学性质

深度 / cm	pH		有机碳	全氮 (N)	全磷 (P)	全钾 (K)	CEC$_7$	ECEC	盐基饱和度 /%	铝饱和度 /%	游离氧化铁 /（g/kg）	铁游离度 /%
	H₂O	KCl	/（g/kg）				/（cmol（+）/kg 黏粒）					
0～29	4.3	3.3	12.3	0.64	0.17	9.0	38.5	19.8	5.7	88.8	44.0	68.6
29～45	4.4	3.4	17.9	0.93	0.17	7.7	60.4	28.9	4.6	90.3	37.4	66.5
45～87	4.5	3.4	8.2	0.39	0.16	9.1	24.4	18.3	11.6	84.5	43.7	61.4
87～126	4.7	3.6	4.9	0.26	0.15	9.2	19.3	12.8	10.6	84.1	46.3	62.1
126～160	5.2	3.7	2.1	0.22	0.15	8.6	16.3	9.3	9.7	82.9	46.9	61.9

8.7 表蚀简育湿润富铁土

8.7.1 水口系（Shuikou Series）

土　族：黏质高岭石型酸性热性-表蚀简育湿润富铁土
拟定者：卢　瑛，侯　节，盛　庚

分布与环境条件　分布在广东省北部韶关、清远等地，丘陵岗地。成土母质为第四纪红土，稀疏林地，植被有桉树、马尾松、灌丛等。南亚热带北缘至中亚热带湿润季风性气候，年平均气温19.0～20.0 ℃，年平均降水量1500～1700 mm。

水口系典型景观

土系特征与变幅　诊断层包括低活性富铁层；诊断特性包括湿润土壤水分状况、热性土壤温度状况。由第四纪红土母质发育而成，土体深厚，厚度>100 cm，由于植被破坏，原表土层被侵蚀，低活性富铁层裸露地表；细土黏粒含量>40 g/kg，土壤质地为黏壤土-黏土。土壤铝饱和度>80%，土壤呈酸性，pH 4.5～5.0。

对比土系　德庆系、大朗系，属同一亚类。德庆系成土母质为石英砂岩风化物，土壤温度状况为高热性；大朗系成土母质为花岗岩风化物，土族控制层段颗粒大小级别为黏壤质，矿物学类型为硅质混合型。

利用性能综述　该土系土层深厚，但质地黏重，原表土层被完全侵蚀，土壤有机质、养分含量偏低，酸性强。改良利用措施：要利用工程措施和生物措施相结合，治理水土流失；种植耐旱耐瘠薄的植物，如相思树、银合欢等草本植物，提高植被覆盖率，避免水土流失；有条件地方可开展土地整理，修建田间道路、灌溉设施，改善农业生态环境；在土壤改良上，要种植绿肥，增施有机肥，配施磷钾肥，提高土壤肥力。

参比土种　片蚀红壤。

代表性单个土体　位于韶关市南雄市水口镇水口村交警中队旁；25°08′58″N，114°27′53″E，海拔138 m；低丘岗地，母质为第四纪红土洪积物，林地，植被类型有桉树、松树等。50 cm深度土温22.3 ℃。野外调查时间为2010年10月23日，编号44-024。

AB：0～22 cm，橙色（7.5YR6/8，干），亮红棕色（5YR5/8，润）；黏土，中等发育 10～20 mm 的块状结构，疏松，有中量的细根，有 5%左右直径为 2～5 mm 次圆的卵石；向下层平滑渐变过渡。

Bw1：22～49 cm，黄橙色（7.5YR7/8，干），亮红棕色（5YR5/8，润）；黏土，中等发育 20～50 mm 的块状结构，疏松，有中量的细根，有 5%左右直径为 2～5 mm 次圆的卵石；向下层平滑渐变过渡。

Bw2：49～102 cm，黄橙色（7.5YR7/8，干），亮红棕色（5YR5/8，润）；黏土，中等发育 20～50 mm 的块状结构，疏松，有 5%左右直径为 2～5 mm 次圆的卵石；向下层平滑渐变过渡。

Bw3：102～150 cm，橙色（5YR7/8，干），亮红棕色（2.5YR5/8，润）；黏土，中等发育 20～50 mm 的块状结构，坚实，有 10%左右直径为 5～20 mm 次圆的卵石；向下层平滑渐变过渡。

BC：150～211 cm，黄橙色（7.5YR7/8，干），红棕色（2.5YR4/8，润）；黏壤土，弱发育 20～50 mm 的块状结构，

水口系代表性单个土体剖面

有 20%左右直径为 5～20 mm 次圆的卵石。

水口系代表性单个土体物理性质

| 土层 | 深度 /cm | 砾石 (>2mm，体积分数) /% | 细土颗粒组成（粒径：mm）/（g/kg） | | | 质地类别 | 容重 /（g/cm³） |
			砂粒 2～0.05	粉粒 0.05～0.002	黏粒 <0.002		
AB	0～22	5	396	194	410	黏土	1.50
Bw1	22～49	5	307	210	483	黏土	1.54
Bw2	49～102	5	294	198	508	黏土	1.53
Bw3	102～150	10	313	206	480	黏土	1.62
BC	150～211	20	400	216	384	黏壤土	—

水口系代表性单个土体化学性质

| 深度 /cm | pH | | 有机碳 | 全氮 (N) | 全磷 (P) | 全钾 (K) | CEC₇ | ECEC | 盐基饱和度 /% | 铝饱和度 /% | 游离氧化铁 /（g/kg） | 铁游离度 /% |
	H₂O	KCl	/（g/kg）				/（cmol (+) /kg 黏粒）					
0～22	4.5	3.4	8.2	0.68	0.25	5.34	19.5	15.0	14.3	81.4	34.9	64.1
22～49	4.7	3.5	6.0	0.40	0.21	7.63	18.1	12.0	12.3	81.5	41.3	63.2
49～102	4.6	3.6	3.9	0.27	0.22	8.29	24.6	11.1	7.1	84.3	51.5	70.0
102～150	4.7	3.6	2.6	0.26	0.23	8.44	27.4	11.0	4.3	89.4	59.1	69.4
150～211	4.7	3.6	3.8	0.21	0.21	8.77	24.2	13.2	6.7	87.8	38.8	56.2

8.7.2 德庆系（Deqing Series）

土　族：黏质高岭石型酸性高热性-表蚀简育湿润富铁土
拟定者：卢　瑛，张　琳，潘　琦

分布与环境条件　分布于肇
庆、梅州、河源、惠州等地，
低山丘陵区，成土母质为石
英砂岩风化物。因植被过度
砍伐，暴雨冲刷严重，形成
崩岗侵蚀，侵蚀沟明显可见。
现恢复一定植被，土地利用
类型为林地，植被有马尾松、
芒萁等。南亚热带湿润季风
性气候，年平均气温 21.0～
22.0 ℃，年平均降水量
1300～1500 mm。

德庆系典型景观

土系特征与变幅　诊断层包括低活性富铁层；诊断特性包括湿润土壤水分状况、高热性
土壤温度状况。由石英砂岩风化坡积残积物发育而成，土体深厚，厚度>100 cm；因植被遭
受破坏等人为活动影响，表土已被冲刷，低活性富铁层裸露地表；细土黏粒含量>400 g/kg，
土壤质地为黏土。土壤交换性盐基总量低，盐基饱和度<10%，B 层铝饱和度>90%，土
壤呈酸性，pH 4.5～5.0。

对比土系　水口系、大朗系，属同一亚类。水口系成土母质为第四纪红色黏土，土壤温
度状况为热性；大朗系成土母质为花岗岩风化物，土族控制层段颗粒大小级别为黏壤质，
矿物学类型为硅质混合型。

利用性能综述　因地表植被人为破坏较严重，覆盖度低，表土多受雨水冲刷流失，成为
荒山，土壤表层有机质和氮、磷钾养分含量低，现已有一定程度植被恢复和土壤有机质
积累。改良利用措施：应采用固土保土工程措施和生物措施相结合，采用种草植树等恢
复植被，防止雨水冲刷，在工程措施上要开天沟、环山沟、筑拦洪坝、挖品字坑等水土
保持措施，为恢复植被创造条件；此外，要因地制宜引种耐瘠耐旱的速生树种、藤本植
物，并实行封山育林，以利植被生长，加快恢复生态平衡，提高地力和综合效益。

参比土种　崩岗赤红壤。

代表性单个土体　位于肇庆市德庆县新圩镇县水土保持站；23°10′06″N，111°47′09″E；
海拔 50 m；低山丘陵，地势较起伏较大，母质为石英砂岩风化物；林地，植被有马尾松、
芒萁等。50 cm 深度土温 23.8 ℃。野外调查时间为 2010 年 11 月 18 日，编号 44-036。

德庆系代表性单个土体剖面

ABh：0～10 cm，橙色（5YR7/8，干），橙色（2.5YR6/8，润）；黏土，中等发育5～10 mm 的块状结构，疏松，有很多细根，有5%左右直径为2～5 mm 的角状石英颗粒；向下层平滑渐变过渡。

Bw1：10～61 cm，橙色（5YR7/6，干），橙色（2.5YR6/8，润）；黏土，中等发育5～10 mm 的块状结构，坚实，有中量的细根，有5%直径为2～5 mm 的角状石英颗粒；向下层平滑渐变过渡。

Bw2：61～110 cm，橙色（5YR7/6，干），橙色（2.5YR7/8，润）；黏土，中等发育10～20 mm 的块状结构，坚实，有少量的细根，有10%左右直径为2～5 mm 的角状石英颗粒；向下层平滑渐变过渡。

BC：110～126 cm，橙色（5YR7/6，干），橙色（2.5YR7/8，润）；黏土，弱发育10～20 mm 的块状结构，坚实，有15%左右直径为2～5 mm 多量的小的角状石英颗粒；向下层平滑渐变过渡。

C：126～140 cm，淡黄橙色（7.5YR8/6，干），橙色（5YR6/8，润）；主要为石英砂岩风化碎屑。

德庆系代表性单个土体物理性质

土层	深度 / cm	砾石 （>2mm，体积分数）/ %	细土颗粒组成（粒径：mm）/ (g/kg)			质地类别	容重 / (g/cm³)
			砂粒 2～0.05	粉粒 0.05～0.002	黏粒 <0.002		
ABh	0～10	5	257	193	550	黏土	1.31
Bw1	10～61	5	259	217	524	黏土	1.35
Bw2	61～110	10	295	273	431	黏土	1.43
BC	110～126	15	273	321	406	黏土	—

德庆系代表性单个土体化学性质

深度 / cm	pH		有机碳	全氮 （N）	全磷 （P）	全钾 （K）	CEC₇	ECEC	盐基饱和度	铝饱和度	游离氧化铁	铁游离度
	H₂O	KCl		/ (g/kg)			/ (cmol (+) /kg 黏粒)		/ %	/ %	/ (g/kg)	/ %
0～10	4.3	3.5	3.7	0.29	0.17	6.65	21.8	14.7	8.8	84.0	43.2	66.8
10～61	4.5	3.6	2.7	0.15	0.15	7.33	21.0	15.5	4.2	92.1	47.0	80.4
61～110	4.4	3.5	2.5	0.11	0.16	9.22	26.6	20.6	6.4	91.9	47.2	80.5
110～126	4.5	3.5	1.9	0.10	0.15	8.18	29.0	21.6	6.5	91.2	49.5	79.1

8.7.3 大朗系（Dalang Series）

土　族：黏壤质硅质混合型酸性高热性-表蚀简育湿润富铁土
拟定者：卢　瑛，侯　节，盛　庚

分布与环境条件　分布在惠州、东莞、广州等地，花岗岩低山丘陵区，成土母质为花岗岩风化的残积、坡积物。因植被破坏，土壤裸露，暴雨冲刷严重，表层土壤严重冲刷，心土层露出地表。现恢复一定植被，土地利用类型为果园或林地，植被有荔枝、马尾松、芒萁等。南亚热带湿润季风性气候，年平均气温 22.0～23.0 ℃，年平均降水量 1700～1900 mm。

大朗系典型景观

土系特征与变幅　诊断层包括低活性富铁层；诊断特性包括湿润土壤水分状况、高热性土壤温度状况。土体深厚，厚度>100 cm；由于植被破坏或人为不合理利用，土壤侵蚀严重，腐殖质表层被冲刷侵蚀，低活性富铁层裸露地表。细土砂粒含量>400 g/kg，土壤质地为砂质黏壤土-黏壤土；土壤呈酸性，pH 4.5～5.5，铁游离度>75%。

对比土系　水口系、德庆系，属同一亚类。水口系和德庆系成土母质为分别为第四纪红土和石英砂岩风化物，土族控制层段颗粒大小级别均为黏质，矿物学类型为高岭石型；水口系土壤温度状况为热性。

利用性能综述　因原表土受雨水冲刷流失，表层土壤有机质和氮、磷、钾等含量低，土壤保肥性差，肥力低，现经人工管理，已恢复植被或种植利用。改良利用措施：应采用固土保土工程措施和生物措施相结合，采用种草、植树等恢复植被，防止雨水冲刷；此外，要因地制宜引种耐瘠耐旱的速生树种，并实行封山育林，加快生态恢复；对已开垦种植果树区域，要间套种豆科作物、绿肥，并施有机肥，提高土壤有机质，改善土壤物理、化学和生物学特性，尤其要增施磷、钾肥，提高地力和综合效益。

参比土种　片蚀赤红壤。

代表性单个土体　位于东莞市大朗镇松柏朗村白榄树；22°55'51″N，113°53'56″E，低丘陵，海拔 18 m；成土母质为花岗岩风化的残积、坡积物，园地，种植荔枝。50 cm 深度土温 24.0 ℃。野外调查时间为 2012 年 7 月 9 日，编号 44-162。

AB：0～15 cm，橙色（7.5YR7/6，干），橙色（5YR6/8，润）；砂质黏壤土，强度发育5～10 mm的块状结构，坚实，有少量细根，有2%左右直径为2～5 mm的石英颗粒；向下层平滑渐变过渡。

Bw1：15～50 cm，橙色（7.5YR7/6，干），橙色（5YR6/8，润）；黏壤土，强度发育5～10 mm的块状结构，坚实，有少量的极细根，有2%左右直径为2～5 mm的石英颗粒；向下层平滑渐变过渡。

Bw2：50～100 cm，淡黄橙色（7.5YR8/6，干），橙色（5YR6/8，润）；砂质黏壤土，强度发育5～10 mm的块状结构，坚实，有极少量的极细根，有2%左右直径为2～5 mm的石英颗粒；向下层平滑渐变过渡。

Bw3：100～120 cm，淡黄橙色（7.5YR8/6，干），橙色（5YR6/8，润）；砂质黏壤土，中度发育5～10 mm的块状结构，坚实，有5%左右直径为5～20 mm角状的风化花岗岩碎屑。

大朗系代表性单个土体剖面

大朗系代表性单个土体物理性质

| 土层 | 深度 /cm | 砾石 (>2mm，体积分数) /% | 细土颗粒组成（粒径：mm）/（g/kg） | | | 质地类别 | 容重 /（g/cm³） |
			砂粒 2～0.05	粉粒 0.05～0.002	黏粒 <0.002		
AB	0～15	2	525	162	313	砂质黏壤土	1.66
Bw1	15～50	2	437	235	328	黏壤土	1.66
Bw2	50～100	2	457	226	317	砂质黏壤土	1.57
Bw3	100～120	5	469	225	306	砂质黏壤土	1.55

大朗系代表性单个土体化学性质

| 深度 /cm | pH | | 有机碳 | 全氮 (N) | 全磷 (P) | 全钾 (K) | CEC₇ | ECEC | 盐基饱和度 /% | 铝饱和度 /% | 游离氧化铁 /（g/kg） | 铁游离度 /% |
	H₂O	KCl		/（g/kg）			/（cmol(+)/kg 黏粒）					
0～15	5.1	4.0	3.2	0.21	0.22	5.6	16.5	8.5	45.1	12.1	56.6	86.8
15～50	5.0	4.1	2.2	0.14	0.19	7.6	17.9	9.8	49.2	10.0	67.0	86.2
50～100	4.8	4.0	2.0	0.13	0.20	7.1	17.5	9.9	29.4	48.3	64.6	75.6
100～120	4.8	3.9	1.5	0.09	0.20	7.0	16.5	10.2	23.7	61.7	63.0	82.5

8.8 腐殖简育湿润富铁土

8.8.1 珍竹系（Zhenzhu Series）

土　族：黏质高岭石型酸性高热性-腐殖简育湿润富铁土
拟定者：卢　瑛，侯　节，盛　庚

分布与环境条件　分布在阳江、江门、云浮、肇庆、广州、惠州、河源等地，海拔 300 m 以下中低山丘陵区。成土母质为花岗岩风化残积、坡积物。土地利用方式为林地或园地，植被有马尾松、桉树、芒萁、砂糖桔等。属南亚热带海洋性季风性气候，年平均气温 21.0～22.0 ℃，年平均降水量 1500～1700 mm。

珍竹系典型景观

土系特征与变幅　诊断层包括淡薄表层、低活性富铁层；诊断特性包括湿润土壤水分状况、高热性土壤温度状况、腐殖质特性。由花岗岩风化的残积坡积物母质经腐殖质积累过程和脱硅富铝化过程发育而成，土体深厚，厚度>100 cm，土壤表层有机质积累明显，腐殖质层厚度>20 cm；Bw1 层结构面和孔隙壁上有 10%～15%对比度明显的腐殖质淀积胶膜，土壤具有腐殖质特性；细土黏粒含量>450 g/kg，土壤质地为黏土；盐基淋溶强烈，盐基饱和度<10%，铝饱和度>80%，土壤呈强酸性-酸性，pH 4.0～5.5。

对比土系　池洞系，分布地形部位与珍竹系相似，成土母质为片、板岩风化物，细土质地为砂质壤土-黏壤土，土族控制层段颗粒大小级别为黏壤质，矿物学类型为硅质混合型。

利用性能综述　该土系所处地势多为低丘缓坡，原植被较好，但多已破坏，现多为次生疏林或幼林，草被尚好，地表径流少，土体深厚，适宜各种果树和林木生长，目前多为林业用地，部分已开垦种植果树，如砂糖桔、荔枝等。改良利用措施：要继续封山育林，在山丘顶部营造薪炭林和水土保持林，平缓山坡和山脚可种植荔枝、柑桔等果树，但垦植时必须开成反倾斜梯田，防止水土流失，并注意施用磷、钾肥等措施培肥土壤。

参比土种　厚厚麻赤红壤。

代表性单个土体　位于云浮市云城区安堂镇珍竹村委会庙冲洞；22°54′16″N，112°08′34″E，低山中下部，地势中度起伏，海拔 126 m；母质为花岗岩风化残积、坡积物，林地，植被包括桉树、松树以及其他灌木等。50 cm 深度土温 23.9℃。野外调查时间为 2010 年 11 月 11 日，编号 44-030。

珍竹系代表性单个土体剖面

Ah：0~24 cm，浊黄橙色（10YR7/3，干），棕色（10YR4/6，润）；黏土，强度发育 5~10 mm 的块状结构，疏松，有少量的细根，有 2%左右直径为 2~5 mm 次圆的石英颗粒；向下层平滑渐变过渡。

Bw1：24~57 cm，黄橙色（10YR7/8，干），亮棕色（7.5YR5/8，润）；黏土，强度发育 10~20 mm 的块状结构，紧实，有很少量的细根，有 2%左右直径为 2~5 mm 次圆的石英颗粒，结构面和孔隙壁上有 10~15%对比度明显的腐殖质淀积胶膜；向下层平滑突变过渡。

Bw2：57~88 cm，淡黄橙色（7.5YR8/6，干），橙色（5YR6/8，润）；黏土，强度发育 10~20 mm 的块状结构，坚实，有很少量的细根，有 5%左右直径为 2~5 mm 次圆的石英颗粒；向下层平滑渐变过渡。

Bw3：88~119 cm，淡黄橙色（7.5YR8/6，干），橙色（5YR6/8，润）；黏土，块状结构，坚实，有 5%左右直径为 2~5 mm 次圆的石英颗粒；向下层平滑渐变过渡。

Bw4：119~130 cm，淡黄橙色（7.5YR8/6，干），橙色（5YR6/8，润）；黏土，块状结构，坚实，有 5%左右直径为 2~5 mm 次圆的石英颗粒。

珍竹系代表性单个土体物理性质

| 土层 | 深度 /cm | 砾石 （>2mm，体积分数）/% | 细土颗粒组成（粒径：mm）/（g/kg） | | | 质地类别 | 容重 /（g/cm³） |
			砂粒 2~0.05	粉粒 0.05~0.002	黏粒 <0.002		
Ah	0~24	2	327	193	480	黏土	1.24
Bw1	24~57	2	279	189	532	黏土	1.32
Bw2	57~88	5	259	202	539	黏土	1.42
Bw3	88~119	5	288	175	536	黏土	1.42
Bw4	119~130	5	276	216	508	黏土	1.41

珍竹系代表性单个土体化学性质

| 深度 /cm | pH | | 有机碳 | 全氮 （N） | 全磷 （P） | 全钾 （K） | CEC₇ | ECEC | 盐基饱和度 /% | 铝饱和度 /% | 游离氧化铁 /（g/kg） | 铁游离度 /% |
	H₂O	KCl		/（g/kg）			/（cmol(+)/kg 黏粒）					
0~24	4.2	3.5	27.1	1.56	0.25	3.98	26.3	13.0	6.5	88.9	43.9	70.1
24~57	4.3	3.6	8.3	0.64	0.20	4.98	22.7	8.3	5.7	84.4	48.4	73.9
57~88	4.6	3.8	9.3	0.78	0.23	6.17	22.7	7.0	5.1	80.7	59.3	73.8
88~119	4.9	3.9	7.0	0.59	0.20	6.67	19.3	5.7	5.3	82.4	58.5	76.1
119~130	5.1	3.9	5.7	0.42	0.19	6.71	24.4	5.7	4.4	81.1	58.2	78.1

8.8.2 池洞系（Chidong Series）

土　族：黏壤质硅质混合型酸性高热性-腐殖简育湿润富铁土
拟定者：卢　瑛，侯　节，盛　庚

分布与环境条件　分布于茂名、阳江、广州、惠州等地，海拔 350 m 以下片、板岩低丘陵区，成土母质为片（板）岩风化坡积、残积物。土地利用类型为林地，植被包括桉树、马尾松等。南亚热带湿润季风性气候，年均气温 22.0～23.0 ℃，年平均降水量 1700～1900 mm。

池洞系典型景观

土系特征与变幅　诊断层包括淡薄表层、低活性富铁层；诊断特性包括湿润土壤水分状况、高热性土壤温度状况、腐殖质特性。由片（板）岩风化坡积、残积物经腐殖质积累过程和脱硅富铝化过程发育而成，土体深厚，厚度>100 cm，土壤表层有机质积累明显，腐殖质层厚度>20 cm；B 层结构面和孔隙壁上有 10%～15%对比度明显的腐殖质淀积胶膜，土壤具有腐殖质特性；细土砂粒含量>40 g/kg，土壤质地为壤土-黏壤土。盐基淋溶强烈，盐基饱和度<10%，B 层铝饱和度>85%，土壤呈强酸性-酸性，pH 4.0～5.0。低活性富铁层出现部位在距土表 100 cm 以下土层中。

对比土系　珍竹系，同一亚类，不同土族，分布地形部位相似，成土母质花岗岩风化物，细土质地为黏土，土族控制层段颗粒大小级别为黏质，矿物学类型为高岭石型。

利用性能综述　该土系土体深厚，表土层厚，土质疏松，土壤有机质、全氮含量高，磷、钾含量较低。自然植被以马尾松、杉林和常绿阔叶林及芒萁等为主，一般覆盖度较好，达 60%～80%。改良利用措施：保护好现有林木，防止乱砍乱伐引起水土流失；宜发展杉树、松树、桂木等针阔叶混交林、李、柿等果树和油茶、砂仁等经济林木和药材，要适施磷、钾肥，加强管理，提高生产和经济综合效益。

参比土种　厚片赤红壤。

代表性单个土体　位于茂名市信宜市池洞镇旺坡村委会旺坡塘，22°29'39"N，110°53'51"E，海拔 300 m。位于起伏丘陵的中坡，母质为片、板岩风化坡积、残积物，次生林地，植被有桉树、马尾松、芒萁群落等。50 cm 深度土温 24.1℃。野外调查时间为 2011 年 1 月 7 日，编号 44-080。

Ah：0～24 cm，黄棕色（10YR5/6，干），浊红棕色（5YR4/4，润）；砂质黏壤土，强度发育 5～10 mm 的碎屑状结构，疏松，多量中根，有 1～2 条土壤动物；向下层波状清晰过渡。

Bw1：24～62 cm，橙色（7.5YR 7/6，干），亮红棕色（5YR5/8，润）；砂质黏壤土，强度发育 10～20 mm 的块状结构，坚实，中量中根，结构面和孔隙壁上有 10%～15%对比度明显的腐殖质胶膜；向下层平滑渐变过渡。

Bw2：62～106 cm，浊橙色（5YR7/4，干），橙色（5YR6/8，润）；黏壤土，强度发育 20～50 mm 的块状结构，坚实，少量细根；向下层平滑渐变过渡。

Bw3：106～129 cm，浅淡橙色（5YR8/4，干），橙色（5YR6/6，润）；壤土，强度发育 20～50 mm 的块状结构，坚实，少量细根；向下层平滑渐变过渡。

Bw4：129～165 cm，浅淡橙色（5YR8/3，干），橙色（5YR6/6，润）；壤土，强度发育 20～50 mm 的块状结构，坚实。

池洞系代表性单个土体剖面

池洞系代表性单个土体物理性质

| 土层 | 深度 /cm | 砾石 （>2mm，体积分数）/% | 细土颗粒组成（粒径：mm）/（g/kg） | | | 质地类别 | 容重 /（g/cm³） |
			砂粒 2～0.05	粉粒 0.05～0.002	黏粒 <0.002		
Ah	0～24	0	502	159	339	砂质黏壤土	1.21
Bw1	24～62	0	473	180	347	砂质黏壤土	1.34
Bw2	62～106	0	410	255	335	黏壤土	1.40
Bw3	106～129	0	421	316	262	壤土	1.42
Bw4	129～165	0	447	293	260	壤土	1.42

池洞系代表性单个土体化学性质

| 深度 /cm | pH | | 有机碳 | 全氮 (N) | 全磷 (P) | 全钾 (K) | CEC_7 | ECEC | 盐基饱和度 /% | 铝饱和度 /% | 游离氧化铁 /（g/kg） | 铁游离度 /% |
	H₂O	KCl	/（g/kg）				/（cmol（+）/kg 黏粒）					
0～24	4.3	3.4	39.1	2.06	0.33	3.6	46.8	17.2	4.0	89.2	36.8	51.8
24～62	4.6	3.7	12.8	0.75	0.22	4.5	28.1	11.4	4.3	89.2	52.3	60.6
62～106	4.8	3.8	5.9	0.29	0.19	5.2	25.4	9.4	4.7	87.3	58.7	65.1
106～129	4.9	3.8	4.3	0.18	0.18	5.7	23.7	11.2	5.6	88.1	55.6	62.2
129～165	4.9	3.9	3.3	0.15	0.22	8.3	23.6	10.4	5.6	87.4	52.4	61.0

8.9 黄色简育湿润富铁土

8.9.1 梅岭系（Meiling Series）

土　族：粗骨壤质硅质混合型酸性热性-黄色简育湿润富铁土
拟定者：卢　瑛，侯　节，盛　庚

分布与环境条件　分布在广东省梅州、清远、韶关、肇庆、河源等地，中亚热带海拔 700 m 以下及南亚热带海拔 300～800 m 以上的低山丘陵。成土母质为片、板岩风化的坡积、残积物。土地利用方式为林地，次生植被有马尾松、梅树、毛竹和芒萁、猪毛草等。中亚热带湿润季风性气候，年平均气温 19.0～20.0 ℃，年平均降水量 1500～1700 mm。

梅岭系典型景观

土系特征与变幅　诊断层包括淡薄表层、低活性富铁层；诊断特性包括湿润土壤水分状况、热性土壤温度状况。由片（板）岩风化的坡积、残积物经腐殖质积累和脱硅富铝化过程发育而成，土体深厚，厚度＞100 cm，表土层厚度中等，10～20 cm，形成了低活性富铁层；在偏常湿润的水分状况下，土壤中铁氧化物发生了水化，形成了针铁矿，B 层上部土体颜色呈橙色-亮黄棕色。土壤质地为壤土-黏壤土，土体中砾石较多，在 25～100 cm 范围内，砾石所占体积为 25%～30%；土壤呈强酸性-酸性，pH 4.0～5.5。

对比土系　金坑系，分布区域相似，成土母质为砂页岩风化物，土体中＞2mm 石砾较少，土族控制层段颗粒大小级别为黏壤质；土体深度＜100cm。

利用性能综述　该土系土体深厚，林木生长良好。改良利用措施：实行封山育林，有计划合理砍伐，保护好现有林业资源；除发展杉、松林、樟木外，可发展油茶、茶叶、毛竹、药材和果树等经济林；土壤管理上，要防止水土流失，培肥土壤。

参比土种　厚层片红壤。

代表性单个土体　位于韶关市南雄市珠玑镇梅岭梅关古道风景区山顶关楼附近；25°20′5″N，114°20′20″E，高丘陵，海拔 382 m；成土母质为片、板岩风化坡积、残积物。林地，植被主要为马尾松、梅树、芒萁等，植被覆盖度＞80%。50 cm 深度土温 22.0 ℃。野外调查时间为 2010 年 10 月 22 日，编号 44-020。

梅岭系代表性单个土体剖面

Ah：0～14cm，黄橙色（10YR7/8，干），棕色（7.5YR4/6，润）；壤土，中等发育5～10 mm的块状结构，疏松，有中量的中等粗细根系，有15%左右（体积）直径5～20 mm次圆状微风化的母岩碎块，有5～10个蚂蚁；向下层平滑渐变过渡。

Bw1：14～51cm，亮黄棕色（10YR6/6，干），亮棕色（7.5YR5/8，润）；壤土，弱发育5～10 mm的块状结构，疏松，有少量的细根，有25%左右（体积）直径为20～75 mm次圆状微风化的母岩碎块，有<2%的砖瓦碎块；向下层平滑渐变过渡。

Bw2：51～88 cm，黄橙色（7.5YR8/8，干），亮红棕色（5YR5/8，润）；黏壤土，弱发育5～10 mm的块状结构，坚实，有很少量的细根，有30%左右（体积）直径为20～ 75 mm次圆状微风化的母岩碎块；向下层平滑渐变过渡。

Bw3：88～125 cm，橙色（7.5YR6/6，干），红棕色（5YR4/8，润）；黏壤土，弱发育5～10 mm的块状结构，坚实，有30%左右（体积）直径为20～75 mm次圆状微风化的母岩碎块。

梅岭系代表性单个土体物理性质

土层	深度 /cm	砾石 (>2mm，体积分数)/%	细土颗粒组成（粒径：mm）/（g/kg）			质地类别	容重 /（g/cm³）
			砂粒 2～0.05	粉粒 0.05～0.002	黏粒 <0.002		
Ah	0～14	15	309	429	263	壤土	—
Bw1	14～51	25	321	418	261	壤土	—
Bw2	51～88	30	284	408	308	黏壤土	—
Bw3	88～125	30	284	410	306	黏壤土	—

梅岭系代表性单个土体化学性质

深度 /cm	pH H₂O	pH KCl	有机碳 /（g/kg）	全氮 (N) /（g/kg）	全磷 (P) /（g/kg）	全钾 (K) /（g/kg）	CEC₇ /（cmol(+)/kg 黏粒）	ECEC /（cmol(+)/kg 黏粒）	盐基饱和度 /%	铝饱和度 /%	游离氧化铁 /（g/kg）	铁游离度 /%
0～14	4.3	3.4	14.2	1.32	0.63	12.36	31.1	16.3	11.7	77.6	38.8	74.0
14～51	4.3	3.5	9.6	0.95	0.75	18.63	27.3	13.6	8.3	83.5	39.2	65.2
51～88	4.6	3.7	4.2	0.57	0.66	13.90	19.7	10.3	23.1	55.7	50.6	73.7
88～125	5.1	4.0	4.3	0.52	0.69	14.02	19.1	8.8	34.9	24.5	46.3	72.0

8.9.2 船步系（Chuanbu Series）

土　族：极黏质高岭石型酸性高热性-黄色简育湿润富铁土
拟定者：卢　瑛，侯　节，盛　庚

分布与环境条件　分布在韶关、清远、惠阳、云浮等地，第四纪红土缓坡地带。成土母质为第四纪红土洪积物。土地利用类型为耕地，主要种植花生、木薯、番薯等作物。属南亚热带海洋性季风性气候，年平均气温 22.0～23.0 ℃，年平均降水量 1500～1700 mm。

船步系典型景观

土系特征与变幅　诊断层包括淡薄表层、低活性富铁层；诊断特性包括湿润土壤水分状况、高热性土壤温度状况。由第四纪红土发育而成，土体深厚，厚度>100 cm，耕层厚度15～20 cm；细土黏粒含量>550 g/kg，土壤质地为黏土；土壤呈酸性，pH4.5～5.0。在土表 15 cm 以下出现低活性富铁层，厚度>80cm。

对比土系　萝岗系，分布区域相邻，成土母质为花岗岩风化物；土族控制层段颗粒大小级别为黏质；表层（0～20 cm）细土质地为黏壤土类。

利用性能综述　该土系质地偏黏，耕性差，通透性不好，垦殖后盐基饱和度明显提高，但由于垦植后长期用地多于养地，部分养分明显下降。目前多用于种植花生、木薯、番薯等作物，产量不高。改良利用措施：应为水平种植，防止水土流失；种植旱地绿肥压青，增施有机肥，开沟施肥等有效措施改良土壤，培肥地力；有条件的地方可适当的掺砂，改良土壤质地与结构；水源不足的地方要改善灌溉设施。此外在施肥技术上要因地制宜，配方施肥。

参比土种　红土赤红泥地。

代表性单个土体　位于云浮市罗定市船步镇云罗村峒尾寨；22°35′00″N，111°38′36″E，海拔 85 m，低丘台地；成土母质为第四纪红土洪积物；旱地，种植花生、木薯等农作物。50 cm 深度土温 24.2 ℃。野外调查时间为 2010 年 11 月 10 日，编号 44-027。

Ap: 0~14 cm, 亮黄棕色（10YR6/6, 干）, 棕色（10YR4/6, 润）; 黏土, 中等发育 5~10 mm 的碎块状结构, 疏松, 有中量的细根, 有2%左右的石灰渣; 向下层平滑清晰过渡。

Bw1: 14~46 cm, 黄橙色（10YR7/8, 干）, 亮棕色（7.5YR5/8, 润）; 黏土, 中等发育 10~20 mm 的块状结构, 坚实, 有少量的细根; 向下层平滑渐变过渡。

Bw2: 46~69 cm, 黄橙色（10YR8/6, 干）, 橙色（7.5YR6/8, 润）; 黏土, 中等发育 10~20 mm 的块状结构, 坚实; 向下层平滑渐变过渡。

Bw3: 69~116 cm, 黄橙色（10YR8/8, 干）, 橙色（7.5YR6/8, 润）; 黏土, 中等发育 10~20 mm 的块状结构, 坚实。

船步系代表性单个土体剖面

船步系代表性单个土体物理性质

| 土层 | 深度 /cm | 砾石 (>2mm, 体积分数) /% | 细土颗粒组成（粒径: mm）/（g/kg） | | | 质地类别 | 容重 /（g/cm³） |
			砂粒 2~0.05	粉粒 0.05~0.002	黏粒 <0.002		
Ap	0~14	0	211	206	582	黏土	1.41
Bw1	14~46	0	186	185	629	黏土	1.51
Bw2	46~69	0	128	228	644	黏土	1.52
Bw3	69~116	0	144	298	558	黏土	1.51

船步系代表性单个土体化学性质

| 深度 /cm | pH | | 有机碳 | 全氮 (N) | 全磷 (P) | 全钾 (K) | CEC_7 | ECEC | 盐基饱和度 | 铝饱和度 | 游离氧化铁 | 铁游离度 |
	H_2O	KCl	/（g/kg）				/（cmol(+)/kg 黏粒）		/%	/%	/（g/kg）	/%
0~14	4.9	3.8	14.8	1.15	1.12	5.76	26.0	9.3	31.1	13.0	89.0	76.3
14~46	4.7	3.8	9.3	0.71	0.55	5.81	21.5	6.0	19.7	28.8	97.5	73.1
46~69	4.7	3.9	6.3	0.57	0.46	5.93	21.7	5.1	16.3	30.7	96.7	70.4
69~116	4.6	3.9	4.2	0.42	0.49	6.14	21.7	5.7	15.4	41.5	102.2	72.7

8.9.3 萝岗系（Luogang Series）

土　族：黏质高岭石型酸性高热性-黄色简育湿润富铁土
拟定者：卢　瑛，侯　节，盛　庚

分布与环境条件　分布于广州、惠州、阳江、江门、肇庆、汕头、潮州等地，地势较缓的丘陵区。成土母质为花岗岩风化坡积物，土地利用类型为林地或耕地，植物有乔木、灌木、草丛以及花生、大豆、木薯等。南亚热带湿润季风性气候，年均气温 22.0～23.0 ℃，年平均降水量 1700～1900 mm。

萝岗系典型景观

土系特征与变幅　诊断层包括淡薄表层、低活性富铁层；诊断特性包括湿润土壤水分状况、高热性土壤温度状况。由花岗岩风化坡积物发育而成，土体深厚，厚度>100 cm，表土层厚度 10～20cm；细土砂粒含量>400 g/kg，土壤质地为砂质黏壤土-黏土。土体颜色为黄橙色-橙色，低活性富铁层位于土表 40 cm 以下，厚度>80 cm；盐基淋溶强烈，盐基饱和度<15%，交换性铝饱和度>60%，土壤呈强酸性，pH4.0～4.5。

对比土系　船步系，分布区域相邻，成土母质第四纪红土，细土中黏粒含量>60%，土族控制层段颗粒大小级别为极黏质；表层（0～20 cm）细土壤质地为黏土类。

利用性能综述　该土系土体深厚，植被生长较好，覆盖度较高，养分含量中等。目前多以营造松、杉等用材林和大叶相思、台湾相思等薪炭林和水土保持林，但幼林、疏林、残次林较多，潜力较大。改良利用措施：要封山育林，因地制宜，合理开发利用；山脚缓坡可开垦为水平梯地，种果、茶或发展竹、油茶等经济林，也可利用种植牧草或豆科作物、绿肥，改良土壤和综合发展丘陵山区经济。

参比土种　中厚麻黄赤红壤。

代表性单个土体　位于广州市黄埔区萝岗街道岭头村周耙田；23°14'11"N, 113°30'53"E，丘陵，海拔 170 m；成土母质为花岗岩风化残积、坡积物；土地利用方式是林地，植被覆盖率大于80%，50 cm 深度土温 23.7 ℃。野外调查时间为 2011 年 11 月 1 日，编号 44-090。

Ah：0～12 cm，亮黄棕色（2.5Y7/6，干），棕色（7.5YR4/6，润）；砂质黏壤土，强度发育 10～20 mm 的团块状结构，疏松，少量细根，有2%左右直径为2～5 mm 次圆状的石英颗粒；向下层平滑渐变过渡。

AB：12～40 cm，亮黄棕色（2.5Y7/6，干），黄棕色（10YR5/8，润）；砂质黏壤土，强度发育 20～50 mm 的块状结构，疏松，很少量细根，有蚂蚁，有2%左右直径为2～5 mm 次圆状的石英颗粒；向下层平滑清晰过渡。

Bw1：40～75 cm，黄橙色（10YR7/8，干），橙色（7.5YR6/8，润）；砂质黏土，强度发育 20～50 mm 的块状结构，坚实，有2%左右直径为2～5mm 次圆状的石英颗粒；向下层平滑渐变过渡。

Bw2：75～125cm 黄橙色（10YR7/8，干），橙色（7.5YR6/8，润）；黏土，强度发育 20～50 mm 的块状结构，坚实，有2%左右直径为2～5 mm 次圆状的石英颗粒。

萝岗系代表性单个土体剖面

萝岗系代表性单个土体物理性质

| 土层 | 深度 /cm | 砾石 （>2mm，体积分数）/% | 细土颗粒组成（粒径：mm）/（g/kg） | | | 质地类别 | 容重 /（g/cm³） |
			砂粒 2～0.05	粉粒 0.05～0.002	黏粒 <0.002		
Ah	0～12	2	512	150	338	砂质黏壤土	1.32
AB	12～40	2	523	144	333	砂质黏壤土	1.35
Bw1	40～75	2	481	123	395	砂质黏土	1.42
Bw2	75～125	2	438	152	410	黏土	1.44

萝岗系代表性单个土体化学性质

| 深度 /cm | pH | | 有机碳 | 全氮 （N） | 全磷 （P） | 全钾 （K） | CEC₇ | ECEC | 盐基饱和度 /% | 铝饱和度 /% | 游离氧化铁 /（g/kg） | 铁游离度 /% |
	H₂O	KCl	/（g/kg）				/（cmol（+）/kg 黏粒）					
0～12	4.3	3.6	24.2	1.32	0.39	6.0	34.7	14.2	8.5	79.2	43.1	60.2
12～40	4.2	3.6	18.8	0.89	0.38	5.6	26.6	11.9	5.8	87.1	34.6	49.7
40～75	4.2	3.7	9.3	0.49	0.33	5.5	22.9	9.4	5.1	87.6	46.2	61.0
75～125	4.5	3.9	6.7	0.46	0.32	5.0	16.9	7.2	14.3	66.5	53.5	63.9

8.9.4 金坑系（Jinkeng Series）

土　族：黏壤质硅质混合型酸性热性-黄色简育湿润富铁土
拟定者：卢　瑛，侯　节，盛　庚

分布与环境条件　分布在韶关、清远、河源、梅州等地，海拔600～800 m以下低山丘陵坡地。成土母质为砂页岩风化坡积物，土地利用类型为旱地，主要种植玉米、番薯、蔬菜等，属中亚热带海洋性季风性气候，年平均气温 19.0～20.0 ℃，年平均降水量1500～1700 mm。

金坑系典型景观

土系特征与变幅　诊断层包括淡薄表层、低活性富铁层；诊断特性包括湿润土壤水分状况、热性土壤温度状况。土体厚度50～80 cm，耕作层深厚，>20cm；细土质地较均一，为黏壤土；土壤呈酸性-微酸性，pH 4.5～6.0。低活性富铁层位于耕作层之下，厚度30～60 cm。

对比土系　梅岭系，分布区域相似，成土母质为片、板岩风化物，土壤中岩石碎屑多，所占体积>25%，土族控制层段颗粒大小级别为粗骨壤质；土体深厚，>100 cm。

利用性能综述　该土系土体较薄，水分缺乏，肥力不高，农作物产量不高。改良利用措施：加强农田基本设施建设，修建灌渠，引水灌溉；完善环山沟建设，防止山洪冲刷，破坏农田；增施有机肥料，水旱轮作，适当安排浸冬，加速土壤熟化，提高土壤肥力，培肥地力；测土平衡施肥，协调土壤养分供应，以提高土壤生产力和经济效益。

参比土种　页红砂坭地。

代表性单个土体　位于清远市连南县三江镇金坑村桥头洞；24°47′35″N，112°15′36″E，海拔205 m；丘陵底部，地势起伏较大，成土母质为砂页岩风化坡积物，旱地，种植玉米、番薯、蔬菜等，50 cm深度土温22.5℃。野外调查时间为2010年10月13日，编号44-006。

金坑系代表性单个土体剖面

Ap: 0～22 cm, 淡黄色 (2.5Y7/3, 干), 暗棕色 (10YR3/3, 润); 黏壤土, 强度发育 5～10 mm 的块状结构, 疏松, 有很少细根, 有 3～5 条蚯蚓; 向下层平滑渐变过渡。

AB: 22～30 cm, 淡黄色 (2.5Y 7/3, 干), 黄棕色 (10YR5/6, 润); 黏壤土, 强度发育 10～20 mm 的块状结构, 坚实, 有很少细根, 结构体表面和孔隙周围有 5% 左右直径 2～6 mm 的对比度明显、边界清楚的锈纹锈斑; 向下层平滑突变过渡。

Bw1: 30～44 cm, 亮黄棕色 (2.5Y7/6, 干), 黄棕色 (10YR5/8, 润); 黏壤土, 中度发育 10～20 mm 的块状结构, 坚实, 有 5% 左右直径 5～20 mm 的角状弱风化砂页岩岩屑, 结构体表面和孔隙周围有 5% 左右、直径 2～6 mm 的对比度明显、边界清楚的锈纹锈斑; 向下层波状突变过渡。

Bw2: 44～55 cm, 黄色 (2.5Y8/6, 干), 棕色 (10YR4/4, 润); 黏壤土, 弱发育 10～20 mm 的块状结构, 坚实, 有 5% 左右直径 20～75 mm 的角状弱风化砂页岩岩屑; 向下层平滑突变过渡。

BC: 55～66 cm, 黄橙色 (10YR8/6, 干), 亮黄棕色 (10YR6/6, 润); 黏壤土, 弱发育 10～20 mm 的块状结构, 坚实, 有 50% 直径 75～250 mm 的角状弱风化砂页岩岩屑。

金坑系代表性单个土体物理性质

| 土层 | 深度 / cm | 砾石 (>2mm, 体积分数) / % | 细土颗粒组成 (粒径: mm) / (g/kg) | | | 质地类别 | 容重 / (g/cm³) |
			砂粒 2～0.05	粉粒 0.05～0.002	黏粒 <0.002		
Ap	0～22	0	300	370	331	黏壤土	1.22
AB	22～30	0	319	371	310	黏壤土	1.31
Bw1	30～44	5	296	374	330	黏壤土	1.44
Bw2	44～55	5	302	383	315	黏壤土	1.45
BC	55～66	50	352	345	303	黏壤土	—

金坑系代表性单个土体化学性质

| 深度 / cm | pH | | 有机碳 | 全氮 (N) | 全磷 (P) | 全钾 (K) | CEC₇ | ECEC | 盐基饱和度 | 铝饱和度 | 游离氧化铁 | 铁游离度 |
	H₂O	KCl			/ (g/kg)		/ (cmol (+) /kg 黏粒)		/ %	/ %	/ (g/kg)	/ %
0～22	4.8	3.7	19.6	1.74	0.91	12.42	26.5	12.7	24.8	48.1	21.7	63.7
22～30	5.0	3.8	12.8	1.16	0.46	12.95	21.9	11.1	31.1	38.7	26.9	64.5
30～44	5.2	4.1	8.7	0.81	0.36	12.41	19.0	10.3	49.1	9.3	46.4	72.2
44～55	5.4	4.6	7.4	0.69	0.34	12.58	22.7	13.4	57.7	2.0	45.6	76.1
55～66	5.7	4.7	4.9	0.79	0.60	24.77	31.9	15.8	48.9	1.5	50.7	66.5

8.10 普通简育湿润富铁土

8.10.1 廊田系（Langtian Series）

土　族：黏质高岭石型酸性热性-普通简育湿润富铁土
拟定者：卢　瑛，张　琳，潘　琦

分布与环境条件　分布于韶关、清远等地，粤北北江及其支流两岸，第四纪红土丘陵坡地。成土母质为第四纪红土。土地利用类型为草地或耕地，种植牧草、花生、豆类等作物。南亚热带北缘至中亚热带湿润季风性气候，年平均气温 19.0～20.0 ℃，年平均降水量 1500～1700 mm。

廊田系典型景观

土系特征与变幅　诊断层包括淡薄表层、低活性富铁层；诊断特性包括湿润土壤水分状况、热性土壤温度状况。由第四纪红土洪积物经腐殖质积累和脱硅富铝化过程发育而成，土体深厚，厚度>100 cm，表层厚度 10～20 cm；低活性富铁层位于表土层之下，厚度 50～70 cm；土表 110cm 以下有磨圆程度较好卵石层。细土黏粒含量>400 g/kg，土壤质地为黏土；B 层土壤盐基饱和度<10%，交换性铝饱和度>75%，土壤呈强酸性，pH 4.0～5.0。

对比土系　后寨坳系，属同一土族。后寨坳系成土母质为砂页岩风化物，粉粒含量高，细土质地为粉壤土-粉质黏土，土体深厚，>150 cm。与英红系母质相同，英红系分布于廊田系南部，土壤温度状况为高热性；土体深厚，土表至 150 cm 深度内无卵石层；耕作层深厚，>20 cm。

利用性能综述　该土系质地偏黏，耕性差，通透性不好，土壤肥力普遍偏低，质地黏重易板结。改良利用措施：增施有机肥和带砂性的土杂肥，改良质地，提高土壤肥力水平，彻底改变其适种性差的缺点，同时根据因土种植的原则，提倡种植番薯、花生、玉米、豆类等。

参比土种　红土红泥地。

代表性单个土体　位于韶关市乐昌市廊田镇王屋沙湾坪；25°08′59″N，113°25′13″E，低丘顶部，海拔 125 m；母质为第四纪红土洪积物，牧草地，已丢荒 3 年。50 cm 深度土温 22.3 ℃。野外调查时间为 2010 年 10 月 19 日，编号 44-014。

廊田系代表性单个土体剖面

Ah：0～14 cm，亮黄棕色（10YR6/6，干），暗红棕色（5YR3/4，润）；黏土，中度发育5～10 mm的碎块状结构，疏松，有中量的粗根，有1～2个甲虫；向下层平滑突变过渡。

AB：14～29 cm，橙色（7.5YR6/8，干），红棕色（5YR4/6，润）；黏土，中度发育5～10 mm的碎块状结构，较疏松，有中量的中等粗细的根；向下层平滑渐变过渡。

Bw1：29～69 cm，橙色（5YR6/6，干），亮红棕色（5YR5/8，润）；黏土，中度发育5～10 mm的碎块状结构，坚实，有少量的细根；向下层平滑渐变过渡。

Bw2：69～113 cm，橙色（5YR6/8，干），亮红棕色（5YR5/8，润）；黏土，中度发育5～10 mm的碎块状结构，坚实，有很少量的细根，pH4.58；向下层平滑渐变过渡。

C：113～125 cm，橙色（5YR6/8，干），红棕色（2.5YR4/8，润），砾石层。

廊田系代表性单个土体物理性质

| 土层 | 深度/cm | 砾石（>2mm，体积分数）/% | 细土颗粒组成（粒径：mm）/（g/kg） | | | 质地类别 | 容重/（g/cm³） |
			砂粒 2～0.05	粉粒 0.05～0.002	黏粒 <0.002		
Ah	0～14	0	280	281	439	黏土	1.28
AB	14～29	0	244	263	493	黏土	1.32
Bw1	29～69	0	238	244	518	黏土	1.41
Bw2	69～113	5	234	238	528	黏土	1.41

廊田系代表性单个土体化学性质

| 深度/cm | pH | | 有机碳 | 全氮（N） | 全磷（P） | 全钾（K） | CEC₇ | ECEC | 盐基饱和度 | 铝饱和度 | 游离氧化铁 | 铁游离度 |
	H₂O	KCl		/（g/kg）			/（cmol（+）/kg 黏粒）		/%	/%	/（g/kg）	/%
0～14	4.6	3.8	27.5	2.29	0.91	6.14	28.6	17.1	30.2	49.4	43.7	69.9
14～29	4.3	3.8	11.1	0.90	0.44	7.23	18.3	9.7	9.7	81.8	47.5	72.4
29～69	4.7	3.8	6.7	0.62	0.39	8.33	20.5	8.0	9.1	76.5	51.1	68.3
69～113	4.6	3.8	3.1	0.43	0.43	8.81	18.9	6.6	7.3	79.1	54.9	76.5

8.10.2 后寨坳系（Houzhaiao Series）

土 族：黏质高岭石型酸性热性-普通简育湿润富铁土
拟定者：卢 瑛，侯 节，盛 庚

分布与环境条件 分布于韶
关、清远、河源、梅州等地，
砂页岩低山丘陵的山腰与山
脚。成土母质为砂页岩风化
残积、坡积物，土地利用类
型为林地，植被类型有马尾
松、竹等。南亚热带北缘至
中亚热带南缘湿润季风性气
候，年平均气温 19.0～
20.0 ℃，年平均降水量
1500～1700 mm。

后寨坳系典型景观

土系特征与变幅 诊断层包括淡薄表层、低活性富铁层；诊断特性包括湿润土壤水分状
况、热性土壤温度状况。由砂页岩风化坡积、残积物发育而成，土体深厚，厚度>100 cm，
表土层厚 10～20 cm；细土粉粒含量>450 g/kg，土壤质地为壤土-粉质黏土。低活性富铁
层位于土表 20cm 以下，厚度>100 cm；土壤盐基离子强烈淋失，盐基饱和度<10%，交
换性铝饱和度>85%，土壤呈强酸性-酸性，pH 4.0～5.0。

对比土系 廊田系，分布区域相邻，属同一土族。廊田系成土母质为第四纪红色黏土，
整个土体黏粒含量高，细土质地为黏土；土体厚度<150 cm，110 cm 以下有磨圆度极高
的卵石层。

利用性能综述 该土系土体深厚，表土层厚度中等，植被覆盖度差，水土流失较重，酸
性强。植被主要为生产较差的马尾松、芒萁等。改良利用措施：应加强封山育林管理，
严禁开荒或烧山，种植松、杉等用材林或选种抗旱耐瘠先锋树种，加速地面覆盖，逐渐
提高土肥肥力；在缓坡地区宜开垦成水平梯田，种植果、茶、油桐、南药等。

参比土种 厚厚页红壤。

代表性单个土体 位于韶关市乐昌市廊田镇龙山村委会至龙王潭公路旁，25°13′1″N，
113°27′3″E，海拔 376 m；丘陵，地势强度起伏，坡度 5°～15°，母质为砂页岩风化残积、
坡积物。林地，植被类型有马尾松、竹、芒萁等。50 cm 深度土温 22.0℃。野外调查时
间为 2010 年 10 月 19 日，编号 44-015。

后寨坳系代表性单个土体剖面

Ah: 0～20 cm, 淡黄澄色（10YR8/4, 干）, 棕色（7.5YR4/6, 润）; 粉质黏土, 中等发育 5～10 mm 的小块状结构, 疏松, 有中量的粗根; 向下层平滑突变过渡。

Bw1: 20～70 cm, 淡黄橙色（7.5YR8/6, 干）, 亮红棕色（5YR 5/8, 润）; 粉质黏土, 中等发育 10～20 mm 的块状结构, 较疏松, 有中量的中等粗细根; 向下层平滑渐变过渡。

Bw2: 70～85 cm, 黄橙色（7.5YR8/8, 干）, 橙色（5YR 6/8, 润）; 壤土, 中等发育 10～20 mm 的块状结构, 坚实, 有少量的中等粗细根, 有 5%左右直径 5～20 mm 角状的风化母岩碎块; 向下层平滑渐变过渡。

Bw3: 85～101 cm, 黄橙色（7.5YR8/8, 干）, 橙色（5YR6/8, 润）; 壤土, 中等发育 10～20 mm 的块状结构, 坚实, 有少量的细根, 有 5%左右直径 5～20mm 角状的风化母岩碎块; 向下层平滑渐变过渡。

Bw4: 101～128 cm, 黄橙色（7.5YR 8/8, 干）, 橙色（5YR7/8, 润）; 粉壤土, 中等发育 10～20 mm 的块状结构, 坚实, 有 5%左右直径 5～20 mm 角状的风化母岩碎块。

后寨坳系代表性单个土体物理性质

土层	深度 / cm	砾石 (>2mm, 体积分数) / %	细土颗粒组成（粒径: mm）/（g/kg）			质地类别	容重 /（g/cm³）
			砂粒 2～0.05	粉粒 0.05～0.002	黏粒 <0.002		
Ah	0～20	2	131	463	406	粉质黏土	1.35
Bw1	20～70	2	103	472	425	粉质黏土	1.41
Bw2	70～85	5	305	483	212	壤土	1.38
Bw3	85～101	5	269	480	250	壤土	1.38
Bw4	101～128	5	208	548	244	粉壤土	1.36

后寨坳系代表性单个土体化学性质

深度 / cm	pH		有机碳	全氮 (N)	全磷 (P)	全钾 (K)	CEC₇	ECEC	盐基饱和度 / %	铝饱和度 / %	游离氧化铁 /（g/kg）	铁游离度 / %
	H₂O	KCl		/（g/kg）			/（cmol (+) /kg 黏粒）					
0～20	4.1	3.4	19.3	1.47	0.45	10.68	34.5	19.1	7.4	86.7	59.8	84.6
20～70	4.3	3.6	4.8	0.46	0.43	11.15	16.7	11.2	9.8	85.3	61.8	73.0
70～85	4.7	3.7	2.7	0.31	0.41	14.70	28.1	13.6	6.8	86.0	65.1	80.5
85～101	4.7	3.9	3.0	0.26	0.39	12.07	22.2	11.4	7.2	85.8	62.0	86.9
101～128	4.8	4.0	2.8	0.20	0.39	13.26	21.5	12.1	7.6	86.5	60.6	88.4

8.10.3 英红系（Yinghong Series）

土　族：黏质高岭石型酸性高热性-普通简育湿润富铁土
拟定者：卢　瑛，侯　节，盛　庚

分布与环境条件　分布在粤北的韶关、清远等地，第四纪红土丘陵缓坡地带。成土母质为第四纪红土，土地利用类型为旱地或园地，种植大豆、花生、番薯、木薯、茶树等。属南亚热带北缘至中亚热带海洋性季风性气候，年平均气温 20.0～21.0 ℃，年平均降水量 1900～2100 mm。

英红系典型景观

土系特征与变幅　诊断层包括淡薄表层、低活性富铁层；诊断特性包括湿润土壤水分状况、高热性土壤温度状况。由第四纪红土洪积物经脱硅富铁铝化和腐殖质的积累过程发育的湿润富铁土经旱耕种植而成，土体深厚，厚度>100 cm，耕作层深厚，厚度>20 cm，腐殖质积累明显；细土黏粒含量>500 g/kg，土壤质地为黏土。低活性富铁层位于耕作层之下，厚度>80 cm。

对比土系　廊田系，成土母质相同，属同一亚类。廊田系分布于英红系北部区域，土壤温度状况为热性，土表至 150 cm 深度内有卵石层。

利用性能综述　该土系土层较深厚，质地黏重，土壤呈酸性至强酸性反应，耕性差，通透性不好，土壤较瘦瘠。茶园土壤由于施肥水平较高，土壤比较肥沃，土壤有机质、氮素含量以及磷、钾含量均比农耕地高，但土壤酸性增强。改良利用措施：种植旱地绿肥压青，增施有机肥，实行开沟施肥等有效措施改良土壤，培肥地力；有条件的地方可适量掺砂，改善土壤质地和结构；水源不足的要解决灌溉设施；此外在施肥技术上要因地制宜，配方施肥。

参比土种　厚厚红土赤红壤。

代表性单个土体　位于清远市英德市英红镇英红华侨茶场第三分厂七组；24°15'24"N，113°16'17"E，低丘中部，海拔 78 m；成土母质为第四纪红土洪积物；园地，种植茶树。50 cm 深度土温 23.0 ℃。野外调查时间为 2011 年 3 月 1 日，编号 44-082。

Ah：0～34 cm，亮黄棕色（10YR6/8，干），浊棕色（7.5YR5/4，润）；黏土，强度发育5～10 mm的小块状结构，疏松，中量粗的茶树根；向下层波状渐变过渡。

AB：34～49 cm，亮黄棕色（10YR6/6，干），亮棕色（7.5YR5/6，润）；黏土，强度发育10～20 mm的块状结构，坚实，中量粗的茶树根；向下层平滑渐变过渡。

Bw1：49～70 cm，黄橙色（7.5YR7/8，干），亮红棕色（5YR5/8，润）；黏土，强度发育10～20 mm的块状结构，坚实，少量细茶树根；向下层平滑渐变过渡。

Bw2：70～115 cm，黄橙色（7.5YR7/8，干），橙色（5YR6/8，润）；黏土，强度发育10～20 mm的块状结构，坚实。

英红系代表性单个土体剖面

英红系代表性单个土体物理性质

| 土层 | 深度 / cm | 砾石 (>2mm，体积分数) / % | 细土颗粒组成（粒径：mm）/（g/kg） | | | 质地类别 | 容重 /（g/cm³） |
			砂粒 2～0.05	粉粒 0.05～0.002	黏粒 <0.002		
Ah	0～34	0	240	250	510	黏土	1.36
AB	34～49	0	120	334	546	黏土	1.38
Bw1	49～70	0	120	295	585	黏土	1.44
Bw2	70～115	0	160	216	624	黏土	1.51

英红系代表性单个土体化学性质

| 深度 / cm | pH | | 有机碳 | 全氮 (N) | 全磷 (P) | 全钾 (K) | CEC₇ | ECEC | 盐基饱和度 / % | 铝饱和度 / % | 游离氧化铁 /（g/kg） | 铁游离度 / % |
	H₂O	KCl			/（g/kg）			/（cmol (+) /kg 黏粒）				
0～34	4.8	3.7	17.4	1.37	0.89	12.1	24.7	7.7	15.7	49.4	72.0	82.9
34～49	4.6	3.7	20.0	1.40	0.55	11.7	21.9	7.2	9.0	72.7	69.5	76.2
49～70	4.6	3.7	6.6	0.72	0.47	13.2	17.8	5.1	8.1	71.8	83.2	79.5
70～115	4.9	4.0	4.7	0.60	0.44	13.3	26.9	3.9	8.5	42.0	84.4	81.3

第9章 淋 溶 土

9.1 普通铝质常湿淋溶土

9.1.1 茅坪系（Maoping Series）

土　　族：砂质硅质混合型酸性高热性-普通铝质常湿淋溶土
拟定者：卢　瑛，盛　庚，陈　冲

分布与环境条件　分布于韶关、清远、汕头、揭阳、惠州、河源等地，海拔 600 m 以上山地。成土母质为花岗岩风化残积、坡积物，土地利用类型为林地，植被有杉、松、竹、麻栎、灌木、山草群落等。属南亚热带海洋性季风性气候，风大、雨多、雾大，空气湿度大，年平均气温 21.0～22.0 ℃，年平均降水量 1900～2100 mm。

茅坪系典型景观

土系特征与变幅　诊断层包括淡薄表层、黏化层；诊断特性包括常湿润土壤水分状况、高热性土壤温度状况、铝质特性、准石质接触面。该土系起源于花岗岩风化的坡积物、残积物，土体深厚，厚度>100 cm，表层厚度≥20 cm。因山高气候湿凉，土体中氧化铁水化作用强烈，使其成暗黄色-黄色-棕黄色。细土质地为砂质壤土-砂质黏壤土。土壤盐基饱和度<10%，铝饱和度>80%；土壤呈酸性，pH 4.5～5.5。

对比土系　大南山系，位于花岗岩山地垂直带谱下部，海拔低，土壤脱硅富铝化作用强烈，形成了低活性富铁层；湿润土壤水分状况，土壤黏粒含量高，土族控制层段颗粒大小级别为黏质，矿物学类型为高岭石型。

利用性能综述　该土系保存有良好的森林植被，生物累积作用强，表层土壤有机质含量较丰富。土体深厚肥沃，土壤呈酸性，气候湿润、云雾多，具有发展林业生产和茶树的良好立地条件。改良利用措施：除保护和合理采伐现有林木外，宜选择桢楠、刨花楠、小果冬青、杉、松、竹、麻栎、贡柏、樟等优质用材树种造林，条件适宜区域可发展名茶生产，如潮州凤凰山、大埔县西岩山等山地盛产名茶，远销国内外；土壤管理上，防止水土流失，合理培肥土壤。

参比土种　厚厚麻黄壤。

茅坪系代表性单个土体剖面

代表性单个土体　位于揭阳市普宁市南山镇摩天石茅坪村；23°11′33″N，116°07′38″E，海拔605 m；低山顶部，母质为花岗岩风化残积、坡积物；林地，植被为小灌木、草丛等，植被覆盖度>80%。50 cm深度土温23.4 ℃。野外调查时间为2011年11月23日，编号44-106。

Ah：0～20 cm，浊黄色（2.5Y6/3，干），浊黄棕色（10YR4/3，润）；砂质壤土，强度发育5～10 mm的小块状结构，疏松，多量中根；向下层平滑渐变过渡。

Bt1：20～47 cm，黄色（2.5Y8/6，干），黄橙色（10YR7/8，润）；砂质黏壤土，强度发育5～10 mm的块状结构，较紧实，中量细根；向下层平滑渐变过渡。

Bt2：47～100 cm，浅淡黄色（2.5Y8/4，干），亮黄棕色（10YR7/6，润）；砂质黏壤土，强度发育5～10 mm的块状结构，较紧实。

茅坪系代表性单个土体物理性质

土层	深度 / cm	砾石 (>2mm，体积分数) / %	细土颗粒组成（粒径：mm）/（g/kg）			质地类别	容重 /（g/cm³）
			砂粒 2～0.05	粉粒 0.05～0.002	黏粒 <0.002		
Ah	0～20	2	602	212	187	砂质壤土	1.40
Bt1	20～47	2	562	198	240	砂质黏壤土	1.56
Bt2	47～100	2	545	164	290	砂质黏壤土	1.60

茅坪系代表性单个土体化学性质

深度 / cm	pH		有机碳	全氮 (N)	全磷 (P)	全钾 (K)	CEC₇	ECEC	盐基饱和度 / %	铝饱和度 / %	游离氧化铁 /（g/kg）	铁游离度 / %
	H₂O	KCl	/（g/kg）				/（cmol（+）/kg·黏粒）					
0～20	4.9	3.8	19.7	1.28	0.11	37.2	56.7	27.9	6.8	86.2	12.2	45.8
20～47	5.0	3.9	6.9	0.47	0.08	34.0	38.4	17.7	6.5	85.9	12.8	47.5
47～100	5.1	3.8	6.0	0.43	0.08	33.0	41.7	14.9	5.9	83.4	15.5	46.6

9.2 普通铝质湿润淋溶土

9.2.1 阴那麻系（Yinnama Series）

土　族：黏壤质硅质混合型酸性热性-普通铝质湿润淋溶土
拟定者：卢　瑛，余炜敏

分布与环境条件　分布在梅州、
韶关、清远、肇庆、河源等地，
海拔 400～800 m 花岗岩中、低山
丘陵的缓坡中部。成土母质为花
岗岩风化的残积、坡积物。土地
利用类型为林地，以马尾松、岗
松为主。属南亚热带海洋性季风
性气候、山地气候和中亚热带海
洋性季风性气候，年平均气温
20.0～21.0 ℃，年平均降水量
1500～1700 mm。

阴那麻系典型景观

土系特征与变幅　诊断层包括淡薄表层、黏化层；诊断特性包括湿润土壤水分状况、热
性土壤温度状况、铝质特性。该土系发育于花岗岩风化的坡积物和残积物，土体厚度 40～
80 cm，表土层厚 10～20 cm。土体中砾石较多，>2 mm 砾石可达 30%以上。细土质地偏
黏，砂质黏壤土-黏土；黏粒淋溶淀积明显，土体中形成了黏化层。盐基离子强烈淋溶，
盐基饱和度<10%；交换性铝所占比例高，铝饱和度>90%；土壤呈酸性，pH 5.0～5.5。
对比土系　阴那页系，位于阴那山东坡，海拔为 192 m，成土母质为砂页岩风化物，细
土质地为黏壤土-黏土，脱硅富铝化作用强烈，形成了低活性富铁层，属黄色黏化湿润富
铁土。
利用性能综述　该土系土体厚度中等，酸性强，表土中有机质、全氮较丰富，磷、钾较
缺乏，改良利用措施：应以林为主，用材林、经济林和防护林相结合，农、林、牧相结
合；坡度较大地区不适宜开发利用，宜封山育林，增加植被覆盖，防止水土流失；海拔
高地带，发展松、杉、竹等；在山麓缓坡地带，种植梨、柿、李、板栗、油桐、油茶及
茶叶等果树和经济林；增施有机肥，合理施用磷、钾肥，培肥土壤，提高地力。
参比土种　中中麻红壤。
代表性单个土体　位于梅州市大浦县雁洋镇阴那山东坡；24°24'36"N，116°26'21"E，山
地，海拔 536 m。成土母质为花岗岩风化的残积、坡积物，坡度约 25°，林地，植被有壳
斗科的锥、栎，茶科的杨桐、荷木，木兰科的木莲、含笑等。50 cm 深度土温 22.5 ℃。
野外调查时间为 2011 年 10 月 9 日，编号 44-143。

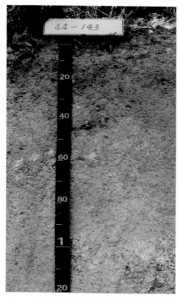

阴那麻系代表性单个土体剖面

Ah：0～13 cm，淡灰色（5Y7/1，干），灰色（5Y6/1，润）；黏壤土，中等发育5～10 mm的块状结构，疏松，较多细根，结构体外有大量根孔，有3～5条蚯蚓；向下层平滑渐变过渡。

AB：13～24 cm，浅淡黄色（5Y8/3，干），黄色（5Y8/6，润）；砂质黏壤土，中等发育5～10 mm的块状结构，疏松，少量细根，结构体外有大量根孔；向下层平滑渐变过渡。

Bt：24～55 cm，浅淡黄色（5Y8/3，干），黄色（5Y7/6，润）；黏土，中等发育10～20 mm的块状结构，坚实，少量细根，向下层波状渐变过渡。

BC：55～120 cm，灰白色（7.5Y8/1，干），灰白色（7.5Y8/2，润）；砂质黏壤土，弱发育10～20 mm的块状结构，坚实，土体中有25%左右直径为5～20 mm角状花岗岩半风化物。

阴那麻系代表性单个土体物理性质

土层	深度 / cm	砾石 (>2mm，体积分数) / %	细土颗粒组成（粒径：mm）/（g/kg）			质地类别	容重 /（g/cm³）
			砂粒 2～0.05	粉粒 0.05～0.002	黏粒<0.002		
Ah	0～13	10	439	206	356	黏壤土	1.32
AB	13～24	10	486	176	338	砂质黏壤土	1.41
Bt	24～55	10	413	176	410	黏土	1.41
BC	55～120	25	573	183	245	砂质黏壤土	1.40

阴那麻系代表性单个土体化学性质

深度 / cm	pH		有机碳	全氮 (N)	全磷 (P)	全钾 (K)	CEC₇	ECEC	盐基饱和度	铝饱和度	游离氧化铁	铁游离度
	H₂O	KCl	/（g/kg）				/（cmol（+）/kg 黏粒）		/ %	/ %	/（g/kg）	/ %
0～13	5.3	3.7	23.7	1.41	0.15	17.7	38.9	20.8	4.4	91.7	14.5	51.8
13～24	5.4	3.7	15.3	1.01	0.13	16.7	39.6	20.9	3.5	93.4	15.6	53.6
24～55	5.1	3.7	10.9	0.74	0.10	15.6	30.2	18.1	5.5	90.8	17.0	55.2
55～120	5.3	3.8	3.6	0.28	0.09	30.2	30.8	20.6	11.5	82.8	11.2	43.6

9.2.2 丁堡系（Dingbao Series）

土　族：黏质高岭石混合型酸性高热性-普通铝质湿润淋溶土
拟定者：卢　瑛，盛　庚，侯　节

分布与环境条件　分布在茂名、江门、阳江、广州、惠州、河源、肇庆等地，海拔400 m以下低山、丘陵区，成土母质为片麻岩风化的残积、坡积物；土地利用类型为林地，植被有马尾松、杉木、灌丛、芒萁等。属南亚热带海洋季风性气候，年均气温22.0～23.0 ℃，年平均降水量1700～1900 mm。

丁堡系典型景观

土系特征与变幅　诊断层包括淡薄表层、黏化层；诊断特性包括湿润土壤水分状况、高热性土壤温度状况、铝质现象。由片麻岩风化的残积、坡积物发育而成，土层深厚，厚度>100 cm，表层土厚>20 cm；细土质地差异大，壤土-黏土；有明显的黏粒淋移现象，在表土层下形成了黏化层，厚度60～80 cm，结构面有光滑的黏粒胶膜；土壤铝饱和度>60%，土壤呈酸性，pH 4.5～5.5。

对比土系　阴那麻系，属同一亚类。阴那麻系成土母质为花岗岩风化物，土族控制层段颗粒大小级别为黏壤质，矿物学类型为硅质混合型，土壤温度状况为热性。

利用性能综述　该土系植被多为针阔叶混交林及草丛，覆盖度较高，有些地方高达80%～90%。土体深厚，水分状况及生境条件较好，具有林木生长良好的立地条件，但土壤有机质和养分含量偏低。改良利用措施：保护现有林木，防止不合理的砍伐而导致水土流失；充分合理利用土地，发展杉、松、桂、大叶相思等针阔混交林以及李、柿等果树和油茶、茶叶、砂仁等经济林木和药材；增施有机肥，合理施用氮、磷、钾等肥料，提高土壤肥力和生态、经济效益。

参比土种　厚厚片赤红壤。

代表性单个土体　位于茂名市信宜市丁堡镇铁炉村高堂路口；22°19'25"N，111°01'44"E，低山中坡，海拔350 m；母质为片麻岩风化的残积、坡积物；林地，植被有马尾松、桉树、芒萁等。50 cm深度土温24.2 ℃。野外调查时间为2011年1月6日，编号44-078。

Ah：0～32 cm，黄橙色（7.5YR7/8，干），亮棕色（7.5YR5/6，润）；黏壤土，中等发育 10～20 mm 的块状结构，坚实，少量细根；向下层平滑渐变过渡。

Bt：32～96 cm，黄橙色（7.5YR7/8，干），橙色（5YR6/8，润）；黏土，中等发育 10～20 mm 的块状结构，坚实，少量细根，有 10%左右（体积）次圆的风化岩屑，结构面和孔隙壁上有 2%～5%对比模糊的黏粒胶膜；向下层平滑渐变过渡。

Bw：96～135 cm，橙色（7.5YR7/6，干），橙色（5YR6/8，润）；粉壤土，中等发育 10～20 mm 的块状结构，坚实，有 10%左右（体积）次圆的风化岩屑；向下层平滑渐变过渡。

BC：135～160 cm，黄橙色（10YR8/8，干），浊棕色（7.5YR6/3，润）；壤土，弱发育 10～20 mm 的块状结构，很坚实，有 20%左右（体积）次圆的风化岩屑。

丁堡系代表性单个土体剖面

丁堡系代表性单个土体物理性质

| 土层 | 深度 /cm | 砾石 （>2mm，体积分数）/% | 细土颗粒组成（粒径：mm）/（g/kg） | | | 质地类别 | 容重 /（g/cm³） |
			砂粒 2～0.05	粉粒 0.05～0.002	黏粒 <0.002		
Ah	0～32	2	280	330	390	黏壤土	1.37
Bt	32～96	10	240	292	468	黏土	1.45
Bw	96～135	10	320	524	156	粉壤土	1.41
BC	135～160	20	440	404	156	壤土	—

丁堡系代表性单个土体化学性质

| 深度 /cm | pH | | 有机碳 | 全氮 （N） | 全磷 （P） | 全钾 （K） | CEC₇ | ECEC | 盐基饱和度 /% | 铝饱和度 /% | 游离氧化铁 /（g/kg） | 铁游离度 /% |
	H₂O	KCl		/（g/kg）			/（cmol（+）/kg 黏粒）					
0～32	4.8	3.7	8.5	0.57	0.16	9.7	28.4	12.3	9.9	77.2	57.0	58.3
32～96	5.0	3.8	5.9	0.36	0.14	12.1	28.1	8.1	7.5	74.3	55.0	53.5
96～135	5.2	3.8	2.9	0.15	0.07	20.6	68.3	20.8	9.3	69.6	28.3	38.5
135～160	5.2	3.7	2.5	0.14	0.06	21.1	43.5	21.3	16.5	66.3	18.3	29.1

9.3 铁质酸性湿润淋溶土

9.3.1 回龙系（Huilong Series）

土　族：砂质硅质混合型高热性-铁质酸性湿润淋溶土
拟定者：卢　瑛，张　琳，潘　琦

分布与环境条件　分布在肇庆、江门、阳江等地，地势高、水土流失严重的丘陵区。成土母质为红色砂页岩风化残积、坡积物；土地利用类型为旱地，主要种植木薯、番薯、花生、豆类等作物。属南亚热带海洋性季风性气候，年平均气温 22.0 ～ 23.0 ℃，年平均降水量 1700～ 1900 mm。

回龙系典型景观

土系特征与变幅　诊断层包括淡薄表层、黏化层；诊断特性包括湿润土壤水分状况、高热性土壤温度状况、铁质特性。由红色砂页岩风化残积、坡积物发育而成的自然土壤经人为旱耕种植发育而成，土体深厚，厚度>100 cm，耕层厚>20 cm；耕层黏粒大量淋失，砂粒含量>70%，B 层黏粒淀积明显，形成黏化层，黏化层厚度 60～80 cm；土壤质地为壤质砂土-砂质黏壤土；土壤铁游离度>60%，具有铁质特性；土壤呈酸性，pH 4.5～5.5。

对比土系　良田系，属同一亚类。良田系成土母质为砂页岩风化物，土壤粉、黏粒含量高，土族控制层段颗粒大小级别为黏质，矿物学类型为高岭石混合型。

利用性能综述　该土系表层土壤质地偏砂，结构松散，宜耕性好，适种性广。但因灌溉水源不足，土壤保水性差，作物生长差，产量不高，且常受春旱或秋旱影响而撂荒。目前多种植木薯、番薯、黄豆、花生等作物，近年来有改种桉树。改良利用措施：做好水土保持工作，多施泥肥和有机肥，种植绿肥及豆科作物，增加覆盖度，减少土壤水分蒸发及黏粒流失，防止土壤砂化；有条件地方可进行土地整理，平整土地、修建农田水利设施和田间道路，解决干旱问题；推广作物秸秆还地，增施有机肥，测土配方施肥，培养地力，提高农作物产量和品质。

参比土种　红页赤红砂地。

代表性单个土体　位于肇庆市高要市回龙镇刘村村委会红旗队江肇高速公路东边；22°57′58″N，112°41′13″E，海拔 20 m；坡地，由母质为红色砂页岩风化的残积、坡积物发育的自然土壤经旱耕种植而成；旱地，种植花生、番薯，近 5 年种植桉树。50 cm 深

回龙系代表性单个土体剖面

度土温 24.0 ℃。野外调查时间为 2010 年 11 月 19 日，编号 44-037。

Ap：0～23 cm，棕灰色（10Y6/1，干），暗棕色（10YR3/3，润）；壤质砂土，弱发育 1～2 mm 的粒状结构，疏松，多量中根，有 1～2 条蚯蚓；向下层平滑渐变过渡。

AB：23～40 cm，淡黄橙色（10YR8/3，干），黄棕色（10YR5/6，润）；砂质壤土，中等发育 5～10 mm 的块状结构，疏松，少量细根；向下层平滑渐变过渡。

Bt1：40～87 cm，浊黄橙色（10Y7/4，干），亮黄棕色（10YR6/8，润）；砂质黏壤土，中等发育 5～10 mm 的块状结构，坚实；向下层平滑渐变过渡。

Bt2：87～118 cm，黄色（2.5Y8/6，干），亮黄棕色（10YR6/8，润）；砂质壤土，中等发育 5～10 mm 的块状结构，坚实。

回龙系代表性单个土体物理性质

| 土层 | 深度 / cm | 砾石 (>2mm，体积分数) / % | 细土颗粒组成（粒径：mm）/（g/kg） | | | 质地类别 | 容重 /（g/cm³） |
			砂粒 2～0.05	粉粒 0.05～0.002	黏粒 <0.002		
Ap	0～23	0	819	122	59	壤质砂土	1.31
AB	23～40	0	728	190	82	砂质壤土	1.33
Bt1	40～87	0	572	209	219	砂质黏壤土	1.38
Bt2	87～118	0	594	221	185	砂质壤土	1.38

回龙系代表性单个土体化学性质

| 深度 / cm | pH | | 有机碳 | 全氮 (N) | 全磷 (P) | 全钾 (K) | CEC$_7$ | ECEC | 盐基饱和度 / % | 铝饱和度 / % | 游离氧化铁 /（g/kg） | 铁游离度 / % |
	H$_2$O	KCl	/（g/kg）				/（cmol（+）/kg 黏粒）					
0～23	4.5	3.5	6.8	0.49	0.19	1.53	43.9	26.4	30.1	49.9	3.6	68.9
23～40	4.7	3.6	2.2	0.20	0.14	2.22	31.7	18.8	24.4	58.8	6.3	72.7
40～87	4.9	3.8	3.0	0.37	0.17	1.93	41.8	17.3	34.9	15.6	15.4	65.3
87～118	5.2	4.1	2.4	0.20	0.14	1.59	36.3	15.0	38.0	8.1	11.6	64.7

9.3.2 良田系（Liangtian Series）

土　族：黏质高岭石混合型高热性-铁质酸性湿润淋溶土
拟定者：卢　瑛，侯　节，陈　冲

分布与环境条件　分布于惠州、河源、汕头、揭阳、汕尾等地，海拔400 m 以下的高中丘陵区。成土母质为砂页岩风化残积、坡积物；土地利用类型为林地，植被有马尾松、岗松、芒萁等。南亚热带海洋性季风性气候，年均气温 21.0～22.0 ℃，年平均降水量 1900～2100 mm。

良田系典型景观

土系特征与变幅　诊断层包括淡薄表层、黏化层；诊断特性包括湿润土壤水分状况、高热性土壤温度状况、铁质特性。由砂页岩风化残积、坡积物发育而成，土体深厚，厚度>100cm，表土层厚 10～20 cm。细土粉粒含量>400 g/kg，土壤质地为粉质黏壤土-粉质黏土；铁游离度>55%，具有铁质特征；土壤呈酸性，pH 5.0～5.5。

对比土系　回龙系，属同一亚类。回龙系成土母质为红色砂页岩风化物，土壤砂粒含量高，土族控制层段颗粒大小级别为砂质，矿物学类型为硅质混合型。

利用性能综述　该土系土体深厚，土质疏松。自然植被以马尾松、杉木和常绿阔叶林及芒萁等为主，一般覆盖度较好。改良利用措施：宜保护好现有林木，防止乱砍乱伐引起水土流失，宜发展杉、松、桂等针阔叶混交林，李、柿等果树作物和油茶、砂仁等经济林木和药材；土壤管理上，要多施有机肥，适施磷、钾肥等，提高土壤生产力和经济效益。

参比土种　中厚页赤红壤。

代表性单个土体　位于揭阳市揭西县良田乡洋德坑村树山下；23°33′21″N，115°50′49″E，海拔 245 m，丘陵坡地；成土母质为砂页岩风化残积、坡积物；林地，植被覆盖度>80%，常绿阔叶林,50 cm 深度土温 23.4 ℃。野外调查时间为 2011 年 11 月 22 日，编号 44-103。

Ah: 0～13 cm, 亮黄棕色 (10YR7/6, 干), 浊棕色 (7.5YR5/4, 润); 黏壤土, 强度发育 10～20 mm 的块状结构, 疏松, 多量粗根, 有 3% 瓦片; 向下层平滑渐变过渡。

Bt1: 13～57 cm, 橙色 (7.5YR7/6, 干), 亮棕色 (7.5YR5/8, 润); 粉质黏土, 强度发育 10～20 mm 的块状结构, 坚实, 少量粗根和中量中根; 向下层平滑渐变过渡。

Bt2: 57～100 cm, 黄橙色 (7.5YR7/8, 干), 橙色 (5YR6/8, 润); 粉质黏土, 强度发育 10～20 mm 的块状结构, 坚实, 中量中细根和少量粗根; 向下层平滑渐变过渡。

Bw: 100～140 cm, 浊黄橙色 (7.5YR8/6, 干), 橙色 (5YR6/8, 润); 粉质黏壤土, 强度发育 10～20 mm 的块状结构, 坚实, 中量中细根和少量粗根。

良田系代表性单个土体剖面

良田系代表性单个土体物理性质

土层	深度 / cm	砾石 (>2mm, 体积分数) / %	细土颗粒组成 (粒径: mm) / (g/kg)			质地类别	容重 / (g/cm³)
			砂粒 2～0.05	粉粒 0.05～0.002	黏粒 <0.002		
Ah	0～13	0	285	420	295	黏壤土	1.31
Bt1	13～57	0	62	458	480	粉质黏土	1.35
Bt2	57～100	0	67	508	425	粉质黏土	1.38
Bw	100～140	0	77	577	346	粉质黏壤土	1.43

良田系代表性单个土体化学性质

深度 / cm	pH		有机碳	全氮 (N)	全磷 (P)	全钾 (K)	CEC₇	ECEC	盐基饱和度	铝饱和度	游离氧化铁	铁游离度
	H₂O	KCl		/(g/kg)			/(cmol(+)/kg 黏粒)		/%	/%	/(g/kg)	/%
0～13	5.5	3.9	13.8	0.97	0.57	11.0	40.5	18.6	34.4	25.2	41.2	65.8
13～57	5.4	3.8	10.0	0.62	0.42	9.0	28.1	14.5	21.7	57.9	64.3	61.2
57～100	5.2	3.7	6.2	0.43	0.40	11.5	30.9	16.4	15.7	70.5	60.9	60.7
100～140	5.3	3.8	3.7	0.23	0.28	14.5	35.9	18.2	12.9	74.5	50.3	57.2

9.4 红色铁质湿润淋溶土

9.4.1 老圩系（Laoxu Series）

土　族：黏质混合型石灰性热性-红色铁质湿润淋溶土
拟定者：卢　瑛，侯　节，盛　庚

分布与环境条件 分布在韶关、梅州、清远等地，石灰性紫色砂岩低丘陵中下部缓坡的坡面和坡脚，成土母质为石灰性紫色砂页岩风化残积、坡积物；土地利用类型为旱地，主要种植黄烟、番薯、花生、豆类等作物。属南亚热带北缘至中亚热带海洋性季风性气候，年平均气温 19.0～20.0 ℃，年平均降水量 1500～1700 mm。

老圩系典型景观

土系特征与变幅 诊断层包括淡薄表层、黏化层；诊断特性包括湿润土壤水分状况、热性土壤温度状况、铁质特性、石灰性。由石灰性紫色砂页岩风化残积、坡积物发育而成的自然土壤经人为旱耕种植而成，土体深厚，厚度>100 cm，耕层厚度 10～20 cm；黏粒淋溶淀积明显，B 层黏粒含量>450 g/kg，土表 30cm 以下形成黏化层，厚度 50～80 cm；细土质地壤土-黏土；土体颜色均一，全剖面有石灰性反应，土壤盐基饱和，呈微碱性反应，pH 7.5～8.5。

对比土系 文福系，同一亚类、不同土族，分布区域相邻，成土母质为砂页岩风化物，矿物学类型为高岭石混合型，土体无石灰反应。

利用性能综述 该土系耕层较厚，矿质养分含量高，适种性广，宜多种经济作物，如黄烟、花生、豆类、番薯等，著名的南雄烟就产在典型的碱性紫色土上，产量较高、品质好。影响作物高产的因素是缺氮素养分和水分，由于多采取顺坡种植，导致水土流失。改良利用措施：要开展土地整理，平整土地、修建和完善农田水利设施和田间道路工程，改善农业生态环境；合理轮作，用地养地相结合，如烤烟（上造）-番薯或红瓜子（晚造）-花生（第二年），隔年轮种可减少病虫害，使烤烟、花生生长好，产量高；施用有机肥，合理施用化肥，培肥土壤，提高地力。

参比土种 牛肝地。

代表性单个土体 位于韶关市南雄市湖口镇湖口村委会老圩村；25°10′56″N，114°24′37″E，

老圩系代表性单个土体剖面

低丘陵缓坡，海拔 152 m；成土母质为石灰性紫色砂页岩风化残积、坡积物。旱地，种植烤烟、番薯、花生等。50 cm 深度土温 22.2 ℃。野外调查时间为 2010 年 10 月 23 日，编号 44-023。

Ap：0～16 cm，暗红棕色（5YR3/6，干），极暗红棕色（5YR2/4，润）；壤土，中度发育 20～50 mm 的大块状结构，坚实，中量中根，有 2%石灰渣，中度石灰反应；向下层平滑渐变过渡。

AB：16～32 cm，亮红棕色（5YR5/8，干），暗红棕色（2.5YR3/6，润）；黏壤土，中度发育 20～50 mm 的块状结构，很坚实，很少量细根，有 2%左右石灰渣，中度石灰反应；向下层平滑渐变过渡。

Bt1：32～64 cm，红棕色（5YR4/8，干），暗红棕色（2.5YR3/6，润）；黏土，中度发育 20～50 mm 的块状结构，很坚实，轻度石灰反应；向下层平滑渐变过渡。

Bt2：64～100 cm，红棕色（5YR4/6，干），红棕色（10R4/4，润）；黏土，中度发育 20～50 mm 的块状结构，很坚实，轻度石灰反应。

老圩系代表性单个土体物理性质

| 土层 | 深度 / cm | 砾石 (>2mm，体积分数) / % | 细土颗粒组成（粒径：mm）/（g/kg） | | | 质地类别 | 容重 /（g/cm³） |
			砂粒 2～0.05	粉粒 0.05～0.002	黏粒 <0.002		
Ap	0～16	0	328	430	242	壤土	1.41
AB	16～32	0	264	424	312	黏壤土	1.42
Bt1	32～64	0	176	372	452	黏土	1.51
Bt2	64～100	0	144	380	476	黏土	1.53

老圩系代表性单个土体化学性质

| 深度 / cm | pH (H₂O) | 有机碳 | 全氮（N） | 全磷（P） | 全钾（K） | CEC | 交换性盐基总量 | CEC₇ /（cmol（+）/kg 黏粒） | 游离氧化铁 /（g/kg） | 铁游离度 / % |
		/（g/kg）				/（cmol（+）/kg）				
0～16	7.9	10.9	0.88	0.87	15.62	14.7	135.0	60.7	26.6	54.7
16～32	8.2	3.5	0.52	0.46	16.59	15.1	140.1	48.5	31.2	57.6
32～64	7.8	2.8	0.44	0.25	20.72	19.8	34.2	43.7	41.1	62.0
64～100	7.9	2.7	0.42	0.19	21.18	20.7	22.4	43.4	45.3	68.9

9.4.2 文福系（Wenfu Series）

土　族：黏质高岭石混合型非酸性热性-普通铁质湿润淋溶土
拟定者：卢　瑛，余炜敏

分布与环境条件　分布于韶关、清远、梅州、河源等地，海拔 600 m 以下砂页岩低山丘陵中下部的山腰和坡脚，成土母质为砂页岩风化残积、坡积物。土地利用方式为耕地或果园，种植柑桔、沙田柚、豆类、花生、玉米等。南亚热带至中亚热带湿润季风性气候区，年平均气温 19.0～21.0 ℃，年平均降水量 1500～2300 mm。

文福系典型景观

土系特征与变幅　诊断层包括淡薄表层、黏化层；诊断特性包括湿润土壤水分状况、热性土壤温度状况、铁质特性。由砂页岩风化残积、坡积物经过腐殖质积累和黏化过程发育而成，土体深厚，厚度>100 cm，耕作层厚 10～20 cm；黏粒淀积明显，在土表 20 cm 以下形成黏化层，厚度 80～100cm。细土砂粒含量>450 g/kg，土壤质地为砂质黏壤土-砂质黏土。土壤性质受人为耕作影响明显，Ap 和 AB 层土壤 pH、盐基饱和度明显高于 B 层。土壤呈酸性-中性，pH 5.0～7.5。

对比土系　胡里更系，属于同一土族。胡里更系成土母质为花岗岩风化物，表层土壤 pH 较低，<5.5；土体厚度 60～100 cm。

利用性能综述　该土系土层深厚，质地较黏重，耕层土壤熟化程度较高，但耕层较浅。改良利用措施：坡地梯田化，实行等高种植，防止水土流失；深翻耕作，增加耕作层厚度，用地养地相结合，多施有机肥，轮作、间（套）种豆科作物或绿肥；修建水利设施，提高抗旱能力。

参比土种　页红泥地。

代表性单个土体　位于梅州市蕉岭县文福镇红星村，24°42′40″N，116°11′19″E，海拔 130m，坡度约 20°。母土为砂页岩风化物发育的自然土壤，土地已经梯田化。种植沙田柚多年。50 cm 深度土温 22.6 ℃。野外调查时间为 2011 年 10 月 10 日，编号 44-141。

文福系代表性单个土体剖面

Ap: 0～16 cm，浊橙色（2.5YR6/4，干），橙色（2.5YR6/6，润）；砂质黏壤土，强度发育2～5 mm 的粒状结构，疏松，中量细根，结构体外有大量根孔；向下层平滑渐变过渡。

AB: 16～22cm，橙色（2.5YR6/6，干），橙色（2.5YR6/8，润）；砂质黏壤土，强度发育2～5 mm 的粒状结构，疏松，少量细根，结构体外有大量根孔；向下层平滑渐变过渡。

Bt1: 22～62 cm，亮红棕色（2.5YR5/6，干），红棕色（2.5YR4/8，润）；砂质黏土，强度发育5～10 mm 的块状结构，坚实，少量细根，垂直结构面上有2%～5%对比模糊的黏粒胶膜；向下层平滑渐变过渡。

Bt2: 62～120 cm，亮红棕色（2.5YR5/8 干），红棕色（2.5YR4/8 润）；砂质黏土，强度发育5～10 mm 的块状结构，坚实，垂直结构面上有2%～5%对比模糊的黏粒胶膜。

文福系代表性单个土体物理性质

土层	深度 / cm	砾石（>2mm，体积分数）/ %	细土颗粒组成（粒径：mm）/ (g/kg)			质地类别	容重 / (g/cm³)
			砂粒 2～0.05	粉粒 0.05～0.002	黏粒 <0.002		
Ap	0～16	0	591	164	245	砂质黏壤土	1.24
AB	16～22	0	580	139	281	砂质黏壤土	1.24
Bt1	22～62	0	533	105	362	砂质黏土	1.30
Bt2	62～120	0	487	85	428	砂质黏土	1.32

文福系代表性单个土体化学性质

深度 / cm	pH		有机碳	全氮（N）	全磷（P）	全钾（K）	CEC_7	ECEC	盐基饱和度 / %	铝饱和度 / %	游离氧化铁 / (g/kg)	铁游离度 / %
	H₂O	KCl	/ (g/kg)				/ (cmol (+) /kg 黏粒)					
0～16	7.2	5.3	20.3	1.72	0.54	10.3	41.3	37.2	89.7	0.4	47.9	69.2
16～22	6.6	4.9	11.0	1.04	0.38	10.0	26.6	22.1	82.2	0.9	40.2	61.3
22～62	5.8	4.0	8.2	0.73	0.36	10.8	30.9	11.5	25.0	32.8	49.9	69.6
62～120	5.2	3.7	5.7	0.61	0.43	12.6	30.7	10.7	11.3	67.4	64.3	73.2

9.5 普通铁质湿润淋溶土

9.5.1 金鸡系（Jinji Series）

土　族：砂质硅质混合型非酸性高热性-普通铁质湿润淋溶土
拟定者：卢　瑛，侯　节，盛　庚

分布与环境条件　主要分布在佛山、江门、阳江、广州、肇庆、云浮等地，红色砂页岩低丘缓坡。成土母质为红色砂页岩风化的残积、坡积物。土地利用类型为旱地，主要种植木薯、番薯、黄豆、花生等作物。属南亚热带海洋性季风性气候，年平均气温 22.0～23.0 ℃，年平均降水量 2300～2500 mm。

金鸡系典型景观

土系特征与变幅　诊断层包括淡薄表层、黏化层；诊断特性包括湿润土壤水分状况、高热性土壤温度状况、铁质特性。由红色砂页岩风化残积、坡积物发育而成的自然土壤经人为旱耕种植而成，土体深厚，厚度>100 cm，耕层厚度 10～20 cm；耕层黏粒流失和砂化现象比较严重，砂粒含量>600 g/kg，耕层以下黏粒淀积明显，形成黏化层；细土砂粒含量>550 g/kg，土壤质地为壤质砂土-砂质黏壤土；土壤盐基饱和度>45%，土壤呈微酸性，pH 5.5～6.5。

对比土系　上中坌系，属同一亚类、不同土族。上中坌系成土母质为砂页岩风化物，土壤黏粒含量高，土族控制层段颗粒大小级别为极黏质，矿物学类型为高岭石混合型；土壤温度状况为热性。

利用性能综述　该土系土质偏砂，结构松散，宜耕性好，适种性广。但因土壤保水、保肥性差，作物生长较差，产量不高。目前多种植木薯、番薯、黄豆、花生等作物。改良利用措施：首先做好水土保持工作，多施泥肥和有机肥，种植绿肥及豆科作物，增加覆盖度，减少土壤水分蒸发及黏粒流失，防止土壤砂化；有条件地方可进行土地整理，平整土地、修建农田水利设施和田间道路，解决易旱问题；推广作物茎秆还地，增施腐熟有机肥，测土配方施肥，培养地力，提高农作物产量和品质。

参比土种　红页赤红砂坭地。

代表性单个土体　位于江门市开平市金鸡镇大同村委会龙岗村；22°11′43″N，12°28′41″E，海拔 15 m，低丘坡地；由母质为红色砂页岩风化的残积、坡积物发育的自然土壤经旱耕种植而成；旱地，种植木薯、花生、番薯等。50 cm 深度土温 24.5 ℃。野外调查时间为

金鸡系代表性单个土体剖面

2010 年 12 月 8 日，编号 44-051。

Ap：0～12 cm，淡黄色（2.5Y7/3，干），棕色（10YR4/4，润）；壤质砂土，弱发育 1～2 mm 的粒状结构，疏松，少量粗根，有 2%左右的砖瓦碎片，有土壤动物；向下层平滑突变过渡。

AB：12～31 cm，亮黄棕色（2.5Y7/6，干），棕色（10YR4/6，润）；砂质壤土，强度发育 10～20 mm 的块状结构，疏松，少量中根，孔隙壁上有 2%左右对比明显的腐殖质淀积胶膜；向下层平滑渐变过渡。

Bt1：31～87 cm，黄色（2.5Y8/8，干），黄橙色（10YR7/8，润）；砂质黏壤土，强度发育 10～20 mm 的块状结构，坚实，少量细根，孔隙壁上有 2%左右对比明显的腐殖质胶膜；向下层平滑渐变过渡。

Bt2：87～120 cm，黄色（2.5Y8/8，干），黄橙色（10YR7/8，润）；砂质黏壤土，弱发育 10～20 mm 的块状结构，坚实，有 10%左右直径为 5～20 mm 次圆的强风化母岩碎屑。

金鸡系代表性单个土体物理性质

| 土层 | 深度 / cm | 砾石 （>2mm，体积分数）/ % | 细土颗粒组成（粒径：mm）/（g/kg） | | | 质地类别 | 容重 /（g/cm³） |
			砂粒 2～0.05	粉粒 0.05～0.002	黏粒 <0.002		
Ap	0～12	2	760	201	39	壤质砂土	1.27
AB	12～31	2	637	204	159	砂质壤土	1.34
Bt1	31～87	2	572	223	205	砂质黏壤土	1.35
Bt2	87～120	10	573	200	227	砂质黏壤土	1.35

金鸡系代表性单个土体化学性质

| 深度 / cm | pH | | 有机碳 | 全氮（N） | 全磷（P） | 全钾（K） | CEC₇ | ECEC | 盐基饱和度 | 铝饱和度 | 游离氧化铁 | 铁游离度 |
	H₂O	KCl			/（g/kg）		/（cmol（+）/kg 黏粒）		/ %	/ %	/（g/kg）	/ %
0～12	5.5	4.4	6.2	0.49	0.17	1.24	84.4	47.6	52.5	7.0	6.9	72.9
12～31	5.8	4.4	4.1	0.35	0.17	3.59	36.8	28.1	73.3	3.9	24.7	80.7
31～87	5.7	4.4	3.7	0.28	0.17	4.36	27.2	15.9	53.9	7.5	25.8	65.7
87～120	5.6	4.7	3.0	0.23	0.16	5.26	24.9	11.3	45.0	0.6	39.0	77.6

9.5.2 上中垄系（Shangzhongben Series）

土　族：极黏质高岭石混合型非酸性热性-普通铁质湿润淋溶土
拟定者：卢　瑛，侯　节，盛　庚

分布与环境条件　分布在韶关、清远、梅州等地，海拔700 m 以下的低山丘陵山腰和山脚，成土母质为泥质页岩风化物的残积、坡积物；土地利用方式为林地，植被有马尾松、灌木、草丛等。属中亚热带海洋性季风性气候，年平均气温 19.0～20.0 ℃，年平均降水量1500～1700 mm。

上中垄系典型景观

土系特征与变幅　诊断层包括淡薄表层、黏化层；诊断特性包括湿润土壤水分状况、热性土壤温度状况、铁质特性。土体深厚，厚度>100 cm，因水土流失，表土层较薄，<10 cm；细土黏粒含量>400 g/kg，土壤质地为黏土；黏粒淋溶淀积明显，B 层中有明显的黏粒胶膜，形成黏化层，黏化层出现在土表 10cm 以下，厚度>100 cm；土壤铁游离度>65%，土壤呈酸性-微酸性反应，pH 5.0～6.0。

对比土系　胡里更系、南口系，同一亚类、不同土族。胡里更系土族控制层段颗粒大小级别为黏质，矿物学类型为高岭石混合型；南口系土族控制层段颗粒大小级别为黏壤质，矿物学类型为硅质混合型。

利用性能综述　该土系土层深厚，分布在低山丘陵中、下部，宜于发展农业、林业。改良利用措施：可发展成高产速生林的生产基地，有计划地发展松、杉、竹、樟、栲等树种。疏残林地宜封山育林，恢复植被覆盖，防止水土流失；在缓坡地区宜进行土地整理，平整土地，修建水平梯田、农田水利设施和田间道路，种植果树、茶树、油桐等经济林木；实行与豆科作物、绿肥轮（间）作、套种，增施有机肥，测土施肥，提高土壤肥力和生产力。

参比土种　薄厚页红壤。

代表性单个土体　位于韶关市仁化县石塘镇上中垄村乐昌坳水库尾；25°06′20″N，113°31′54″E，海拔 175 m；低丘陵，成土母质为砂页岩风化的残积、坡积物；林地，植被有马尾松、灌木草丛。50cm 深度土温 22.3 ℃。野外调查时间为 2010 年 10 月 20 日，编号 44-016。

Ah：0～10 cm，浊棕色（7.5YR5/4，干），黑棕色（7.5YR3/2，润）；黏土，强度发育 10～20 mm 的块状结构，坚实，地表有细长连续的裂隙，中量粗根；向下层平滑渐变过渡。

Bt1：10～40 cm，橙色（7.5YR6/6，干），亮棕色（7.5YR5/6，润）；黏土，强度发育 10～20 mm 的块状结构，坚实，少量中根，结构面和孔隙壁上有 2%～5%对比度明显的黏粒胶膜；向下层平滑渐变过渡。

Bt2：40～98 cm，橙色（7.5YR6/6，干），亮棕色（7.5YR5/6，润）；黏土，强度发育 10～20 mm 的块状结构，坚实，很少量细根，结构面和孔隙壁上有 2%～5%对比度明显的黏粒胶膜；向下层平滑渐变过渡。

Bt3：98～180 cm，橙色（7.5YR6/6，干），亮棕色（7.5YR5/6，润）；黏土，强度发育 10～20 mm 的块状结构，坚实，结构面和孔隙壁上有 2%～5%对比度明显的黏粒胶膜。

上中垄系代表性单个土体剖面

上中垄系代表性单个土体物理性质

土层	深度 / cm	砾石（>2mm，体积分数）/ %	细土颗粒组成（粒径：mm）/（g/kg）			质地类别	容重 /（g/cm³）
			砂粒 2～0.05	粉粒 0.05～0.002	黏粒 <0.002		
Ah	0～10	0	224	343	433	黏土	1.43
Bt1	10～40	0	136	247	617	黏土	1.55
Bt2	40～98	0	117	278	605	黏土	1.58
Bt3	98～180	0	95	307	598	黏土	1.56

上中垄系代表性单个土体化学性质

深度 / cm	pH		有机碳	全氮（N）	全磷（P）	全钾（K）	CEC₇	ECEC	盐基饱和度 / %	铝饱和度 / %	游离氧化铁 /（g/kg）	铁游离度 / %
	H₂O	KCl	/（g/kg）				/（cmol（+）/kg 黏粒）					
0～10	4.8	3.8	27.2	2.00	0.48	7.79	44.6	17.6	31.1	21.0	64.3	73.4
10～40	5.4	4.8	7.3	0.80	0.44	7.18	27.2	9.1	32.8	1.9	75.6	70.7
40～98	5.9	5.7	6.7	0.71	0.39	6.45	29.6	8.8	29.5	1.4	74.5	68.1
98～180	5.7	5.2	4.2	0.56	0.37	8.32	39.6	10.4	26.1	0.9	85.4	78.3

9.5.3　胡里更系（Huligeng Series）

土　族：黏质高岭石混合型非酸性热性-普通铁质湿润淋溶土
拟定者：卢　瑛，张　琳，潘　琦

分布与环境条件　分布在梅
州、惠州、河源、韶关、清
远、肇庆、云浮等地，花岗
岩低山丘陵坡地。成土母质
为花岗岩风化残积、坡积物。
土地利用方式为耕地，主要
种植番薯、玉米、豆类、花
生等。南亚热带北缘至中亚
热带海洋性季风性气候，年
平均气温 19.0～20.0 ℃，年
平均降水量 1500～1700 mm。

胡里更系典型景观

土系特征与变幅　诊断层包括淡薄表层、黏化层；诊断特性包括湿润土壤水分状况、热
性土壤温度状况、铁质特性。由花岗岩风化残积、坡积物发育的自然土壤经开垦种植而
成，土体厚度 60～100 cm，耕层厚度 10～20 cm。细土质地差异大，为壤土-黏土。黏粒
淋溶淀积明显，形成黏化层，黏化层出现在土表 40cm 以下，厚度 40～60 cm；土壤呈酸
性-微酸性，pH 5.0～6.0。
对比土系　上中垄系、南口系，同一亚类、不同土族。上中垄土族控制层段颗粒大小级
别为极黏质；南口系土族控制层段颗粒大小级别为黏壤质，矿物学类型为硅质混合型。
利用性能综述　该土系土层深厚，质地偏黏，保水保肥性较好，表层土壤有机质和氮、
磷、钾养分含量处于中等水平，适种性较广，如番薯、玉米、豆类、果树、药材皆可种
植，由于目前绝大多数未建成梯田，无灌溉设施，属"三跑"旱田，耕作管理粗放，种
植番薯、花生、黄豆、木薯等作物产量一般较低。改良利用主要措施：进行土地整理，
修建水平梯田，修建灌排沟渠和排洪沟，增加蓄水防旱能力，防止水土流失；合理轮作，
注意用养结合，测土平衡施肥，不断提高土壤肥力和经济效益。
参比土种　麻红泥地。
代表性单个土体　位于清远市连南县大坪镇牛路水村第四组胡里更；24°40'48″N，
112°12'24″E，海拔 300 m；低山中坡梯田，地势起伏较大。为花岗岩风化残积、坡积物
发育的自然土壤经开垦种植而成。旱地，种植花生、番薯、玉米。50 cm 深度土温 22.5 ℃。
野外调查时间为 2010 年 10 月 12 日，编号 44-004。

胡里更系代表性单个土体剖面

Ap：0～18 cm，亮黄棕色（10YR7/6，干），亮棕色（7.5YR5/6，润）；黏壤土，中等发育 5～10 mm 的块状结构，疏松，少量细根；向下层平滑渐变过渡。

AB：18～40 cm，浊黄橙色（10YR7/4，干），黄棕色（10YR5/6，润）；砂质黏土，中等发育 10～20 mm 的块状结构，坚实，少量细根；向下层不规则突变过渡。

Bt1：40～68 cm，橙色（7.5YR7/6，干），亮棕色（7.5YR5/8，润）；黏土，中等发育 20～50 mm 的块状结构，坚实，少量中根；向下层平滑渐变过渡。

Bt2：68～100 cm，橙色（7.5YR7/6，干），亮红棕色（7.5YR/5/8，润）；砂质黏土，中等发育 10～20 mm 的块状结构，坚实；向下层不规则渐变过渡。

BC：100～140 cm，橙色（7.5YR7/6，干），亮棕色（7.5YR5/8，润）；壤土，弱发育 10～20 mm 的块状结构，坚实，有15%左右直径为 2～5mm 次圆的强度风化的花岗岩碎屑。

胡里更系代表性单个土体物理性质

土层	深度 /cm	砾石 （>2mm，体积分数）/%	细土颗粒组成（粒径：mm）/（g/kg）			质地类别	容重 /（g/cm³）
			砂粒 2～0.05	粉粒 0.05～0.002	黏粒 <0.002		
Ap	0～18	0	450	198	352	黏壤土	1.36
AB	18～40	0	486	162	352	砂质黏土	1.40
Bt1	40～68	0	397	163	440	黏土	1.45
Bt2	68～100	0	498	135	367	砂质黏土	1.44
BC	100～140	15	327	428	245	壤土	1.54

胡里更系代表性单个土体化学性质

深度 /cm	pH		有机碳	全氮（N）	全磷（P）	全钾（K）	CEC₇	ECEC	盐基饱和度 /%	铝饱和度 /%	游离氧化铁 /（g/kg）	铁游离度 /%
	H₂O	KCl	/（g/kg）				/（cmol（+）/kg 黏粒）					
0～18	5.1	3.8	16.1	1.35	1.13	26.26	36.6	19.8	45.1	16.5	41.5	53.9
18～40	5.1	3.9	9.9	0.90	0.64	23.19	42.9	17.2	32.7	18.3	50.5	57.1
40～68	5.4	4.1	6.5	0.62	0.56	24.89	29.1	15.9	49.0	10.5	50.3	65.6
68～100	5.5	4.2	6.0	0.49	0.63	26.99	39.7	19.0	44.1	7.7	50.5	63.7
100～140	5.6	4.2	5.1	0.39	0.52	39.23	40.5	25.1	57.2	7.7	32.3	50.7

9.5.4 南口系（Nankou Series）

土　　族：黏壤质硅质混合型非酸性热性-普通铁质湿润淋溶土
拟定者：卢　瑛，余炜敏

分布与环境条件　分布在梅州、清远、河源、韶关等地，海拔 400 m 以下丘陵岗地和缓坡地带。成土母质为砂页岩风化残积、坡积物。土地利用方式为耕地、园地，种植花生、大豆、番薯、柑桔、沙田柚、李、茶叶等。属南亚热带北缘至中亚热带海洋性季风性气候，年平均气温 20.0～21.0 ℃，年平均降水量 1500～1700 mm。

南口系典型景观

土系特征与变幅　诊断层包括淡薄表层、黏化层；诊断特性包括湿润土壤水分状况、热性土壤温度状况、铁质特性。土体深厚，厚度>100 cm，耕作层浅薄，<10 cm；细土砂粒含量>450 g/kg，土壤质地为砂质黏壤土-砂质黏土；黏粒淋溶淀积明显，土表 60 cm 以下形成黏化层，黏化层厚度 60～80 cm；土壤铁游离度>60%，具有铁质特性；土壤呈酸性-微酸性，pH 5.0～6.0。

对比土系　上中垒系、胡里更系，同一亚类、不同土族。上中垒土族控制层段颗粒大小级别为极黏质，矿物学类型为高岭石混合型；胡里更系土族控制层段颗粒大小级别为黏质，矿物学类型为高岭石混合型。

利用性能综述　该土系耕层较薄，有机质和全氮含量中等，磷钾含量低，在无灌溉设施的地区容易缺水。改良利用措施：有条件的平缓坡地进行土地整理，平整土地、修建农田水利设施和田间道路，解决干旱问题；优化种植结构，种植经济效益高的果树，树下间种豆类、蔬菜、药材，提高生态效益和经济效益；深耕翻土，增加耕作层厚度，增施有机肥，推广作物稿秆回田，合理施用磷、钾等肥料，加速土壤熟化，培肥地力。

参比土种　页赤红泥地。

代表性单个土体　位于梅州市梅县区南口镇车陂村；24°16′41″N，116°01′27″E，海拔 145 m，为梯级土地。由母质为砂页岩风化的残积、坡积物发育的土壤经旱耕种植而成；园地，种植华南李多年。50cm 深度土温 22.9℃。野外调查时间为 2011 年 10 月 11 日，编号 44-138。

Ap: 0~8 cm, 亮黄棕色 (10YR6/6, 干), 亮黄棕色 (10YR7/6, 润); 砂质黏壤土, 强度发育 1~5 mm 的粒状结构, 疏松, 中量中细根, 结构体外有根孔; 向下层平滑渐变过渡。

AB: 8~22 cm, 浊黄橙色 (10YR7/4, 干), 亮黄棕色 (10YR7/6, 润); 砂质黏壤土, 强度发育 5~10 mm 的块状结构, 坚实, 少量中细根。有 10 个以上白蚁; 向下层平滑渐变过渡。

Bw: 22~58 cm, 浊黄橙色 (10YR7/3, 干), 亮黄棕色 (10YR7/6, 润); 砂质黏壤土, 强度发育 10~20 mm 的块状结构, 坚实, 少量中细根。有 10 个以上白蚁; 向下层平滑渐变过渡。

Bt: 58~120 cm, 淡黄橙色 (10YR8/4, 干), 黄橙色 (10YR8/8, 润); 砂质黏土, 强度发育 10~20 mm 的块状结构, 很坚实, 少量细根。

南口系代表性单个土体剖面

南口系代表性单个土体物理性质

| 土层 | 深度 / cm | 砾石 (>2mm, 体积分数) /% | 细土颗粒组成 (粒径: mm) / (g/kg) | | | 质地类别 | 容重 / (g/cm³) |
			砂粒 2~0.05	粉粒 0.05~0.002	黏粒 <0.002		
Ap	0~8	0	549	191	260	砂质黏壤土	1.25
AB	8~22	0	517	180	304	砂质黏壤土	1.28
Bw	22~58	0	537	169	294	砂质黏壤土	1.30
Bt	58~120	0	473	161	366	砂质黏土	1.60

南口系代表性单个土体化学性质

| 深度 / cm | pH | | 有机碳 | 全氮 (N) | 全磷 (P) | 全钾 (K) | CEC_7 | ECEC | 盐基饱和度 | 铝饱和度 | 游离氧化铁 | 铁游离度 |
	H_2O	KCl			/ (g/kg)			/ (cmol (+) /kg 黏粒)	/%	/%	/ (g/kg)	/%
0~8	5.8	4.1	8.4	0.92	0.50	7.7	32.3	21.4	55.4	16.3	26.5	65.1
8~22	5.8	3.8	7.7	0.70	0.34	9.2	28.5	17.1	45.9	23.5	28.2	60.2
22~58	5.9	4.0	5.4	0.48	0.22	10.1	29.7	16.8	50.8	10.5	25.7	61.1
58~120	5.1	3.6	3.0	0.39	0.25	9.2	25.7	15.2	13.0	77.9	33.4	60.5

第 10 章 雏 形 土

10.1 酸性淡色潮湿雏形土

10.1.1 园洲系（Yuanzhou Series）

土　族：黏壤质硅质混合型高热性-酸性淡色潮湿雏形土
拟定者：卢　瑛，余炜敏

分布与环境条件　分布在惠州、清远、广州等地，距河岸稍远而地势稍高的地区。成土母质为河流冲积物。土地利用类型为旱地或园地，种植豆类、花生、番薯、蔬菜、香蕉、柑桔、沙田柚等。属中亚热带至南亚热带海洋性季风性气候，年平均气温21.0～22.0 ℃，年平均降水量1700～1900 mm。

园洲系典型景观

土系特征与变幅　诊断层包括淡薄表层、雏形层；诊断特性包括潮湿土壤水分状况、高热土壤温度状况、氧化还原特征。发育于沙坭质河流冲积物母质，经垦植耕作熟化而成，土体深厚，厚度>100 cm，耕作层厚>20 cm；土体层次分化不明显，多呈黄棕色。土壤通透性良好，土体中有铁锈纹锈斑。耕作层之下为雏形层，厚度>100 cm；细土质地为砂质壤土-粉质黏壤土；pH 4.0～5.0。

对比土系　登云系，属同一土类，不同亚类。登云系成土母质为非酸性的河流冲积物，土壤酸碱反应类别为非酸性，属普通淡色潮湿雏形土亚类。

利用性能综述　该土系砂泥比例适中，适耕性好，适种性广，复种指数高。由于地势平坦，光、热、水源条件优越，交通方便，为经济作物重要生产基地。如甘蔗、花生、豆类、蔬菜、药材（首乌）、蚕桑、香蕉、柑桔、沙田柚等，产量一般较高。但存在重用轻养，土壤有机质分解快，土壤有机质、氮含量低，土壤阳离子交换量低，保肥性能不高等问题。且水利设施不全，尚有不同程度洪害威胁。改良利用措施：修建和完善农田水利设施，增加抗旱防涝能力；增加经济效益高的果、桑、药材等种植面积，提高经济

园洲系代表性单个土体剖面

效益；用地养地相结合，合理轮作或间（套）种豆科作物或绿肥，增加土壤有机质含量，改善土壤物理、化学和生物学特性，提高基础地力，测土配方施肥，培肥土壤。

参比土种　潮沙坭地。

代表性单个土体　位于惠州市博罗县园洲镇马嘶村；23°06'18″N，114°02'47″E，海拔 11 m，河流阶地，成土母质为河流冲积物。园地，种植香蕉多年。50 cm 深度土温 23.9 ℃。野外调查时间为 2011 年 3 月 31 日，编号 44-150。

Ap：0～22 cm，淡黄色（5Y7/4，干），灰橄榄色（5Y6/2，润）；砂质壤土，强度发育 10～20 mm 的块状结构，疏松，中量细根；向下层平滑渐变过渡。

Bw1：22～51 cm，浅淡黄色（5Y 8/4，干），黄色（5Y7/6，润）；壤土，强度发育 20～50 mm 的块状结构，坚实，有 2% 左右对比度模糊、边界扩散的铁锈斑纹，少量细根；向下层平滑渐变过渡。

Bw2：51～82 cm，淡黄色（2.5Y 7/4，干），黄色（5Y7/6，润）；粉质黏壤土，强度发育 20～50 mm 的块状结构，坚实，少量细根，有长>1m、宽约 5cm 的裂隙；向下层平滑渐变过渡。

Bw3：82～120 cm，亮黄棕色（2.5Y7/6，干），橄榄色（5Y6/6，润）；粉质黏壤土，强度发育 20～50 mm 的块状结构，坚实，很少量细根，有长>1m、宽约 5cm 的裂隙。

园洲系代表性单个土体物理性质

土层	深度 /cm	砾石（>2mm，体积分数）/%	细土颗粒组成（粒径：mm）/（g/kg）			质地类别	容重 /（g/cm³）
			砂粒 2～0.05	粉粒 0.05～0.002	黏粒 <0.002		
Ap	0～22	0	631	233	136	砂质壤土	1.35
Bw1	22～51	0	311	452	238	壤土	1.45
Bw2	51～82	0	160	558	282	粉质黏壤土	1.40
Bw3	82～120	0	69	579	352	粉质黏壤土	1.50

园洲系代表性单个土体化学性质

深度 /cm	pH		有机碳	全氮（N）	全磷（P）	全钾（K）	CEC_7	ECEC	盐基饱和度 /%	铝饱和度 /%	游离氧化铁 /（g/kg）	铁游离度 /%
	H_2O	KCl	/（g/kg）				/（cmol（+）/kg 黏粒）					
0～22	4.1	3.5	7.9	0.68	0.77	22.0	32.7	22.7	43.6	37.2	12.7	36.9
22～51	4.2	3.5	5.5	0.42	0.45	20.6	33.0	20.0	34.3	43.6	27.7	53.3
51～82	4.8	4.0	5.0	0.36	0.43	19.6	31.8	22.2	67.1	3.7	32.2	56.4
82～120	4.9	4.2	5.9	0.47	0.49	19.0	31.7	22.1	69.2	0.7	38.3	61.8

10.2 普通淡色潮湿雏形土

10.2.1 登云系（Dengyun Series）

土　　族：黏壤质硅质混合型非酸性高热性-普通淡色潮湿雏形土
拟定者：卢　瑛，侯　节，盛　庚

分布与环境条件　分布在肇庆、云浮等地，西江沿岸河滩地。成土母质为河流冲积物。土地利用类型为旱地，种植蔬菜、玉米、番薯、花生等作物。属南亚热海洋性季风性气候，年平均气温21.0～22.0 ℃，年平均降水量 1300～1500 mm。

登云系典型景观

土系特征与变幅　诊断层包括淡薄表层、雏形层；诊断特性包括潮湿土壤水分状况、高热土壤温度状况、氧化还原特征、铁质特性。由河流冲积物发育而成，土体深厚，厚度>100 cm，耕作层厚度>20 cm；土体具有层理性，质地粗细较均匀，为砂质壤土-粉壤土；耕作层之下为雏形层，厚度>100cm；土壤呈中性-弱碱性反应，pH 7.0～8.5；土表 50cm 以下雏形层有石灰反应。

对比土系　园洲系，属同一土类。园洲系成土母质为酸性河流冲积物，土壤酸碱反应类别为酸性，属酸性淡色潮湿雏形土亚类。

利用性能综述　该土系距河床较近，成土时间不长，质地较适中，疏松易耕，表层土壤有机质、全量氮、磷、钾含量中等，有效磷、速效钾养分含量高，肥力中等或中上，地势平坦，便于开垦利用。但因没有堤围保护，汛期易淹。改良利用措施：在开垦利用上，选择秋冬季枯水期间种植蔬菜、玉米、番薯等短期作物，在洪水来临之前收获，有条件应增设必要的水利设施以保障正常生产；在土壤改良上，增施有机肥料，提高土壤肥力。

参比土种　潮沙坭土。

代表性单个土体　位于肇庆市德庆县德城镇登云村西江边；堤外的河滩地，23°08′23″N，111°46′58″E，河漫滩地，海拔 18 m，地势略微起伏，成土母质为河流冲积物，旱地，种植玉米、番薯、蔬菜等，50 cm 深度土温 23.8 ℃。野外调查时间为 2010 年 11 月 18 日，编号 44-034。

登云系代表性单个土体剖面

Ap1：0～11 cm，浅淡黄色（2.5Y8/3，干），浊黄棕色（10YR5/4，润）；粉壤土，弱发育 10～20 mm 的块状结构，疏松，中量细根；向下层平滑渐变过渡。

Ap2：11～25 cm，浊黄橙色（10YR7/3，干），棕色（10YR4/6，润）；壤土，弱发育 10～20 mm 的块状结构，坚实，少量细根，有田鼠洞穴；向下层平滑渐变过渡。

Br1：25～35 cm，浊黄橙色（10YR6/4，干），棕色（10YR4/6，润）；砂质壤土，中度发育 5～10 mm 的块状结构，较疏松，有 2%左右对比度模糊、边界扩散的铁锈斑纹，少量细根；向下层平滑渐变过渡。

Br2：35～47 cm，浊黄橙色（10YR6/4，干），棕色（10YR4/6，润）；壤土，弱发育 5～10 mm 的块状结构，较疏松，有 2%左右对比度模糊、边界扩散的铁锈斑纹，少量细根；向下层平滑渐变过渡。

Br3：47～62 cm，浊黄橙色（10YR6/3，干），棕色（10YR4/4，润）；壤土，弱发育 5～10 mm 的块状结构，较疏松，有 2%左右对比度模糊、边界扩散的铁锈斑纹，轻度石灰反应；向下层平滑渐变过渡。

Br4：62～120 cm，浊黄橙色（10YR6/3，干），棕色（10YR4/6，润），壤土，弱发育 5～10 mm 的块状结构，较疏松，有 2%左右对比度模糊、边界扩散的铁锈斑纹，轻度石灰反应。

登云系代表性单个土体物理性质

| 土层 | 深度 /cm | 砾石 (>2mm, 体积分数)/% | 细土颗粒组成（粒径：mm）/（g/kg） | | | 质地类别 | 容重 /（g/cm³） |
			砂粒 2～0.05	粉粒 0.05～0.002	黏粒 <0.002		
Ap1	0～11	0	152	606	242	粉壤土	1.32
Ap2	11～25	0	416	389	195	壤土	1.35
Br1	25～35	0	656	188	156	砂质壤土	1.46
Br2	35～47	0	344	414	242	壤土	1.38
Br3	47～62	0	296	462	242	壤土	1.33
Br4	62～120	0	424	389	187	壤土	1.34

登云系代表性单个土体化学性质

| 深度 /cm | pH (H₂O) | 有机碳 | 全氮（N） | 全磷（P） | 全钾（K） | CEC | 交换性盐基总量 | 游离氧化铁 | 铁游离度 |
		/（g/kg）				/（cmol (+) /kg）		/（g/kg）	/%
0～11	7.4	13.6	1.33	0.97	18.15	12.4	19.8	38.2	56.7
11～25	7.8	6.8	0.56	0.71	11.31	9.7	32.2	35.5	62.1
25～35	7.8	7.9	0.53	0.69	10.93	8.2	37.9	30.7	53.6
35～47	7.7	11.4	0.95	0.93	13.45	13.4	41.2	40.8	59.0
47～62	7.9	9.5	0.86	0.77	12.57	12.3	48.1	38.0	55.8
62～120	8.1	8.1	0.62	0.64	12.50	11.5	38.0	31.6	52.3

10.3　腐殖铝质常湿雏形土

10.3.1　飞云顶系（Feiyunding Series）

土　　族：砂质硅质混合型酸性热性-腐殖铝质常湿雏形土
拟定者：卢　瑛，贾重建，熊　凡

分布与环境条件　零星分布在韶关、梅州、惠州、河源等地，海拔 800 m 以上山坡迎风面或局部山凹。成土母质多为花岗岩风化的残积、坡积物。自然植被为灌丛草本植物，灌木丛有杜鹃、箭竹、乌饭树、黄杨、桃金娘；草本植物以五节芒、莎草、油芒、黄茅、白茅等为主，草本植物占优势。属南亚热带海洋性季风性气候区的山地气候，寒凉潮湿，气温低，云雾多，日照时数短，风力大。

飞云顶系典型景观

土系特征与变幅　诊断层包括暗瘠表层、雏形层；诊断特性包括常湿润土壤水分状况、热性土壤温度状况、腐殖质特性；诊断现象包括铝质现象。由花岗岩风化残积、坡积物经强烈有机质积累和脱硅富铁铝化过程发育而成，土体厚度为 40～80 cm，腐殖质层深厚>30 cm；土壤黏土矿物组成以高岭石、埃洛石、三水铝石为主，黏粒 SiO_2/Al_2O_3 <2.0。表层草根盘结，有机质含量高，因此土壤 CEC 高，黏粒 CEC>24 cmol（+）/kg，形成了雏形层。细土砂粒含量>400 g/kg，黏粒含量<200 g/kg，土壤质地为砂质壤土-壤土；铝饱和度>85%，呈强酸性，pH 3.5～4.5。

对比土系　罗浮山系，分布在海拔低的区域，位于飞云顶系地形部位之下，成土母质相同，表层腐殖质积累明显，土壤脱硅富铝化作用强，形成低活性富铁层，属普通富铝常湿富铁土亚类。

利用性能综述　该土系分布在山地顶部，高寒潮湿坡度大，植被覆盖度良好，土壤有机质、养分含量高，表层土壤阳离子交换量高，土壤疏松，结构良好。因受气候和交通的限制，在农、林、牧方面开发利用价值低，但在自然生态环境中，它所处的海拔较高，位于山脊山顶或山坳地带，因此必须保护原有灌丛草被和山顶矮林，严禁垦用，以涵养水源，防止水土流失，维护生态平衡。有条件的地方可适当造林，利用特殊的生境条件，发展某些药用植物的生产。

参比土种　麻山地草甸土。

代表性单个土体　位于惠州市博罗县罗浮山自然保护区飞云顶山凹；23°16'55″N，114°01'10″E，中山山顶平缓的凹地，海拔 1210 m，成土母质为花岗岩风化残积物。植被类型有灌丛、草坡，覆盖度 100%；50 cm 深度土温 20.9℃。野外调查时间为 2013 年 5 月 6 日，编号 44-175。

飞云顶系代表性单个土体剖面

Ah1：0～22 cm，暗棕色（10YR3/4，干），黑色（2.5Y2/1，润）；壤土，强度发育 2～5 mm 的粒状结构，疏松，多量细根，有 5～10 只的蚂蚁，有 5%左右直径 2～5mm 的石英颗粒；向下层平滑渐变过渡。

Ah2：22～32 cm，浊黄棕色（10YR4/3，干），黑色（2.5Y2/1，润）；壤土，强度发育 2～5 mm 的粒状结构，疏松，中量细根，有 5%左右直径 2～5 mm 的石英颗粒；向下层平滑渐变过渡。

Bw1：32～43 cm，棕灰色（10YR5/1，干），黑色（10YR2/1，润）；砂质壤土，强度发育 5～10 mm 块状结构，疏松，很少量细根，有 5%左右直径 2～5 mm 的石英颗粒；向下层平滑渐变过渡。

Bw：43～83 cm，淡黄橙色（10YR8/4，干），亮黄棕色（10YR6/8，润）；砂质壤土，中度发育 5～10 mm 的块状结构，疏松，有 10%左右直径为 5～20 mm 角状中等风化的花岗岩碎块；向下层平滑渐变过渡。

C：83 cm 以下，花岗岩风化物。

飞云顶系代表性单个土体物理性质

土层	深度 /cm	砾石 (>2mm，体积分数) /%	细土颗粒组成（粒径：mm）/（g/kg）			质地类别	容重 /（g/cm³）
			砂粒 2～0.05	粉粒 0.05～0.002	黏粒 <0.002		
Ah1	0～22	5	400	435	166	壤土	0.93
Ah2	22～32	5	489	320	191	壤土	1.25
Bw1	32～43	5	614	210	176	砂质壤土	1.34
Bw	43～83	10	665	211	124	砂质壤土	1.38

飞云顶系代表性单个土体化学性质

深度 /cm	pH		有机碳	全氮 (N)	全磷 (P)	全钾 (K)	CEC_7	ECEC	盐基饱和度 /%	铝饱和度 /%	游离氧化铁 /（g/kg）	铁游离度 /%
	H_2O	KCl	/（g/kg）				/（cmol（+）/kg 黏粒）					
0～22	3.7	3.4	60.5	4.25	0.52	19.2	155.1	41.1	3.7	85.9	15.0	56.1
22～32	3.8	3.5	30.9	2.16	0.39	17.6	98.4	30.8	2.3	92.7	15.1	58.8
32～43	4.0	3.6	21.2	1.33	0.27	15.3	74.4	27.9	3.5	90.6	13.5	62.7
43～83	4.2	3.7	7.7	0.71	0.24	17.1	58.2	24.8	4.7	88.9	15.3	58.6

10.4　表蚀铝质湿润雏形土

10.4.1　华城系（Huacheng Series）

土　族：粗骨壤质硅质混合型非酸性高热性-表蚀铝质湿润雏形土
拟定者：卢　瑛，余炜敏

分布与环境条件　分布在梅州、河源等地，水土流失严重的低山丘陵区。成土母质为砂岩风化残积、坡积物。由于森林植被破坏，造成荒山秃岭，加上降雨多，雨季集中，地表径流量大，以及采矿、伐木等导致水土流失强烈，表层土壤基本流失。土地利用类型为稀疏林地。南亚热带海洋性季风性气候，平均气温 21.0～22.0 ℃，年平均降水量 1500～1700 mm。

华城系典型景观

土系特征与变幅　诊断层包括雏形层；诊断特性包括湿润土壤水分状况、高热性土壤温度状况、铝质特性。由砂页岩风化坡积残积物发育而成，土体浅薄，厚度<50 cm；表土已被冲刷，雏形层裸露地表，地面有侵蚀沟。土壤中砾石含量高，25%～35%，细土砂粒含量>450 g/kg，土壤质地均一，为砂质黏壤土；交换性铝饱和度>65%，土壤呈酸性-微酸性，pH 5.0～6.0。

对比土系　泰美系，同一土类、不同亚类。泰美系具有表土层，雏形层没有直接裸露地表，土壤酸碱反应类别为酸性。

利用性能综述　地表植物人为破坏严重，植被覆盖度低，表土水土流失严重，成为荒山，土壤 CEC 低，通常<10 cmol（+）/kg，土壤保肥性差，土壤有机质和氮、磷、钾养分含量低，土壤肥力低，不宜用作农业用地。改良利用措施：应采取开天沟、环山沟、筑拦洪坝等工程措施和种草、植树等生物措施相结合，尽快恢复植被，防止进一步水土流失；要因地制宜引种耐瘠薄耐旱的速生树种、藤本植物，并实行封山育林，加快植被恢复，提高地力，改善生态环境。

参比土种　沟蚀赤红壤。

代表性单个土体　位于梅州市五华县华城镇新桥社区，24°6'17"N，115°34'54"E，海拔170m，丘陵坡地。成土母质为砂岩风化残积、坡积物。稀疏林地，地表植被为马尾松和

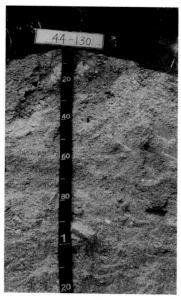

桉树。有破碎的岩石露头，可见明显的侵蚀沟。本土系的土壤剖面 A 层被侵蚀，50 cm 深度土温 23.0 ℃。野外调查时间为 2011 年 11 月 28 日，编号 44-130。

AB：0～9 cm，浅淡黄色（5Y8/4，干），黄色（2.5Y7/8，润）；砂质黏壤土，弱发育 5～10 mm 的块状结构，疏松，少量细根，有 25%左右直径为 5～20 mm 角状的母岩碎屑；向下层清晰渐变过渡。

Bw：9～26 cm，灰白色（5Y8/1，干），浅淡黄色（2.5Y8/4，润）；砂质黏壤土，弱发育 5～10 mm 的块状结构，坚实，少量细根，有 30%左右直径为 5～20 mm 角状的母岩碎屑；向下层清晰渐变过渡。

BC：26～120 cm，浅淡黄色（5Y8/3，干），黄色（5Y8/6，润）；砂质黏壤土，弱发育 5～10 mm 的块状结构，松散，很少量细根，有 35%左右直径为 5～20 mm 角状的母岩碎屑。

华城系代表性单个土体剖面

华城系代表性单个土体物理性质

土层	深度 / cm	砾石 (>2mm, 体积分数) /%	细土颗粒组成（粒径：mm）/（g/kg）			质地类别	容重 /（g/cm³）
			砂粒 2～0.05	粉粒 0.05～0.002	黏粒 <0.002		
AB	0～9	20	477	256	268	砂质黏壤土	1.42
Bw	9～26	30	501	265	234	砂质黏壤土	1.49
BC	26～120	35	511	215	274	砂质黏壤土	—

华城系代表性单个土体化学性质

深度 / cm	pH		有机碳	全氮 (N)	全磷 (P)	全钾 (K)	CEC₇	ECEC	盐基饱和度	铝饱和度	游离氧化铁	铁游离度
	H₂O	KCl		/（g/kg）			/（cmol (+) /kg 黏粒）		/%	/%	/（g/kg）	/%
0～9	5.3	3.7	3.3	0.23	0.11	30.8	27.9	15.2	17.6	67.8	13.8	53.1
9～26	5.6	3.7	3.0	0.19	0.09	29.5	32.4	18.7	11.8	79.4	13.5	57.1
26～120	5.3	3.7	4.6	0.31	0.11	27.2	32.2	15.7	8.6	82.4	13.5	55.0

10.5 腐殖铝质湿润雏形土

10.5.1 到背系（Daobei Series）

土　族：粗骨黏质高岭石混合型酸性高热性-腐殖铝质湿润雏形土
拟定者：卢　瑛，盛　庚，陈　冲

分布与环境条件　分布在惠州、河源、汕头、揭阳、汕尾等地,海拔400 m以下高、中丘陵区,成土母质为砂页岩风化残积、坡积物。土地利用类型为林地,植被有马尾松、岗松、桃金娘、芒萁等。属南亚热带海洋性季风性气候,年均气温 21.0～22.0 ℃,年平均降水量1900～2100 mm。

到背系典型景观

土系特征与变幅　诊断层包括淡薄表层、雏形层；诊断特性包括湿润土壤水分状况、高热性土壤温度状况、腐殖质特性、铝质特性。由砂页岩风化坡积、残积物发育而成,土体深厚,厚度>100 cm,表土层厚度 10～20 cm；土体中含有较大体积（>25%）的岩石碎块,细土质地为黏壤土,土壤颗粒大小级别为粗骨黏质；土壤交换性酸以交换性铝为主,铝饱和度>80%,盐基饱和度<10%,土壤呈强酸性,pH 4.5～5.5。

对比土系　北斗系,成土母质相同,分布区域相邻,土壤腐殖质积累较弱,没有腐殖质特性,土体颜色为 7.5YR 或更黄,属黄色铝质湿润雏形土。

利用性能综述　该土系土层深厚,植被覆盖较好的区域土壤养分含量中等,部分砍伐过甚的水土流失区土壤肥力较低。目前植被主要为灌木草丛及松树林。改良利用措施：应注意封山育林,做好水土保持工作；在地势低缓且肥沃的地方可开垦种植,发展果树生产、套、间种绿肥,提高土壤肥力；肥力低的山地土壤,可选用速生抗逆力强的树种如赤桉、银荆等为先锋植物,尽快恢复植被并加强管理,使其尽快成林,增加覆盖,提高土壤肥力。

参比土种　页酸性粗骨土。

代表性单个土体　位于揭阳市揭西县龙潭镇到背村水礁头；23°29'25"N, 115°52'6"E, 海拔 140 m；丘陵中部,成土母质为砂页岩风化残积、坡积物；林地,针叶、阔叶混交林,有马尾松等,植被覆盖率>80%。50 cm 深度土温 23.5 ℃。野外调查时间为 2011 年 22 日,编号 44-105。

Ah：0～18 cm，淡黄橙色（10YR8/4，干），黄棕色（10YR5/6，润）；黏壤土，中度发育 10～20 mm 的块状结构，疏松，多量中根，有 20%左右直径 5～20 mm 角状的中等风化母岩碎块；向下层平滑渐变过渡。

Bw1：18～50 cm，淡黄色（10YR8/4，干），橙色（7.5YR6/6，润）；黏壤土，弱发育 10～20 mm 的块状结构，疏松，多量中根，有 30%左右直径 5～20 mm 角状的中等风化母岩碎块，结构体表面及孔隙壁有 5%左右对比度模糊的腐殖质淀积胶膜；向下层平滑渐变过渡。

Bw2：50～80 cm，淡黄橙色（10YR8/4，干），橙色（7.5YR6/8，润）；黏壤土，弱发育 20～50 mm 的块状结构，疏松，多量中细根，有 30%左右直径 20～75 mm 角状的中等风化母岩碎块；向下层平滑渐变过渡。

Bw3：80～140 cm，黄橙色（10YR8/6，干），橙色（5YR6/6，润）；黏壤土，弱发育 20～50 mm 的块状结构，疏松，有 35%左右直径 75～250 mm 角状的中等风化母岩碎块。

到背系代表性单个土体剖面

到背系代表性单个土体物理性质

土层	深度 /cm	砾石 （>2mm，体积分数）/%	细土颗粒组成（粒径：mm）/（g/kg） 砂粒 2～0.05	粉粒 0.05～0.002	黏粒 <0.002	质地类别	容重 /（g/cm³）
Ah	0～18	20	241	369	391	黏壤土	—
Bw1	18～50	30	240	425	335	黏壤土	—
Bw2	50～80	30	217	389	394	黏壤土	—
Bw3	80～140	35	315	325	360	黏壤土	—

到背系代表性单个土体化学性质

深度 /cm	pH H₂O	pH KCl	有机碳	全氮 （N）	全磷 （P）	全钾 （K）	CEC₇	ECEC	盐基饱和度 /%	铝饱和度 /%	游离氧化铁 /（g/kg）	铁游离度 /%
					/（g/kg）		/（cmol（+）/kg 黏粒）					
0～18	4.8	3.3	19.3	1.54	0.48	18.7	39.6	18.5	8.5	81.9	53.0	72.1
18～50	4.8	3.5	12.7	1.22	0.35	19.3	39.6	18.6	4.7	89.9	47.7	62.2
50～80	4.9	3.6	6.7	0.92	0.42	18.4	30.0	14.5	5.1	89.5	58.9	68.6
80～140	5.1	3.7	4.7	0.75	0.60	19.7	32.0	15.0	4.8	89.8	62.6	67.9

10.6 黄色铝质湿润雏形土

10.6.1 北斗系（Beidou Series）

土　族：粗骨黏质高岭石混合型酸性高热性-黄色铝质湿润雏形土
拟定者：卢　瑛，余炜敏

分布与环境条件　分布在梅州、河源、惠州、肇庆、江门等地，低山丘陵区。成土母质为砂岩风化的残积、坡积物。土地利用类型为林地和园地，植被有马尾松、岗松和荔枝、龙眼等。属南亚热带北缘至中亚热带海洋性季风性气候，年平均气温 21.0～22.0 ℃，年平均降水量 1700～1900 mm。

北斗系典型景观

土系特征与变幅　诊断层包括淡薄表层、雏形层；诊断特性包括湿润土壤水分状况、高热性土壤温度状况、铝质特性。由砂页岩风化残积、坡积物发育而成，土体厚度 50～100 cm，表土层厚 10～20 cm，雏形层位于 Ah 层以下，厚度 40～80 cm；土体中夹有较多碎石块，细土质地为黏壤土-黏土，土壤颗粒大小级别为粗骨黏质；土壤铝饱和度＞75%，盐基饱和度<15%；土壤呈酸性，pH 4.5～5.5。

对比土系　大拓系、下架山系，属同一亚类。大拓系和下架山系土壤中砾石（岩石碎屑）体积含量<25%，土族控制层段颗粒大小级别分别为黏质和黏壤质；大拓系土壤温度状况为热性；下架山系土壤矿物学类型为硅质混合型。

利用性能综述　该土系土体厚度中等，有机质和养分含量中等偏低，钾素较缺乏。植被有马尾松、岗松等植物，也有已经开垦种植荔枝、龙眼等果树。改良利用措施：应以保护好原有植被，积极种植经济林木，增加植被覆盖度；对已开垦种植荔枝、龙眼等果树区域，注意保水培肥措施，套种绿肥和豆科植物，增加土壤有机质积累，提高土壤肥力，增施磷、钾肥。

参比土种　中中页赤红壤。

代表性单个土体　位于梅州市丰顺县北斗镇北斗村；23°49′43″N，116°07′43″E，海拔 64 m，丘陵下部，坡度 10°；母质为砂岩风化残积、坡积物。果园，种植多年荔枝。50 cm

北斗系代表性单个土体剖面

深度土温23.3 ℃。野外调查时间为2011年10月8日，编号44-145。

Ah：0～15 cm，淡黄橙色（10YR8/3，干），黄橙色（10YR8/6，润）；黏土，中等发育5～10 mm的粒状结构，疏松，少量细根，有2～3条蚯蚓，有15%左右直径5～20 mm的角状的中等风化母岩碎块；向下层平滑渐变过渡。

Bw：15～55 cm，黄色（5Y7/6，干），橄榄色（5Y6/6，润）；黏土，块状结构，坚实，少量细根，有30%左右直径20～75 mm角状的中等风化母岩碎块；向下层平滑渐变过渡。

BC：55～130 cm，淡黄色（5Y7/4，干），黄色（5Y7/6，润）；黏壤土，块状结构，很坚实，少量根系，有40%左右直径20～75 mm角状的中等风化母岩碎块。

北斗系代表性单个土体物理性质

| 土层 | 深度 /cm | 砾石 （>2mm，体积分数）/% | 细土颗粒组成（粒径：mm）/（g/kg） | | | 质地类别 | 容重 /（g/cm³） |
			砂粒 2～0.05	粉粒 0.05～0.002	黏粒 <0.002		
Ah	0～15	15	230	318	452	黏土	—
Bw	15～55	30	219	331	450	黏土	—
BC	55～130	40	246	371	382	黏壤土	—

北斗系代表性单个土体化学性质

| 深度 /cm | pH | | 有机碳 | 全氮 （N） | 全磷 （P） | 全钾 （K） | CEC$_7$ | ECEC | 盐基饱和度 /% | 铝饱和度 /% | 游离氧化铁 /（g/kg） | 铁游离度 /% |
	H₂O	KCl			/（g/kg）		/（cmol（+）/kg 黏粒）					
0～15	4.6	3.4	10.4	0.96	0.61	10.5	27.4	17.3	8.9	85.9	47.5	67.1
15～55	4.5	3.4	12.2	1.13	0.60	10.8	28.1	17.2	13.8	77.5	46.3	68.5
55～130	5.2	3.7	2.2	0.18	0.30	11.4	33.8	20.3	4.6	92.4	44.5	68.7

10.6.2　大拓系（Datuo Series）

土　　族：黏质高岭石混合型酸性热性-黄色铝质湿润雏形土
拟定者：卢　瑛，余炜敏

分布与环境条件　分布在韶关、清远、河源、梅州等地，砂页岩低山、丘陵区。成土母质为砂页岩风化残积、坡积物。土地利用类型为林地，植被主要有马尾松，地表生长大量芒萁。属中亚热带海洋性季风性气候，年平均气温 20.0～21.0 ℃，年平均降水量 1500～1700 mm。

大拓系典型景观

土系特征与变幅　诊断层包括淡薄表层、雏形层；诊断特性包括湿润土壤水分状况、热性土壤温度状况、铝质特性。由砂页岩风化残积、坡积物发育而成，土体深厚，厚度>100cm，表层厚度 10～20cm；土体颜色为淡黄色-黄橙色；细土黏粒含量>400 g/kg，土壤质地为黏土；土壤铝饱和度>80%，盐基饱和度<15%，呈强酸性-酸性，pH 4.0～5.0。

对比土系　北斗系、下架山系，属同一亚类。北斗系和下架山系土族控制层段颗粒大小级别分别为粗骨黏质和黏壤质，土壤温度状况为高热性；下架山系土壤矿物学类型为硅质混合型。

利用性能综述　该土系土体深厚，地处低山丘陵中下部，土壤有机质及养分含量低，有效磷、速效钾含量极低，土壤酸性强，宜于发展农业、林业。改良利用措施：可发展成高产速生林生产基地，有计划地发展松树、杉树、竹、樟树、栲树等，疏残林地宜于封山育林，在缓坡地区宜开垦成水平梯田，种植果、茶、油茶、南药等经济林木；在土壤改良上要防止水土流失，提高土壤有机质含量，合理施用氮、磷、钾等肥料。

参比土种　中厚页红壤。

代表性单个土体　位于梅州市平远县大拓镇梅二村；24°33′35″N，115°55′42″E，海拔 204 m，坡度约 45°。母质为砂岩风化的残积、坡积物。林地植被类型为马尾松、芒萁等，土体厚度>120 cm，地表有约 4 cm 厚的枯枝落叶层。50 cm 深度土温 22.7 ℃。野外调查时间为 2011 年 10 月 11 日，编号 44-139。

Ah：0～14 cm，浅淡黄色（2.5Y8/3，干），黄色（2.5Y8/6，润）；黏土，中度发育 10～20 mm 的屑粒状结构，疏松，中量细根；向下层平滑渐变过渡。

AB：14～29 cm，淡黄橙色（10YR8/4，干），黄橙色（10YR8/8，润）；黏土，中度发育 20～50 mm 的块状结构，坚实，少量细根；向下层平滑渐变过渡。

Bw1：29～58 cm，黄橙色（10YR8/6，干），黄橙色（10YR8/8，润）；黏土，中度发育 20～50 mm 的块状结构，坚实，根系多；向下层平滑模糊过渡。

Bw2：58～116 cm，淡黄橙色（7.5YR8/4，干），黄橙色（7.5YR8/8，润）；黏土，中度发育 20～50 mm 的块状结构，坚实，根系少。

大拓系代表性单个土体剖面

大拓系代表性单个土体物理性质

| 土层 | 深度 / cm | 砾石（>2mm，体积分数）/ % | 细土颗粒组成（粒径：mm）/（g/kg） | | | 质地类别 | 容重 /（g/cm³） |
			砂粒 2～0.05	粉粒 0.05～0.002	黏粒 <0.002		
Ah	0～14	0	184	354	462	黏土	1.28
AB	14～29	0	143	377	480	黏土	1.44
Bw1	29～58	0	131	343	526	黏土	1.58
Bw2	58～116	0	279	285	436	黏土	1.46

大拓系代表性单个土体化学性质

| 深度 / cm | pH | | 有机碳 | 全氮（N） | 全磷（P） | 全钾（K） | CEC₇ | ECEC | 盐基饱和度 / % | 铝饱和度 / % | 游离氧化铁 /（g/kg） | 铁游离度 / % |
	H₂O	KCl		/（g/kg）			/（cmol（+）/kg 黏粒）					
0～14	4.3	3.4	9.6	0.71	0.26	12.0	36.4	24.3	12.5	81.3	47.3	75.8
14～29	4.6	3.6	6.5	0.47	0.28	8.6	25.7	16.2	6.1	90.4	52.0	72.7
29～58	4.9	3.7	3.8	0.44	0.31	8.0	27.9	13.1	4.8	89.7	62.4	78.0
58～116	5.0	3.7	2.5	0.38	0.32	7.9	27.0	13.9	6.8	86.8	66.4	79.2

10.6.3　下架山系（Xiajiashan Series）

土　族：黏壤质硅质混合型酸性高热性-黄色铝质湿润雏形土
拟定者：卢　瑛，盛　庚，陈　冲

分布与环境条件　分布在梅
州、惠州、揭阳、河源等地，
低山、丘陵区。成土母质为
花岗岩风化坡积、残积物。
土地利用类型为林地，植被
有马尾松、桉树、台湾相思、
大叶相思、灌丛、芒萁等，
排水等级良好。属南亚热带
海洋性季风性气候，年平均
气温 21.0～22.0 ℃，年平均
降水量 2100～2300 mm。

下架山系典型景观

土系特征与变幅　诊断层包括淡薄表层、雏形层；诊断特性包括湿润土壤水分状况、高
热性土壤温度状况、铝质特性。由花岗岩风化残积物、坡积物发育而成，土体深厚，厚
度>100cm，因人为活动影响，植被多受到破坏，水土流失，腐殖质层<10 cm；细土砂粒
含量>400 g/kg，土壤质地为砂质黏壤土；雏形层位于土表 25 cm 以下，厚度 50～80 cm；
土壤盐基饱和度<10%，铝饱和度>85%，呈酸性-微酸性，pH 5.0～6.0。

对比土系　北斗系、大拓系，属同一亚类，不同土族。北斗系和大拓系土族控制层段颗
粒大小级别分别为粗骨黏质和黏质，土壤矿物学类型为高岭石混合型；大拓系土壤温度
状况为热性。

利用性能综述　该土系土体深厚，但土壤有机质和氮、磷、钾养分含量偏低，砂粒含量
较高。改良利用措施：应营造针阔叶混交林，抓好封山育林，防止水土流失；在坡度平
缓的山坡和山脚种植荔枝、柑桔、橄榄等果树和油茶、竹、茶叶等经济林；要注重培肥
土壤，宜间种绿肥、牧草，施用有机肥，合理增施化肥。

参比土种　薄厚麻赤红壤。

代表性单个土体　位于揭阳市普宁市下架山镇水江堂与城南街道交界；23°15'41"N，
116°11'13"E，海拔 50 m；丘陵下部，成土母质为花岗岩风化坡积、残积物；林地，植被
类型有松树、灌丛、芒萁等，植被覆盖度>80%，50 cm 深度土温 24.0 ℃。野外调查时
间为 2011 年 11 月 24 日，编号 44-110。

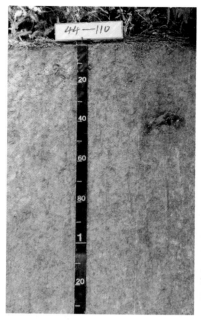

下架山系代表性单个土体剖面

Ah：0～9 cm，浊黄橙色（10YR7/3，干），亮黄棕色（10YR6/6，润）；砂质黏壤土，中度发育 10～20 mm 的块状结构，疏松，中量中根，有 2%左右直径为 2～5 mm 次棱角状的风化的母岩碎屑；向下层平滑渐变过渡。

AB：9～25 cm，浊黄橙色（10YR7/4，干），亮黄棕色（10YR6/8，润）；黏壤土，中度发育 10～20 mm 的块状结构，较疏松，多量粗根，有 5%左右直径为 2～5 mm 次棱角状的风化的母岩碎屑；向下层平滑渐变过渡。

Bw1：25～65 cm，淡黄橙色（10YR8/3，干），橙色（7.5YR6/6，润）；黏壤土，中等发育 10～20 mm 的块状结构，较疏松，有量细根，有 5%左右直径 2～5 mm 次棱角状的风化的母岩碎屑；向下层平滑渐变过渡。

Bw2：65～103 cm，淡黄橙色（10YR8/4，干），橙色（7.5YR6/8，润）；黏壤土，中等发育 10～20 mm 的块状结构，较疏松，少量细根，有 10%左右直径 2～5 mm 次棱角状的风化的母岩碎屑，有 1～2 条蚯蚓；向下层平滑渐变过渡。

BC：103～170 cm 淡黄橙色（10YR8/4，干），黄橙色（7.5YR7/8，润）；砂质黏壤土，弱发育 10～20 mm 的块状结构，疏松，有 20%左右直径 2～5 mm 次棱角状的风化的母岩碎屑。

下架山系代表性单个土体物理性质

| 土层 | 深度 / cm | 砾石 （>2mm，体积分数）/ % | 细土颗粒组成（粒径：mm）/（g/kg） | | | 质地类别 | 容重 /（g/cm³） |
			砂粒 2～0.05	粉粒 0.05～0.002	黏粒 <0.002		
Ah	0～9	2	482	195	323	砂质黏壤土	1.60
AB	9～25	5	434	190	376	黏壤土	1.59
Bw1	25～65	5	449	191	360	黏壤土	1.59
Bw2	65～103	10	450	212	338	黏壤土	1.67
BC	103～170	20	562	226	212	砂质黏壤土	1.55

下架山系代表性单个土体化学性质

| 深度 / cm | pH | | 有机碳 | 全氮 （N） | 全磷 （P） | 全钾 （K） | CEC₇ | ECEC | 盐基饱和度 / % | 铝饱和度 / % | 游离氧化铁 /（g/kg） | 铁游离度 / % |
	H₂O	KCl		/（g/kg）			/（cmol（+）/kg 黏粒）					
0～9	5.2	3.6	10.9	0.57	0.21	28.9	24.8	14.6	7.2	87.8	24.7	49.0
9～25	5.3	3.7	7.7	0.39	0.24	27.6	25.5	13.4	5.2	90.0	27.8	49.6
25～65	5.4	3.8	7.5	0.29	0.23	28.0	31.1	13.7	4.4	90.0	31.1	50.6
65～103	5.4	3.8	5.7	0.25	0.24	28.0	31.2	14.3	6.6	85.6	30.7	48.6
103～170	5.6	3.8	4.0	0.18	0.24	33.4	38.3	20.5	6.9	87.0	25.4	47.3

10.7 普通铝质湿润雏形土

10.7.1 泰美系（Taimei Series）

土　族：粗骨壤质硅质混合型酸性高热性-普通铝质湿润雏形土
拟定者：卢　瑛，余炜敏

分布与环境条件　主要分布在惠州、河源等地，低山、丘陵区，成土母质为砂岩风化的残积、坡积物，土壤内、外排水性好。土地利用类型为林地和园地，植被主要有松树、桉树、岗松、芒萁等灌木草本和荔枝、龙眼等果树。属南亚热海洋性季风性气候，年平均气温 21.0～22.0 ℃，年平均降水量 1900～2100 mm。

泰美系典型景观

土系特征与变幅　诊断层包括淡薄表层、雏形层；诊断特性包括湿润土壤水分状况、高热性土壤温度状况、铝质特性。土体厚度中等，厚度 40～80 cm；细土砂粒含量>400 g/kg，土壤质地为壤土-黏壤土；土壤颜色主要为橙色；风化 B 层有 30%左右半风化岩石碎块，土壤颗粒大小级别为粗骨壤质；雏形层位于土表 20 cm 以下，厚度 40～60 cm；土壤盐基饱和度<10%，铝饱和度>85%，土壤呈酸性，pH 4.5～5.5。

对比土系　灯塔系，分布区域相邻，属同一亚类。灯塔系成土母质为红色砂页岩、红色砂砾岩风化物，土壤中砾石（岩石碎屑）体积含量<25%，土族控制层段颗粒大小级别为黏壤质。

利用性能综述　该土系土体厚度中等，土壤质地轻，容易引起水土流失；土壤偏酸，土壤有机质和氮、磷、钾养分含量低。改良利用措施：要用来发展林业，增加地面植被覆盖度，保持水土，提高土壤有机质含量，合理施用肥料。

参比土种　厚薄页赤红壤。

代表性单个土体　位于惠州市博罗县泰美镇罗村村委会；23° 24'05"N，114° 25'23"E，海拔 40 m，丘陵坡地，坡度 5°～8°。成土母质为砂岩风化残积、坡积物；次生林地，植被有桉树、灌木和芒萁等。50 cm 深度土温 23.6 ℃。野外调查时间为 2011 年 4 月 1 日，编号 44-147。

Ah：0～22 cm，橙色（5YR6/6，干），红灰色（2.5YR5/1，润）；砂质黏壤土，中等发育 2～5 mm 的粒状结构，疏松，少量细根，结构体外有大量根孔。有 2～3 条蚯蚓，有 15%左右直径为 5～20 mm 角状的中等风化母岩碎块；向下层平滑渐变过渡。

Bw1：22～65 cm，浅淡橙色（5YR8/3，干），亮红棕色（2.5YR5/8，润）；黏壤土，块状结构，坚实，少量细根。有 30%左右直径为 20～75 mm 角状的中等风化母岩碎块；向下层平滑渐变过渡。

Bw2：65～120 cm，橙色（2.5YR6/6，干），浊橙色（2.5YR6/4，润）。壤土，块状结构，坚实，有 50%左右直径为 20～75 mm 角状的中等风化母岩碎块。

泰美系代表性单个土体剖面

泰美系代表性单个土体物理性质

土层	深度 / cm	砾石（>2mm，体积分数）/ %	细土颗粒组成（粒径：mm）/（g/kg）			质地类别	容重 /（g/cm³）
			砂粒 2～0.05	粉粒 0.05～0.002	黏粒 <0.002		
Ah	0～22	15	470	219	310	砂质黏壤土	1.28
Bw1	22～65	30	401	303	295	黏壤土	1.58
Bw2	65～120	45	418	336	246	壤土	—

泰美系代表性单个土体化学性质

深度 / cm	pH H₂O	pH KCl	有机碳	全氮（N）	全磷（P）	全钾（K）	CEC₇	ECEC	盐基饱和度 / %	铝饱和度 / %	游离氧化铁 /（g/kg）	铁游离度 / %
			/（g/kg）				/（cmol（+）/kg 黏粒）					
0～22	4.5	3.6	7.9	0.58	0.13	12.1	30.2	18.0	8.8	85.4	35.6	67.1
22～65	5.0	3.8	1.4	0.12	0.11	13.2	30.4	17.8	4.0	93.1	40.3	75.2
65～120	5.1	3.8	1.2	0.07	0.11	14.6	33.8	19.9	4.1	93.0	51.7	78.1

10.7.2　热柘系（Rezhe Series）

土　　族：黏质混合型酸性热性-普通铝质湿润雏形土
拟定者：卢　瑛，余炜敏

分布与环境条件　分布在梅州、河源、清远、韶关等地，紫色砂页岩中低丘陵台地。成土母质为酸性紫色砂页岩风化坡积物。土地利用类型为林地，植被有桉树、灌木和芒萁等。属南亚热带北缘至中亚热带海洋性季风性气候，年平均气温 20.0～21.0 ℃，年平均降水量 1500～1700 mm。

热柘系典型景观

土系特征与变幅　诊断层包括淡薄表层、雏形层；诊断特性包括湿润土壤水分状况、热性土壤温度状况、铝质特性。由酸性紫色砂页岩风化坡积物发育而成，土体深厚，厚度>100 cm；细土质地随母质本身特性和淋溶程度变幅大，为黏壤土-黏土。土体成红棕色，土体中有 5%～10%的母岩碎屑。土壤交换性铝极高，铝饱和度>90%，呈强酸性，pH 4.0～5.0。

对比土系　青湖塘系，分布区域相邻，属同一亚类。青湖塘系成土母质为红色砂砾岩风化物，土族控制层段颗粒大小级别为黏壤质，矿物学类型为硅质混合型。

生产性能综述　该土系土体深厚，厚度>100 cm。植被破坏严重，以灌木草丛、松树疏林或人工桉树林为主，土壤有机质、氮、磷、钾养分含量不高。由于坡度较大，不易开发利用。改良利用措施：增加植被覆盖，防止水土流失，种植耐瘠薄的速生树；缓坡地可开垦种植花生、木薯等农作物或茶树、柑橘等经济作物；培肥土壤，增加土壤有机质积累，合理施用肥料。

参比土种　厚层酸性紫色土。

代表性单个土体　位于梅州市平远县热柘镇柚上村委会；24°31'58"N，115°57'25"E，海拔 138 m，丘陵坡地，坡度约 35°。成土母质为酸性紫色砂岩残积物，林地，植被类型有马尾松、桉树、灌丛、芒萁等。50 cm 深度土温 22.7 ℃。野外调查时间为 2011 年 10 月 11 日，编号 44-140。

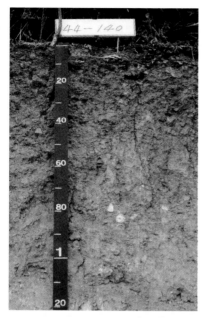

Ah: 0～23 cm，红棕色（10R5/4，干），暗红色（10R3/4，润）；黏土，中度发育 10～20 mm 的块状结构，疏松，中量细根，土体可见宽度 0.5～1 cm、长度 20 cm、间距 15 cm 的连续裂隙；向下层平滑渐变过渡。

AB: 23～40 cm，红棕色（10R5/3，干），红色（10R5/6，润）；黏土，中度发育 20～50 mm 的块状结构，疏松，少量细根。土体可见宽度 0.5～1 cm、长度 20 cm、间距 15 cm 的连续裂隙；向下层平滑渐变过渡。

Bw1: 40～65 cm，灰红色（10R6/2，干），红棕色（10R5/4，润）；黏土，中度发育 20～50 mm 的块状结构，坚实，少量根系；向下层平滑渐变过渡。

Bw2: 65～120 cm，淡红灰色（10R7/1，干），红棕色（10R4/4，润）；黏壤土，弱发育 20～50 mm 的块状结构，很坚实，土体中有 5%左右直径为 5～20 mm 角状中等风化的母岩碎块。

热柘系代表性单个土体剖面

热柘系代表性单个土体物理性质

土层	深度 /cm	砾石 (>2mm，体积分数)/%	细土颗粒组成（粒径：mm）/（g/kg）			质地类别	容重 /（g/cm³）
			砂粒 2～0.05	粉粒 0.05～0.002	黏粒 <0.002		
Ah	0～23	2	151	303	546	黏土	1.10
AB	23～40	2	136	313	551	黏土	1.18
Bw1	40～65	2	200	332	468	黏土	1.24
Bw2	65～120	5	240	409	351	黏壤土	1.31

热柘系代表性单个土体化学性质

深度 /cm	pH		有机碳	全氮 (N)	全磷 (P)	全钾 (K)	CEC$_7$	ECEC	盐基饱和度 /%	铝饱和度 /%	游离氧化铁 /（g/kg）	铁游离度 /%
	H$_2$O	KCl	/（g/kg）				/（cmol（+）/kg 黏粒）					
0～23	4.4	3.5	6.6	0.66	0.74	9.5	39.0	19.5	3.3	93.4	101.3	64.4
23～40	4.7	3.6	4.8	0.56	0.79	9.2	33.9	15.5	2.6	94.4	98.6	62.1
40～65	4.9	3.7	3.2	0.40	0.84	9.0	32.8	16.0	3.1	93.6	93.5	56.8
65～120	5.0	3.7	2.3	0.29	0.87	7.2	36.2	19.2	3.4	93.6	79.3	48.4

10.7.3 青湖塘系（Qinghutang Series）

土　族：黏壤质硅质混合型酸性热性-普通铝质湿润雏形土
拟定者：卢　瑛，侯　节，盛　庚

分布与环境条件　该土系主要分布在韶关市的曲江、仁化、乐昌、南雄、始兴等地，粤北浈江中、下游和武江上游红岩盆地中的丹霞地貌类地区，地势较低且平缓，海拔在 300 m 以下，多为丘陵坡地。成土母质为红色砂砾岩坡积物，林地，植被有马尾松、桉树、芒萁等，属南亚热带北缘至中亚热带海洋性季风性气候，年平均气温 19.0～20.0 ℃，年平均降水量 1500～1700 mm。

青湖塘系典型景观

土系特征与变幅　诊断层包括淡薄表层、雏形层；诊断特性包括湿润土壤水分状况、热性土壤温度状况、铝质特性。由红色砂砾岩风化物及其坡积物发育而成，土体深厚，厚度>100 cm；土体中夹有 5%～15%风化的岩石碎块；细土质地为壤土-黏壤土；土壤交换性铝量高，铝饱和度>90%，土壤呈强酸性，pH 4.0～5.0。

对比土系　热柘系，分布区域相邻，属同一亚类。热柘系成土母质为酸性紫色砂页岩风化物，土族控制层段颗粒大小级别为黏质，矿物学类型为混合型。

利用性能综述　由于地处丘陵地势较平缓，离村庄较近，因而植被人为破坏大，生长稀疏。土壤有机质和养分含量低，有机质来源缺乏，自然肥力低。改良利用措施：应根据立体条件，以封管为主，大力造林；土层稍厚的地段以营造生态效益好、自肥能力强的针、阔叶混交林为主；因地制宜，按"适地适树"的原则营造各种用材林、经济林、薪炭林，以达到绿化山丘，保持水土，维护生态环境目的。

参比土种　中厚红砾红壤。

代表性单个土体　位于韶关市仁化县丹霞街道黄屋村委会青湖塘组；25°02′35″N，113°45′37″E，海拔 118 m；丘陵坡地，成土母质为红色砂砾岩风化物。林地，植被有马尾松、桉树、灌丛、芒萁等，50 cm 深度土温 22.4 ℃。野外调查时间为 2010 年 10 月 21 日，编号 44-018。

Ah：0～16 cm，浊橙色（5YR6/4，干），亮红棕色（5YR5/8，润）；黏壤土，强度发育5～10 mm的块状结构，疏松，中量中根；向下层平滑清晰过渡。

Bw1：16～53 cm，橙色（5YR6/8，干），亮红棕色（2.5YR5/8，润）；黏壤土，强度发育10～20 mm的块状结构，坚实，少量细根；向下层平滑渐变过渡。

Bw2：53～81 cm，橙色（5YR6/8，干），红棕色（2.5YR4/8，润）；黏壤土，中度发育10～20 mm的块状结构，坚实，很少量细根，有10%左右直径5～20 mm角状和次圆的中等风化岩石碎块；向下层平滑渐变过渡。

Bw3：81～176 cm，橙色（5YR7/8，干），红棕色（2.5YR4/8，润）；壤土，弱发育10～20 mm的块状结构，坚实，有15%左右直径20～75 mm角状和次圆的中等风化岩石碎块。

青湖塘系代表性单个土体剖面

青湖塘系代表性单个土体物理性质

土层	深度 / cm	砾石 （>2mm，体积分数）/ %	细土颗粒组成（粒径：mm）/（g/kg）			质地类别	容重 /（g/cm³）
			砂粒 2～0.05	粉粒 0.05～0.002	黏粒 <0.002		
Ah	0～16	5	376	301	322	黏壤土	1.34
Bw1	16～53	5	348	279	373	黏壤土	1.42
Bw2	53～81	10	346	268	387	黏壤土	1.43
Bw3	81～176	15	403	342	255	壤土	1.47

青湖塘系代表性单个土体化学性质

深度 / cm	pH		有机碳	全氮（N）	全磷（P）	全钾（K）	CEC₇	ECEC	盐基饱和度 / %	铝饱和度 / %	游离氧化铁 /（g/kg）	铁游离度 / %
	H₂O	KCl		/（g/kg）			/（cmol（+）/kg 黏粒）					
0～16	4.1	3.4	15.7	0.94	0.15	8.27	44.2	29.9	4.1	93.9	27.4	71.4
16～53	4.2	3.4	6.0	0.57	0.15	9.56	32.9	25.1	4.3	94.3	33.1	69.0
53～81	4.4	3.6	4.6	0.44	0.16	10.15	31.4	22.3	4.4	93.8	38.6	70.8
81～176	4.7	3.7	1.5	0.21	0.13	10.72	37.0	28.1	5.3	93.0	31.5	68.3

10.7.4 灯塔系（Dengta Series）

土　族：黏壤质硅质混合型酸性高热性-普通铝质湿润雏形土
拟定者：卢　瑛，余炜敏

分布与环境条件　分布在惠州、河源等地，红色砂页（砾）岩的低丘陵缓坡、山岗。为红色砂页（砾）岩风化物母质发育的自然土壤，经旱耕种植而成。土地利用类型为旱地，主要种植大豆、花生、木薯、番薯等。属南亚热带海洋性季风性气候，年平均气温 21.0～22.0 ℃，年平均降水量 1700～1900 mm。

灯塔系典型景观

土系特征与变幅　诊断层包括淡薄表层、雏形层；诊断特性包括湿润土壤水分状况、高热性土壤温度状况、铝质特性。由红色砂页岩、红色砂砾岩风化坡积物发育而成，土体厚度 60～80 cm，耕层厚 10～20 cm；土壤颜色多为紫棕、红棕色；土壤质地变化大，与母岩有关，质地为粉壤土-黏壤土；土壤交换性铝量高，铝饱和度>80%，呈酸性-微酸性，pH 4.5～6.0。

对比土系　泰美系，分布区域相邻，属同一亚类。泰美系成土母质为砂岩风化物，土壤中砾石（岩石碎屑）体积含量>25%，土族控制层段颗粒大小级别为粗骨壤质。

利用性能综述　该土系土体厚度中等，耕层较薄，除全钾含量高外，土壤有机质及氮、磷含量极低，土壤瘠薄。种植的大豆、花生、木薯、番薯产量低。改良利用措施：重施有机肥，间套种绿肥，提高土壤地力，合理增施氮、磷、钾肥；要做好水土保持工作，防止土壤砂化；修建灌溉设施，防止干旱缺水。

参比土种　红页赤红泥地。

代表性单个土体　位于河源市东源县灯塔镇安平村委会大塘村；24°00′37″N，114°46′57″E，海拔 100 m。低丘，成土母质为红色砂岩风化残积、坡积物。旱地，主要种植大豆、花生、番薯等作物。50 cm 深度土温 23.1 ℃。野外调查时间为 2011 年 11 月 14 日，编号 44-136。

Ap: 0～11 cm，浅淡红橙色（2.5YR7/3，干），浊红棕色（2.5YR4/4，润）；黏壤土，强度发育 5～10 mm 的碎块状结构，坚实，中量细根；向下层平滑渐变过渡。

AB：11～23 cm，浅淡红橙色（2.5YR7/4，干），红棕色（2.5YR4/8，润）；黏壤土，强度发育 10～20 mm 的块状结构，坚实，少量细根；向下层平滑渐变过渡。

Bw：23～60 cm，浅淡红橙色（2.5YR7/4，干），暗红棕色（2.5YR3/6，润）；黏壤土，中度发育 10～20 mm 的块状结构，坚实，少量细根；向下层平滑渐变过渡。

BC：60～120 cm，亮红棕色（2.5YR5/6，干），暗红棕色（2.5YR3/6，润）；黏壤土，弱发育 10～20 mm 的块状结构，坚实。有 55%左右直径为 20～75 mm 棱角状中等风化的红色砂岩。

灯塔系代表性单个土体剖面

灯塔系代表性单个土体物理性质

| 土层 | 深度 /cm | 砾石 (>2mm，体积分数) /% | 细土颗粒组成（粒径：mm）/（g/kg） | | | 质地类别 | 容重 /（g/cm³） |
			砂粒 2～0.05	粉粒 0.05～0.002	黏粒 <0.002		
Ap	0～11	0	222	447	331	黏壤土	1.25
AB	11～23	0	248	361	391	黏壤土	1.23
Bw	23～60	0	327	376	297	黏壤土	1.31
BC	60～120	55	274	396	330	黏壤土	—

灯塔系代表性单个土体化学性质

| 深度 /cm | pH | | 有机碳 | 全氮 (N) | 全磷 (P) | 全钾 (K) | CEC₇ | ECEC | 盐基饱和度 /% | 铝饱和度 /% | 游离氧化铁 /（g/kg） | 铁游离度 /% |
	H₂O	KCl	/（g/kg）				/（cmol (+)/kg 黏粒）					
0～11	4.8	3.7	1.8	0.50	0.25	25.7	30.6	17.3	7.6	86.5	44.6	60.8
11～23	4.8	3.7	1.4	0.50	0.19	22.5	25.2	16.1	12.1	81.1	42.2	62.9
23～60	4.8	3.7	2.2	0.46	0.35	25.8	30.2	20.0	10.5	84.2	56.5	77.8
60～120	4.6	3.7	5.3	0.69	0.20	19.3	28.1	18.8	31.4	53.0	48.6	81.8

10.8　红色铁质湿润雏形土

10.8.1　兴宁系（Xingning Series）

土　族：壤质硅质混合型石灰性热性-红色铁质湿润雏形土
拟定者：卢　瑛，余炜敏

分布与环境条件　分布于梅州、韶关、清远等地，石灰性紫色砂岩低丘陵中下部坡度较平缓的坡面和坡脚。土地利用类型为旱地或园地，主要种植豆类、花生、番薯和龙眼等。中亚热带北缘至南亚热带湿润季风性气候，年平均气温 20.0～21.0 ℃，年平均降水量 1500～1700 mm。

兴宁系典型景观

土系特征与变幅　诊断层包括淡薄表层、雏形层；诊断特性包括湿润土壤水分状况、热性土壤温度状况、铁质特性、石灰性。由紫色砂岩风化物发育而成，土壤物理风化作用强烈，淋溶作用微弱。土体厚度 40～80 cm，耕作层深厚，>20 cm。细土砂粒含量>400 g/kg，土壤质地为壤土；土壤剖面颜色均一，土壤与成土母质颜色相似，土体色调为 2.5YR，具有铁质特性。通体具有石灰反应，土壤呈中性-微碱性，pH 7.0～8.0。

对比土系　东红系，分布区域相邻，成土母质一致，通体均具有石灰反应。东红系岩石风化、成土过程较弱，土体浅薄，土体中岩石碎屑体积>25%，剖面构型为 A-（AC）-C（R），属普通湿润正常新成土。

利用性能综述　该土系耕层深厚，土壤疏松，质地为壤土类，宜耕性好。有机质和氮含量较低，钾素等矿质养分丰富，适种性广，宜种植经济作物，如烤烟、花生、豆类、番薯和龙眼等果树。影响作物生长和产量的因素包括土壤有机质和氮素含量低、季节性缺水和水土流失等。改良利用措施：包括搞好荒山绿化，实行土地整理，修建农田水利设施，实行等高种植，防止水土流失，改善农业生态环境；增施有机肥，种植豆科作物和绿肥，合理轮作，用地养地相结合。

参比土种　石灰性紫砂地。

代表性单个土体　位于梅州市兴宁市合水镇溪唇村委会水陂村；24°14′21″N，114°42′50″E，海拔 140 m。低丘缓坡，成土母质为石灰性紫色砂岩风化残积、坡积物。园地，种植龙眼。50 cm 深度土温 22.9 ℃。野外调查时间为 2011 年 10 月 12 日，编号 44-137。

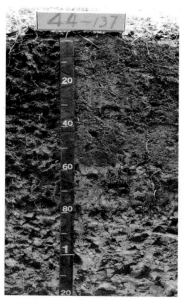

Ap：0～38 cm，浊红棕色（2.5YR4/4，干），暗红棕色（2.5YR3/6，润）；壤土，中度发育 2～5 mm 的粒状结构，疏松，中量中细根，中度石灰反应；向下层平滑渐变过渡。

AB：38～55 cm，浊红棕色（2.5YR5/4，干），暗红棕色（2.5YR3/4，润）；壤土，中度发育 5～10 mm 的块状结构，疏松，中量中细根，中度石灰反应；向下层平滑渐变过渡。

Bw：55～80 cm，浊红棕色（2.5YR4/3，干），红棕色（2.5YR4/6，润）；壤土，弱发育 5～10 mm 的块状结构，坚实，少量细根。有 5%左右直径为 2～5 mm 角状的中等风化的紫色砂岩，中度石灰反应；向下层平滑渐变过渡。

C：80～120 cm，浊红棕色（2.5YR5/3，干），红棕色（2.5YR4/6，润）；无结构，为大小不等角状的中等风化的紫色砂岩，强度石灰反应。

兴宁系代表性单个土体剖面

兴宁系代表性单个土体物理性质

| 土层 | 深度 /cm | 砾石 (>2mm，体积分数)/% | 细土颗粒组成（粒径：mm）/（g/kg） | | | 质地类别 | 容重 /（g/cm³） |
			砂粒 2～0.05	粉粒 0.05～0.002	黏粒 <0.002		
Ap	0～38	2	456	380	164	壤土	1.22
AB	38～55	2	408	420	172	壤土	1.29
Bw	55～80	5	464	372	164	壤土	1.25

兴宁系代表性单个土体化学性质

| 深度 /cm | pH （H₂O） | 有机碳 | 全氮（N） | 全磷（P） | 全钾（K） | CEC | 交换性盐基总量 | 游离氧化铁 /（g/kg） | 铁游离度 /% |
		/（g/kg）				/（cmol（+）/kg）			
0～38	7.2	6.3	0.89	0.55	21.1	14.8	32.4	17.7	37.3
38～55	7.1	3.5	0.53	0.42	19.9	14.4	24.5	19.0	39.6
55～80	7.4	3.4	0.51	0.36	20.7	14.2	19.9	16.6	35.2

10.8.2 大黄系（Dahuang Series）

土　族：黏质高岭石混合型非酸性高热性-红色铁质湿润雏形土
拟定者：卢　瑛，盛　庚，侯　节

分布与环境条件　分布在湛江市的雷州市、徐闻县西部沿海地区，地势较平坦的台地。成土母质为玄武岩风化残积物、坡积物。受西部干燥气候影响，母质风化程度差，土层浅薄，且多含铁锰结核，群众称为彩土地。土地利用类型为旱地，主要种植蔬菜、玉米、花生等作物。属热带北缘海洋性季风性气候，年平均气温 23.0～24.0 ℃，年平均降水量 1300～1500 mm。

大黄系典型景观

土系特征与变幅　诊断层包括淡薄表层、雏形层；诊断特性包括湿润土壤水分状况、高热性土壤温度状况、铁质特性。由玄武岩风化残积物、坡积物发育而成的湿润正常新成土（粗骨砖红壤）经开垦种植而成，土体浅薄，厚度<50 cm，土表 30 cm 以下常见暗褐色的蜂窝状玄武岩风化碎块，影响作物根系伸展和土壤水分运动，砾石含量高达 40%以上，细土质地为黏土；土体淋溶作用相对较弱，交换性钙、镁等盐基离子高，盐基饱和度>50%；土壤呈微酸性-中性反应，pH 5.5～7.0。土壤全铁、游离氧化铁含量高，铁游离度 55%～65%，具有铁质特性。

对比土系　海安系，分布于相邻的区域，成土母质一致。海安系岩石风化、矿物分解、盐基淋溶和脱硅富铝化作用强烈，形成了铁铝层，土体深厚，属普通暗红湿润铁铝土。

利用性能综述　该土系土体浅薄，砾石含量高，土壤有机质和氮、磷、钾养分含量高，土壤肥力较高，适宜于花生豆科作物生长，也宜植番薯、甘蔗，但抗旱力较差。改良利用措施：兴修水利，搞好排灌设施，扩大灌溉面积；合理轮作，多种绿肥与豆科作物，以地养地；逐步深耕，增施有机肥，加深耕层提高土壤肥力。

参比土种　玄酸性粗骨土。

代表性单个土体　位于湛江市徐闻县城北街道大黄村委会大黄村边墩园；20°20′35″N，110°04′33″E，海拔 36 m；台地，地势较平坦，成土母质为玄武岩风化物，形成的自然土壤经开垦种植而成。旱地，主要种植玉米、蔬菜等，50 cm 深度土温 25.9 ℃。野外调查时间为 2010 年 12 月 22 日，编号 44-058。

大黄系代表性单个土体剖面

Ap1：0～11 cm，浊红棕色（5YR4/4，干），暗棕色（7.5YR3/4，润）；黏土，中等发育 5～10 mm 的块状结构，松散，少量细根，有10%左右直径为 5～20 mm 次圆的中等风化的母岩碎块，有15%～20%直径为 2～6 mm 球形的极暗红棕色（2.5YR2/2）铁锰结核，有 1～2 条蚯蚓；向下层平滑渐变过渡。

Ap2：11～24 cm，浊红棕色（5YR4/3，干），暗棕色（7.5YR3/3，润）；黏土，中等发育 5～10 mm 的块状结构，松散，很少量极细根，有10%左右直径为 5～20 mm 次圆的中等风化的母岩碎块，有15%～20%直径为 2～6 mm 球形的极暗红棕色（2.5YR2/2）铁锰结核，有<2%砖瓦碎片；向下层平滑渐变过渡。

Bw：24～46 cm，红棕色（5YR4/6，干），浊红棕色（5YR4/4，润）；黏土，中等发育 20～50 mm 块状结构，坚实，润，有10%左右直径为 75～250 mm 次圆的中等风化的母岩碎块；向下层平滑渐变过渡。

BC：46～70 cm，棕色（7.5YR4/6，干），暗红棕色（5YR3/4，润）；壤土，弱发育 20～50 mm 的块状结构，坚实，有25%左右直径为 75～250 mm 次圆的中等风化的母岩碎块；向下层平滑突变过渡。

C：70～81 cm，15%浊橙色，85%灰白色（15%7.5YR7/4 85%2.5Y8/1，干），15%黄棕色，85%暗灰黄色（15%10YR5/8 85%2.5Y5/2，润）；很坚实，有>80%直径为 75～250 mm 次圆的中等风化的母岩碎块。

大黄系代表性单个土体物理性质

| 土层 | 深度 / cm | 砾石 (>2mm, 体积分数) / % | 细土颗粒组成（粒径：mm）/（g/kg） | | | 质地类别 | 容重 / (g/cm³) |
			砂粒 2～0.05	粉粒 0.05～0.002	黏粒 <0.002		
Ap1	0～11	10	333	212	455	黏土	1.28
Ap2	11～24	10	300	277	422	黏土	1.34
Bw	24～46	10	267	246	487	黏土	1.35
BC	46～70	25	400	340	260	壤土	—

大黄系代表性单个土体化学性质

| 深度 / cm | pH | | 有机碳 | 全氮 (N) | 全磷 (P) | 全钾 (K) | CEC₇ | ECEC | 盐基饱和度 | 铝饱和度 | 游离氧化铁 | 铁游离度 |
	H₂O	KCl			/（g/kg）		/（cmol(+)/kg 黏粒）		/ %	/ %	/（g/kg）	/ %
0～11	5.9	4.6	17.5	1.41	3.15	1.31	46.4	30.1	63.6	2.0	115.9	58.3
11～24	6.4	5.1	14.6	1.31	1.92	1.08	52.4	36.9	69.5	1.4	111.6	62.5
24～46	6.6	5.0	7.6	0.67	1.03	1.35	50.2	31.8	63.1	0.5	91.9	56.5
46～70	6.9	5.1	3.3	0.24	0.54	3.55	89.2	56.9	63.3	0.6	64.9	60.2

10.9 普通铁质湿润雏形土

10.9.1 茶阳系（Chayang Series）

土　族：砂质硅质混合型非酸性热性-普通铁质湿润雏形土
拟定者：卢　瑛，余炜敏

分布与环境条件　分布在河源、梅州、清远、韶关等地，低山丘陵地区。成土母质为花岗岩风化残积、坡积物。土地利用类型为园地、耕地，种植柑桔、沙田柚、花生、豆类、番薯等。属中亚热带海洋性季风性气候，年平均气温 20.0～21.0 ℃，年平均降水量 1500～1700 mm。

茶阳系典型景观

土系特征与变幅　诊断层为淡薄表层、雏形层；诊断特性包括湿润土壤水分状况、热性土壤温度状况。由花岗岩风化残积、坡积物发育而成，土体厚度中等，厚 60～80 cm，耕层厚度中等，厚 10～20 cm；细土中砂粒含量>500 g/kg，土壤质地为砂质壤土-砂质黏壤土；土壤呈微酸性，pH 5.5～6.5。土壤全铁、游离铁含量较低，B 层中铁游离度>50%，具有铁质特性。

对比土系　白屋洞系，属相同亚类。白屋洞系土族控制层段颗粒大小级别为黏壤质，矿物学类型为混合型。阴那麻系，分布区域相邻，成土母质相同，土壤发育程度不同。阴那麻系黏粒淋溶淀积作用比较明显，形成了黏化层，发育成淋溶土；茶阳系因水土流失或地形人为改造，如修建梯田等，土壤发育程度弱，只形成风化 B 层（雏形层），发育成雏形土。

利用性能综述　该土系耕层疏松，通气性好，耕性较好，适种性广，多为经济作物和旱作的主要基地，目前种植有木薯、番薯、花生、大豆、茶及果树。但因保水性能差、有机质、速效氮、磷、钾等养分含量偏低，灌溉条件不好，作物产量不高。改良利用主要措施：修好水平梯田，防止水土流失；修建灌溉渠道，提高抗旱能力；提倡与大豆、花生等豆科作物轮作，达到用地养地相结合；多施有机肥，根据土壤条件和作物需求合理施用氮、磷、钾肥；因地制宜引种药材、果树、茶树等，发展多种经营和地方土特产。

参比土种　麻红砂坭地。

茶阳系代表性单个土体剖面

代表性单个土体　位于梅州市大浦县茶阳镇角庵村委会；24°30'27"N，116°41'08"E，海拔72 m，坡度约10°，退化梯田。成土母质为花岗岩风化残积、坡积物；园地，种植柑桔等果树，50 cm深度土温22.8 ℃。野外调查时间为2011年10月10日，编号44-142。

Ap：0～18 cm，淡灰色（5Y7/2，干），淡黄色（5Y7/3，润）；砂质壤土，中等发育2～5 mm的屑粒状结构，疏松，中量细根，有蚯蚓；向下层平滑渐变过渡。

AB：18～30 cm，灰白色（5Y8/1，干），淡灰色（5Y7/2，润）；砂质壤土，中等发育10～20 mm的块状结构，疏松，少量细根；向下层平滑渐变过渡。

Bw1：30～70 cm，浅淡黄色（5Y8/4，干），黄色（5Y8/6，润）；砂质壤土，中等发育10～20 mm的块状结构，坚实，少量细根。在65 cm处有连续、板状、强胶结的铁锰氧化物；向下层平滑突变过渡。

Bw2：70～120 cm，橄榄色（5Y6/6，干），橄榄色（5Y5/6，润）；砂质黏壤土，弱发育10～20 mm的块状结构，坚实，有15%左右直径为2～5 mm棱角状中等风化母岩碎块。

茶阳系代表性单个土体物理性质

土层	深度 /cm	砾石 (>2mm, 体积分数)/%	细土颗粒组成（粒径：mm）/（g/kg）砂粒 2～0.05	粉粒 0.05～0.002	黏粒 <0.002	质地类别	容重 /（g/cm³）
Ap	0～18	2	543	267	190	砂质壤土	1.22
AB	18～30	2	545	257	197	砂质壤土	1.28
Bw1	30～70	5	611	229	160	砂质壤土	1.31
Bw2	70～120	15	472	261	267	砂质黏壤土	1.80

茶阳系代表性单个土体化学性质

深度 /cm	pH H₂O	pH KCl	有机碳	全氮 (N)	全磷 (P)	全钾 (K)	CEC₇	ECEC	盐基饱和度 /%	铝饱和度 /%	游离氧化铁 /（g/kg）	铁游离度 /%
			/（g/kg）				/（cmol（+）/kg 黏粒）					
0～18	5.4	3.8	12.6	1.15	0.58	30.8	49.8	26.3	35.3	33.2	8.9	39.8
18～30	5.6	3.9	11.5	1.12	0.54	30.1	43.7	23.8	43.2	20.7	8.7	38.9
30～70	5.8	4.2	6.8	0.68	0.36	32.2	44.7	27.8	59.3	4.6	16.5	52.4
70～120	5.9	4.3	3.5	0.42	0.15	22.7	65.2	43.2	65.0	2.0	34.1	65.6

10.9.2 白屋洞系（Baiwudong Series）

土　　族：黏壤质混合型非酸性热性-普通铁质湿润雏形土
拟定者：卢　瑛，侯　节，陈　冲

分布与环境条件　该土系主
要分布在韶关、清远、云浮等
地，石灰岩丘陵区坡脚、洼地、
台地等坡度平缓地段。为石灰
岩风化坡积物发育土壤经旱
耕种植而成。种植花生、玉米、
大豆、蔬菜等作物。南亚热带
北缘湿润季风性气候，年平均
气温 20.0～21.0 ℃，年平均
降水量 1700～1900 mm。

白屋洞系典型景观

土系特征与变幅　诊断层包括淡薄表层、雏形层；诊断特性包括湿润土壤水分状况、热
性土壤温度状况、铁质特性。成土过程包括旱耕熟化和盐基淋溶过程，剖面多为 Ap-Bw-C
构型。土体深厚，厚度>100 cm；细土质地为粉壤土-黏壤土，土体中常夹有 5%～10%的
石灰岩碎块。土壤呈中性反应，pH 6.5～7.5；土壤铁游离度>75%，具有铁质特性。
对比土系　茶阳系，属相同亚类。茶阳系土族控制层段颗粒大小级别为砂质，矿物学类
型为硅质混合型。
利用性能综述　土层较深厚，较疏松，结构良好，宜耕性好，耕层养分含量中等。由于
为石灰岩山区，多无灌溉设施，易干旱，导致作物产量不高。目前种植黄豆、花生、番
薯、玉米等作物。改良利用措施：做好水土保持工作，修建水利设施，引水灌溉；增施
有机肥，防止土壤板结；多种植豆科绿肥，充分利用作物茎秆还田，提高地力。
参比土种　红色石馕土。
代表性单个土体　位于清远市阳山县江英镇大桥村白屋洞；24°29′25″N，112°49′00″E，
海拔 445 m，低山缓坡，成土母质为为石灰岩风化坡积物；旱地，种植花生、玉米等；
50 cm 深度土温 22.5 ℃。野外调查时间为 2010 年 10 月 15 日，编号 44-010。

白屋洞系代表性单个土体剖面

Ap1：0～13 cm，淡黄色（2.5Y7/3，干）；橄榄棕色（2.5Y4/4，润）；粉壤土，强度发育 5～10 mm 的块状结构，疏松，很少量细根，有 1～2 条蚯蚓；向下层平滑渐变过渡。

Ap2：13～40 cm，淡黄色（2.5Y7/3，干），橄榄棕色（2.5Y4/3，润）；粉壤土，强度发育 5～10 mm 的块状结构，疏松，很少量极细根；向下层平滑渐变过渡。

Bw1：40～57 cm，黄棕色（2.5Y5/3，干），暗橄榄棕色（2.5Y3/3，润）；粉质黏壤土，强度发育 5～10 mm 的块状结构，坚实，有 5%左右直径 20～75 mm 微风化的石灰岩碎块，有 2%左右的砖瓦碎片；向下层平滑突变过渡。

Bw2：57～86 cm，亮黄棕色（2.5Y7/6，干），黄棕色（10YR5/6，润）；黏壤土，块状结构，坚实，有 5%左右直径 20～75 mm 微风化的石灰岩碎块；向下层平滑渐变过渡。

Bw3：86～112 cm，黄色（2.5Y8/6，干），黄棕色（10YR5/6，润），粉质黏壤土，块状结构，坚实，有 10%左右直径≥250 mm 微风化的石灰岩碎块。

白屋洞系代表性单个土体物理性质

| 土层 | 深度 / cm | 砾石 (>2mm，体积分数) / % | 细土颗粒组成（粒径：mm）/（g/kg） | | | 质地类别 | 容重 / (g/cm³) |
			砂粒 2～0.05	粉粒 0.05～0.002	黏粒 <0.002		
Ap1	0～13	2	192	590	218	粉壤土	1.31
Ap2	13～40	2	176	574	250	粉壤土	1.35
Bw1	40～57	5	184	543	273	粉质黏壤土	1.38
Bw2	57～86	5	208	496	296	黏壤土	1.36
Bw3	86～112	10	192	535	273	粉质黏壤土	1.38

白屋洞系代表性单个土体化学性质

| 深度 / cm | pH (H₂O) | 有机碳 | 全氮（N） | 全磷（P） | 全钾（K） | CEC | 交换性盐基总量 | 游离氧化铁 | 铁游离度 |
				/（g/kg）		/（cmol（+）/kg）		/（g/kg）	/ %
0～13	7.0	14.0	1.77	1.28	7.23	13.9	14.9	46.6	77.3
13～40	7.5	12.5	1.50	0.76	23.65	13.5	14.9	51.4	86.3
40～57	7.2	17.7	1.95	0.91	21.30	18.3	20.7	62.9	86.5
57～86	7.4	6.6	1.21	0.70	21.68	10.5	10.4	64.0	90.7
86～112	7.2	6.7	1.10	0.71	23.97	9.7	10.5	66.7	78.5

第 11 章　新　成　土

11.1　普通潮湿冲积新成土

11.1.1　张厝系（Zhangcuo Series）

土　族：硅质型非酸性高热性-普通潮湿冲积新成土
拟定者：卢　瑛，盛　庚，陈　冲

分布与环境条件　零星分布
在汕头、汕尾、惠州等，沿
海地区沿海沙丘稍低的避风
处，位于滨海沙滩的低洼部
位，地形微起伏，成土母质
为海岸砂质沉积物，为滨海
近代砂质物随海潮带到海岸
边沉积或河流携带的砂泥在
河海汇合处沉积而成，形成
带状的沙滩。土地利用类型
为耕地，种植花生、番薯等
农作物。属南亚热带海洋性
季风性气候，年平均气温

张厝系典型景观

22.0～23.0 ℃，年平均降水量 1900～2100 mm。

土系特征与变幅　诊断层包括淡薄表层；诊断特性包括潮湿土壤水分状况、高热土壤温
度状况、冲积物岩性特性、氧化还原特征。本土系由是砂质新成土（滨海砂土）旱耕而
成，因耕作施肥影响，土体有微弱风化，土层分化不明显，剖面为 A-C 型。耕层厚 10～
20 cm，全剖面质地均一，均为砂土，以中、细砂为主，砂粒含量>900 g/kg，土体分散。
土壤呈酸性-微酸性，pH 5.0～6.5；地下水位深度<1 m，地下水已脱离咸水影响，属淡水；
土体中有锈斑，具有氧化还原特征。

对比土系　莫村系、东红系，为普通湿润新成土亚纲。莫村系和东红系成土母质为紫色
砂页岩，土族控制层段颗粒大小级别分别为壤质和粗骨砂质；东红系土壤温度状况为热性。

利用性能综述　该土系地处滨海，质地轻，土壤排水快，渗漏快，易旱，风蚀作用强，
土壤有机质和氮、磷、钾含量均贫乏，肥力很低，并缺乏灌溉条件，适种性窄，适种时
间短，作物产量低，如番薯一般产量 7500 kg/hm² 左右。改良利用措施：加强营造防风林，
逐步建设或改善灌溉条件；搞好作物合理轮作；施用有机肥，以腐熟土杂肥较好，雨后
追肥效果较好；施用化肥注意施肥方法，少量多次，防止流失；在水利条件较好的地方

可适当安排种植蔬菜等经济价值高的作物，经济效益好，具有一定的生产潜力。

参比土种　滨海沙地。

张厝系代表性单个土体剖面

代表性单个土体　位于汕尾市陆丰市碣石镇新丰张厝村堆尾；22°46'51"N，115°49'54"E，海拔 5 m；滨海沙堤平原；成土母质为海岸砂质沉积物；旱地，种植花生、番薯、蔬菜等，50 cm 深度土温 24.1 ℃。野外调查时间为 2011 年 11 月 25 日，编号 44-112。

Ap：0～17 cm，淡灰色（5Y7/2，干），灰橄榄色（5Y4/2，润）；砂土，弱发育直径 1～2 mm 的粒状结构，疏松，少量细根，有土壤动物（蚂蚁）；向下层平滑渐变过渡。

AC：17～38 cm，淡灰色（5Y7/2，干），灰橄榄色（5Y5/3，润）；砂土，很弱发育直径 1～2 mm 的粒状结构，疏松，很少量细根，孔隙周围有 10%左右直径 2～6mm 对比明显边界清楚的棕色铁锈斑；向下层平滑渐变过渡。

C：38～60 cm，灰白色（5Y8/1，干），灰橄榄色（5Y6/2，润）；砂土，单粒，无结构，疏松，有不明显的棕色锈斑，60 cm 左右出现地下水。

张厝系代表性单个土体物理性质

| 土层 | 深度 /cm | 砾石（>2mm，体积分数）/% | 细土颗粒组成（粒径：mm）/（g/kg） | | | 质地类别 | 容重 /（g/cm³） |
			砂粒 2～0.05	粉粒 0.05～0.002	黏粒 <0.002		
Ap	0～17	<2	879	71	51	砂土	1.38
AC	17～38	<2	908	31	61	砂土	1.40
C	38～60	<2	916	33	51	砂土	1.41

张厝系代表性单个土体化学性质

| 深度 /cm | pH | | 有机碳 | 全氮（N） | 全磷（P） | 全钾（K） | CEC | 交换性盐基总量 | 游离氧化铁 | 铁游离度 /% | 可溶性盐 /（g/kg） |
	H₂O	KCl	/（g/kg）				/（cmol（+）/kg）		/（g/kg）		
0～17	6.5	5.3	5.6	0.39	0.39	7.0	2.5	2.0	1.9	19.1	0.3
17～38	6.6	5.5	2.8	0.16	0.30	6.6	1.6	1.7	1.6	15.8	0.2
38～60	6.6	5.6	0.8	0.06	0.20	5.6	0.8	1.2	0.9	10.9	0.1

11.2 普通湿润正常新成土

11.2.1 东红系（Donghong Series）

土　族：粗骨砂质硅质混合型石灰性热性-普通湿润正常新成土
拟定者：卢　瑛，侯　节，盛　庚

分布与环境条件　分布在广东省的韶关、清远、梅州等地，白垩纪紫色砂页岩及第三纪紫色页岩交错分布的红岩地形-低丘陵盆地。成土母质为石灰性紫色砂页岩风化坡积、残积物。土地利用类型为林地或果园，植被有布荆、野花椒、蜈蚣草、鸡眼草、枣树等。南亚热带北缘至中亚热带海洋性季风性气候，年平均气温 19.0～20.0 ℃，年平均降水量 1500～1700 mm。

东红系典型景观

土系特征与变幅　诊断层包括淡薄表层；诊断特性包括湿润土壤水分状况、热性土壤温度状况、石灰性、准石质接触面。成土母质为石灰性紫色砂页岩风化坡积、残积物。剖面为 A-（AC）-C（R）构型。土体浅薄，厚度<40 cm，表土层厚度 10～20 cm；细土砂粒含量>600 g/kg，细土质地多为砂质壤土，土体中含有 25%～40%半风化岩石碎屑，土壤颗粒大小级别为粗骨砂质；土体有石灰反应，pH 7.5～8.0。

对比土系　莫村系，属同一亚类。莫村系成土母质为酸性紫色砂页岩风化物，土体构型为 A-C，无石灰反应；土体中岩石碎屑少，土族控制层段颗粒大小级别为壤质；土壤温度状况为高热性。

利用性能综述　由于母岩热容量小，昼夜温差大，物理风化强烈，加上植被覆盖度低，水土流失严重，造成土层浅薄，肥力低，保肥供肥性均不良，但钾、钙含量高，宜种植喜钾、喜钙作物，如花生、番薯等，常见自然植被有布荆、野花椒、蜈蚣草、鸡眼草等。宜种林木有：柏木、核桃、银合欢、乌桕等喜钙、耐旱、耐脊、耐碱、耐高温的品种。改良利用措施：实行生物措施与工程措施相结合综合治理水土流失，除大量种树种草外，还要修筑水平梯田或挖鱼鳞坑截流水土；合理规划，适当发展黄烟、花生及水果生产；增施有机肥，不断培肥土壤，提高土地利用经济效益。

参比土种　薄层碱性紫色土。

东红系代表性单个土体剖面

代表性单个土体　位于清远市连州市星子镇东红村委会；24°58'30″N，112°33'29″E，海拔 138 m，低丘坡上；母质为石灰性紫色砂页岩风化坡积、残积物，植被有布荆、鸡眼草、枣树等；50 cm 深度土温 22.4 ℃。野外调查时间为 2010 年 10 月 14 日，编号 44-008。

Ah：0～13 cm，暗红棕色（2.5YR3/3，干），暗红棕色（2.5YR3/2，润）；砂质壤土，弱发育 2～5 mm 的粒状结构，疏松，中量中根，有 25%左右直径为 20～75 mm 扁平的风化紫色砂页岩，中度石灰反应；向下层平滑渐变过渡。

AC：13～55 cm，浊橙色（2.5YR6/3，干），浊红棕色（2.5YR4/3，润）；砂质壤土，粒状-块状结构，有 55%左右直径为 20～75 mm 扁平的风化紫色砂页岩，中量中根，中度石灰反应；向下层平滑渐变过渡。

R：55～160 cm，浊红棕色（2.5YR5/3，干），暗红棕色（2.5YR3/4，润）；有很多大块的扁平的紫色砂页岩碎屑，有少量的细根系，中度石灰反应。

东红系代表性单个土体物理性质

| 土层 | 深度 / cm | 砾石 (>2mm，体积分数) / % | 细土颗粒组成（粒径：mm）/（g/kg） | | | 质地类别 | 容重 /（g/cm³） |
			砂粒 2～0.05	粉粒 0.05～0.002	黏粒 <0.002		
Ah	0～13	25	648	243	109	砂质壤土	1.32
AC	13～55	55	662	240	99	砂质壤土	1.54

东红系代表性单个土体化学性质

| 深度 / cm | pH (H₂O) | 有机碳 | 全氮(N) | 全磷(P) | 全钾(K) | CEC | 交换性盐基总量 | 游离氧化铁 | 铁游离度 |
		/（g/kg）				/（cmol（+）/kg）		/（g/kg）	/ %
0～13	7.6	27.7	2.18	0.77	21.50	19.6	37.9	19.8	42.8
13～55	7.5	8.2	0.74	0.71	21.24	17.2	37.9	18.1	40.1

11.2.2 莫村系（Mocun Series）

土 族：壤质硅质混合型非酸性高热性-普通湿润正常新成土
拟定者：卢 瑛，侯 节，盛 庚

分布与环境条件 分布在河源、梅州、云浮、韶关、清远等地，紫色砂页岩低丘上部或台地，成土母质为酸性紫色砂页岩风化坡积、残积物。土地利用类型为旱地，种植花生、木薯等农作物。属南亚热带海洋性季风性气候，年平均气温 22.0 ～ 23.0 ℃，年平均降水量 1300～ 1500 mm。

莫村系典型景观

土系特征与变幅 诊断层包括淡薄表层；诊断特性包括准石质接触面、湿润土壤水分状况、高热土壤温度状况。该土系剖面为 A-C 构型，土体浅薄，厚度<40 cm；细土砂粒含量>450 g/kg，土壤质地为壤土，耕层土壤疏松，主要呈紫棕色，物理风化作用明显。土壤呈微酸性，pH 5.5～6.5。

对比土系 东红系，属同一亚类、不同土族。东红系成土母质为石灰性紫色砂页岩，土体有石灰反应；土体中岩石碎屑体积>25%，土族控制层段颗粒大小级别为粗骨砂质；土壤温度状况为热性。

利用性能综述 本土系物理风化作用强烈，质地较轻，土壤疏松，爽水、通透性好，宜耕性好，分布地势较高，土层浅薄，蓄水能力弱，易受旱，矿物质养分含量较高，有机质含量低，土壤肥力不高，作物产量低，有水土流失现象。改良利用措施：防止水土流失，防止黏粒流失和土壤沙化，不断增加土层厚度；增施有机肥，用地养地结合，实行与豆科作物（绿肥）轮作，培肥熟化土壤，搞好水利设施，解决灌溉用水问题，防止作物受旱；追施速效养分，不断提高作物产量和经济效益；在水土流失严重，耕层质地过粗的地区宜退耕还林，改善生态环境。

参比土种 紫砂土地。

莫村系代表性单个土体剖面

代表性单个土体　位于云浮市罗定市华石镇莫村村委会下围村；22°46′46″N，111°28′55″E，海拔 35 m；紫色砂页岩低丘顶部，地势平缓，成土母质为酸性紫色砂页岩风化物。旱地，花生-番薯等轮（连）作，50 cm 深度土温 24.1 ℃。野外调查时间为 2010 年 11 月 10 日，编号 44-028。

Ap：0～18 cm，浊橙色（7.5YR7/4，干），浊红棕色（5YR4/4，润）；壤土，中等发育 1～2 mm 的屑粒状结构，疏松，少量细根；向下层平滑突变过渡。

R：18～42 cm，亮棕色（7.5YR5/6，干），暗红棕色（5YR3/6，润）；≥80% 为直径 20～75 mm 角状的风化破碎岩石。

莫村系代表性单个土体物理性质

土层	深度 / cm	砾石 (>2mm，体积分数) / %	细土颗粒组成（粒径：mm）/（g/kg）			质地类别	容重 /（g/cm³）
			砂粒 2～0.05	粉粒 0.05～0.002	黏粒 <0.002		
Ap	0～18	0	486	439	74	壤土	1.35
R	18～42	≥80	—	—	—	—	

莫村系代表性单个土体化学性质

深度 / cm	pH		有机碳	全氮(N)	全磷(P)	全钾(K)	CEC	交换性盐基总量	游离氧化铁	铁游离度
	H₂O	KCl	/（g/kg）				/（cmol（+）/kg）		/（g/kg）	/ %
0～18	5.8	5.0	5.1	0.48	0.21	6.86	9.6	9.2	19.3	74.4
18～42	—	—	—	—	—	—	—	—	—	—

参 考 文 献

陈树培, 邓义, 梁志贤. 1989. 广东省的植被和植被区划. 北京: 学术书刊出版社.

邓植仪. 1934. 广东土壤提要 (初集). 广州: 广东土壤调查所.

冯学民, 蔡德利. 2004. 土壤温度与气温及纬度和海拔关系的研究. 土壤学报, 41 (3): 489-491.

龚子同, 黄荣金, 张甘霖, 等. 2014. 中国土壤地理. 北京: 科学出版社.

龚子同, 张甘霖, 陈志诚, 等. 2007. 土壤发生与系统分类. 北京: 科学出版社.

龚子同, 等. 1999. 中国土壤系统分类——理论·方法·实践. 北京: 科学出版社.

广东省气候业务技术手册编撰委员会. 2008. 广东省气候业务技术手册. 北京: 气象出版社.

广东省气象局. 1982. 广东省气候图集. 广州: 广东地图出版社.

广东省土壤普查办公室. 1993. 广东土壤. 北京: 科学出版社.

广东省土壤普查办公室. 1996. 广东土种志. 北京: 科学出版社.

广东省土壤普查鉴定土地利用规划委员会. 1962. 广东农业土壤志. 广州: 广东省土壤普查鉴定土地利用
规划委员会.

广东省植物研究所编著. 1976. 广东植被. 北京: 科学出版社.

郭盛晖. 2007. 顺德桑基鱼塘. 北京: 人民出版社, 125-128.

郭彦彪, 戴军, 冯宏, 等. 2013. 土壤质地三角图的规范制作及自动查询. 土壤学报, 50 (6): 154-158.

郭治兴, 王静, 柴敏, 等. 2011. 近30年来广东省土壤 pH 的时空变化. 应用生态学报, 22 (2): 425-430.

国家统计局广东调查总队, 广东省统计局. 2014. 广东统计年鉴 (2014). 北京: 中国统计出版社.

何元庆, 朱立安, 刘平, 等. 2011. 粤西坡地土壤侵蚀特征及退化分析——以广东省郁南县大湾镇为例.
亚热带水土保持, 23 (3): 7-10.

黄镇国, 李平日, 张仲英, 等. 1982. 珠江三角洲形成、发育、演变. 广州: 科学及普及出版社广州分社.

蒋梅茵, 杨德涌, 熊毅. 1982. 中国土壤胶体研究——Ⅷ.五种主要土壤的黏粒矿物组成. 土壤学报,
19 (1): 62-70.

李庆逵. 1992. 中国水稻土. 北京: 科学出版社.

梁友强, 汤建东, 张满红, 等. 2009. 关于提高广东耕地质量的思考. 广东农业科学, (3): 69-72.

陆发熹. 1988. 珠江三角洲土壤. 北京: 中国环境科学出版社.

马毅杰, 罗家贤, 蒋梅茵, 等. 1999. 我国南方铁铝土矿物组成及其风化和演变. 沉积学报, 17 (12):
681-686.

秦鹏, 杜尧东, 刘锦銮, 等. 2006. 广东省酸雨分布特征及其影响因素. 热带气象学报, 22 (3): 297-300.

唐淑英. 1991. 广东山区水土流失特点和分布规律. 自然资源, (5): 72-77.

杨德涌. 1985. 中国土壤胶体研究——Ⅸ.广东两对黄壤和红壤的黏粒矿物比较. 土壤学报, 22 (1): 36-45.

殷细宽, 曾维琪. 1987. 广东花岗岩发育几种红壤的矿物组成. 华南农业大学学报, 8 (1): 29-40.

殷细宽, 曾维琪. 1991. 广东北江第四纪沉积物发育土壤的矿物特性. 土壤学报, 28 (1): 87-93.

张甘霖, 龚子同. 2012. 土壤调查实验室分析方法. 北京: 科学出版社.

张甘霖, 王秋兵, 张凤荣, 等. 2013. 中国土壤系统分类土族和土系划分标准. 土壤学报, 50 (4): 826-834.

张甘霖. 2001. 土系研究与制图表达. 合肥: 中国科技大学出版社.

张瑾, 李德成, 张甘霖, 等. 2012. 热带地区玄武岩发育时间序列土壤中石英颗粒微形态特征. 土壤, 44
(1): 111-117.

张瑾, 李辉信, 李德成, 等. 2011. 雷琼地区玄武岩发育时间序列土壤中植硅体特征及其发生学意义. 土壤学报, 48 (3): 453-460.

张立娟, 李德成, 李徐生, 等. 2012. 成土年龄对雷琼地区玄武岩母质土壤剖面中常量元素迁移的影响. 土壤, 44 (2): 274-281.

张效年, 李庆逵. 1958. 华南土壤的黏土矿物组成. 土壤学报, 6 (3): 178-192.

中国科学院南京土壤研究所土壤系统分类课题组, 中国土壤系统分类课题研究协作组. 2001. 中国土壤系统分类检索 (第三版). 合肥: 中国科学技术大学出版社.

附录 广东省土系与土种参比表

土系	土种	土系	土种	土系	土种
矮岭系	黄坭底砂质田	灯塔系	红页赤红坭地	金鸡系	红页赤红砂坭地
安塘系	白鳝坭底田	登岗系	潮坭田	金坑系	页红砂坭地
鳌头系	乌红土田	登云系	潮沙坭土	客路系	黑坭散田
白沙系	厚薄古海积砖红壤	丁堡系	厚厚片赤红壤	蓝口系	洪积沙泥田
白石系	片沙坭田	东红系	薄层碱性紫色土	廊田系	红土红坭地
白屋洞系	红色石窟土	董塘系	冷底田	老马屋系	沙泥田
北斗系	中中页赤红壤	飞云顶系	麻山地草甸土	老圩系	牛肝地
北坡系	黄赤砂坭地	冯村系	铁锈水田	黎少系	酸性牛肝土田
博美系	咸田	凤安系	鸭蛋黄泥田	莲洲系	洲黏土田
茶阳系	麻红砂坭地	岗坪系	松坭田	良田系	中厚页赤红壤
城北系	赤土田	港门系	海砂质田	流沙系	宽谷砂泥田
澄海系	海坭田	高岗系	洪积沙质田	龙城系	河坭田
池洞系	厚片赤红壤	共和系	洪积沙泥田	罗浮山系	中厚麻黄壤
赤坎系	河沙坭田	古坑系	麻顽坭田	萝岗系	中厚麻黄赤红壤
赤坭系	低白鳝坭田	官田系	中厚红页赤红壤	麻涌系	咸酸田
冲蒌系	重反酸田	海安系	中厚玄砖红壤	茅坪系	厚厚麻黄壤
船步系	红土赤红坭地	合水系	石灰性泥田	梅岭系	厚层片红壤
春湾系	石灰板结黄坭田	河婆系	宽谷砂质田	莫村系	紫砂土地
大坝系	麻黄坭田	横沥系	中油格田	漠阳江系	河沙质田
大步系	反酸田	后寨坳系	厚厚页红壤	南渡河系	洋黏土田
大岗系	洲坭田	胡里更系	麻红坭地	南口系	页赤红坭地
大沟系	低黑坭田	湖光系	赤土砂坭地	宁西系	薄厚红页赤红壤
大黄系	玄酸性粗骨土	湖口系	浅脚紫沙坭田	牛路水系	麻红坭底田
大井系	中厚页赤红壤	花东系	低白鳝坭田	盘龙塘系	沙泥田
大朗系	片蚀赤红壤	华城系	沟蚀赤红壤	炮台系	乌涂田
大南山系	厚厚麻黄赤红壤	黄田系	红土田	彭寨系	洪积沙泥田
大塘系	河黄坭底田	回龙系	红页赤红砂坭地	平冈系	林滩
大拓系	中厚页红壤	鸡山系	中厚页赤红壤	平沙系	咸底田
到背系	页酸性粗骨土	江英系	乌红火泥田	平潭系	黑坭黏田
德庆系	崩岗赤红壤	碣石系	麻赤红坭地	钱东系	轻反酸田

土系	土种	土系	土种	土系	土种
青湖塘系	中厚红砾红壤	泰美系	厚薄页赤红壤	星子系	碱性牛肝土田
青莲系	红火黏土田	谭屋系	黑坭松田	兴宁系	石灰性紫砂地
曲界系	黄赤土地	天堂系	石灰板结田	叶塘系	黄坭底牛肝土田
热柘系	厚层酸性紫色土	铁场系	宽谷泥田	阴那麻系	中中麻红壤
三乡系	薄厚页赤红壤	万顷沙系	轻咸田	阴那页系	砂红坭地
沙北系	高铁钉格田	望埠系	薄厚页红壤	银湖湾系	坭滩
山阁系	黄赤砂泥田	文福系	页红坭地	英红系	厚厚红土赤红壤
上洋系	乌坭底田	乌石村系	洪积沙泥田	英利系	赤土坭地
上中垄系	薄厚页红壤	五山系	中厚麻赤红壤	元善系	页黄坭田
狮岭系	页砂质田	西城坑系	赤土田	园洲系	潮沙坭地
石鼓系	页红坭田	西浦系	洲砂坭地	张厝系	滨海沙地
石基系	低铁钉格田	溪南系	海沙坭田	樟铺系	薄中页砖红壤
石角系	麻砂坭田	下架山系	薄厚麻赤红壤	珍竹系	厚厚麻赤红壤
石岭系	薄厚麻砖红壤	仙安系	顽坭田	振文系	潮沙坭田
石潭系	黑色石灰土	蚬岗系	低坭炭格田	珠玑系	沙泥田
实业岭系	页砂坭田	小良系	中厚麻砖红壤	竹料系	宽谷砂泥田
双捷系	麻赤红砂坭地	小楼系	麻黄坭底砂坭田		
水口系	片蚀红壤	新圩系	洪积黄红泥田		

(P-3190.01)

ISBN 978-7-03-051331-1

9 787030 513311 >

定价：198.00 元